工学结合新思维高职高专航海技术类“十二五”规划教材

总主编　马魁君

机械制图与设计基础

张鞠谦　王文彦　主编

对外经济贸易大学出版社
中国·北京

图书在版编目（CIP）数据

机械制图与设计基础 / 张鞠谦，王文彦主编．—北京：对外经济贸易大学出版社，2012

工学结合新思维高职高专航海技术类“十二五”规划教材

ISBN 978-7-5663-0291-5

Ⅰ.①机… Ⅱ.①张…②王… Ⅲ.①机械制图－高等职业教育－教材②机械设计－高等职业教育－教材
Ⅳ.①TH126②TH122

中国版本图书馆 CIP 数据核字（2012）第 028408 号

机械制图与设计基础

张鞠谦 王文彦 **主编**

责任编辑：陈跃琴 赵 昕

对 外 经 济 贸 易 大 学 出 版 社

北京市朝阳区惠新东街 10 号 邮政编码：100029

邮购电话：010－64492338 发行部电话：010－64492342

网址：http://www.uibep.com E-mail：uibep@126.com

山东省沂南县汇丰印刷有限公司印装 新华书店北京发行所发行

成品尺寸：185mm×260mm 23.5 印张 543 千字

2012 年 7 月北京第 1 版 2012 年 7 月第 1 次印刷

ISBN 978-7-5663-0291-5

印数：0 001－3 000 册 定价：39.00 元

出版说明

中国自 2001 年加入世贸组织之日起，严格遵守有关海运行业的发展承诺，全面实施《国际海运条例》等法规，在海运服务、港口建设等方面实行新的开放政策，为中外航商提供更为公平的市场经营环境，成为直接与国际接轨和充分竞争的行业，其开放度高于发展中国家，与发达国家基本相当。

当前，中国正在积极建设以渤海湾、长三角、珠三角三大港口群为依托的三大国际航运中心，即以天津、大连、青岛等港口为支撑的北方国际航运中心；以江浙为两翼、上海为中心的上海国际航运中心；以深圳、广州、香港为支撑的香港国际航运中心。

为适应我国海运事业蓬勃发展对航海技术类高素质技能型专业人才的迫切需要，对外经济贸易大学出版社认真贯彻教育部教高［2006］16 号《关于全面提高高等职业教育教学质量的若干意见》的要求，联合天津海运职业学院、天津职业大学、天津中德职业技术学院、天津电子信息职业技术学院、芜湖职业技术学院、天津商务职业学院、天津冶金职业技术学院、天津青年职业学院、天津城市职业学院、河北交通职业技术学院、天津国土资源和房屋职业学院、南通航运职业技术学院、广西职业技术学院、西安职业学院、济南铁道学院、福建交通职业学院、集美大学航海学院、辽东学院等国家、省（直辖市）级示范性高等职业院校创新推出的一套面向高职高专层次、涵盖航海技术类不同专业的立体化教材——工学结合新思维高职高专航海技术类“十二五”规划教材。该系列教材包括航海技术、海事管理、酒店管理（邮轮乘务）、轮机工程管理、航运经济、计算机网络技术、理化测试及质检技术等专业。

根据教高［2006］16 号文件关于“高等职业院校要积极与行业企业合作开发课程，根据技术领域和职业岗位（群）的任职要求，参照相关的职业资格标准，改革课程体系和教学内容，建立突出职业能力培养的课程标准，规范课程教学的基本要求，提高课程教学质量。”的要求，本套教材的编者在深入行业实践、调研的基础上，着眼于提高学生专业实际操作能力和就业能力的宗旨，采取了情境模块、案例启发、任务驱动、项目引领、精讲解重实训的编写方式，使教材建设在理论够用的基础上，在专业技能培养与训练环节，特别是“教学做一体化”方面有所突破，“确保优质教材进课堂”。

根据国家职业教育的指导思想，目前我国高职高专教育的培养目标是以能力培养和技术应用为本位，其教材建设突出强调应用性和适用性，既要满足专业教育又能适应就业导向的“双证书”（毕业证和技术等级证）的人才培养目标需要。根据教育部提出的高等职业教育“与行业企业共同开发紧密结合生产实际的实训教材”的要求，本套教材的作者不仅具有丰富的高等职业教育教学经验，而且具有海运企业相关岗位的一线实践经历，主持或参加过多项应用技术研究。这是本套教材编写质量与高等职业教育特色的重要保证。

此外，本套教材配有教师用 PPT 文稿，方便教师教学参考。

天津海运职业学院院长马魁君教授担任本套教材的总主编。本套教材的参编企业有中远散运有限责任公司、中国石油集团海洋工程有限公司、伦敦海事、微软（中国）有限公司、中铁工程设计院（天津）有限公司、新浪网技术（中国）有限公司、思科（中国）网络技术有限公司等。

愿本套工学结合新思维高职高专航海技术类“十二五”规划教材的出版对我国海运高等职业教育的创新发展与高职人才培养质量的稳步提升有所助益！

对外经济贸易大学出版社

2011 年 6 月

前　言

《机械制图与设计基础》是工学结合新思维高职高专航海技术类“十二五”规划教材之一。

在《国务院关于大力推进职业教育改革与发展的决定》与《国家中长期教育改革和发展规划纲要（2010－2020年）》的精神激励下，为适应国际航运业对高素质、技能型专业人才的迫切需求，深化航海技术类高等职业教育专业建设与课程改革的需要，本书编写团队充分汲取近年来轮机工程专业教材在探索培养职业技术应用型专业人才方面取得的成功经验和教学成果，广泛征求国际航运企业对于海船船员能力素质的需求信息，秉持“以就业为导向”的人才培养目标，本着“以能力培养为主线构建内容体系、突出实训和实践特色、突出综合素质培养”的育人原则编写了这本教材。

本教材是机械类通用教材，既可应用于普通高等职业学院的工科教学，又可用于航海技术类职业院校的轮机工程、船机修造等专业的教学和在职员工培训与自学参考，教材内容在《中华人民共和国海船船员适任考试大纲》占有一定比例。

本教材共分上、下两篇。上篇为机械制图，共分为九个模块；下篇为设计基础，共分为十一个模块。教材瞄准高职教育的人才培养目标，将传统模式下的《机械制图》和《机械设计基础》这两门课程内容进行筛选、设计、安排、重组，针对高职院校学生特点将知识点与技能点有机地融合，使学生在学习过程中能够把前后的知识点串联成能力知识网，从而达到由知识点的学习到能力点的提升。

本教材在编写过程中，努力实现职业性、实用性和开放性的特色：

（1）依据轮机工程、船机修造等专业学生未来的从业岗位需求，重新构建教材内容，教学内容的选取与安排充分体现“工学结合”、“教学做一体”；

（2）变革传统教材中把教学内容与习题分离设置的做法，将制图与识图的知识点与技能点有机地结合在一起，也便于学生及时跟进、操作，直至掌握；

（3）教材中适时插入“练一练”的项目，以此增强学生的学习兴趣，巧妙地引导学生自觉地将所学的知识点转化为技能点；

（4）紧密结合航海技术类专业学生考取《国际海船船员适任证书》的需求，在每个模块后都安排了“思考与训练”，加入适量模拟题，既有利于培养学生自主学习的能力，为后续课程的学习和适应工作岗位奠定良好基础，又有利于学生顺利通过《国际海船船员适任证书》的考试。

编写者在积累了多年企业一线实践经验并投身于海运学院轮机工程专业教学活动的基础上探索编写了本教材。具体分工如下：天津海运职业学院张鞠谦和王文彦老师担任主编。张鞠谦、葛涛、孙忠敏、吴艳茹老师负责设计和编写本书上篇的机械制图共九个模块的内容；王文彦、李亮宽老师负责设计和编写本书下篇的设计基础共十一个模块的内容。全书由高级轮机长滕宪斌老师担任主审。

在本书的编写过程中得到天津海运职业学院院长马魁君教授的鼎力支持与殷切指导以及相关系部老师的热情帮助。天津中海油能源发展设施管理有限公司孙险峰、天津海事局徐刚对本教材的结构设计、内容选取、习题安排都提出了十分有益的意见和建议，增强了教材的工学结合特征。在此一并表示诚挚的谢意！

在本书编写过程中，参考了大量的网站资料和图书、杂志等，在书中及书末以标注及参考文献等形式列出。在此，对这些书籍和资料的作者表示衷心的感谢。

由于编者水平有限，书中不妥之处在所难免，恳请轮机工程行业专家、高职教育界同仁与广大莘莘学子批评指正。

编　者
2012 年 4 月

目　录

上篇　机械制图

下篇 机械设计基础

上篇

机械制图

模块一

制图的基本知识与技能

学习与训练总目标

- 掌握国家标准《技术制图》、《机械制图》中的有关基本规定；
- 正确使用绘图工具和仪器；
- 熟练掌握几何作图的方法；
- 掌握平面图形的尺寸和线段分析方法，正确拟定平面图形的作图步骤；
- 养成认真负责的工作态度和严谨细致的工作作风。

子模块一　国家标准的基本规定

学习与训练要点

- ✧ 了解图纸幅面、图框格式、标题栏的国家标准；
- ✧ 了解比例的国家标准；
- ✧ 了解图线的国家标准；
- ✧ 了解尺寸标注的规则和要素。

本模块主要介绍国家标准《技术制图》和《机械制图》的基本内容。每一个工程技术人员都应该树立标准化的概念，自觉贯彻执行国家标准。

一、图纸幅面、图框格式及标题栏

1. 图纸幅面（GB/T14689—93）

为了便于图纸的装订和保存，国家标准对图纸幅面作了统一的规定。必要时允许加长。但应按基本幅面的短边整数倍增加。

基本幅面图纸中，A0 幅面为 $1m^2$，长边是短边的$\sqrt{2}$倍。绘制技术图样时，应优先采用表 1 - 1 规定的基本幅面尺寸。

表 1－1　　图纸幅面尺寸　　（单位：　）

幅面代号	A0	A1	A2	A3	A4
B × L	841 × 1189	594 × 841	420 × 594	297 × 420	210 × 297
a	25				
c	10			5	
e	20		10		

国家标准规定的图纸幅面中，A0 最大，A4 最小。

2. 图框格式

（1）需要装订的图样，一般采用 A4 竖装或 A3 横装，其图框格式如图 1－1 所示。

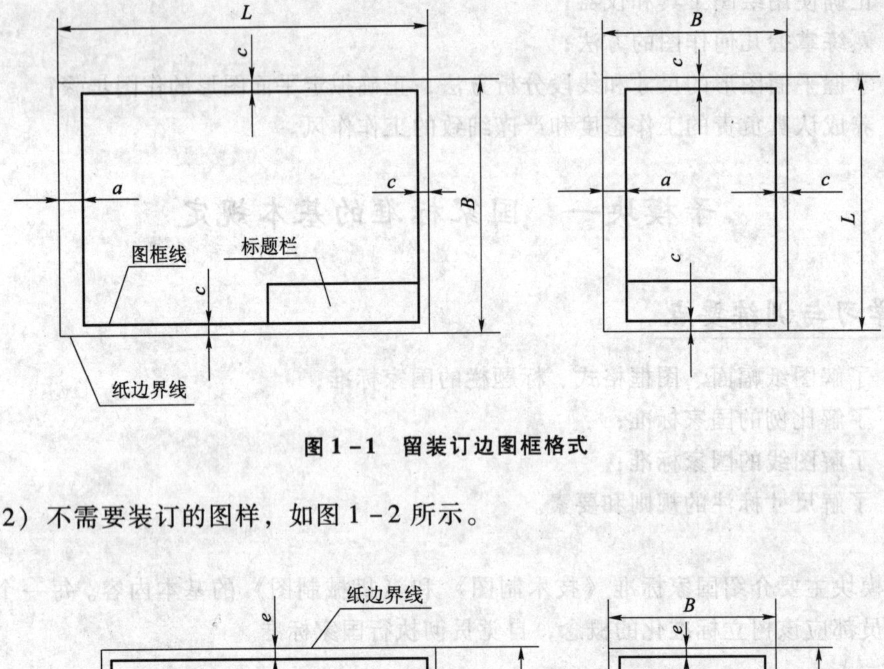

图 1－1　留装订边图框格式

（2）不需要装订的图样，如图 1－2 所示。

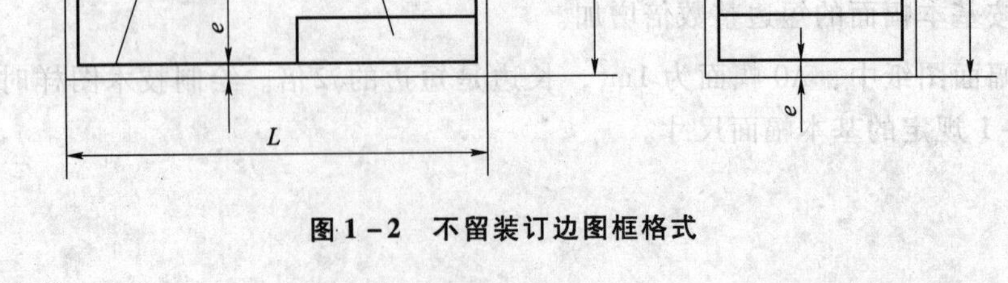

图 1－2　不留装订边图框格式

无论是否留有装订边，都应在图幅内画出图框，图框一律用粗实线绘制。

3. 标题栏（GB/T10609.1—89）

学校用简易标题栏，如图 1－3 所示。

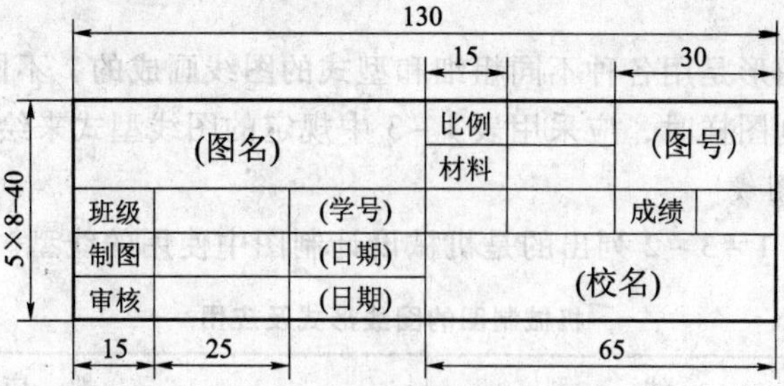

图 1－3

二、比例（GB/T14690—93）

1. 比例的定义

图中图形与其实物相应要素的线性尺寸之比称为比例。比例分原值比例、放大比例和缩小比例。所采用比例应符合表 1－2 中规定的系列。无论采用缩小或放大的比例绘图，在图样上标注的尺寸均为机件设计要求的实际尺寸，与比例无关。比例应注写在标题栏中的比例栏内。

表 1－2　　比 例 系 列

种类	比例	
	第一系列	第二系列
原值比例	1:1	
缩小比例	1:2　1:5　$1:10^n$　$1:2\times10^n$　$1:5\times10^n$	1:1.5　1:2.5　1:3　1:4　1:6　$1:1.5\times10^n$　$1:2.5\times10^n$　$1:3\times10^n$　$1:4\times10^n$　$1:6\times10^n$
放大比例	2:1　5:1　$1\times10^n:1$　$2\times10^n:1$　$5\times10^n:1$	2.5:1　4:1　$2.5\times10^n:1$　$4\times10^n:1$

注：n 为正整数。

2. 比例的应用举例（见图 1－4）

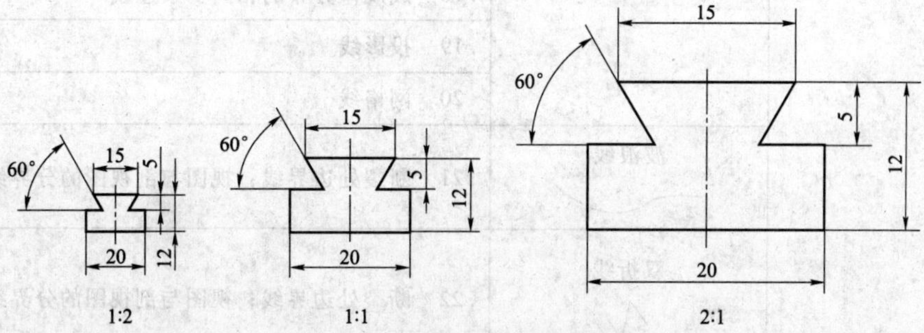

图 1－4　用不同比例画出的图形

三、图线（GB/T4457.4—2002）

1. 图线的要求

机械图样中的图形是用各种不同粗细和型式的图线画成的，不同的图线在图样中表示不同的含义。绘制图样时，应采用表 1－3 中规定的图线型式来绘图。

2. 各种形式的图线

表 1－3－1，表 1－3－2 列出的是机械设计制图中使用的线型。

表 1－3－1　　机械制图的图线形式及应用

代码 No.	线　型	一　般　应　用
01.1	细实线	.1　过渡线
		.2　尺寸线
		.3　尺寸界线
		.4　指引线和基准线
		.5　剖面线
		.6　重合断面的轮廓线
		.7　短中心线
		.8　螺纹牙底线
		.9　尺寸线的起止线
		.10　表示平面的对角线
		.11　零件成形前的弯折线
		.12　范围线及分界线
		.13　重复要素表示线，例如：齿轮的齿根线
		.14　锥形结构的基面位置线
		.15　叠片结构位置线，例如：变压器叠钢片
		.16　辅助线
		.17　不连续同一表面连线
		.18　成规律分布的相同要素连线
		.19　投影线
		.20　网格线
	波浪线 	.21　断裂处边界线；视图与剖视图的分界线[a]
	双折线 	.22　断裂处边界线；视图与剖视图的分界线[a]

续表

代码 No.	线　型	一　般　应　用
01.2	粗实线	.1　可见棱边线
		.2　可见轮廓线
		.3　相贯线
		.4　螺纹牙顶线
		.5　螺纹长度终止线
		.6　齿顶圆（线）
		.7　表格图、流程图中的主要表示线
		.8　系统结构线（金属结构工程）
		.9　模样分型线
		.10　剖切符号用线
02.1	细虚线	.1　不可见棱边线
		.2　不可见轮廓线
02.2	粗虚线	.1　允许表面处理的表示线
04.1	细点画线	.1　轴线
		.2　对称中心线
		.3　分度圆（线）
		.4　孔系分布的中心线
		.5　剖切线
04.2	粗点画线	.1　限定范围表示线
05.1	细双点画线	.1　相邻辅助零件的轮廓线
		.2　可动零件的极限位置的轮廓线
		.3　重心线
		.4　成形前轮廓线
		.5　剖切面前的结构轮廓线
		.6　轨迹线
		.7　毛坯图中制成品的轮廓线
		.8　特定区域线
		.9　延伸公差带表示线
		.10　工艺用结构的轮廓线
		.11　中断线

a　在一张图样上一般采用一种线型，即采用波浪线或双折线。

表 1-3-2　　图线宽度和图线组别

线型组别	与线型代码对应的线型宽度	
	01.2；02.2；04.2	01.1；02.1；04.1；05.1
0.25	0.25	0.13
0.35	0.35	0.18
0.5[a]	0.5	0.25
0.7[a]	0.7	0.35
1	1	0.5
1.4	1.4	0.7
2	2	1

a　优先采用的图线组别。

图线宽度和图线组别的选择应根据图样的类型、尺寸、比例和缩微复制的要求确定。

3. 图线的应用

图 1-5 所示为常用图线的应用举例。

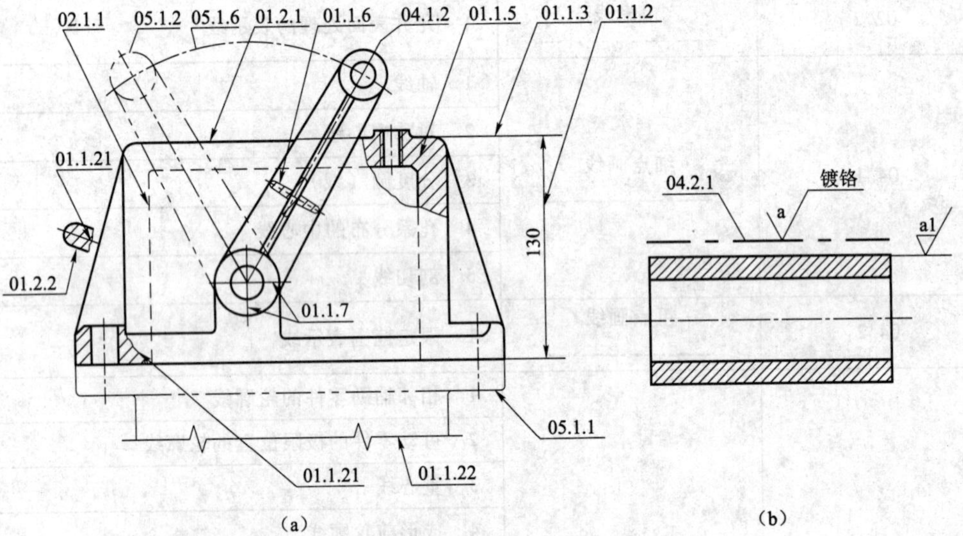

图 1-5　图线应用示例

4. 图线的画法注意事项

（1）同一图样中同类图线的宽度应基本一致。

（2）虚线、点画线及双点画线的线段长度和间距应各自大致相等。

（3）点画线、双点画线的首末两端应是线段，而不是短划。点画线、双点画线的点不是点，而是一个长约 1mm 的短画。

（4）绘制圆的中心线，圆心应为线段的交点。

（5）在较小的图形上绘制点画线或双点画线有困难时，可用细实线代替。

（6）虚线与虚线相交、虚线与点画线相交，应以线段相交；虚线、点画线如果是粗实线的延长线，应留有空隙；虚线与粗实线相交，不留空隙。

（7）图线的颜色深浅程度要一致，不要粗线深细线浅。

5. 图线的画法注意事项图例

手工绘制图样时注意事项如图 1－6 所示。

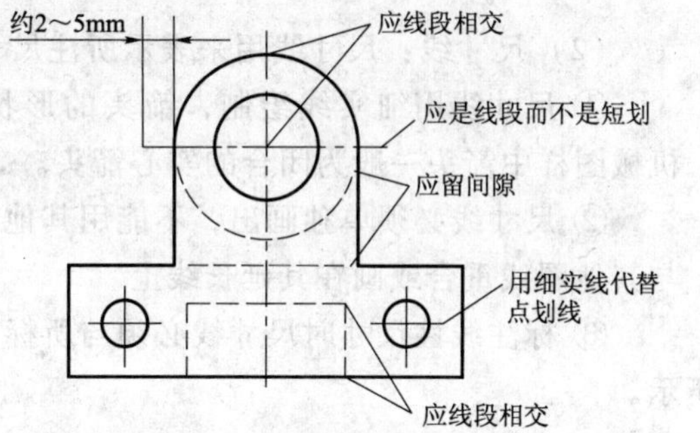

图 1－6　虚线连接处的画法

四、尺寸注法（GB/T4458. 4—2003、GB/T16675. 2—1996）

图形只能反映物体的结构形状，物体的真实大小要靠所标注的尺寸来决定。

1. 标注尺寸的基本规则

（1）机件的真实大小，应以图样上所注的尺寸数值为依据，与图形的大小（即所采用的比例）和绘图的准确度无关。

（2）图样中（包括技术要求和其他说明文件）的尺寸，以毫米（mm）为单位时，不需要标注计量单位的代号或名称。如果采用其他单位，则必须注明相应的计量单位的代号或名称。

（3）图样中所标注的尺寸，为该图样所示机件的最后完工尺寸，否则应另加说明。

（4）机件的每一尺寸，一般只标注一次，并应标注在反映该结构最清晰的图形上。

2. 尺寸三要素

标注一个尺寸，一般应包括尺寸界线、尺寸线和尺寸数字三个部分，如图 1－7 所示。

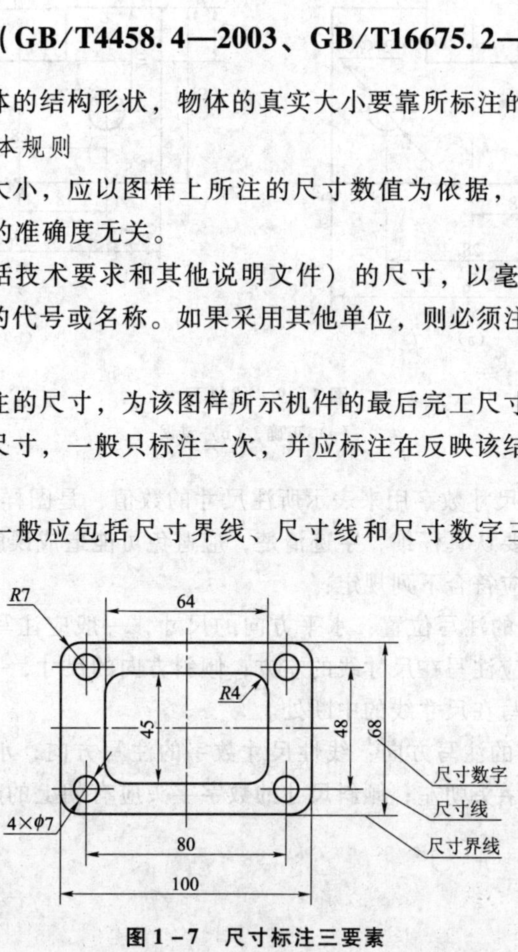

图 1－7　尺寸标注三要素

(1) 尺寸界线：尺寸界线用来限定尺寸度量的范围。

① 尺寸界线用细实线绘制，由图形的轮廓线、轴线或对称中心线引出。也可利用图形的轮廓线、轴线或对称中心线作尺寸界线。

② 尺寸界线一般应与尺寸线垂直。必要时才允许倾斜。

③ 在光滑过渡处标注尺寸时，必须用细实线将轮廓线延长，从它们的交点处引出尺寸界线。

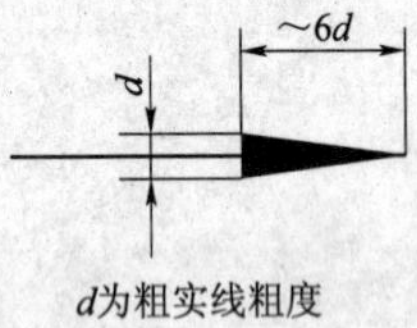

图 1－8　箭头

(2) 尺寸线：尺寸线用来表示所注尺寸的度量方向。

① 尺寸线用细实线绘制，箭头的形状大小如图 1－8 所示。机械图样中箭头一般为闭合的实心箭头。

② 尺寸线必须单独画出，不能用其他图线代替。一般也不得与其他图线重合或画在其延长线上。

③ 标注线性尺寸时尺寸线必须与所标注的线段平行，正确与错误标注如图 1－9 所示。

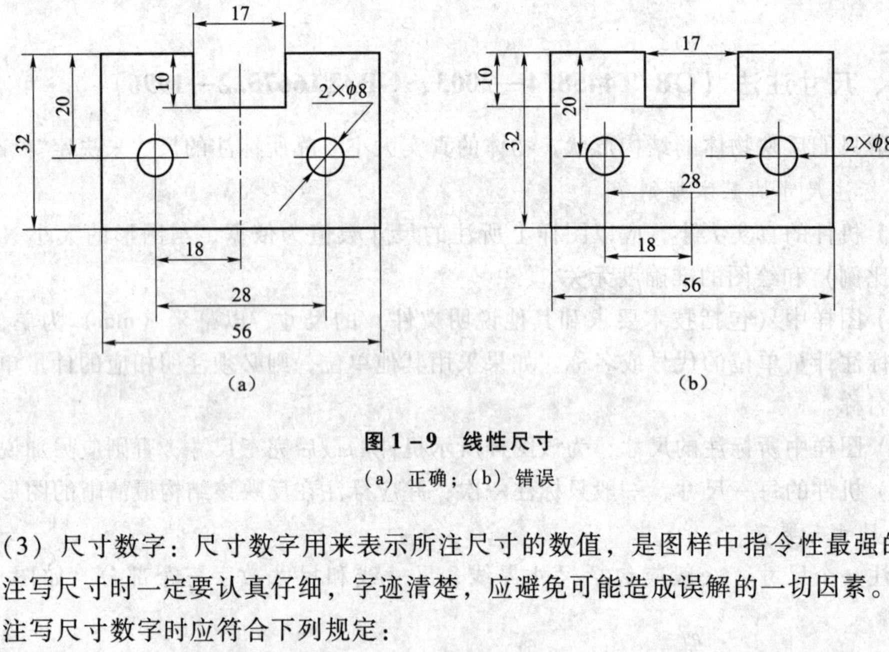

图 1－9　线性尺寸

(a) 正确；(b) 错误

(3) 尺寸数字：尺寸数字用来表示所注尺寸的数值，是图样中指令性最强的部分。要求注写尺寸时一定要认真仔细，字迹清楚，应避免可能造成误解的一切因素。

注写尺寸数字时应符合下列规定：

① 线性尺寸数字的注写位置：水平方向的尺寸，一般应注写在尺寸线的上方；铅垂方向的尺寸，一般应注写在尺寸线的左方；倾斜方向的尺寸，一般应注写在尺寸线靠上的一方，也允许注写在尺寸线的中断处。

② 线性尺寸数字的注写方向：线性尺寸数字的注写方向，水平尺寸的数字字头向上；铅垂尺寸的数字字头朝左；倾斜尺寸的数字字头应有朝上的趋势。示例如图 1－10 所示。

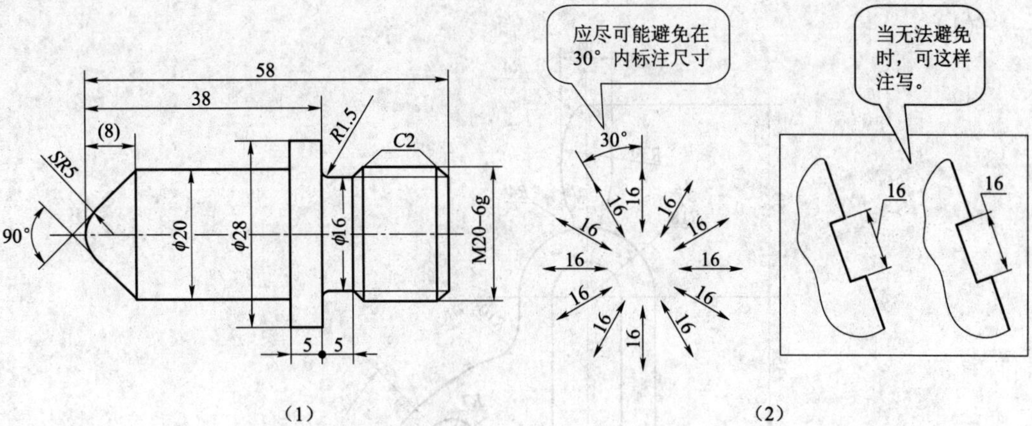

图 1－10　尺寸数字的标注

练一练

1. 根据实测数值标注图 1－11、图 1－12 尺寸。

（1）

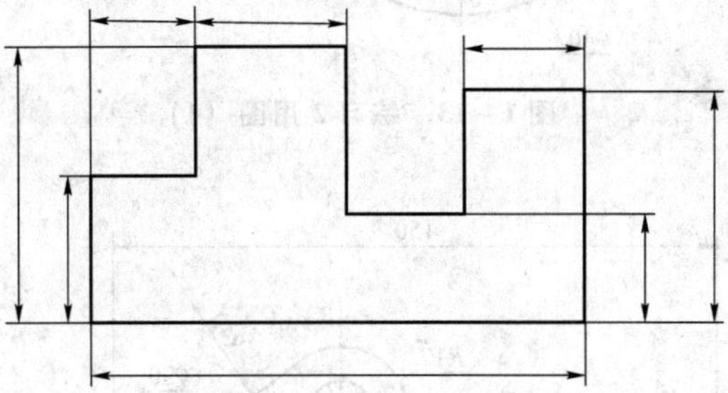

图 1－11　练习 1 用图（1）

（2）

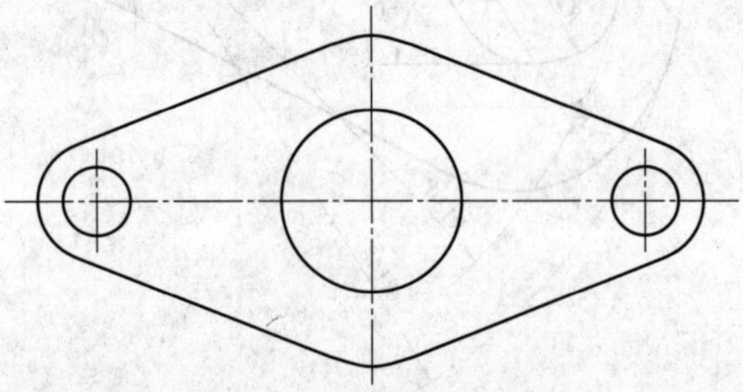

图 1－12　练习 1 用图（2）

2. 绘制以下平面图形（见图 1－13、图 1－14）。

（1）

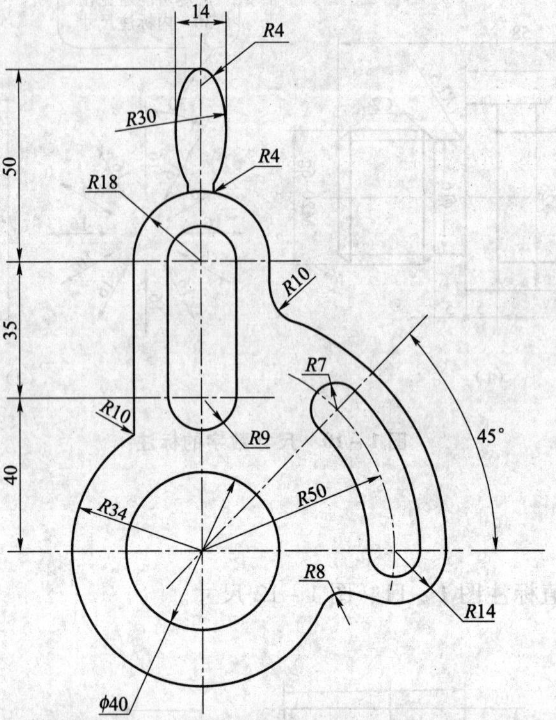

图 1－13　练习 2 用图（1）

（2）

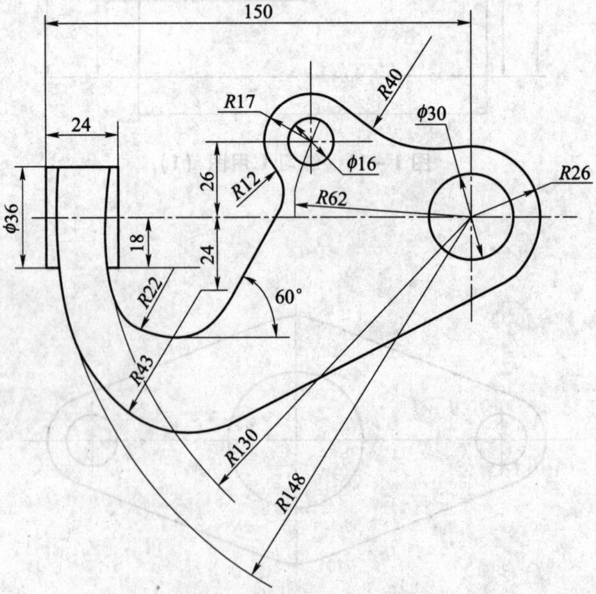

图 1－14　练习 2 用图（2）

子模块二　几 何 作 图

学习与训练要点

- ✧ 了解斜度、锥度的概念和标注方法；
- ✧ 掌握圆弧连接的作图方法；
- ✧ 掌握平面图形的画法和标注方法。

一、斜度和锥度

1. 斜度

斜度是指一直线（或平面）对另一直线（或平面）的倾斜程度。

（1）斜度的大小通常以斜边（或斜面）的高与底边长的比值 $1:n$ 来表示，并加注斜度符号“∠”，符号斜边的方向应与斜度的方向一致，示例如图 1－15 所示。

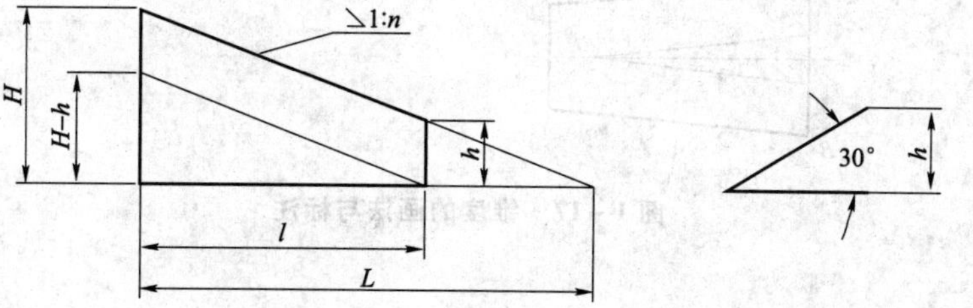

图 1－15　斜度的画法

（2）斜度的画法和标注，如图 1－16 所示。

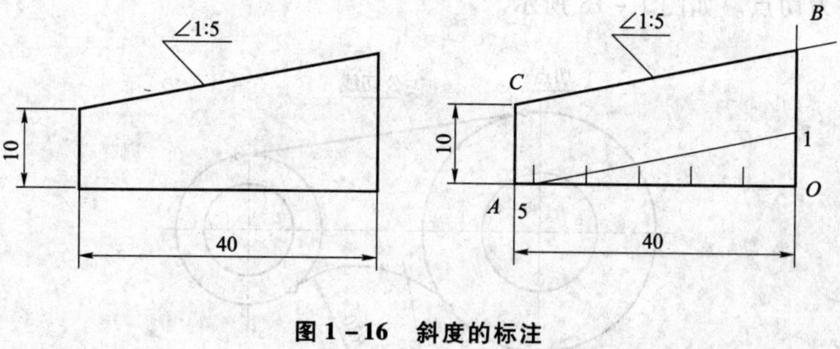

图 1－16　斜度的标注

2. 锥度

锥度是正圆锥的底圆直径与锥高之比，即 $D:L$，而正圆台的锥度是两端底圆直径之差与两底圆间距离之比，即 $(D-d):l$。标注时加注锥度的图形符号。

锥度的画法和标注如图 1－17 所示。

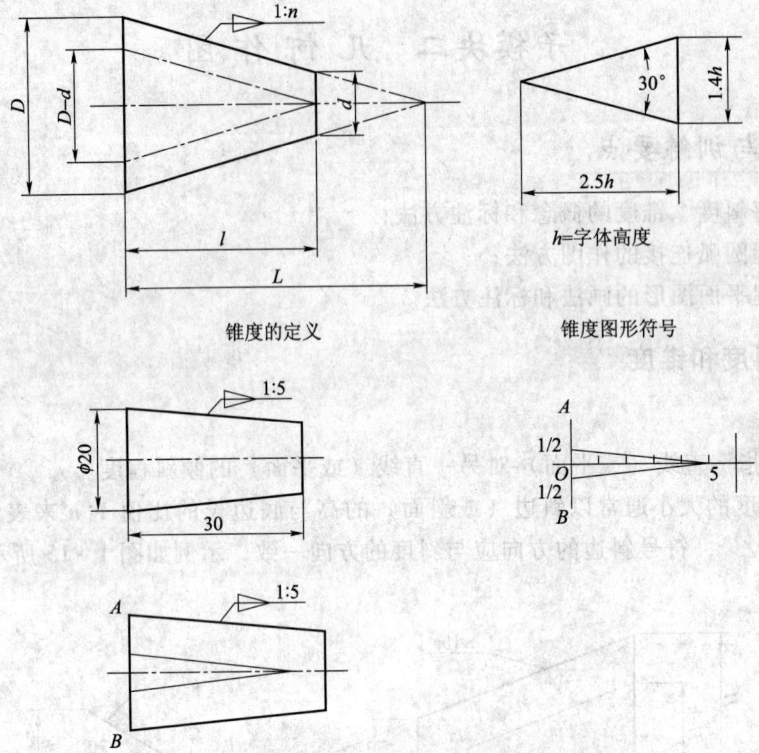

图 1－17　锥度的画法与标注

二、圆弧连接

1. 圆弧连接的原理与作图方法

由一线段圆滑地过渡到另一线段的关系，称为连接。如用一直线连接两圆弧，该直线称为公切线；如用圆弧连接圆弧或直线，该圆弧称为连接弧；两连接线段中圆滑过渡的分界点称为切点。如图 1－18 所示。

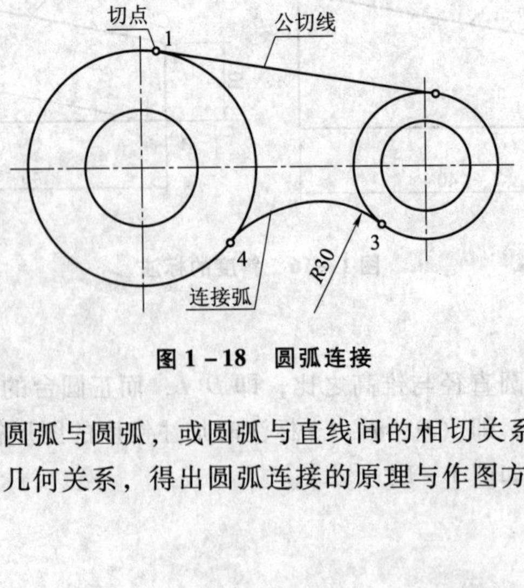

图 1－18　圆弧连接

圆弧连接的实质是圆弧与圆弧，或圆弧与直线间的相切关系。表 1－4 列出了用轨迹方法分析圆相切时的几何关系，得出圆弧连接的原理与作图方法。其作图步骤是：

（1）求连接弧的圆心（分清连接类别）；

（2）求切点；

（3）画连接圆弧（不超过切点）。

表 1－4　　圆弧连接的作图原理与方法

类别	与定直线相切的圆心轨迹	与定圆外切的圆心轨迹	与定圆内切的圆心轨迹
图例	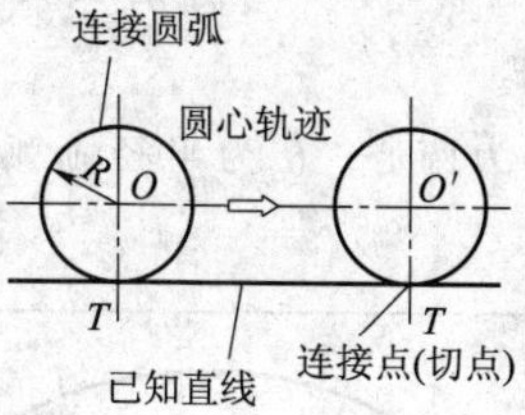	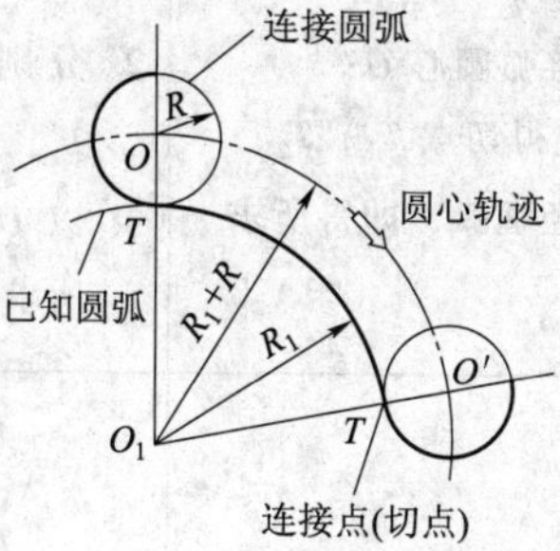	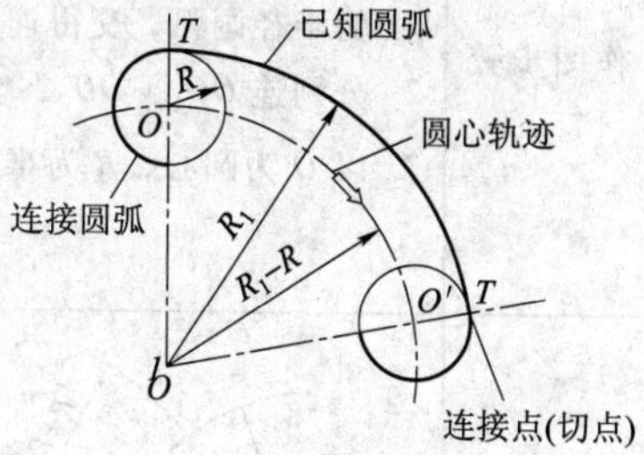
连接弧圆心的轨迹及切点位置	半径为 R 的连接圆弧与已知直线连接（相切）时，连接弧圆心 O 的轨迹是与直线相距为 R 且平行直线的直线；切点为连接弧圆心向已知直线所作垂线的垂足 T。	当一个半径为 R 有连接圆弧与已知圆弧（半径为 R_1）外切时，则连接圆弧圆心的轨迹是已知圆弧的同心圆弧，其半径为 R_1+R；切点为两圆心的连线与已知圆的交点 T。	当一个半径为 R 的连接圆弧与已知圆弧（半径为 R_1）内切时，则连接圆弧圆心的轨迹是已知圆弧的同心圆弧，其半径为 R_1-R；切点为两圆心的连线与已知圆的交点 T。

2. 圆弧连接作图

（1）圆弧与直线连接：用圆弧连接两已知直线，如表 1－5 所示。

表 1－5　　圆弧与直线连接

类别	用圆弧连接锐角或钝角	用圆弧连接直角
图例	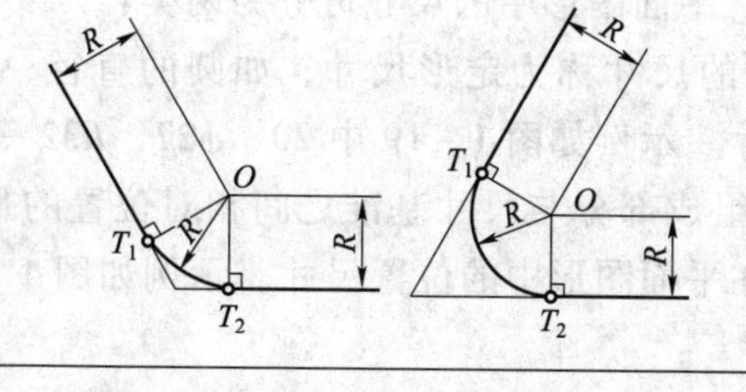	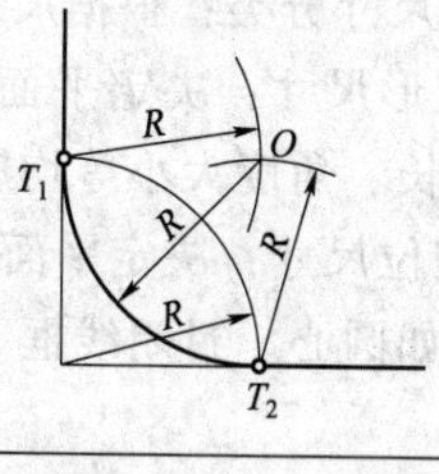
作图步骤	1. 作与已知两边分别相距为 R 的平行线，交点即为连接弧圆心 O； 2. 过 O 点分别向已知角两边作垂线，垂足 T_1、T_2 即为切点； 3. 以 O 为圆心，R 为半径在两切点 T_1、T_2 之间画连接圆弧。	1. 以直角顶点为圆心，R 为半径作圆弧交直角两边于 T_1 和 T_2； 2. 以 T_1 和 T_2 为圆心，R 为半径作圆弧，相交得连接弧圆心为 O； 3. 以 O 为圆心，R 为半径在切点 T_1 和 T_2 之间作连接弧。

（2）圆弧与圆弧连接：用圆弧连接两已知圆弧，如表 1－6 所示。

表 1－6　　圆弧与圆弧连接

类别	外 连 接	内 连 接
作图步骤	1. 分别以 O_1，O_2 为圆心，$R+R_1$，$R+R_2$ 为半径画弧，交得连接弧圆心 O； 2. 分别连 OO_1，OO_2，交得切点 T_1，T_2； 3. 以 O 为圆心，R 为半径画弧，即得所求。	1. 分别以 O_1，O_2 为圆心，$R-R_1$，$R-R_2$ 为半径画弧，交得连接弧圆心 O； 2. 分别连 OO_1，OO_2 并延长交得切点 T_1，T_2 3. 以 O 为圆心，R 为半径画弧，即得所求
图例	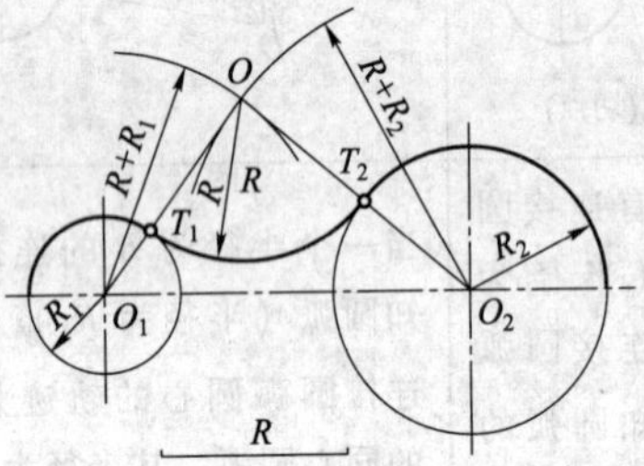	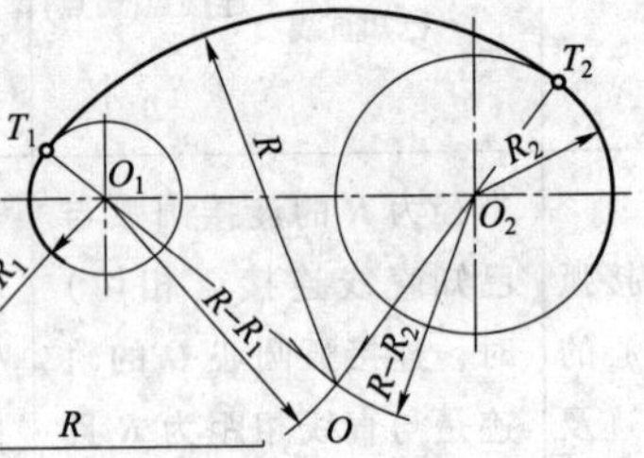

三、平面图形

1. 平面图形的尺寸分析

（1）尺寸基准：标注尺寸的起点，称为尺寸基准。分析尺寸时，首先要检查尺寸基准。通常以图形的对称轴、较大圆的中心线、图形轮廓线作为尺寸基准。一个平面图形具有两个坐标方向的尺寸，每个方向至少有一个尺寸基准。尺寸基准常常也是画图的基准，画图时要从尺寸基准开始画。

（2）尺寸分类：根据尺寸的作用，平面图形中的尺寸可分为两类：

① 定形尺寸：决定平面图形形状的尺寸称为定形尺寸，如圆的直径、圆弧半径、多边形边长、角度大小等均属定形尺寸。示例如图 1－19 中 20、ϕ27、R32 等。

② 定位尺寸：决定平面图形中各组成部分与尺寸基准之间相对位置的尺寸称为定位尺寸，如圆心、封闭线框、线段等在平面图形中的位置尺寸。示例如图 1－9 中的 6、10、60。

注意：有的尺寸，既是定形尺寸，又是定位尺寸。

2. 平面图形的线段分析

直线的作用比较简单，下面只分析圆弧的性质。圆弧分为三类，如图 1－20 所示。

（1）已知圆弧。半径和圆心位置的两个定位尺寸均为已知的圆弧，根据图中所注尺寸能直接画出，如图 1－20 中的 ϕ27、R32。

（2）中间圆弧。已知半径和圆心的一个定位尺寸的圆弧，需与其一端连接的线段画出后，才能确定其圆心位置，如图 1－20 中的 R15、R27。

(3) 连接圆弧。只已知半径尺寸，而无圆心的两个定位尺寸的圆弧，需要与其两端相连接的线段画出后，通过作图才能确定其圆心位置，如图 1－20 中的 *R*3、*R*28、*R*40。

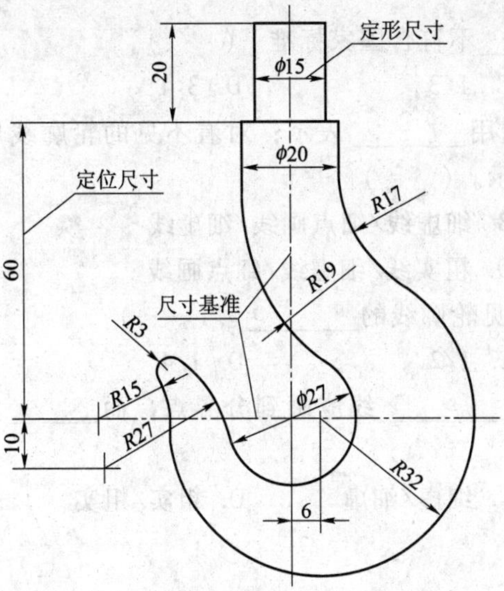

图 1－19 尺寸分析

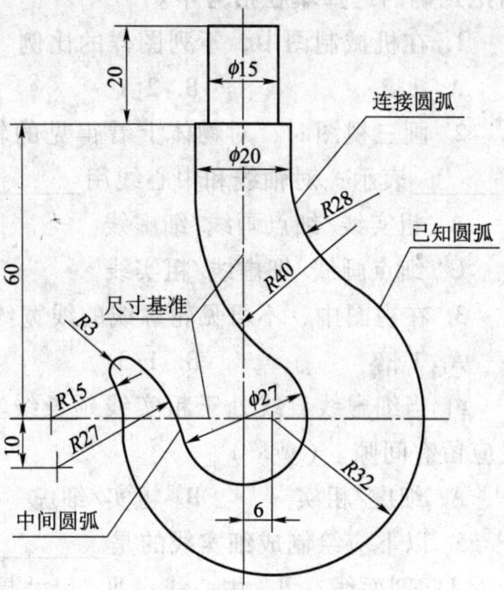

图 1－20 线段分析

3. 平面图形的画图步骤

平面图形中，当有几个圆弧连接时，在两个已知圆弧间可以有任意个中间圆弧(也可以没有)，但是必须有也只能有一个连接圆弧。掌握这一规律，通过线段分析，即可知道该平面图形能否画出，其尺寸是否标注完全、合理。

平面图形的画图步骤，一般从图形的基准线画起，再按已知线段、中间线段、连接线段的顺序作图。对圆弧来说，先画已知圆弧，再画中间圆弧，最后画连接圆弧。

第一步：画底稿线。按正确的作图方法绘制，要求图线细而淡，图形底稿完成后应检查，如发现错误，应及时修改，擦去多余的图线。

第二步：标注尺寸。为提高绘图速度，可一次完成。

第三步：描深图线。可用铅笔或墨线笔描深线，描绘顺序宜先细后粗、先曲后直、先横后竖、从上到下、从左到右、最后描倾斜线。

第四步：填写标题栏及其他说明。文字应该按工程字要求写。

第五步：修饰并校正全图。

要点回顾

1. 学习机械制图必须严格遵守机械制图国家标准的有关规定，树立标准化的观念。

2. 工程技术人员必须养成良好的绘图习惯，并能正确、熟练地使用绘图工具和仪器，能绘制出较好图面质量的工程图样。

3. 熟练掌握绘制几何图形的方法和步骤。

4. 熟练掌握徒手绘图的基本方法

思考与训练

请把正确的选择填在括号中。

1. 在机械制图中，下列图样的比例________不符合国家标准。（　　）

A. 1∶2　　B. 2∶1　　C. 1∶3　　D. 3∶1

2. 画三视图时，对物体上看得见的轮廓线用________表示；对看不见的轮廓线用________表示；对轴线和中心线用________表示。（　　）

A. 粗实线/细点画线/细虚线　　B. 细虚线/细点画线/细虚线

C. 细点画线/细虚线/粗实线　　D. 粗实线/细虚线/细点画线

3. 在视图中，不可见轮廓线的线宽约为可见轮廓线的________。（　　）

A. 1 倍　　B. 1/3　　C. 1/2　　D. 1/4

4. 当细虚线直线处于粗实线延长线上时，________线应画到分界点，而________线应留有间隙。（　　）

A. 细虚/粗实　　B. 粗实/细虚　　C. 细虚/细虚　　D. 粗实/粗实

5. 以下应绘制成细实线的是________。

Ⅰ. 剖面线；Ⅱ. 中心线；Ⅲ. 尺寸界线

A. Ⅰ　　B. Ⅱ　　C. Ⅰ+Ⅲ　　D. Ⅱ+Ⅲ

6. 虚线、点画线与其他图线相交时，应在________处相交，而不应在________处交汇。

A. 长画/点　　B. 长画或短画/空隙或点

C. 长画/空隙　　D. 空隙/长画或短画

7. 在视图中，粗实线用于________。

A. 可见轮廓线　　B. 不可见轮廓线　　C. 特殊要求线　　D. 分界线

8. 下列说法正确的是________。

A. 轴线、细虚线、对称中心线和作为中断线的细双点画线，应超出轮廓线 2～5mm

B. 轴线、粗实线、对称中心线和作为中断线的细双点画线，应超出轮廓线 2～5mm

C. 轴线、对称中心线、双折线和作为中断线的细双点画线，应超出轮廓线 2～5mm

D. 轴线、对称中心线和作为中断线的细双点画线，应超出轮廓线 2～5mm

9. 粗实线不可用于绘制________。

A. 可见轮廓线　　B. 螺纹牙顶线

C. 螺纹长度终止线　　D. 尺寸界线

10. 当粗实线与细虚线重叠时，应画________线；细虚线与细点画线重叠时，应画________线。

A. 粗实/细虚　　B. 粗实/细点画　　C. 细虚/细点画　　D. 细虚/细点画

模 块 二

投影的基本知识

学习与训练总目标

- ➢ 掌握投影法的基本概念和正投影的基本性质；
- ➢ 掌握三视图的形成及投影规律；
- ➢ 能识读和绘制简单形体的三视图。

子模块一　投影法介绍

学习与训练要点

- ✧ 了解投影法的概念、分类；
- ✧ 掌握中心投影法的概念及特性；
- ✧ 掌握平行投影法的概念；
- ✧ 掌握正投影法的性质。

投影法：是指投射线通过物体，向选定的面投射，并在该面上得到图形的方法。投影法的分类如图 2－1 所示。

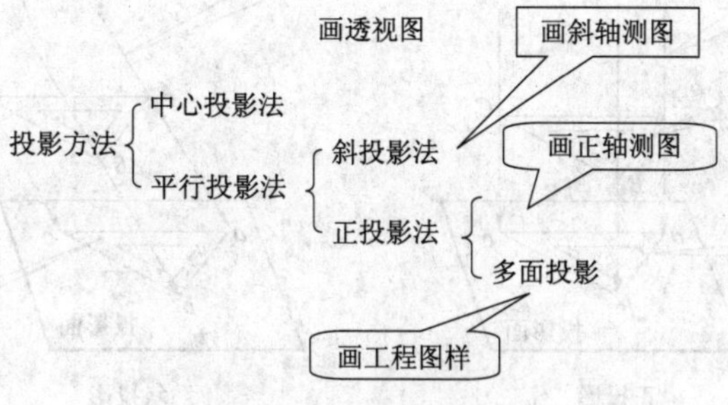

图 2－1　投影法分类

一、中心投影法

所有投射线都通过一个投射中心，好像灯光投射机件，这种投影法称为中心投影法，如图 2－2 所示。

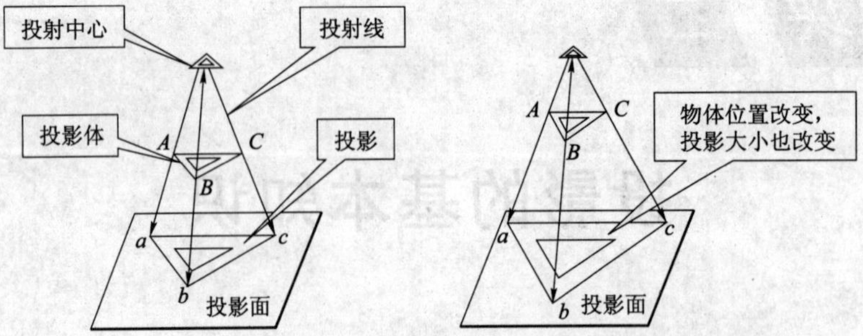

图 2-2　中心投影法

投影特性如下：

① 中心投影法得到的投影一般不反映形体的真实大小；

② 度量性较差，作图复杂。

二、平行投影法

当投射中心离投影面无限远时，所有的投射线互相平行，好像太阳光照射物体，这种投影法称为平行投影法。

根据投射线与投影面之间的空间相对位置关系，又可将平行投影法分为两种——正投影法和斜投影法。

① 正投影法：投射线互相平行且垂直于投影面。

② 斜投影法：投射线互相平行且与投影面斜交。

绘制工程图样主要用正投影法，若不做特别说明，“投影”即指“正投影”，如图 2-3 所示。

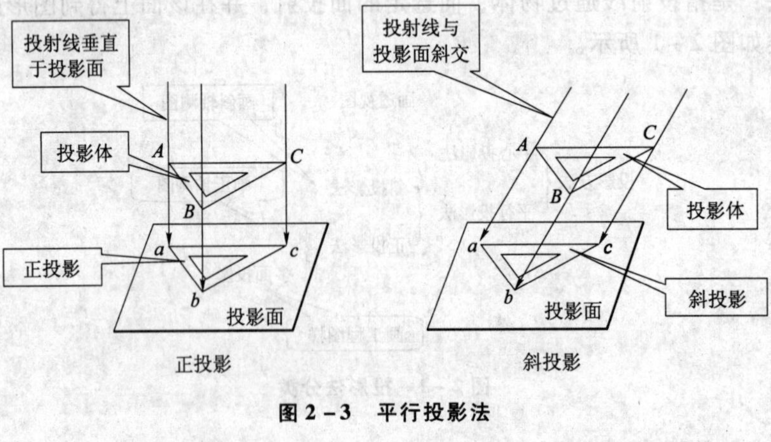

图 2-3　平行投影法

三、正投影法性质

正投影法性质如图 2-4 所示。

1. 全等性

当空间直线或平面平行于投影面时，其投影反映直线的实长或平面的实形，这种投影性质称为全等性。

2. 积聚性

当直线或平面垂直于投影面时，其投影积聚为一点或一条直线，这种投影性质称为积聚性。

3. 类似性

当空间直线或平面倾斜于投影面时，其投影仍为直线或与之类似的平面图形，其投影的长度变短或面积变小，这种投影性质称为类似性。

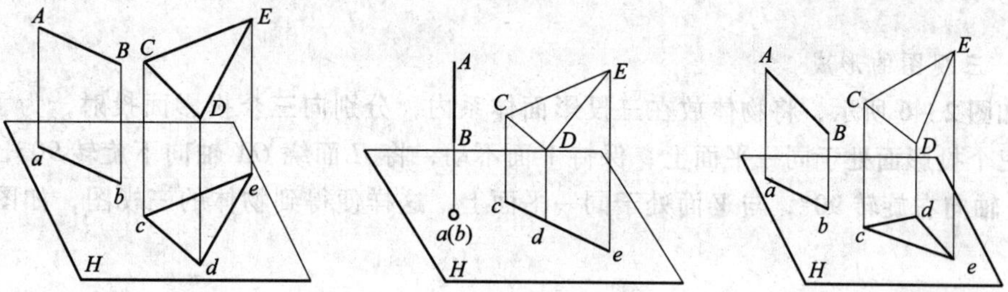

图 2-4　正投影性质

子模块二　三视图的形成及投影规律

学习与训练要点

✧ 了解三面投影体系；
✧ 熟练掌握三视图的形成；
✧ 熟练掌握三视图的位置关系；
✧ 熟练掌握三面投影规律。

一般工程图样采用正投影法绘制的正投影图，根据有关标准和规定，用正投影法所绘制出的物体的图形称为视图。

一、三面投影体系及三视图的形成

一般情况下，只用一个方向的投影来表达形体是不确定的，通常须将形体向几个方向投影，才能完整清晰地表达出形体的形状和结构。

1. 三面投影体系

设立三个互相垂直的投影平面，构成三面投影体系。这三个平面将空间分为八个分角，GB4458.1—84 规定：采用第一角投影法，如图 2-5 所示。

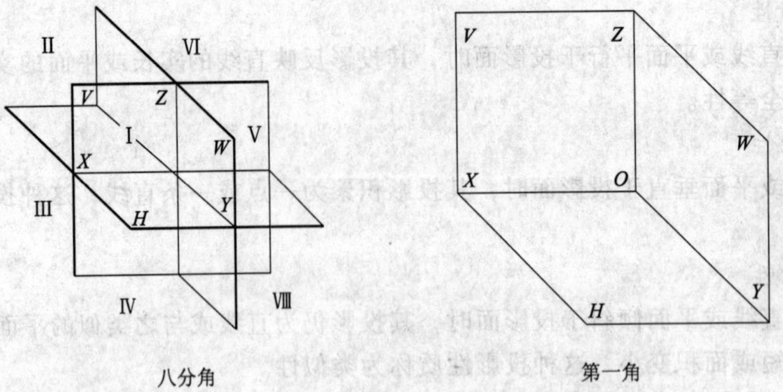

图 2－5　三投影面体系

2. 三视图的形成

如图 2－6 所示，将物体放在三投影面体系内，分别向三个投影面投射，为了使所得的三个投影面处于同一平面上，保持 V 面不动，将 H 面绕 OX 轴向下旋转 90°，W 面绕 OZ 轴向右旋转 90°，与 V 面处于同一平面上，这样便得到物体的三视图，如图 2－7 所示。

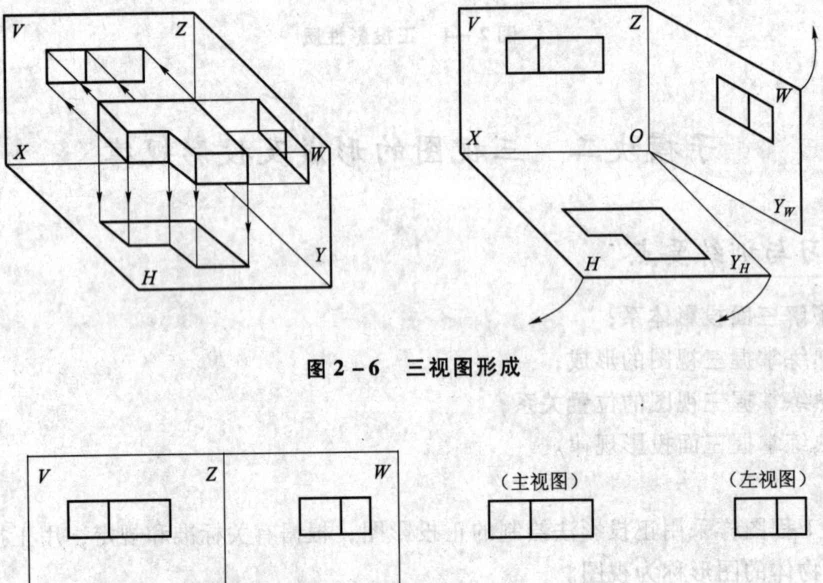

图 2－6　三视图形成

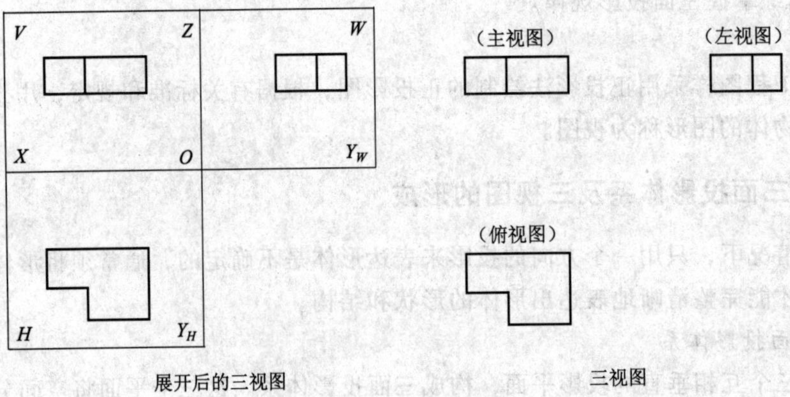

图 2－7　三视图形成

注意：

（1）在三投影面体系中摆放形体时，应使形体的多数表面（或主要表面）平行或垂直于投影面（即形体正放）。

（2）形体在三投影面体系中的位置一经选定，在投影过程中不能移动或变更。

二、三视图的位置关系及对应投影规律

1. 位置关系

如图 2－8 所示，主视图位置确定后，俯视图（*H* 面）在主视图（*V* 面）的正下方，左视图（*W* 面）在主视图（*V* 面）的正右方，这种位置关系，在一般情况下是不允许变动的。

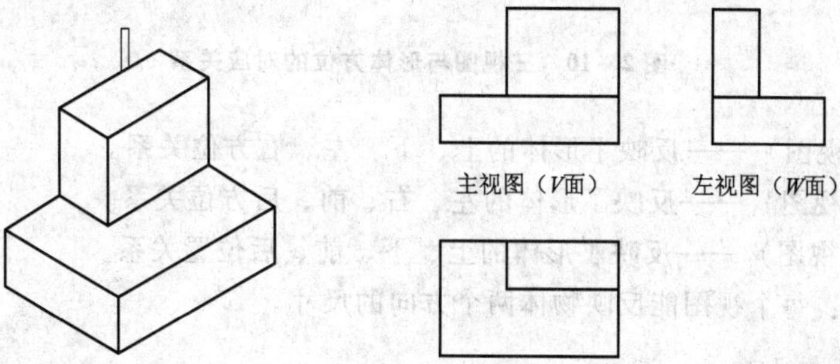

图 2－8　三视图的方位关系

2. 投影规律

三视图的度量对应关系如图 2－9 所示。

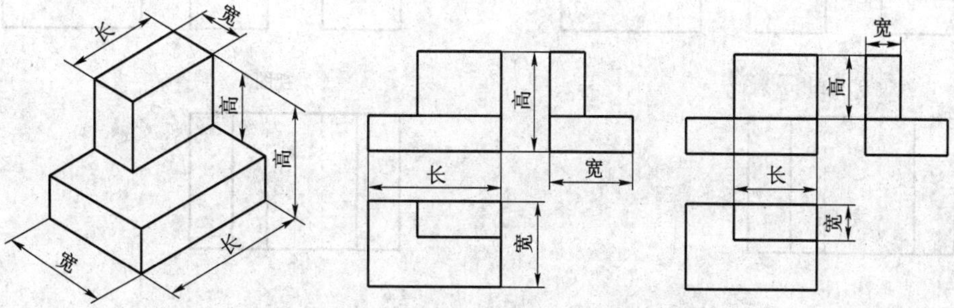

图 2－9　三视图的度量对应关系

三视图之间的投影关系可归纳为：

V 面、*H* 面（主、俯视图）——长对正。

V 面、*W* 面（主、左视图）——高平齐。

H 面、*W* 面（俯、左视图）——宽相等。

3. 形体与视图的方位关系

三视图与形体方位的对应关系如图 2－10 所示。

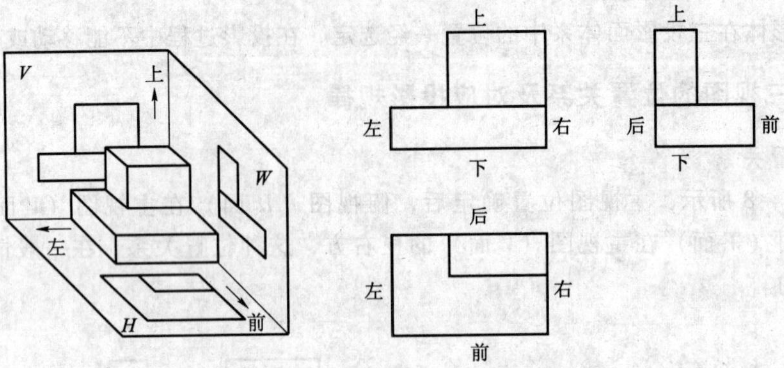

图 2－10　三视图与形体方位的对应关系

V 面（主视图）——反映了形体的上、下、左、右方位关系。

H 面（俯视图）——反映了形体的左、右、前、后方位关系。

W 面（左视图）——反映了形体的上、下、前、后位置关系。

重点提示：每个视图能反映物体两个方向的尺寸。

练一练

1. 参照立体图写出下面各视图名称。

（ ）视图

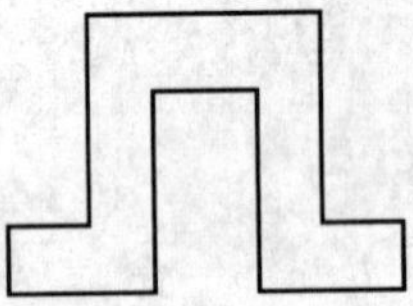

（ ）视图

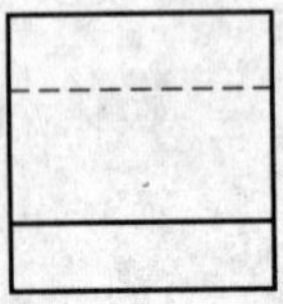

（ ）视图

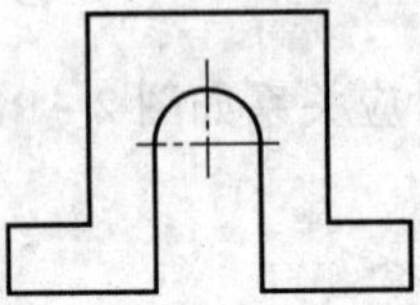

（ ）视图

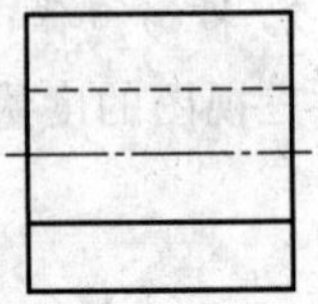

（ ）视图

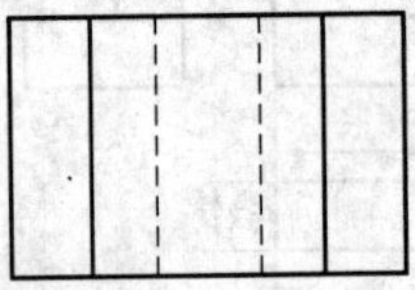

（ ）视图

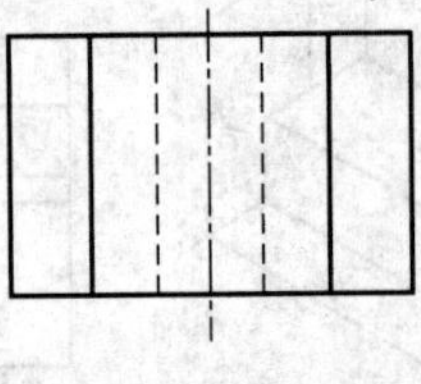

2. 参照立体图在三视图中填写长、宽、高的尺寸。

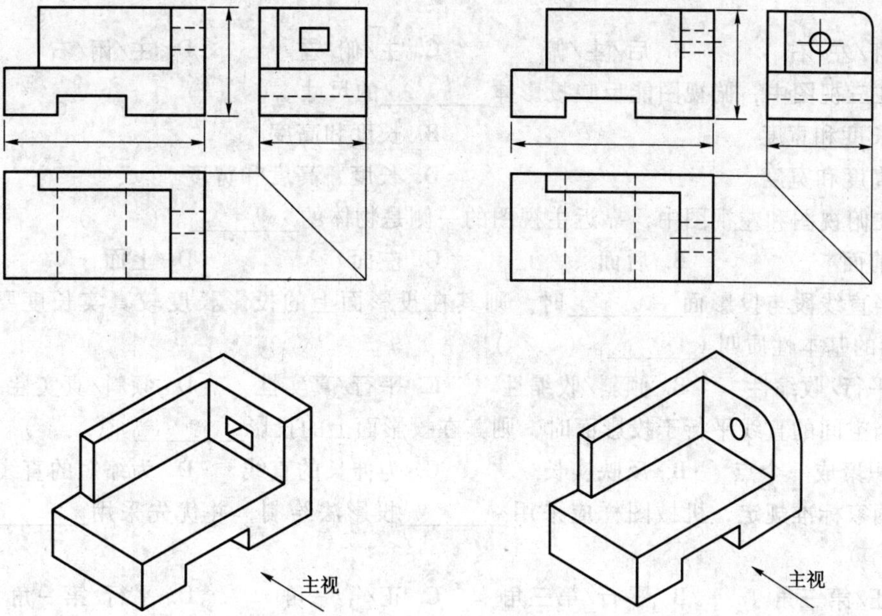

要点回顾

1. 械制图主要采用“正投影法”，它的优点是能准确反映形体的真实形状，便于度量，能满足生产上的要求。

2. 三个视图都是表示同一形体，它们之间是有联系的，具体表现为视图之间的位置关系，尺寸之间的“三等”关系以及方位关系。这三种关系是投影理论的基础，必须熟练掌握。

3. 画三视图时要注意，除了整体保持“三等”关系外，每一局部也应保持“三等”关系，其中特别要注意的是俯、左视图的对应，在度量宽相等时，度量基准必须一致，度量方向必须一致。

思考与训练

请把正确的选择填在括号中。

1. 下图所示投影为________投影。(　　)

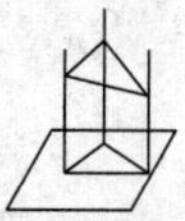

A. 正　　B. 斜　　C. 中心　　D. 点

2. 下列属于平行投影法的有________。(　　)

Ⅰ. 中心投影法；Ⅱ. 正投影；Ⅲ. 斜投影。

A. Ⅰ　　B. Ⅰ+Ⅱ　　C. Ⅰ+Ⅲ　　D. Ⅱ+Ⅲ

3. 所谓的“三视图”，通常是指________视图、________视图和________视图。(　　)

A. 仰/左/右　　B. 后/主/俯　　C. 主/俯/左　　D. 主/俯/右

4. 在三视图中，俯视图能反映投影体________的尺寸。(　　)

A. 长度和宽度　　B. 长度和高度

C. 高度和宽度　　D. 长度、高度和宽度

5. 在俯视图和左视图中，靠近主视图的一侧是物体的________。(　　)

A. 前面　　B. 后面　　C. 左面　　D. 上面

6. 当直线段与投影面________时，则其在投影面上的投影长度较真实长度要短，这种投影的基本性质叫________。(　　)

A. 平行/收缩性　　B. 倾斜/收缩性　　C. 平行/真实性　　D. 倾斜/真实性

7. 当空间的直线平行于投影面时，则其在投影面上的投影________。(　　)

A. 积聚成一个点　　B. 反映实长　　C. 为伸长的直线　　D. 为缩短的直线

8. 国家标准规定，机械图样应采用________投影法绘制，并优先采用________画法。(　　)

A. 正/第三角　　B. 平行/第三角　　C. 正/第一角　　D. 平行/第一角

9. 关于三视图中的主视图，下面说法中正确的是________。(　　)

A. 表示物体的正面形状，反映了物体的长度和高度

B. 表示物体的顶面形状，反映了物体的长度和宽度

C. 表示物体的左面形状，反映了物体的高度和宽度

D. 表示物体的底面形状，反映了物体的长度和宽度

10. 在三视图中，符合“长对正”规律的是________。(　　)

A. 俯视图与左视图　　B. 主视图与侧视图

C. 主视图与俯视图　　D. 主视图与左视图

11. 物体的三视图是一个物体的三面投影，简单来说，就是________。(　　)

A. 高对正、长平齐、宽相等　　B. 长相等、高平齐、宽相等

C. 高对正、宽平齐、长相等　　D. 长对正、高平齐、宽相等

12. 在三视图中，主视图能反映投影体________的尺寸。(　　)

A. 长度和宽度　　B. 长度和高度

C. 高度和宽度　　D. 长度、高度和宽度

模块三

点、直线、平面的投影

学习与训练总目标

➢ 掌握点、直线和平面的投影规律与作图法；

➢ 掌握点与线的相对位置中从属性和定比性的运用；

➢ 掌握各种位置直线和平面的投影特征、作图方法以及在投影图上正确判断其空间位置的方法；

➢ 掌握两直线、两平面相对位置的投影特征及判断方法。

子模块一　点 的 投 影

学习与训练要点

✧ 了解点的三面投影与直角坐标的关系；

✧ 掌握点三面投影规律；

✧ 了解两点间的相对位置；

✧ 了解重影点的可见性。

一、点的三面投影

1. 投影面与投影轴

V 面与 H 面的交线——OX 轴，H 面与 W 面的交线——OY 轴，V 面与 W 面的交线——OZ 轴，如图 3－1 所示。

2. 空间点的位置和直角坐标

（1）空间点的位置，可由直角坐标值来确定，一般采用下列的书写形式：A（x，y，z）。

（2）点到各投影面的距离，为相应的坐标数值 x，y，z。

3. 如何表达空间点 A

a——点 A 的水平（H）投影；

a'——点 A 的正面（V）投影；

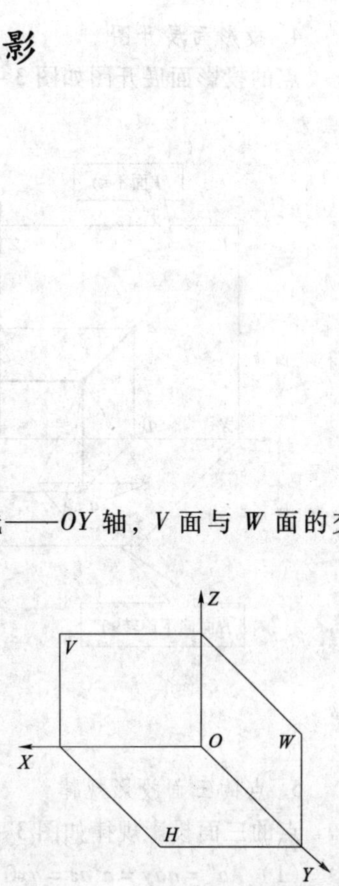

图 3－1　投影面与投影轴

a″——点 A 的侧面（W）投影。

如图 3－2 所示。

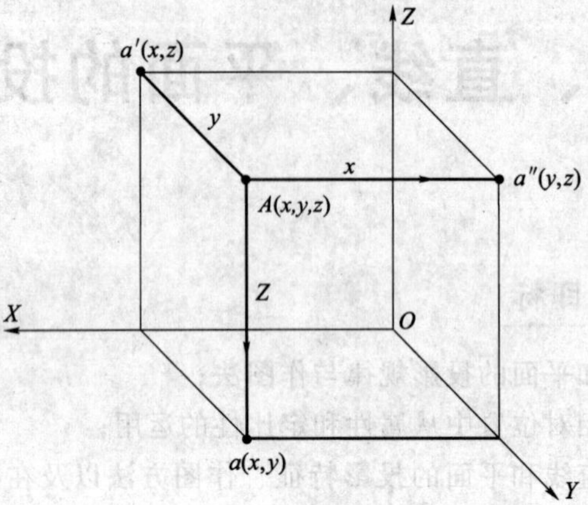

图 3－2　点的投影

4. 投影面展开图

点的投影面展开图如图 3－3 所示。

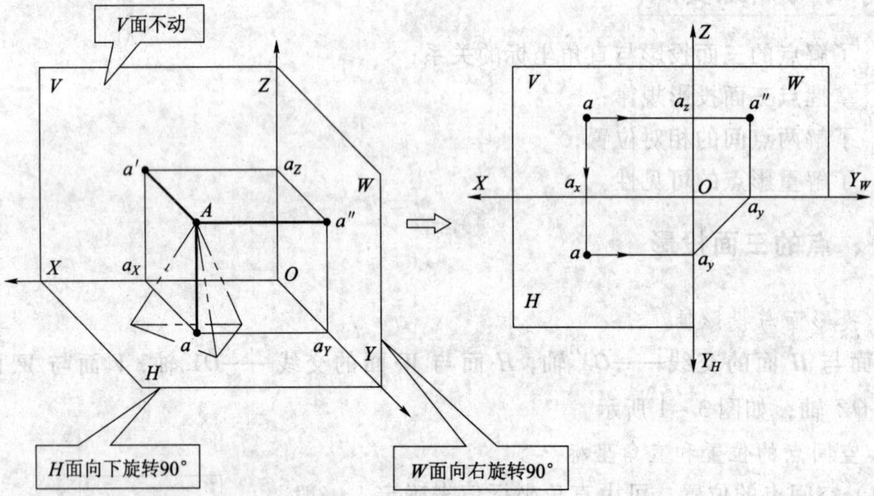

图 3－3　点的投影面展开图

5. 点的三面投影规律

点的三面投影规律如图 3－4 所示。

（1）$Aa'' = aay = a'az = ax0 = xA$——A 点到 W 面的距离；

（2）$Aa' = aax = a''az = ay0 = yA$——A 点到 V 面的距离；

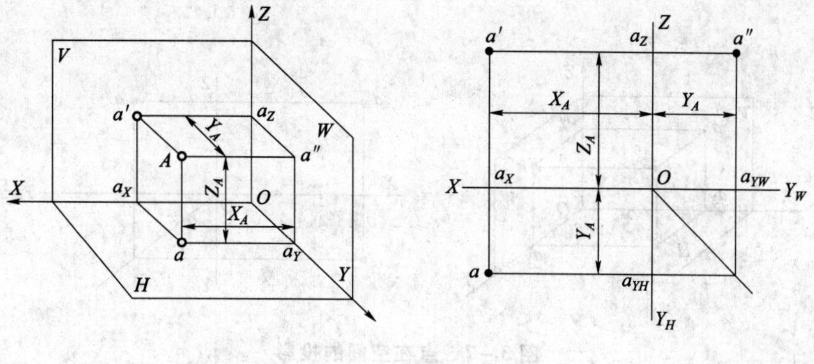

图 3-4　点的投影规律

(3) $Aa = a'ax = a''ay = az0 = zA$——$A$ 点到 H 面的距离。

例 1　已知 A 点的坐标值 $A(12, 10, 15)$，如图 3-5 所示，求作 A 点的三面投影图。

步骤：

① 作投影轴；

② 量取：

$Oa_X = 12$、$Oa_Z = 15$、$Oa_{YH} = Oa_{YW} = 10$，得 a_X、a_Z、Oa_{YH}、Oa_{YW}等点；

③ 过 a_X、a_Z、a_{YH}、a_{YW}等点分别作所在轴的垂线，交点 a、a'、a''即为所求。

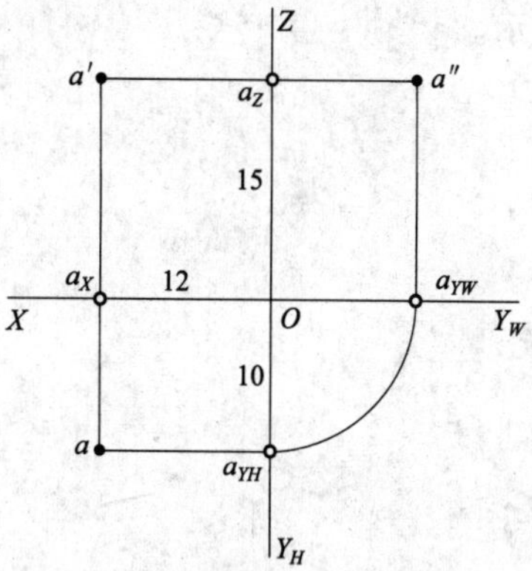

图 3-5　已知点的坐标求三面投影

例 2　已知点的两个投影，如图 3-6 所示，求第三投影。

解法一：

通过作 45°线使 $a''a_Z = aa_X$

解法二：

用圆规直接量取 $a''a_Z = aa_X$

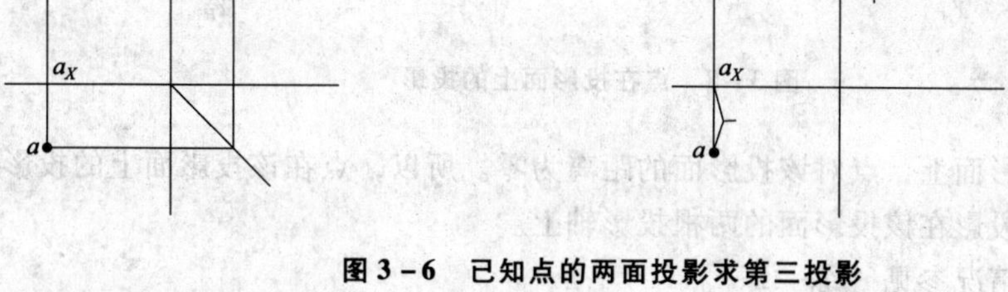

图 3-6　已知点的两面投影求第三投影

二、点的空间位置

点在投影体系中有四种位置情况。

第一种情况：点 A（X, Y, Z）在空间的位置，如图 3-7 所示。

✍ 由于 X、Y、Z 均不为零，对三个投影面都有一定距离，所以点的三个投影都不在轴上。

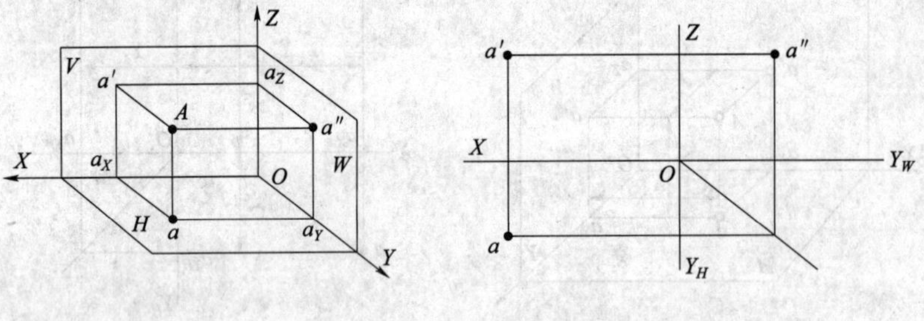

图 3-7　点在空间的投影

第二种情况：点在在投影面上。

在 H 面上（X，Y，0）；在 V 面上（X，0，Z）；在 W 面上（0，Y，Z），如图 3-8 所示。

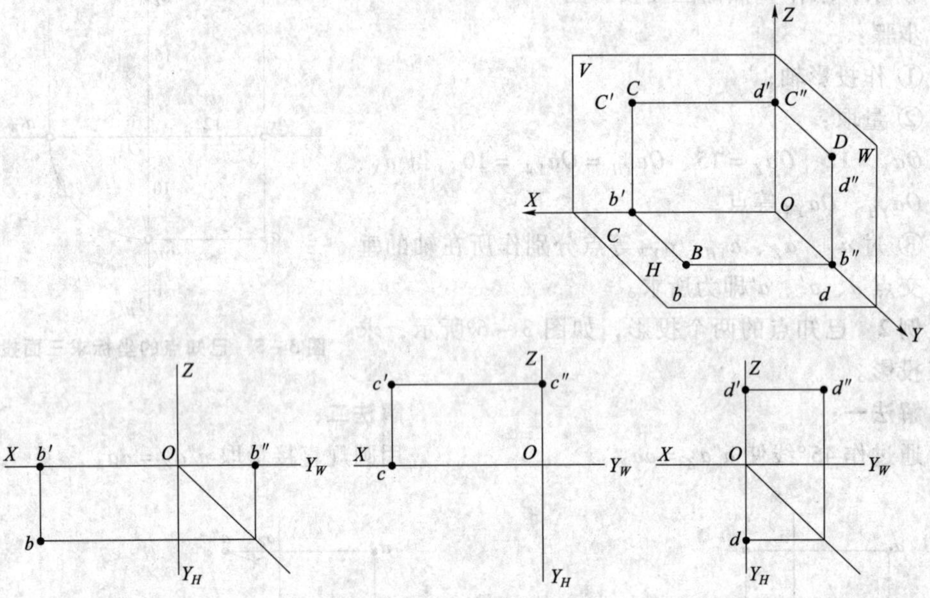

图 3-8　点在投影面上的投影

由于点在投影面上，点对该投影面的距离为零。所以，点在该投影面上的投影与空间点重合，另两投影在该投影面的两根投影轴上。

第三、四种情况参见“练一练”。

练一练

试做出点在投影轴上及原点上的三面投影。

三、两点的相对位置

两点的相对位置指两点在空间的上下、前后、左右位置关系。

1. 一般位置

判断方法：

- x 坐标大的在左；
- y 坐标大的在前；
- z 坐标大的在上。

在图 3－9 中，b 点在 a 点的左、下、前方。

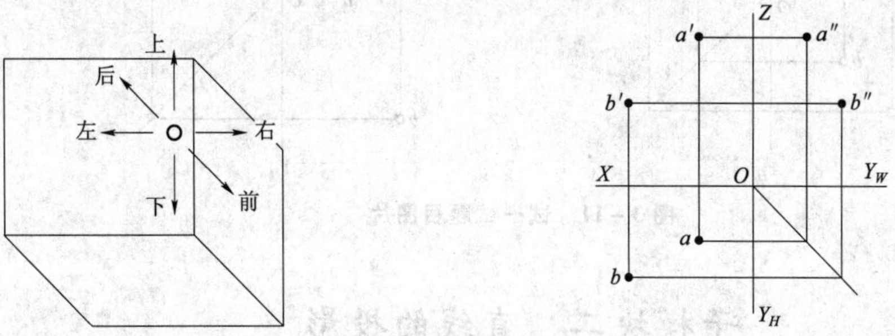

图 3－9　一般位置判别办法

2. 两点重影

当空间两点到两个投影面的距离都分别对应相等时，该两点处于同一投射线上，它们在该投射线所垂直的投影面上的投影重合在一起，这两点称为对该投影面的重影点。

重影点需要判断其可见性，将不可见点的投影用括号括起来，以示区别，如图 3－10 所示。

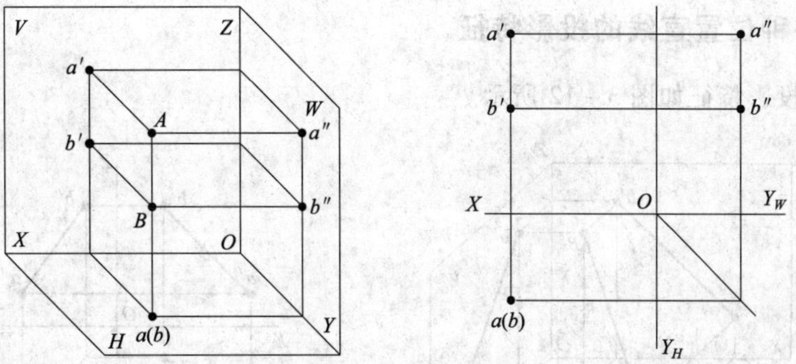

图 3－10　重影点和可见性

H 面重影，被挡住的投影加括号“（　　）”。

练一练

判断图 3－11 中 a、b 两点的相对位置。

(1) a 点在 b 点之________，a 点在 b 点之________，a 点在 b 点之________，a 点在 b 点之________，a 点比 b 点靠前____ mm，b 点比 A 点低____ mm。

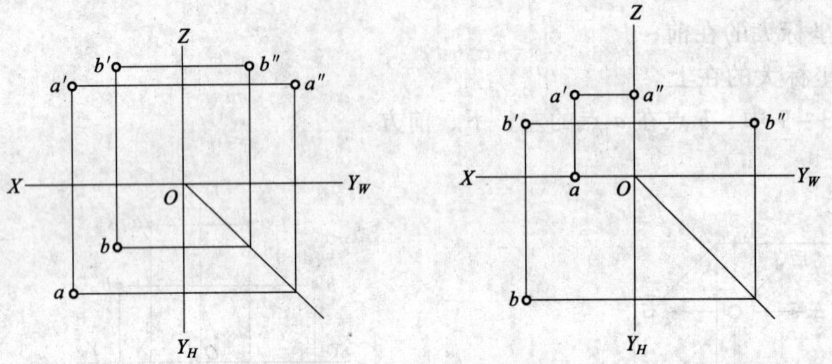

图 3－11　试一试题目图片

子模块二　直线的投影

学习与训练要点

✧ 了解直线的投影；
✧ 掌握各种位置直线的投影；
✧ 了解点与直线的关系；
✧ 掌握两直线的相对位置。

一、各种位置直线的投影特征

直线的投影特征如图 3－12 所示。

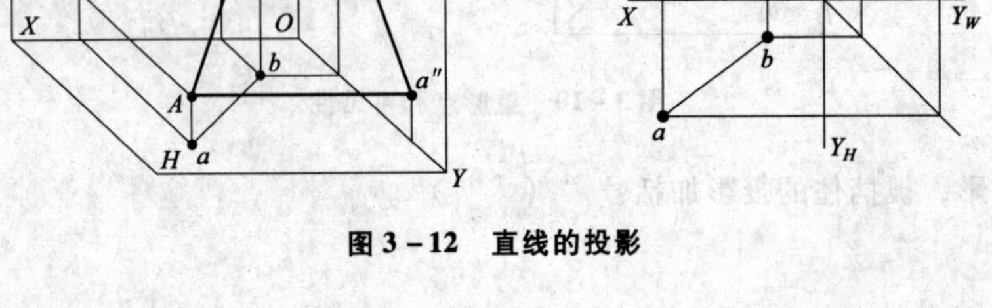

图 3－12　直线的投影

两点确定一条直线，将两点的同面投影用直线连接，就得到直线的投影。

1. 一般位置直线

与三个投影面都斜交的直线，与 H 面的夹角为 α，与 V 面的角为 β，与 W 面的夹角为 γ，如图 3－13 所示。

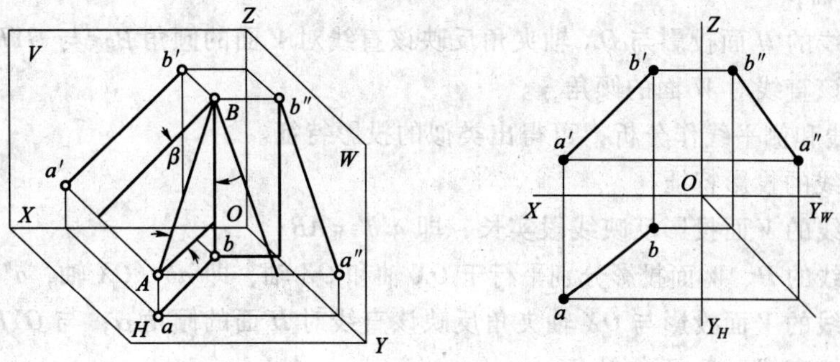

图 3－13　一般位置直线的投影

投影特性：

三个投影都缩短了，即都不反映空间线段的实长及与三个投影面夹角，且与三根投影轴都倾斜。

2. 特殊位置的直线

(1) 投影面平行线：平行于某一投影面而与其余两投影面斜交。分以下 3 种情况：

正平线（平行于 V 面）；侧平线（平行于 W 面）；水平线（平行于 H 面），如图 3－14 所示。

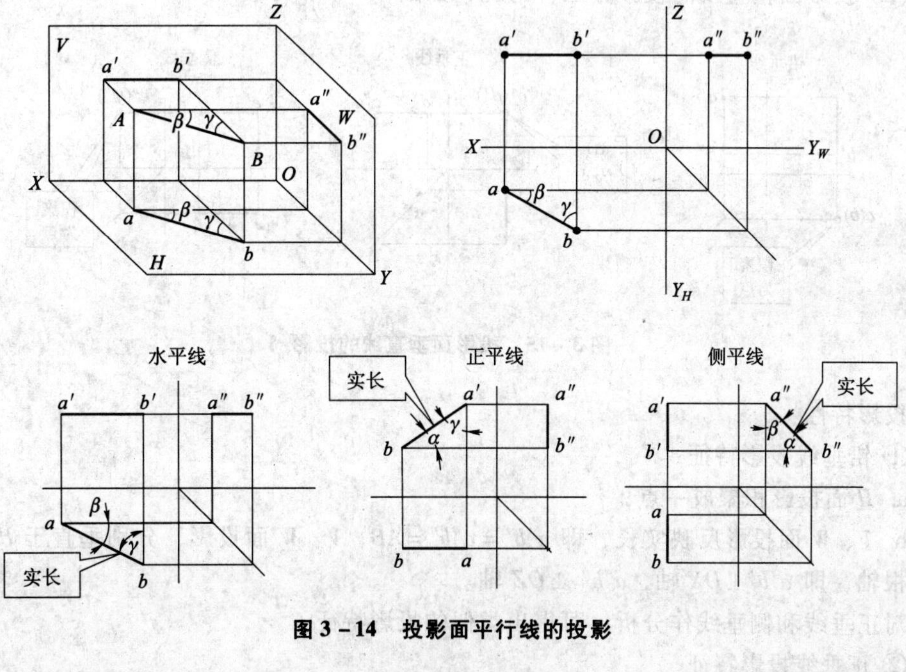

图 3－14　投影面平行线的投影

投影特性：

① 水平线的投影特征

a. 水平线的 H 面投影反映线段实长，即 $ab=AB$；

b. 水平线的 V、W 面投影分别平行于 H 面的两根轴，即 $a'b'$ // OX 轴，$a''b''$ // OYW 轴；

c. 水平线的 H 面投影与 OX 轴夹角反映该直线对 V 面的倾角 β；与 OYH 轴的夹角，反映该直线对 W 面的倾角 γ。

对正平线和侧平线作分析，可得出类似的投影特征。

② 正平线的投影特征

a. 正平线的 V 面投影反映线段实长，即 $a'b'=AB$；

b. 正平线的 H、W 面投影分别平行于 OX 轴和 OZ 轴，即 ab // OX 轴，$a''b''$ // OZ 轴；

c. 正平线的 V 面投影与 OX 轴夹角反映该直线对 H 面的倾角 α；与 OYH 轴的夹角，反映该直线对 W 面的倾角 γ。

③ 侧平线的投影特征

a. 侧平线的 W 面投影反映线段实长，即 $a''b''=AB$；

b. 侧平线的 V、H 面投影分别平行于 OZ 轴和 OY 轴，即 $a'b'$ // OZ 轴，ab // OY 轴；

c. 侧平线的 W 面投影与 OZ 轴夹角反映该直线对 V 面的倾角 β；与 OYW 轴的夹角，反映该直线对 H 面的倾角 α。

投影特性总结如下：

① 在其平行的那个投影面上的投影反映实长，并反映直线与另两投影面倾角。

② 另两个投影面上的投影平行于相应的投影轴。

（2）投影面垂直线的投影分三种情况，如图 3－15 所示。

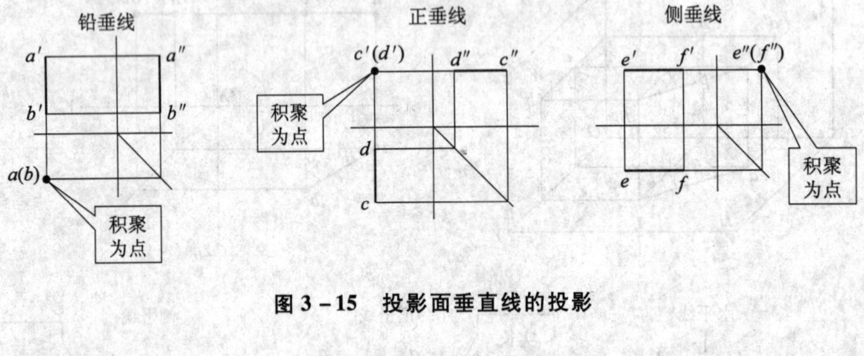

图 3－15　投影面垂直线的投影

投影特性：

① 铅垂线投影特征

a. H 面投影积聚成一点；

b. V、W 面投影反映实长，即 $a'b'=a''b''=AB$；V、W 面投影，分别垂直于 H 面的两面根轴，即 $a'b'\perp OX$ 轴，$a''b''\perp OZ$ 轴。

对正垂线和侧垂线作分析，可得出类似的投影特征。

② 正垂线投影特征

a. V 面投影积聚成一点；

b. H、W 面投影反映实长，即 $ab = a''b'' = AB$；H、W 面投影，分别垂直于 OX 轴和 OZ 轴，即：$ab \perp OX$ 轴，$a''b'' \perp OZ$ 轴。

③ 侧垂线投影特征：

a. W 面投影积聚成一点；

b. V、H 面投影反映实长，即 $a'b' = ab = AB$；V、H 面投影，分别垂直于 OZ 轴和 OYH 轴，即：$a'b' \perp OY$ 轴，$ab \perp OZ$ 轴。

投影特性总结如下：

① 在其垂直的投影面上，投影有积聚性。

② 另外两个投影面上，投影反映线段实长，且垂直于相应的投影轴。

练一练

（1）试判断图 3－16 中两直线的空间位置。

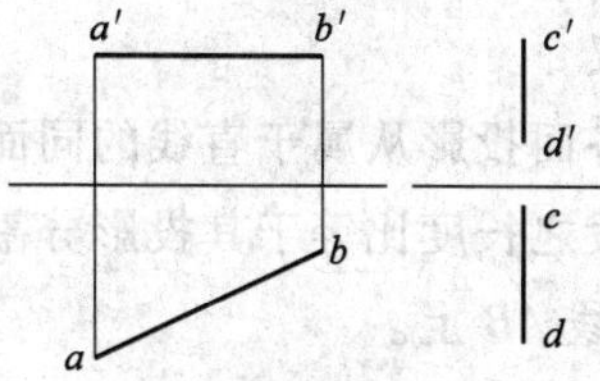

图 3－16　练习（1）图

（2）根据图 3－17 中直线的投影判断其相对位置并填空。

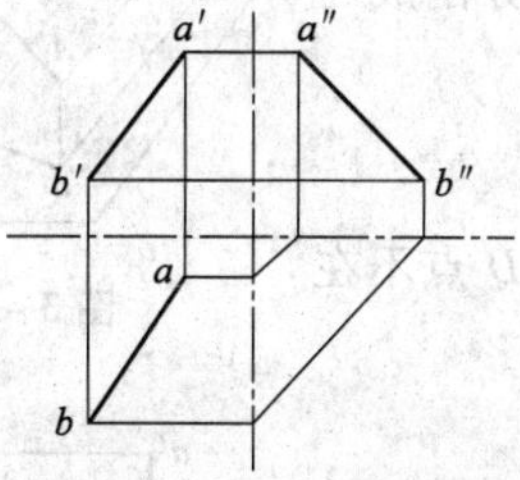

AB

与 V 面________

与 H 面________

与 W 面________

AB 是________线

________为实长

图 3－17　练习（2）图

（3）根据图 3－18 中直线的投影判断其相对位置并填空。

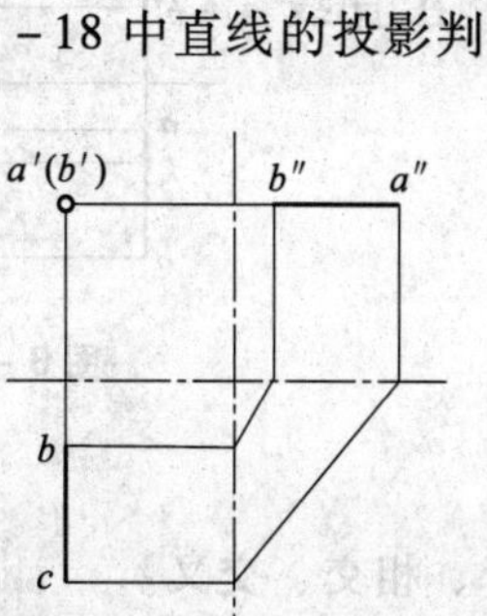

AB

与 V 面________

与 H 面________

与 W 面________

AB 是________线

________为实长

图 3－18　练习（3）图

（4）已知点 A 的投影，试过 A 点按给定条件（见图 3－19）画出直线 AB 的投影，长度及对投影面的倾斜度自定。

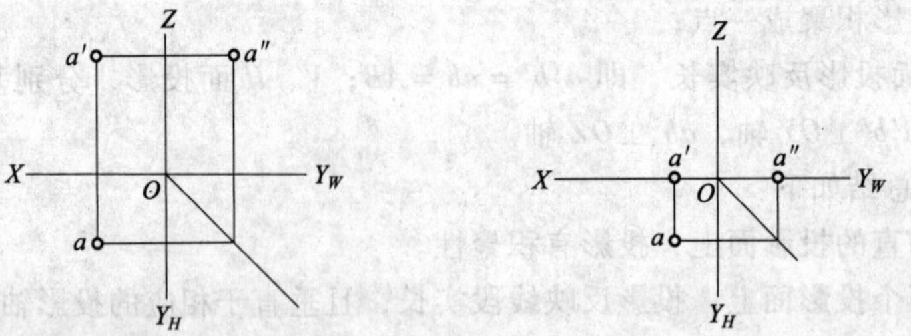

图 3－19　练习（4）图

二、直线与点的相对位置

1. 点与直线的关系有两种情况

（1）点从属于直线，则点的各面投影从属于直线的同面投影。

（2）从属于直线的点分割线段之长度比等于其投影分割线段投影长度之比。

例 1　判断点 C、D 是否在直线 AB 上。

判别方法：

① 若点在直线上，则点的投影必在直线的同面投影上。即具有从属性。

② 若点在直线上，则点将线段的同面投影分割成与空间直线相同的比例。即具有定比性：

$$AC/CB = ac/cb = ac / cb$$

从图 3－20 可以判断，C 点在直线 AB 上，D 点不在直线 AB 上。

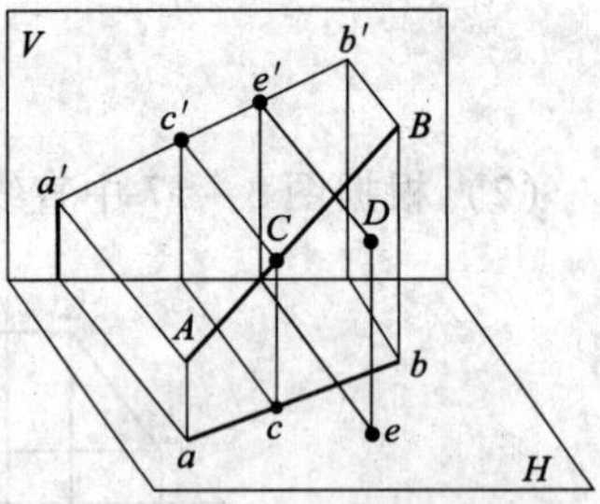

图 3－20　例 1 图

2. 点不从属于直线

若点不从属于直线，则点的投影不具备上述性质。

例 2　如图 3－21 所示，判断点 K 是否在直线 AB 上。

因 k'' 不在 $a''b''$ 上，故点 K 不在 AB 上。

另一判断法是应用定比定理。

因 $a'k':k'b' \neq ak:kb$，故点 K 不在 AB 上。

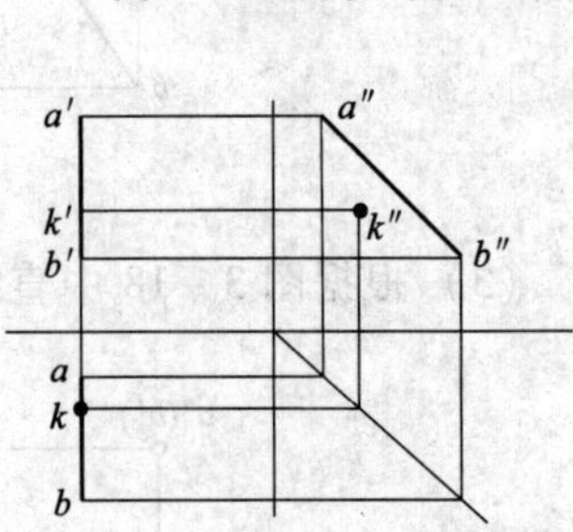

图 3－21　例 2 图

三、两直线的相对位置

空间两直线的相对位置分为三种情况：平行、相交、交叉。

1. 两直线平行

两直线平行，其同面投影必定平行或重合，如图 3－22 所示。

若两直线的投影符合该特点，则两直线必定平行。

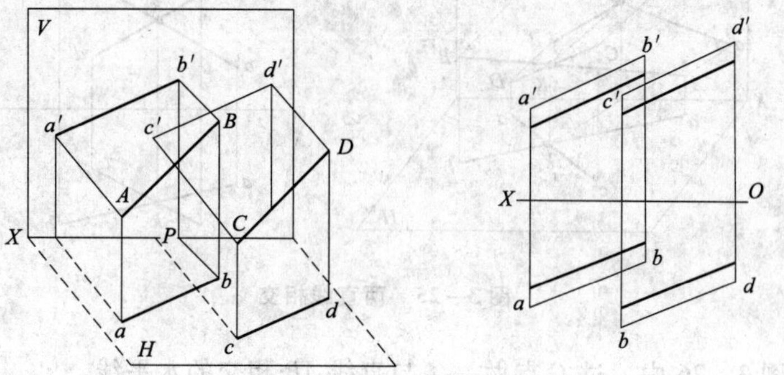

图 3－22 两直线平行

例 3 试判断两直线相对位置

①

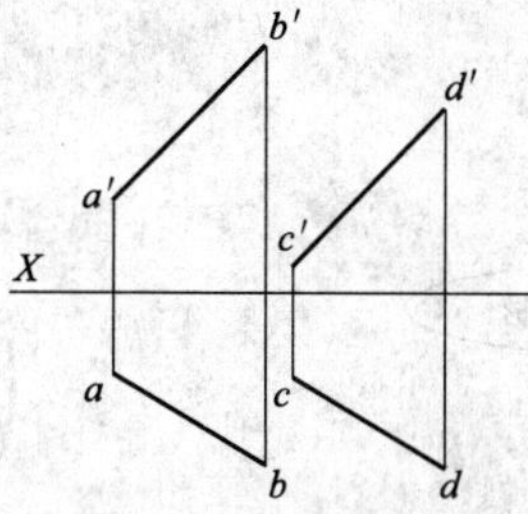

图 3－23 例 3 图①

对于一般位置直线，只要有两个同面投影互相平行，空间两直线就平行。对于图 3－23，可得出以下结论：*AB*//*CD*

②

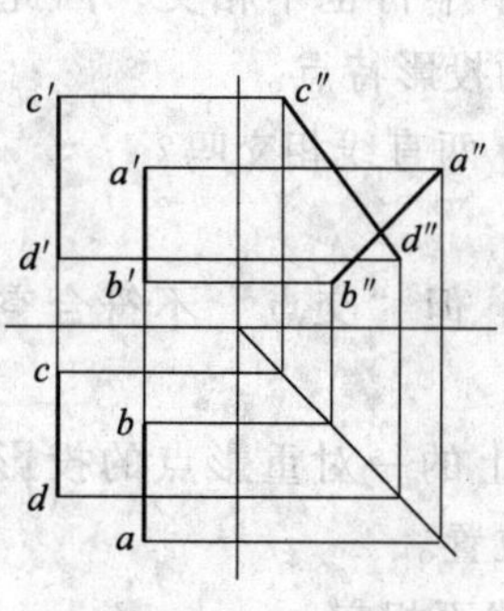

图 3－24 例 3 图②

对于投影面平行线，只有两个同面投影互相平行，空间直线不一定平行。若用两个投影判断，其中应包括反映实长的投影。

提示：判断例图 3－24 中两直线是否平行，应先求出侧面投影，再得出结论 *AB* 与 *CD* 不平行。

2. 两直线相交

若空间两直线相交，则其同面投影必相交，且交点的投影必符合空间一点的投影规律，如图 3－25 所示。

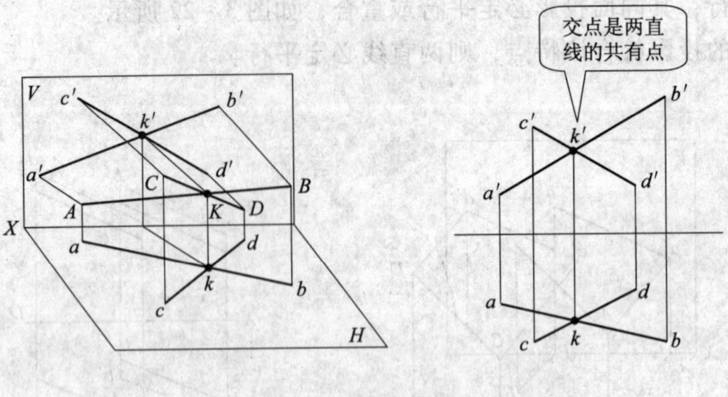

图 3－25　两直线相交

例 4　在图 3－26 中，过 C 点做一条与直线 AB 相交的水平线。

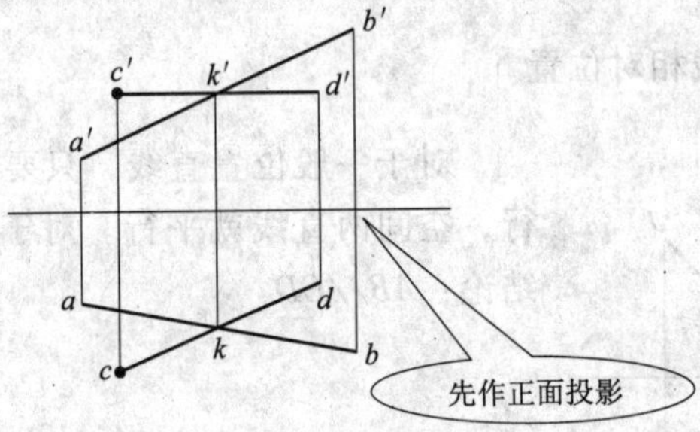

图 3－26　例 4 图

3. 两直线交叉

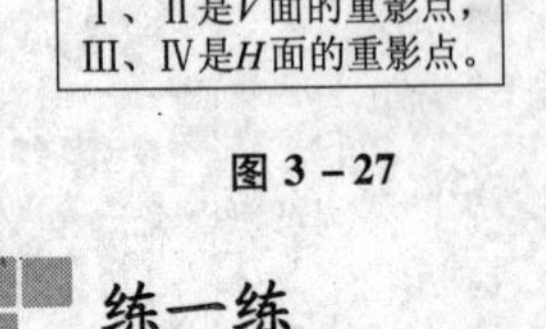

图 3－27

由于交叉的两直线既不平行也不相交，因此不具备相交两直线和平行两直线的投影特点。

图 3－27 中，AB 与 CD 两直线相交吗？

投影特性：

① 同面投影可能相交，但“交点”不符合空间一个点的投影规律。

② “交点”是两直线上的一对重影点的投影，用其可帮助判断两直线的空间位置。

结论：AB 与 CD 两直线不相交

练一练

根据平面的三面投影（见图 3－28、图 3－29），判断其空间位置并注明其名称，并把有实形的填在横线上。

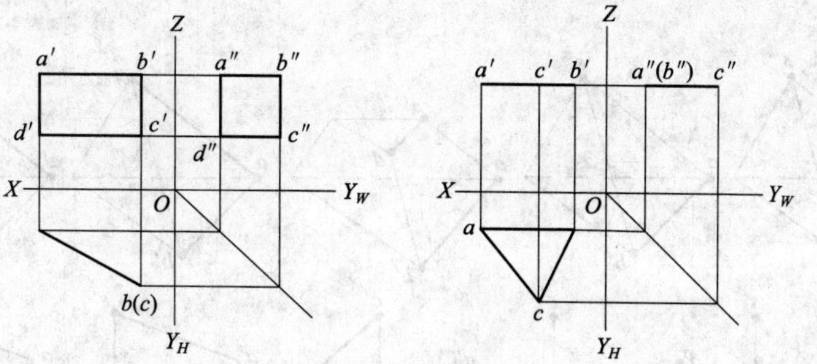

图 3－28　练习图①

对 *V* 面______，对 *H* 面______，对 *W* 面______，平面 *ABCD* 是______面，______实形

对 *V* 面______，对 *H* 面______，对 *W* 面______，平面 *ABCD* 是______面，______实形

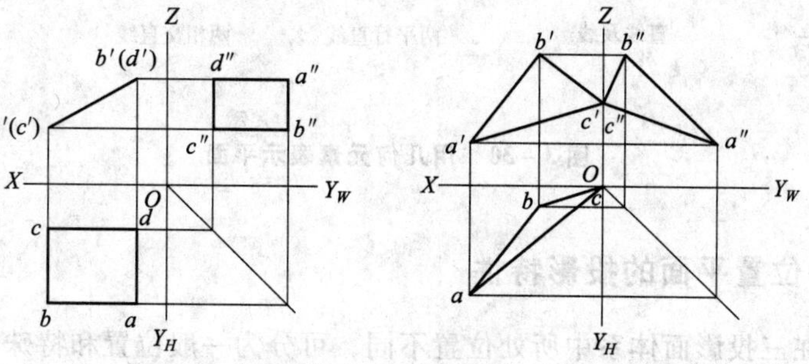

图 3－29　练习图②

对 *V* 面______，对 *H* 面______，对 *W* 面______，平面 *ABCD* 是______面，______实形

对 *V* 面______，对 *H* 面______，对 *W* 面______，平面 *ABCD* 是______面，______实形

子模块三　平面的投影

学习与训练要点

✧ 了解平面的表示法；
✧ 掌握投影面垂直面的投影；
✧ 掌握投影面平行面的投影；
✧ 了解一般位置平面的投影；
✧ 了解平面内点和直线的关系。

一、平面的表示法

通常用平面上的点、直线或平面图形等几何元素的投影来表示平面的投影，如图 3－30 所示。

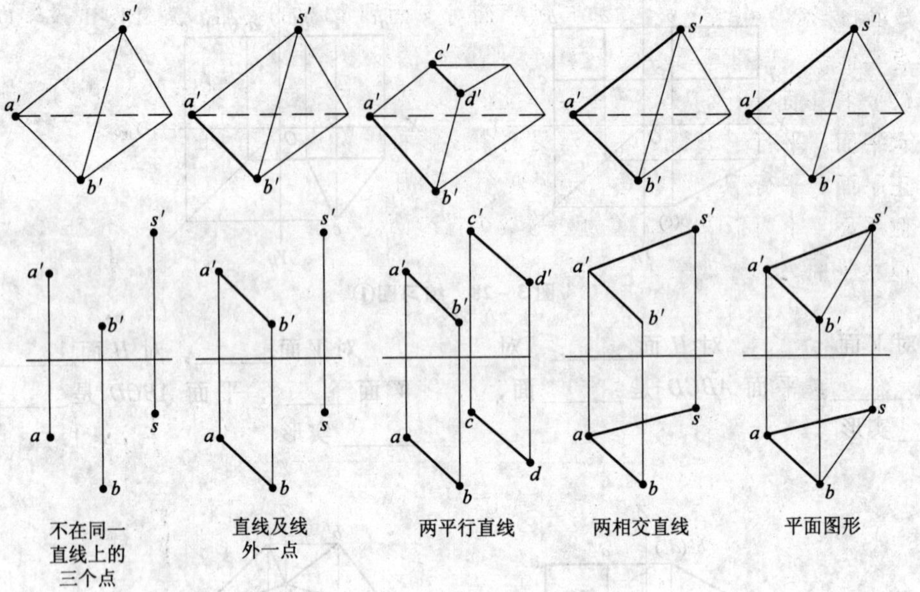

图 3－30　用几何元素表示平面

二、各种位置平面的投影特性

根据平面在三投影面体系中所处位置不同，可分为一般位置和特殊位置。

1. 特殊位置平面

(1) 投影面垂直面：垂直于某一投影面，倾斜于另两个投影面，分为以下几种。

铅垂面：垂直于水平面，倾斜于另两个投影面。

正垂面：垂直于正平面，倾斜于另两个投影面。

侧垂面：垂直于侧平面，倾斜于另两个投影面。

以铅垂面为例，如图 3－31 所示。

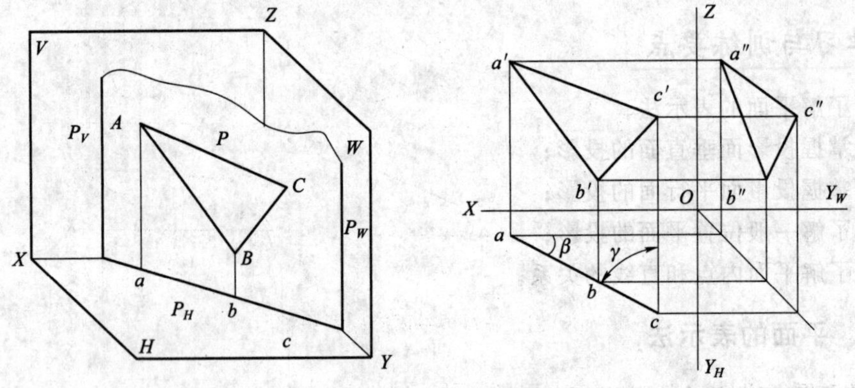

图 3－31　铅垂面

投影特性：

H 面投影具有积聚性，β、γ 反映平面对 *V* 面和 *W* 面的夹角。另外两个投影面上的投影有类似性。同理可推导出正垂面及侧垂面的投影特性。

（2）投影面平行面：平行于某一投影面，垂直于另两个投影面，分以下几种情况。

水平面：平行于 *H* 面，垂直于另两个投影面。

正平面：平行于 *V* 面，垂直于另两个投影面。

侧平面：平行于 *W* 面，垂直于另两个投影面。

以水平面为例，如图 3－32 所示。

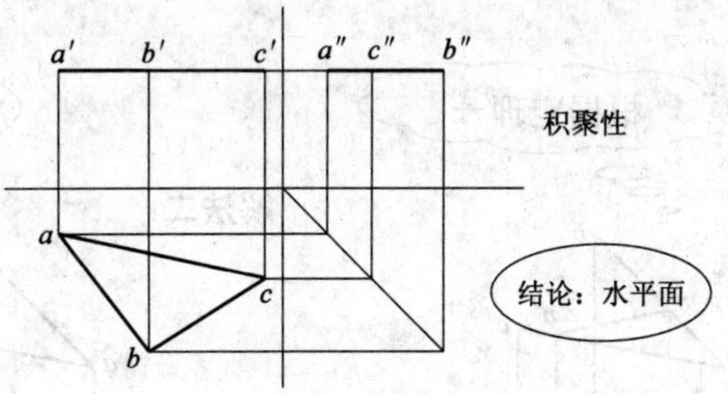

图 3－32　水平面

投影特性：

在它所平行的投影面上的投影反映实形。另两个投影面上的投影分别积聚成与相应的投影轴平行的直线。

2. 一般位置平面

以图 3－33 为例，三面投影都是缩小的类似形。

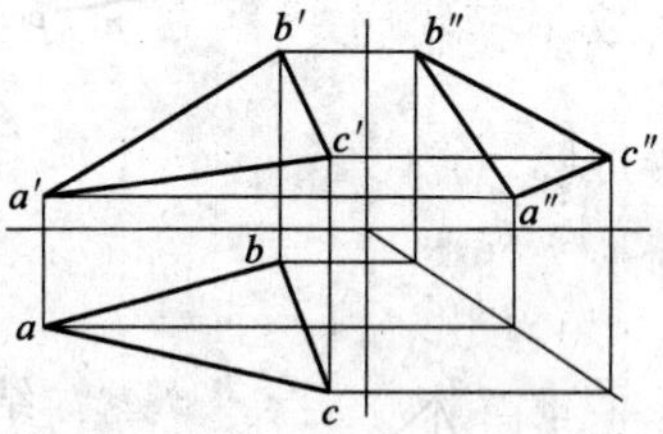

图 3－33　一般位置平面

平面在三投影面体系中的投影特性如图 3－34 所示。

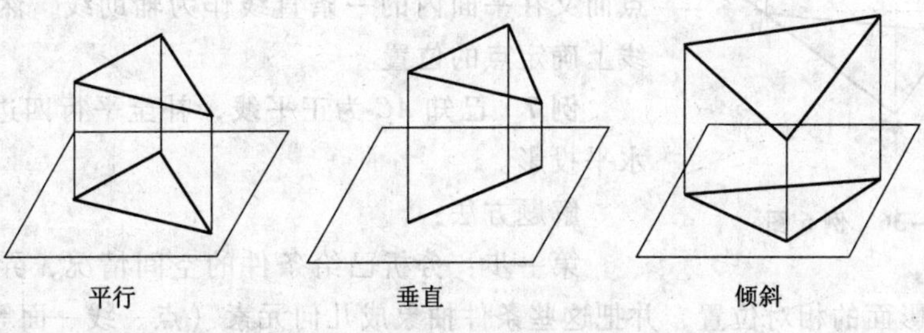

图 3－34　平面的投影特性

平面平行投影面——投影就把实形现——实形性。

平面垂直投影面——投影积聚成直线——积聚性。

平面倾斜投影面——投影类似原平面——类似性。

三、平面上的直线和点

1. 判断直线在平面内的方法

定理一：若一直线过平面上的两点，则此直线必在该平面内。

定理二：若一直线过平面上的一点，且平行于该平面上的另一直线，则此直线在该平面内。

例 5 已知平面由直线 *AB*、*AC* 所确定，试在平面内任作一条直线，如图 3－35 所示。

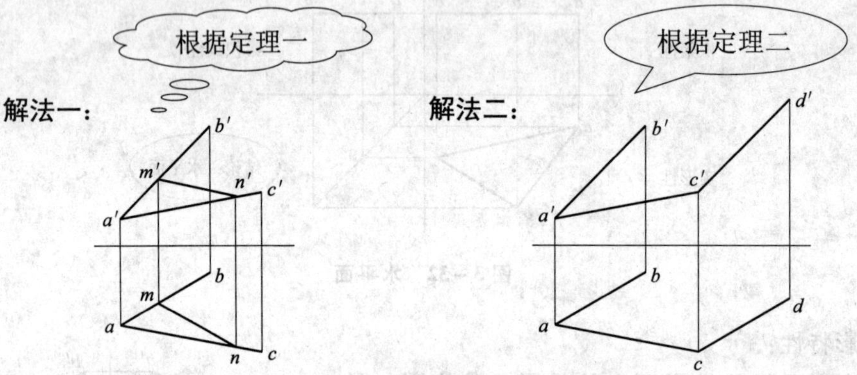

图 3－35 例 5 图

根据定理一已有一个解，根据定理二又有一个解。结论：有无数个解。

例 6 在平面 *ABC* 内作一条水平线，使其到 *H* 面的距离为 10mm，如图 3－36 所示。

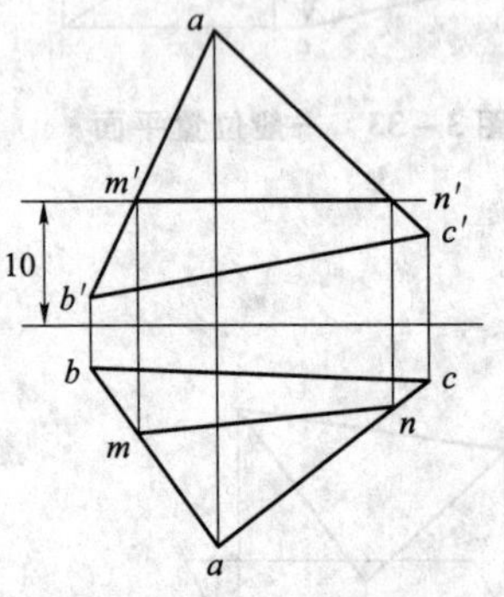

图 3－36 例 6 图

2. 平面上取点

首先面上取线，然后再在线上取点。即先找出过此点而又在平面内的一条直线作为辅助线，然后再在该直线上确定点的位置。

例 7 已知 *AC* 为正平线，补全平行四边形 *ABCD* 的水平投影。

解题方法：

第一步：分析已给条件的空间情况，弄清原始条件中物体与投影面的相对位置，并把这些条件抽象成几何元素（点、线、面等）。

第二步：根据要求得到的结果，确定出有关几何元素处于什么样的特殊位置（垂直或平行），据此选择正确的解题思路与方法。

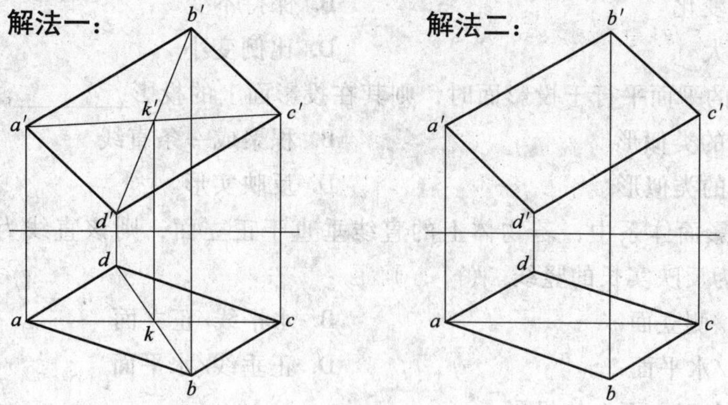

图 3－37　例 7 图

要点回顾

1. 点、直线、平面是构成形体的基本几何元素，研究它们的投影是为正确表达形体和解决空间几何问题奠定理论基础和提供有力的分析手段。

2. 点与直线的投影特性，尤其是特殊位置直线的投影特性。

3. 点与直线及两直线相对位置的判断方法及投影特性。

4. 平面的投影特性，尤其是特殊位置平面的投影特性。

5. 在平面上确定直线和点的方法。

本章学习难度较大，建议多做练习，多进行空间分析和想像，以培养空间思维能力。

思考与训练

请把正确的选择填在括号中。

1. 投影面的平行面是________于一个投影面，且________于另外两个投影面。(　)

A. 垂直/平行　　B. 平行/垂直

C. 垂直/倾斜　　D. 平行/倾斜

2. 当平面与投影面________时，则其在投影面上的投影积聚成一条直线，这种投影的基本性质叫________。(　)

A. 垂直/收缩性　　B. 倾斜/收缩性

C. 垂直/积聚性　　D. 倾斜/积聚性

3. 直线上点的投影，________该直线的同面投影上。(　　)

A. 必定在　　B. 可以在

C. 一定不在　　D. 可以不在

4. 倾斜于投影面的直线段上的点，其分割直线段之比，在投影图上________。

(　　)

A. 比例有变化　　B. 保持不变

C. 比例变大　　D. 比例变小

5. 当空间的平面平行于投影面时，则其在投影面上的投影________。(　　)

A. 为缩小的类似形　　B. 积聚成一条直线

C. 为放大的类似形　　D. 反映实形

6. 在三投影面体系中，若物体上的直线垂直于正立面，则该直线为________，在________投影为反映实长的竖线。(　　)

A. 铅垂线/侧立面　　B. 水平线/正立面

C. 侧垂线/水平面　　D. 正垂线/水平面

7. 水平线在正立面上的投影________。(　　)

A. 反映实长　　B. 缩短　　C. 积聚成点　　D. 伸长

8. 在三投影面体系中，侧平面平行于侧立投影面，其在正面投影为________，在水平面的投影为________，在侧面投影为________。(　　)

A. 实形/竖线/横线　　B. 横线/实形/竖线

C. 竖线/横线 /实形　　D. 竖线/竖线/实形

9. 一平面的 V 面投影为类似形，则其在 H 面和 W 面的投影可能是________。(　　)

Ⅰ. 类似形和斜线；Ⅱ. 均为类似形；Ⅲ. 均为斜线。

A. Ⅰ　　B. Ⅰ + Ⅱ　　C. Ⅱ + Ⅲ　　D. Ⅰ + Ⅱ + Ⅲ

10. 在三面投影中，下列说法错误的是________。(　　)

A. 垂直面有两个投影为斜线　　B. 一般面的投影都是类似形

C. 平行面有两个投影为直线　　D. 垂直面的投影不反映实形

11. 一平面的 V 面投影成斜线，另两投影为类似形，则该平面为________面。(　　)

A. 侧平　　B. 斜垂　　C. 正平　　D. 正垂

12. 在三投影面体系中，水平面________于侧立投影面、________于正立投影面、________于水平投影面。(　　)

A. 平行/平行/垂直　　B. 垂直/平行/平行

C. 倾斜/垂直/倾斜　　D. 垂直/垂直/平行

13. 在三投影面体系中，若物体上的直线垂直于侧立面，则该直线为________，在________投影为反映实长的横线。(　　)

A. 铅垂线/侧立面　　B. 水平线/正立面

C. 侧垂线/水平面　　D. 正垂线/水平面

14. 某空间直线的 *V* 面投影为斜线，则 *H* 面投影可能为________，*W* 面投影可能为________。(　　)

A. 竖线/横线　　B. 斜线/斜线

C. 横线/横线　　　　　　　　　　D. 竖线/竖线

15. 某空间直线的 W 面投影为斜线，则 V 面投影可能为________，H 面投影可能为________。（　　）

A. 竖线/横线　　　　　　　　　　B. 横线/竖线

C. 横线/横线　　　　　　　　　　D. 竖线/竖线

模块四

立体的投影

学习与训练总目标

➢ 掌握平面立体、曲面立体的投影特征，三视图画法及表面取点；
➢ 掌握回转体的投影特征，三视图画法及表面取点；
➢ 了解截交线的概念、性质，掌握求作截交线的基本方法；
➢ 掌握基本体和截断体的尺寸标注。

子模块一　基本体的投影及表面取点

学习与训练要点

✧ 掌握平面立体的投影；
✧ 了解在平面立体表面上取点；
✧ 掌握曲面立体的投影；
✧ 了解在曲面立体表面上取点。

立体表面由若干面围成。表面均为平面的立体称为平面立体。表面为曲面或平面与曲面的立体称为曲面立体。工程制图中，通常把棱柱、棱锥、圆柱、球、圆环等称为基本几何体，简称基本体。

一、平面立体投影及表面取点

在基本体中，棱柱、棱锥是平面立体，它们的表面都是平面，平面与平面的交线称为棱线，棱线与棱线的交点称为顶点。

1. 棱柱

(1) 棱柱的三面视图

在如图 4－1 所示位置放置六棱柱时，其两底面为水平面，H 面投影具有全等性；前后两侧面为正平面，其余四个侧面是铅垂面，它们的水平投影都积聚成直线，与六边形的边重合。

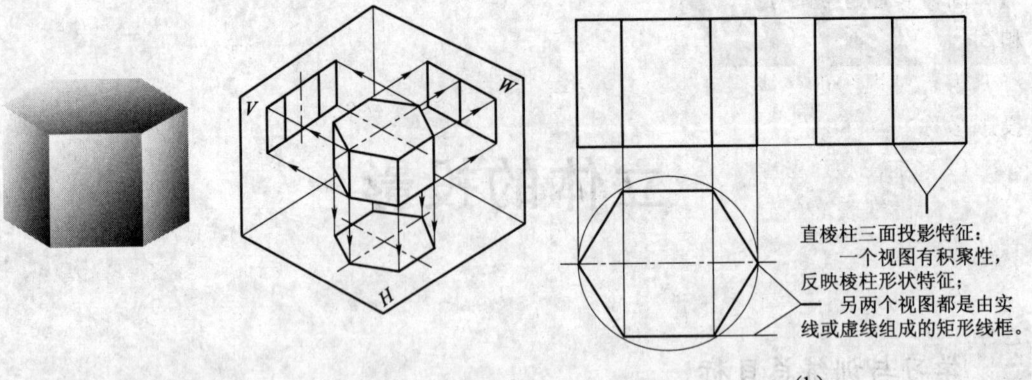

（a）　　　　　　　　　　　　　　（b）

图 4－1　六棱柱的投影

直棱柱三面投影特征：一个视图有积聚性，反映棱柱形状特征；另两个视图是由实线或虚线组成的矩形线框。

（2）棱柱表面取点

已知棱柱表面的点 *A*、*B*、*C* 的投影 *a*′、*b*′、*c*，求其他两面投影，如图 4－2 所示。

① 由于棱柱的表面都是平面，所以在棱柱的表面上取点与在平面上取点的方法相同。

② 点的可见性规定：若点所在的平面的投影可见，点的投影也可见；若平面的投影积聚成直线，点的投影也可见。

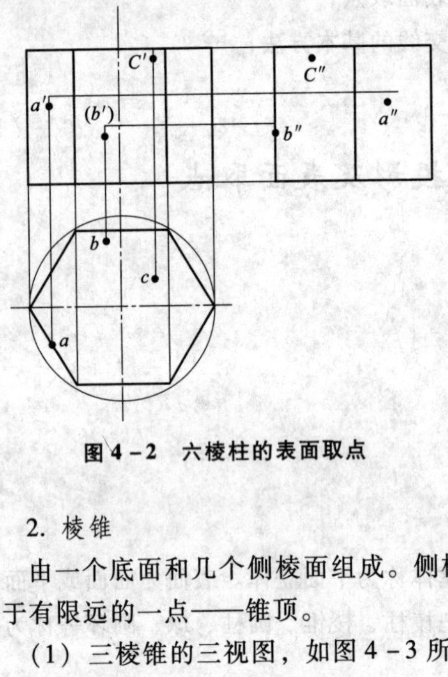

图 4－2　六棱柱的表面取点

2. 棱锥

由一个底面和几个侧棱面组成。侧棱线交于有限远的一点——锥顶。

（1）三棱锥的三视图，如图 4－3 所示。

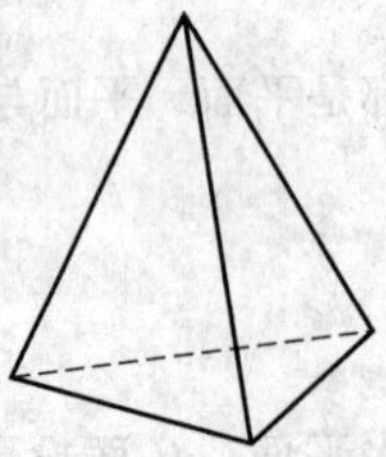

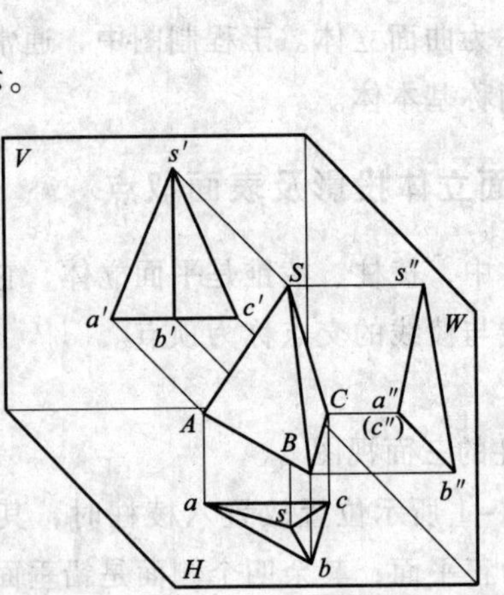

图 4－3　三棱锥的投影

画棱锥的三面视图，其方法和步骤与棱柱相同。

为了对视图进行线面分析，可标出各顶点的投影名称。

（2）在三棱锥表面取点，如图4－4所示

已知棱锥表面的点 M、N 的投影 m'、n，求其他两面投影。

因为 m'可见，因此点 M 必在棱面△SAB 上。△SAB 是一般位置平面，过点 M 及锥顶点 S 做一条辅助直线 SK，与底边 AB 交点于 K，做出直线 SK 的三面投影。根据点的从属关系，求出点 M 的其他两面投影。

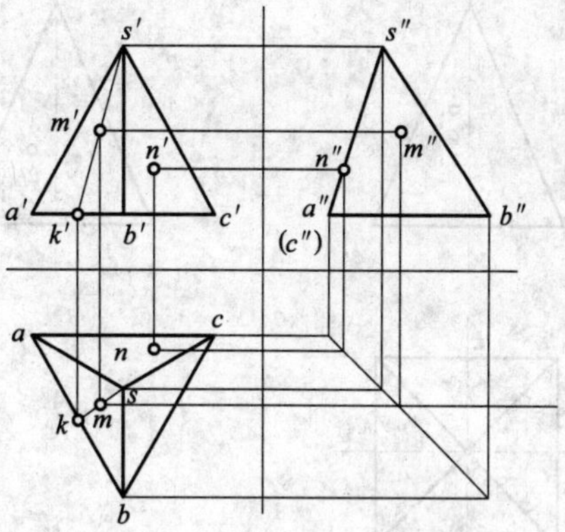

图4－4　三棱锥的表面取点

因为 N 可见，所以点 N 必定在棱面△SAC 上，n''必定在直线 $S''a''$（c''）上，由 n 及 n''即可求出 n'。

练一练

如图4－5所示，已知平面立体表面上点的一个投影，求作另外两个投影。

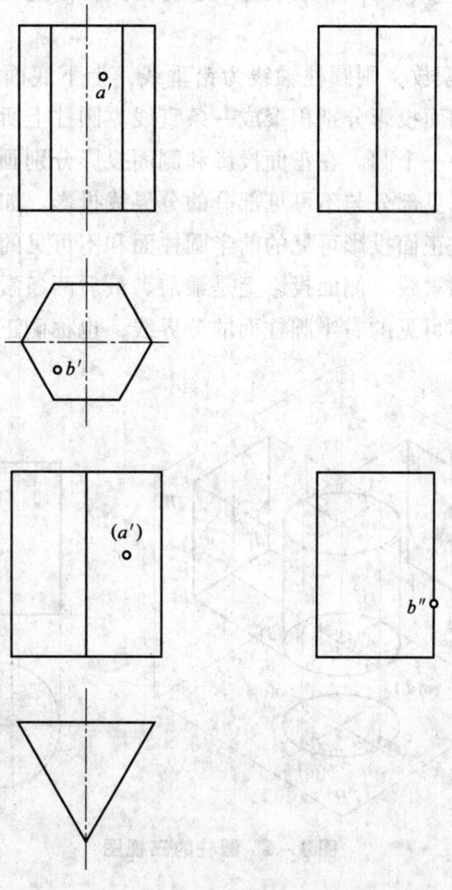

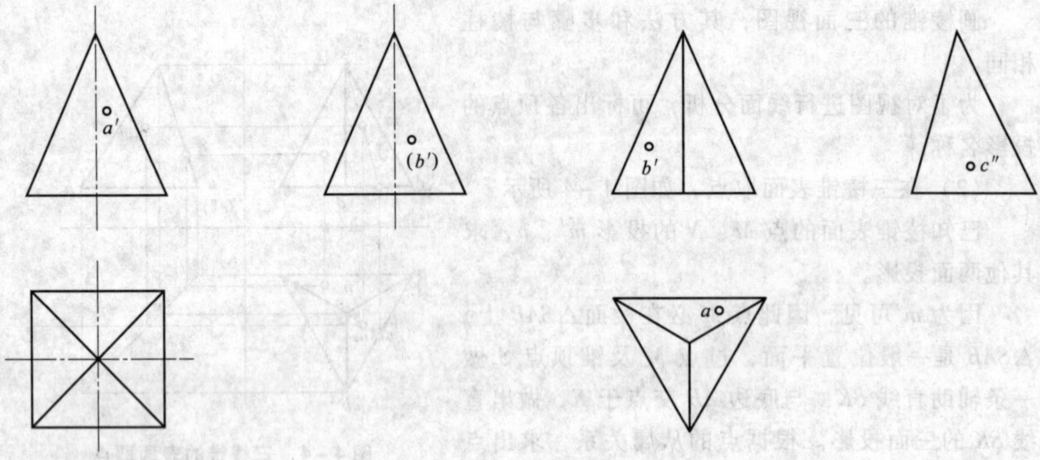

图 4-5 练习用图

二、曲面立体

1. 圆柱

如图 4-6 所示，圆柱由顶圆、底圆和圆柱面围成。圆柱面是由直线 AA_1 绕与它平行的轴 OO_1 旋转而成。直线 AA_1 称为母线，母线在回转面上任意位置称为素线。

(1) 圆柱的三视图

将圆柱体如图 4-6 摆放，则圆柱轴线为铅垂线，上下底面圆为水平面，在水平面上反映实形，正面投影和侧面投影分别积聚成一条直线。圆柱上所有素线都是铅垂线，因此圆柱面的水平投影积聚为一个圆。在正面投影和侧面投影分别画出决定投影范围的外形轮廓素线，即为圆柱面的可见部分与不可见部分的分界线投影。如正面投影上是最左、最右两条素线的投影，它们是正面投影可见的前半圆柱面和不可见的后半圆柱面的分界线，也称为正面投影的转向轮廓素线。侧面投影上是最前、最后两条素线的投影，它们是侧面投影可见的左半圆柱面和不可见的右半圆柱面的分界线，也称侧正面投影的转向轮廓素线。

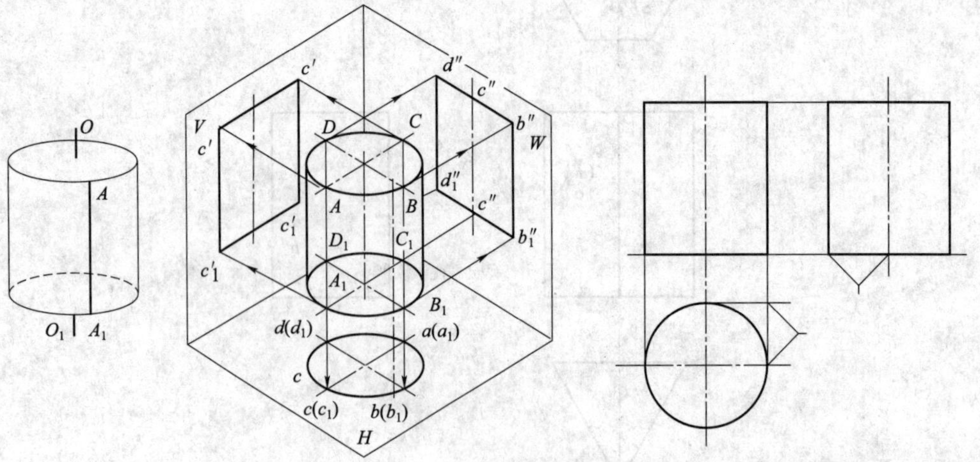

图 4-6 圆柱的三视图

纬圆的概念：母线上任一点的轨迹。

（2）在圆柱表面取点

如图4-7所示，已知圆柱表面的点的投影1′、2′、3′、4′，求其他两面投影。

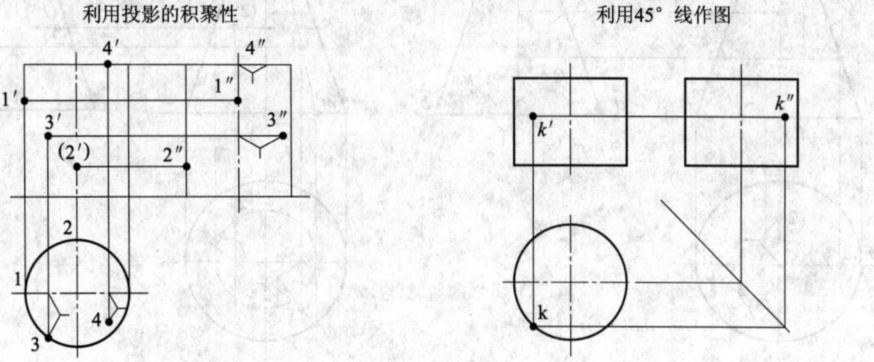

图4-7 圆柱表面取点

注意：求出点的投影后，判断可见性。

2. 圆锥

圆锥由圆锥面和底面组成。

圆锥面是由直线 *SA*（直母线）绕与它相交的轴线 OO_1 旋转而成。*S* 称为锥顶，圆锥面上过锥顶的任一直线称为圆锥面的素线。

（1）圆锥的三视图

如图4-8所示摆放圆锥体，则该圆锥轴线为铅垂线。底面为水平面，它的水平投影反映实形。圆锥面的水平投影与底面的水平投影重合，显然圆锥面的三个投影都没有积聚性。

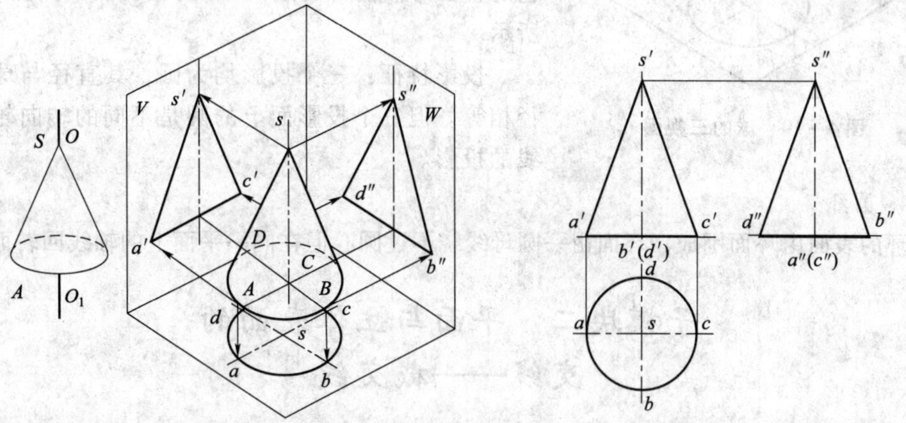

图4-8 圆锥的三视图

（2）在圆锥表面取点

① 特殊位置点，如图4-9（a）所示。

已知圆锥表面上点的投影1′、2′、3′，求其他两面投影。

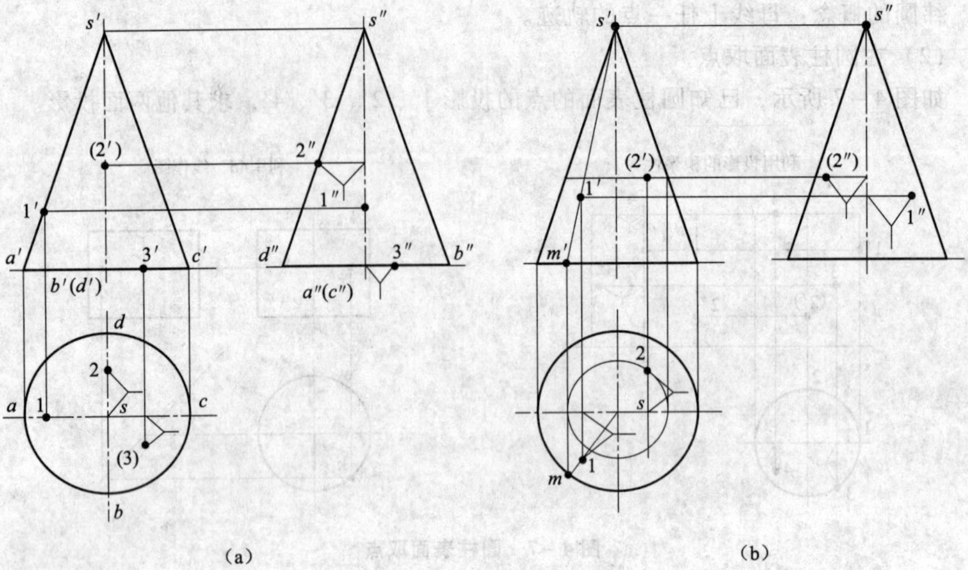

图 4－9　圆锥表面取点

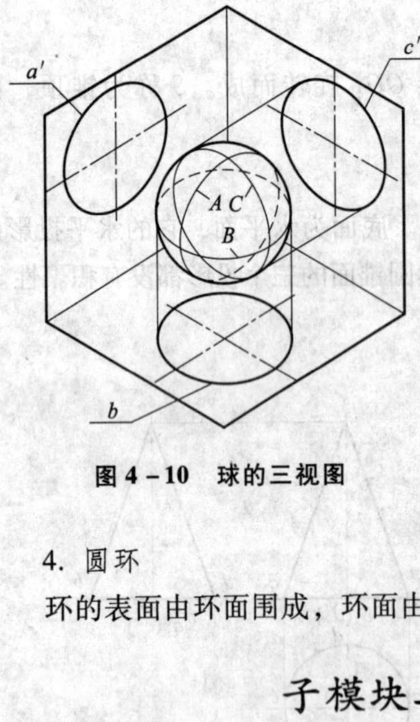

图 4－10　球的三视图

② 一般位置点，如图 4－9（b）所示

辅助素线法：过锥顶及已知点作一条素线。

辅助圆法：过已知点做平行于底面的面与圆锥表面相交于一个圆。

3. 球

球的表面是球面。球面是由一条圆母线绕其通过圆心且在同一平面上的轴线回转而成（圆母线以它的直径为轴旋转而成）。球的三视图，如图 4－10 所示。

投影特征：三个投影均为圆，其直径与球的直径相等。但三个投影面上的圆是不同的转向轮廓素线的投影。

4. 圆环

环的表面由环面围成，环面由一圆母线绕不过圆心但在同一平面上的轴线回转而成。

子模块二　平面与立体表面的交线——截交线

学习与训练要点

- ✧ 掌握截交线的概念及性质；
- ✧ 掌握平面立体的截交线；
- ✧ 掌握曲面立体的截交线。

平面与立体表面相交，可认为是立体被平面截切，因此该平面被称为截平面。截平面与立体表面的交线称为截交线。截交线围成的平面图形称为截断面，如图 4－11 所示。

截交线的性质如下：

（1）由于立体表面是封闭的，因此，截交线一般是封闭线框。

（2）截交线的形状取决于立体表面的形状和截平面与立体的相对位置。

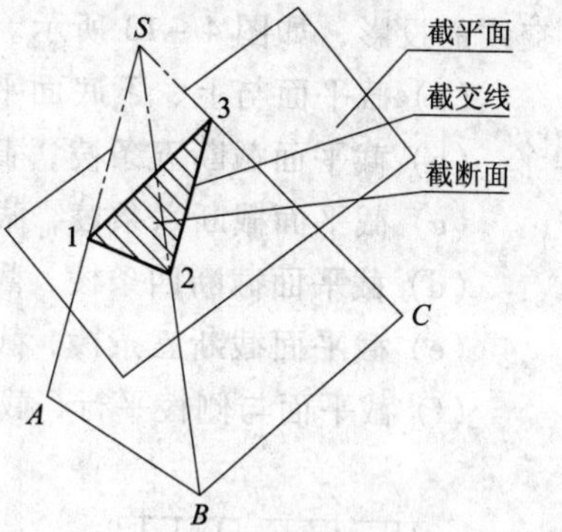

图 4－11　截交线与截断面

平面立体的截交线一定是一个封闭的平面多边形，多边形的各顶点是截平面与被截棱线的交点，即立体被截断几条棱，那么截交线就是几边形。

一、平面立体的截交线

求平面立体截交线的实质，就是求截平面与平面立体上被截各棱的交点或截平面与平面立体表面的交线，然后依次连接而得。

1. 求截交线的步骤

（1）空间及投影分析。

① 分析截平面与平面立体的相对位置以确定截交线的形状。

② 分析截平面与投影面的相对位置以确定截交线的投影特性。

（2）画出截交线的投影。

① 求出截平面与被截棱线的交点，并判断可见性。

② 依次连接各顶点成多边形，注意可见性。

（3）完善轮廓。

2. 棱柱的截切

例 1　求正五棱柱被截切后的俯视图和左视图，如图 4－12 所示。

作图方法：

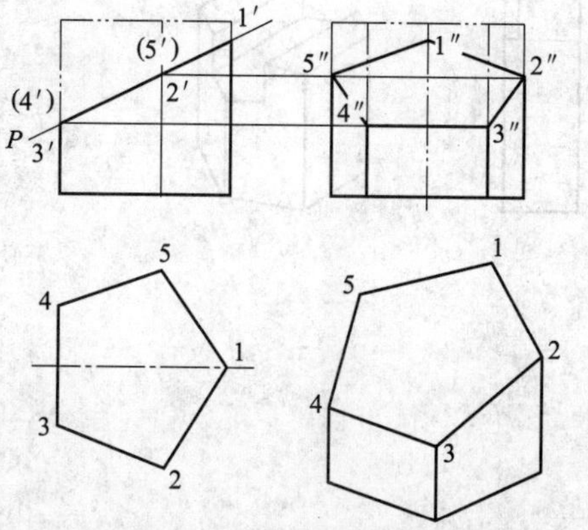

图 4－12　正五棱柱的截交线

（1）在正面投影中找出 P 与五棱柱棱线的交点 1′、2′、3′、4′、5′；

（2）根据直线上取点的方法，做出其侧面投影 1″、2″、3″、4″、5″以及水平面投影 1、2、3、4、5。

（3）顺次连接各点的同面投影，即得截交线的三面投影。

（4）整理轮廓线，判断可见性。

（5）检查：注意截交线投影的类似性。该截交线的图形一定是五边形的类似形。

以下为不同位置的平面截切正五棱柱的截

交线的投影，如图 4－13 所示。

(a) 截平面与上、下底面平行，截面为正五边形。

(b) 截平面截断五条棱，截面为五边形。

(c) 截平面截断六条棱，截面为六边形。

(d) 截平面截断四条棱，截面为四边形。

(e) 截平面截断三条棱，截面为三角形。

(f) 截平面与侧棱平行，截面为矩形。

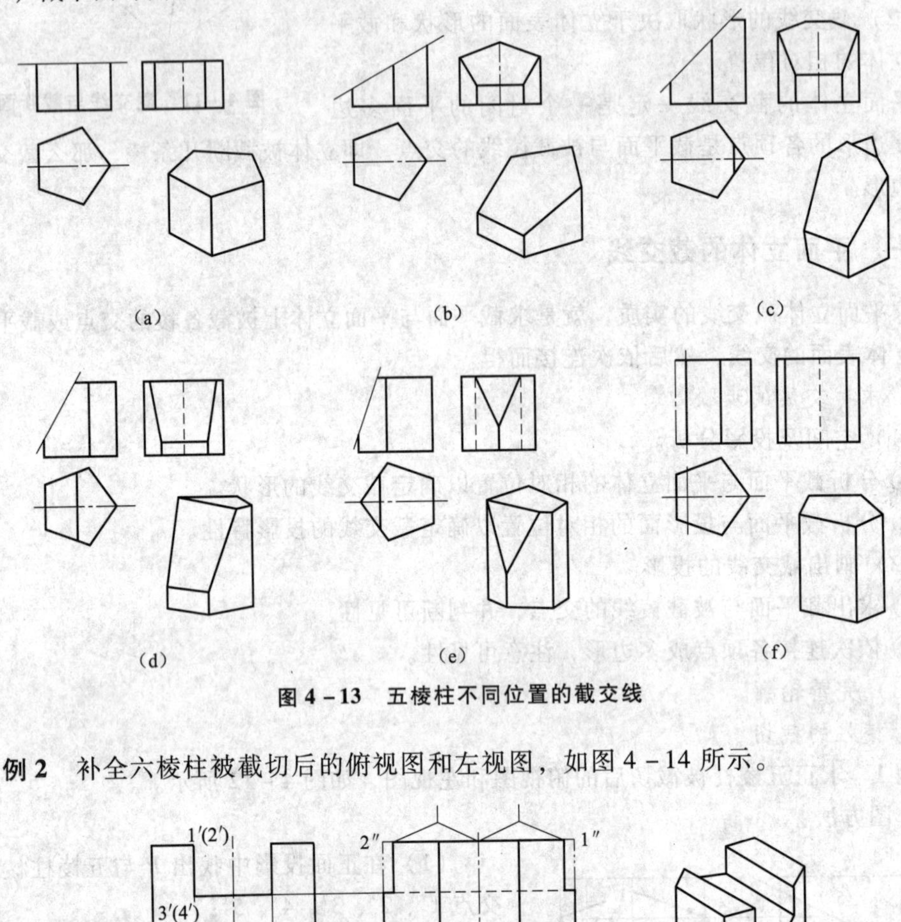

图 4－13　五棱柱不同位置的截交线

例 2　补全六棱柱被截切后的俯视图和左视图，如图 4－14 所示。

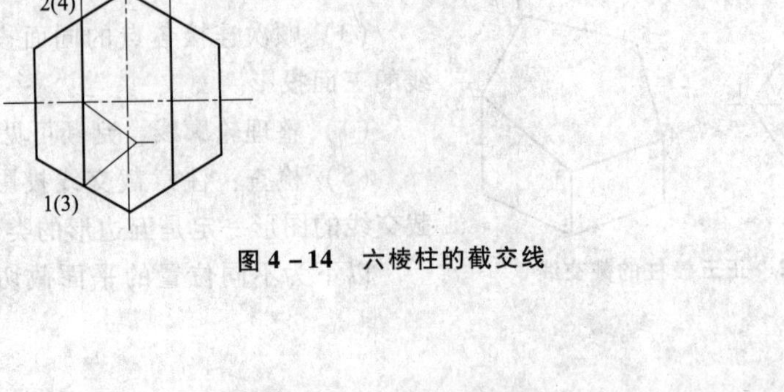

图 4－14　六棱柱的截交线

注意：要逐个截平面分析和绘制截交线。当平面立体只有局部被截切时，先假想为整体被截切，求出截交线后再取局部。

3. 棱锥的截切

例 3　求四棱锥被截切后的俯视图和左视图，如图 4－15 所示。

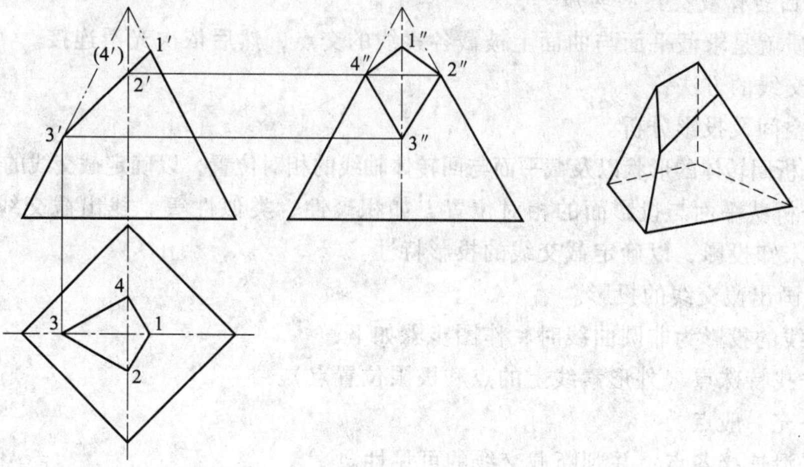

图 4－15　四棱锥的截交线

练一练

求八棱柱被平面 P 截切后的俯视图，如图 4－16 所示。

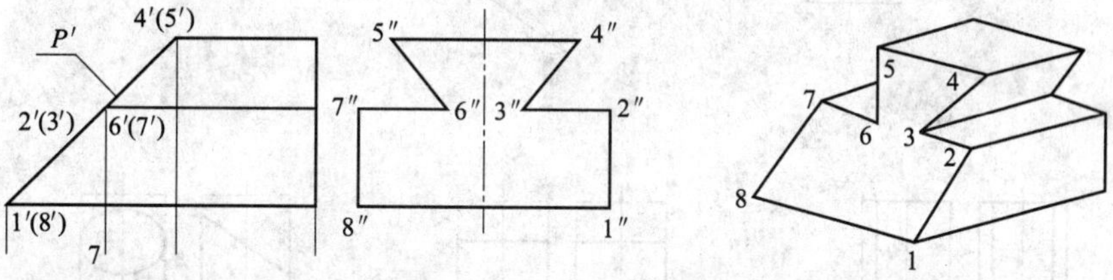

图 4－16　八棱柱截切图

二、回转体的截交线

回转体的截交线如图 4－17 所示。

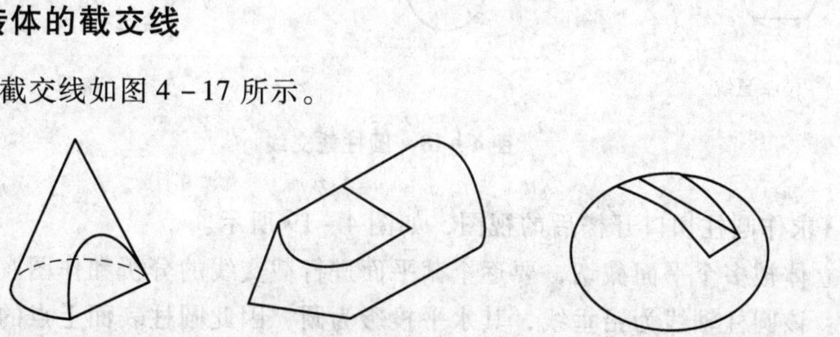

图 4－17　回转体的截交线

1. 回转体截交线的性质

(1) 截交线是截平面与回转体表面的共有线。

(2) 截交线的形状取决于回转体表面的形状及截平面与曲面立体轴线的相对位置。

(3) 截交线都是封闭的平面图形(封闭曲线或由直线和曲线围成)。

2. 求回转体截交线的实质

其实质就是求截平面与曲面上被截各素线的交点,然后依次光滑连接。

求截交线的方法:

(1) 空间及投影分析。

① 分析回转体的形状以及截平面与回转体轴线的相对位置,以确定截交线的形状。

② 分析截平面与投影面的相对位置,如积聚性、类似性等。找出截交线的已知投影,预见未知投影,以确定截交线的投影特性。

(2) 画出截交线的投影。

截交线的投影为非圆曲线时,作图步骤如下:

① 先找特殊点(外形素线上的点和极限位置点)。

② 补充一般点。

③ 光滑连接各点,并判断截交线的可见性。

(3) 完善轮廓。

3. 圆柱的截交线

由于截平面与圆柱轴线的相对位置不同,截交线有三种不同的形状,如图 4-18 所示。

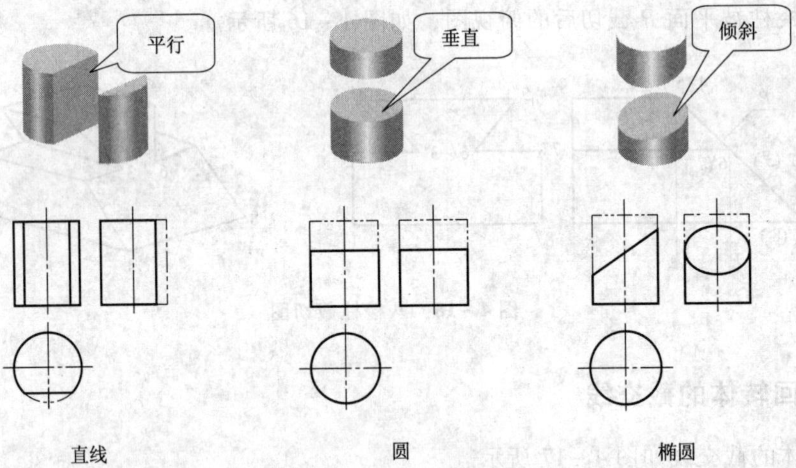

图 4-18 圆柱截交线

例 4 求作圆柱切口开槽后的视图,如图 4-19 所示。

同一立体被多个平面截切,要逐个截平面进行截交线的分析和作图。

分析:该圆柱轴线为铅垂线,其水平投影为圆,因此圆柱表面上点的水平投影都积聚在该圆周上,由已知条件可知,圆柱上部部分由两个平行于轴线的侧平面和两个垂直于轴线的水平面截切而成。

解题步骤：由于对称，仅以轴线左侧为例进行说明。

（1）平行于轴线的侧平面与圆柱面的交线是两条平行的素线（铅垂线），它们的水平投影分别积聚成点1、2、3、4，且位于圆周上，1′3′、2′4′两条素线在水平投影上重合，然后根据两面投影做出其侧面投影。

（2）截平面与圆柱的交线为平行于水平面的圆弧，其水平投影反映实形，并与圆柱面的水平投影重合，正面及侧面投影积聚成一条线。

（3）整理轮廓，判断可见性。

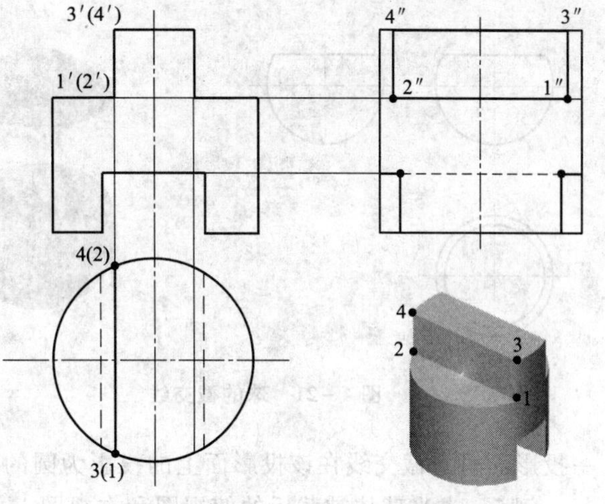

图 4－19　圆柱开槽后的截交线

圆柱下部的凹槽可看作由水平面和侧平面切割而成，做法与上部相似，具体请读者自行分析。

4. 圆锥的截交线

根据截平面与圆锥轴线的相对位置不同，截交线有五种形状，如图 4－20 所示。

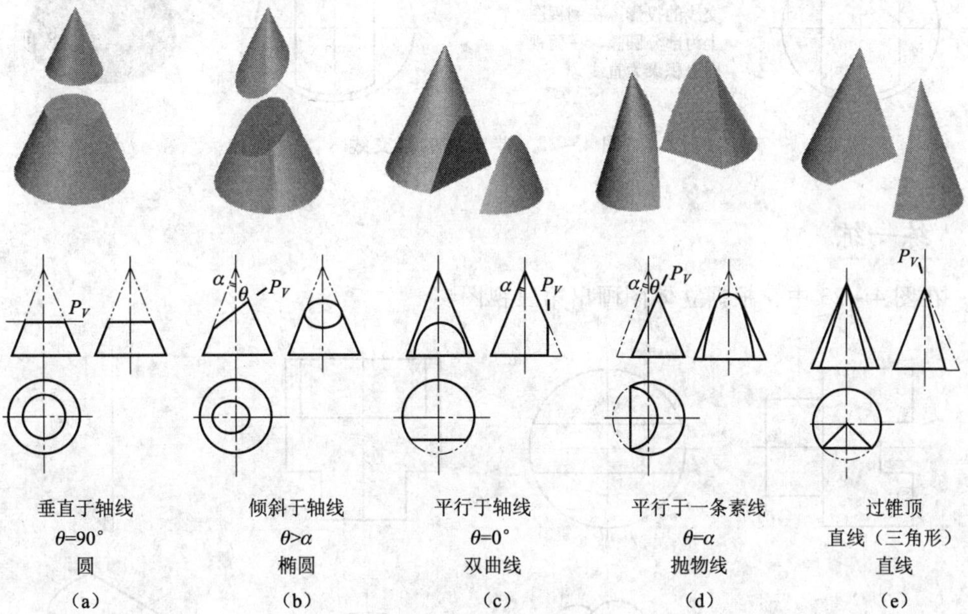

图 4－20　圆锥的截交线

说明：

图 4－20 中：（a）图：截平面垂直于轴线 $\theta=90°$，截交线为圆。

图 4－20 中：（b）图：截平面倾斜于轴线，且 $\theta>\alpha$，截交线为椭圆。

图 4－20（c）图：截平面平行于轴线，$\theta=0°$，截交线为双曲线。

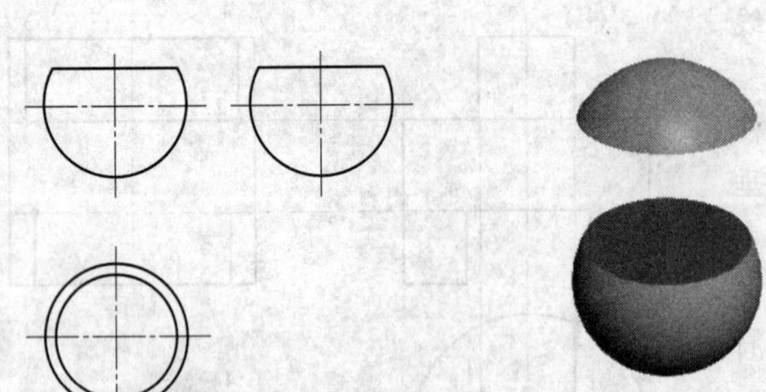

图 4－21　球的截交线

图 4－20（d）图：截平面倾斜于轴线，且 $\theta=\alpha$，截交线为抛物线。

图 4－20（e）图：截平面过锥顶，截交线为过锥顶的两条素线。

5. 球的截交线

如图 4－21 所示，用任何位置的截平面截割圆球，截交线的形状都是圆。当截平面平行于某一投影面时，截交线在该投影面上的投影为圆的实形，其他两面投影积聚为直线。

例 5　求半球体被截后的俯视图和左视图，如图 4－22 所示。

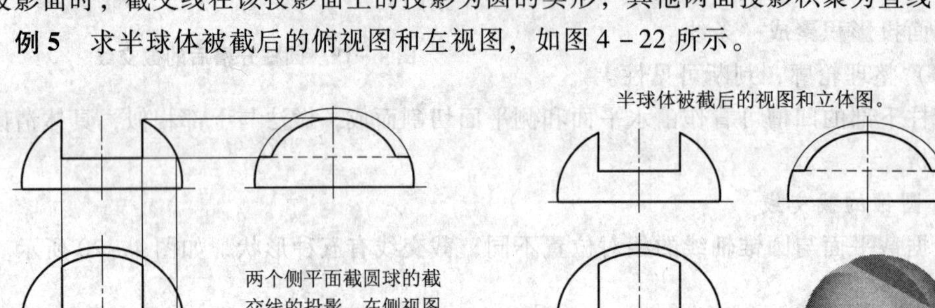

图 4－22　半球体的截交线

练一练

在图 4－23 中，根据立体图画出第三视图。

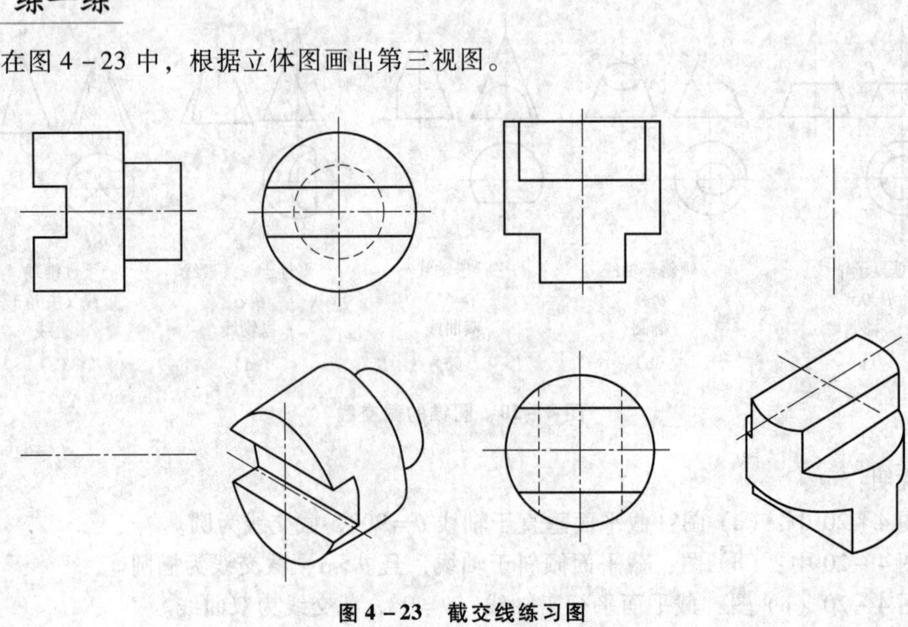

图 4－23　截交线练习图

子模块三 两回转体表面的交线——相贯线

学习与训练要点

✧ 了解相贯线的概念及性质；
✧ 掌握相贯线的近似画法；
✧ 掌握相贯线的特殊情况的画法。

两回转体表面的交线称为相贯线，相贯线的性质如下：

（1）相贯线是两回转体表面的共有线，也是两相交立体的分界线；

（2）相贯线上的所有点都是两回转体表面的共有点。

由于立体的表面是封闭的，因此相贯线在一般情况下是封闭的线框。相贯线的形状决定于回转体的形状、大小以及两回转体之间的相对位置。一般况下，相贯线是空间曲线，在特殊情况下是平面曲线或直线。

求两回转体相贯线的投影时，应先做出相贯线上一些特殊点的投影，如回转体的转向轮廓素线上的点，对称的相贯线在其对称面上的点，以及最高、最低、最左、最右、最前、最后这些确定相贯线形状和范围的点，然后再求做一般点，从而做出相贯线的投影。具体作图时可采用表面取点法或辅助平面法。要注意的是，相贯线只有同时位于两个立体的可见表面上时，这段相贯线的其他投影才是可见的。

一、表面取点法

两圆柱轴线垂直相交称为正贯。

例 6 求作两圆柱正交的相贯线。如图 4-24 所示。

分析：由于两圆柱的轴线分别为铅垂线和侧垂线，两轴线垂直相交，其相贯线的水平投影就积聚在铅垂圆柱的水平投影上，侧面投影积聚在侧垂圆柱的侧面投影上。已知相贯线的两个投影，即可求出其正面投影。

解题步骤：

（1）求特殊点。先在相贯线的水平投影上定出 1、2、3、4 点，它们是铅垂圆柱最左、最右、最前、最后素线上的点的水平投影，再在相贯线的侧面投影上相应地做出 1″、2″、3″、4″点。由这四点的两面投影，求出正面投影 1′、2′、3′、4′，可以看出，它们也是相贯线上最高、最低点。

（2）求一般点。在相贯线的水平投影上定出左右前后对称的四点 5、6、7、8，求出它们的侧面投影 5″、6″、7″、8″，由这四点的两面投影，求出对应的正面投影 5′、6′、7′、8′。

（3）连接各点的正面投影，即得相贯线的正面投影，前半相贯线可见，后半相贯线不可见，但与前半相贯线重合。结果如图 4-24 所示。

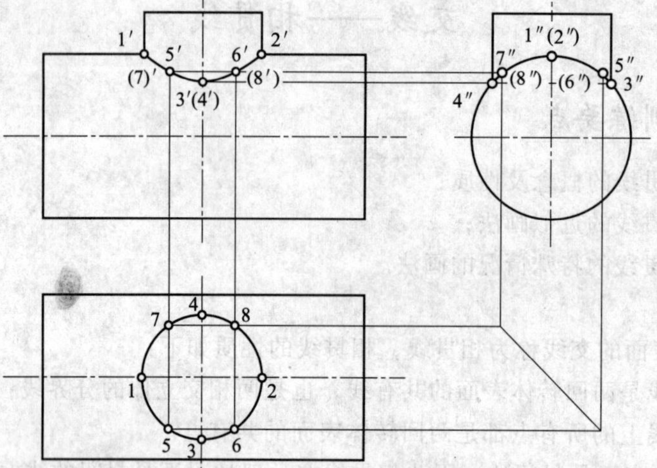

图 4－24　两圆柱的相贯线

二、相贯线的近似画法

当两圆柱直径相差较大时，两圆柱正贯的相贯线，为了作图方便常采用近似画法，即用一段圆弧代替相贯线，该圆弧的圆心在小圆柱的轴线上，半径为大圆柱的半径，相贯线凸向大圆柱，如图 4－25 所示。

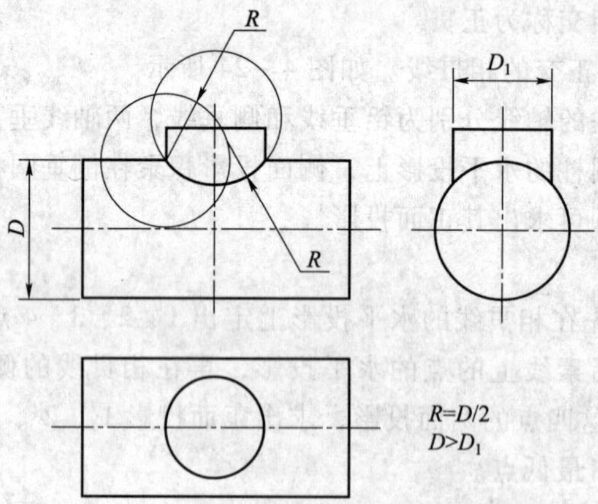

图 4－25　相贯线的近似画法

两轴线垂直相交的圆柱，当圆直径变化时，相贯线的变化趋势，如图 4－26 所示。

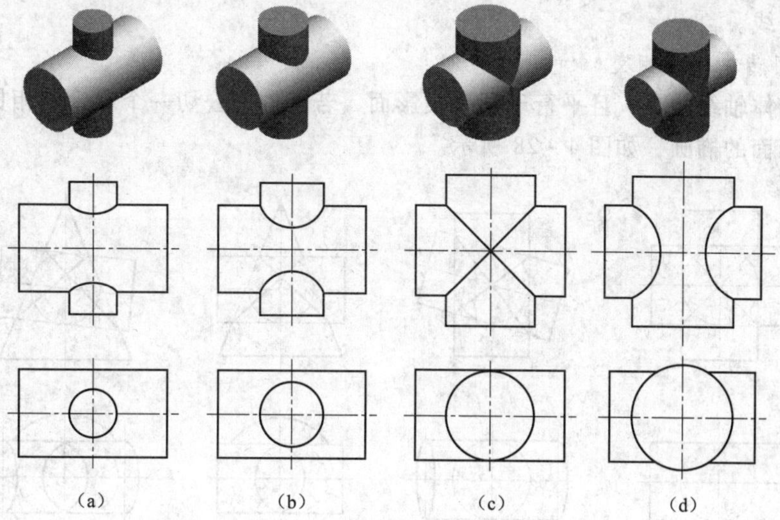

图 4-26 不同半径两圆柱的相贯线

两轴线垂直相交的圆柱，在零件上是最常见的，它们的相贯线一般有以下三种形式，如图 4-27 所示。

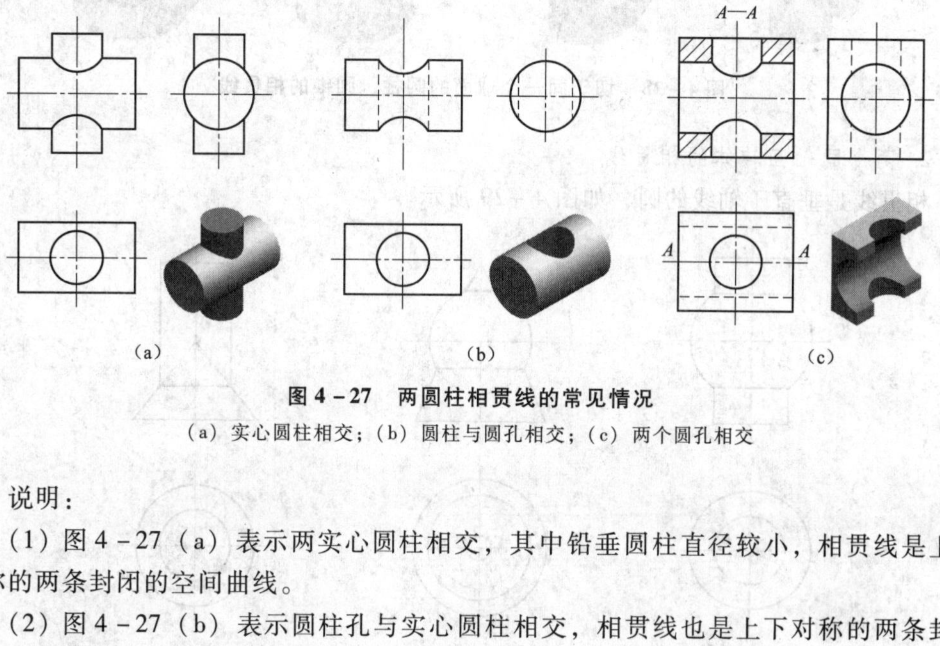

图 4-27 两圆柱相贯线的常见情况

(a) 实心圆柱相交；(b) 圆柱与圆孔相交；(c) 两个圆孔相交

说明：

(1) 图 4-27 (a) 表示两实心圆柱相交，其中铅垂圆柱直径较小，相贯线是上下对称的两条封闭的空间曲线。

(2) 图 4-27 (b) 表示圆柱孔与实心圆柱相交，相贯线也是上下对称的两条封闭的空间曲线。

(3) 图 4-27 (c) 表示两圆孔相交，相贯线同样是上下对称的两条封闭的空间曲线。

三、相贯线的特殊情况

在一般情况下，两回转体的相贯线是空间曲线，但在某些特殊情况下，也可能是平面曲线或直线。

1. 两回转体轴线相交

两回转体轴线相交，且平行于同一投影面，若它们能公切一个球，则相贯线是垂直于这个投影面的椭圆，如图 4－28 所示。

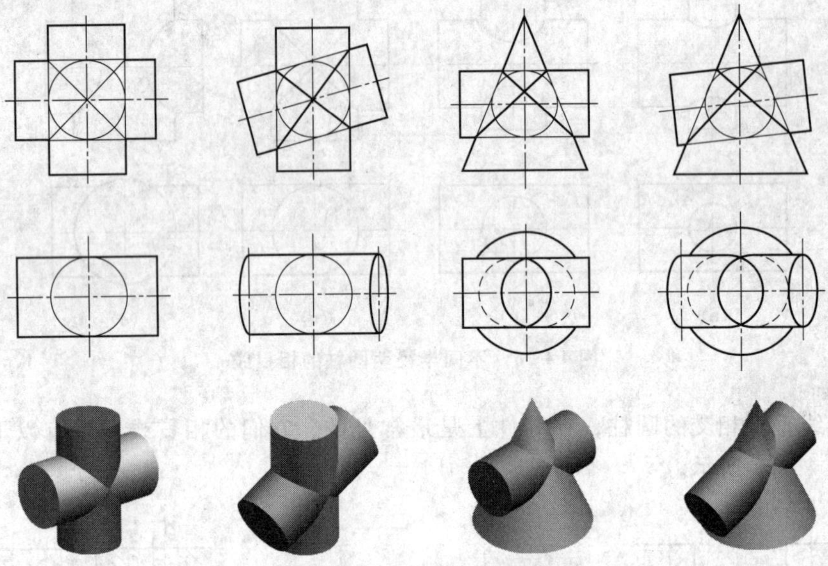

图 4－28　切于同一个球面的圆柱、圆锥的相贯线

2. 两个同轴回转体的相贯线

相贯线是垂直于轴线的圆，如图 4－29 所示。

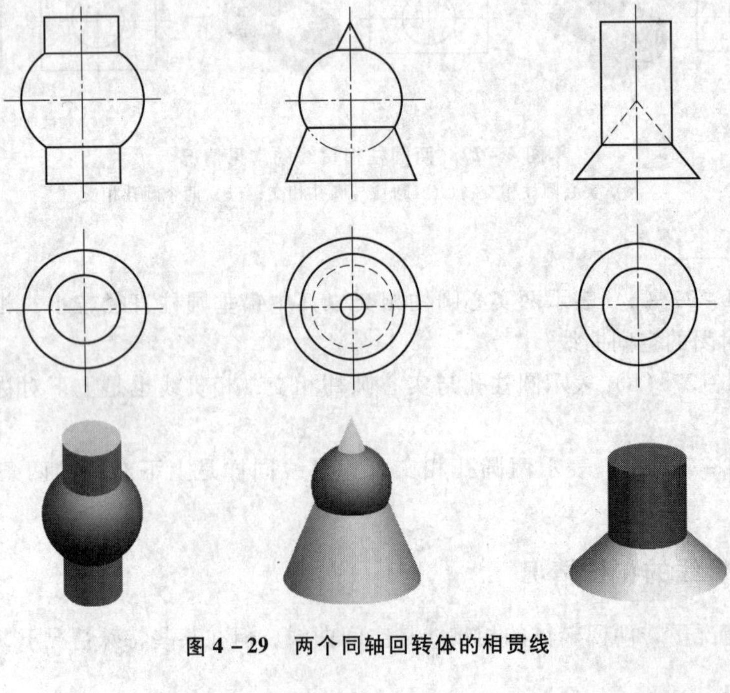

图 4－29　两个同轴回转体的相贯线

3. 轴线平行的两圆柱的相贯线

相贯线是两条平行的素线，如图 4-30 所示。

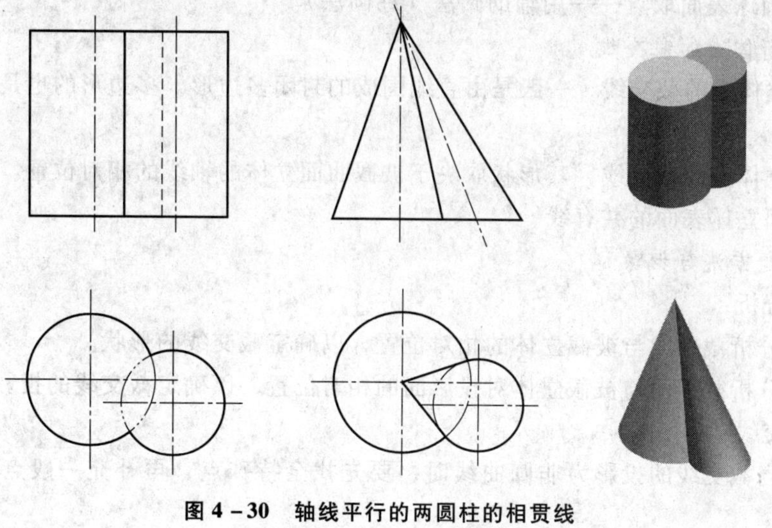

图 4-30 轴线平行的两圆柱的相贯线

练一练

如图 4-31 所示，根据立体图完成三视图。

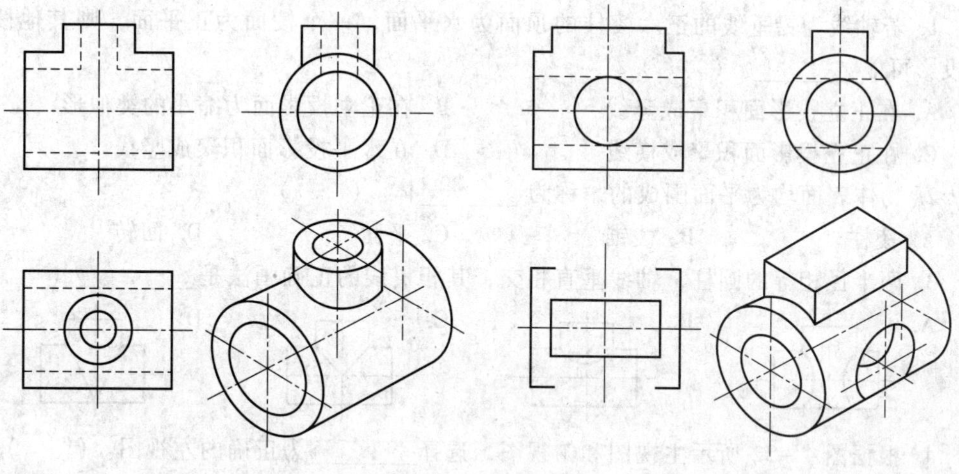

图 4-31 相贯线练习图

要点回顾

完整和不完整的基本体（柱，锥，球，环）是构成形体的基本组成部分，研究它们的投影是为后面学习组合体打基础，本章要求重点掌握。

1. 基本的三视图画法及表面取点

(1) 平面立体表面取点——利用平面上取点的方法。

（2）圆柱表面取点——利用柱面投影的积聚法。

（3）圆锥表面取点——用素线法和辅助圆法。

（4）圆球表面取点——用辅助圆法（纬圆法）。

2. 截断体上的截交线

平面立体上的截交线，一般是由直线围成的封闭多边形。多边形的也是截平面与棱面的相交。

曲面立体上的截交线，其形状取决于被截曲面立体的轴线的相对位置。截交线是截平面与曲面立体表面的共有线。

3. 解题方法与步骤

投影分析：

（1）分析截平面与被截立体的相对位置，以确定截交线的形状。

（2）分析截平面与被截立体对投影面的相对位置，以确定截交线的投影特征。

求截交线：

（1）当截交线的投影为非圆曲线时，要先找全特殊点，再补充一般点最后光滑连接曲线。

（2）完善轮廓的投影。

思考与训练

请把正确的选择填在括号中。

1. 若轴线为铅垂线的正六棱柱的顶面为水平面，一个棱面为正平面，则其他棱面的投影可能________。（　　）

A. 在正立投影面积聚成竖线　　B. 在正立投影面为缩小的类似形

C. 在正立投影面积聚成横线　　D. 在水平投影面积聚成竖线

2. 物体表面均为平面围成的，称为________体。（　　）

A. 棱柱　　B. 棱锥　　C. 平面　　D. 回转

3. 两半径相等的圆柱，轴线垂直相交，其相贯线的正确画法是________。（　　）

A. 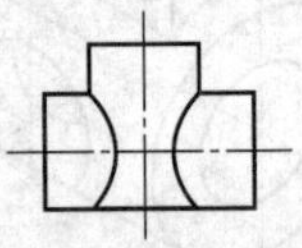 B. 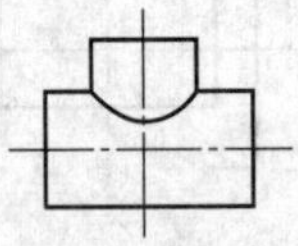 C. 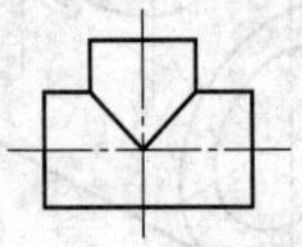 D. 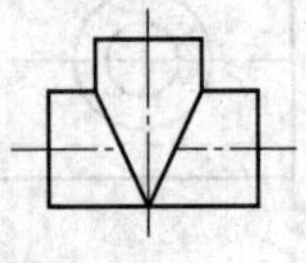

4. 根据图 4－32 所示主视图和俯视图，选择________为正确的左视图。（　　）

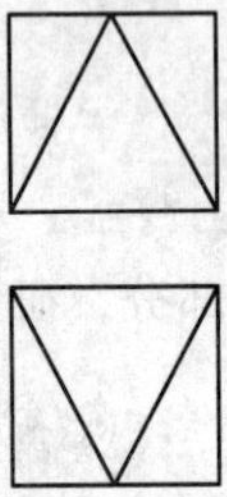

A. 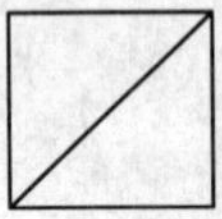 B. 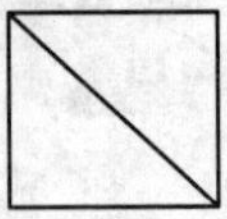 C. 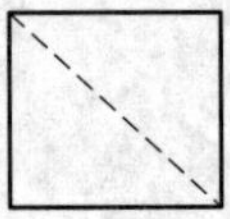 D. 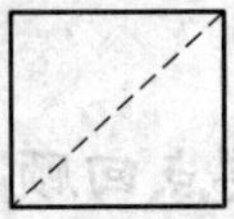

图 4－32　题 4 图

5. 根据图 4－33 所示主视图和俯视图，选择________为正确的左视图。（　　）

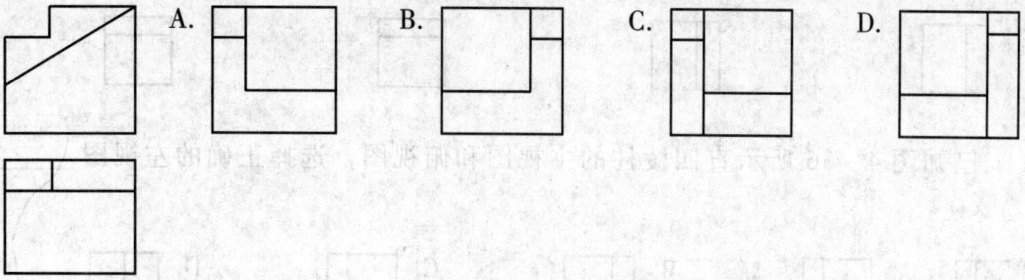

图 4－33　题 5 图

6. 画六棱柱的三视图，应从________开始画。（　　）

A. 投影有积聚性，能反映实形的视图　　B. 主视图

C. 俯视图　　D. 左视图

7. 基本体画图和看图的方法宜采用________。（　　）

A. 形体分析法　　B. 面线分析法

C. 三视图　　D. 正投影

8. 根据图 4－34 所示主视图和俯视图选择正确的左视图________。（　　）

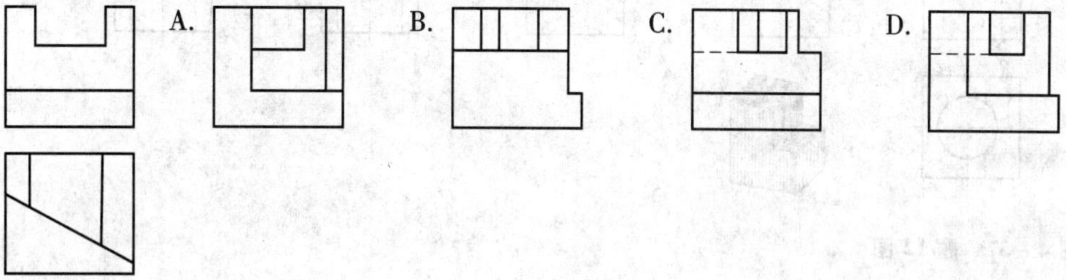

图 4－34　题 8 图

9. 根据图 4－35 所示主视图和俯视图选择正确的左视图________。（　　）

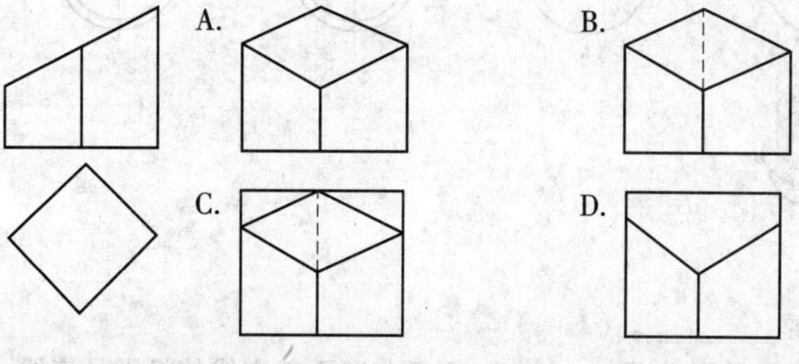

图 4－35　题 9 图

10. 在图中找出一组正确的三视图________。（　　）

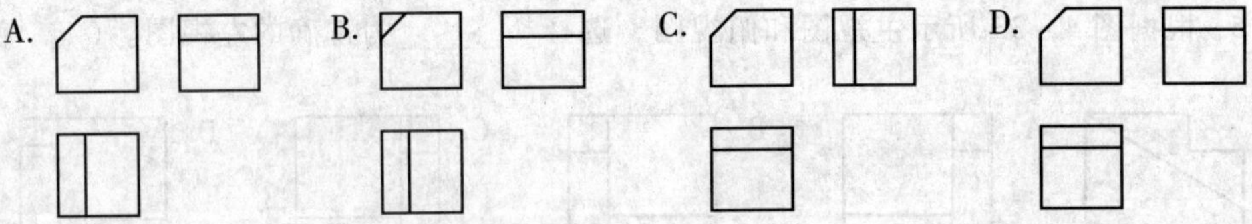

11. 已知图 4－36 所示直四棱柱的主视图和俯视图，选择正确的左视图________。( )

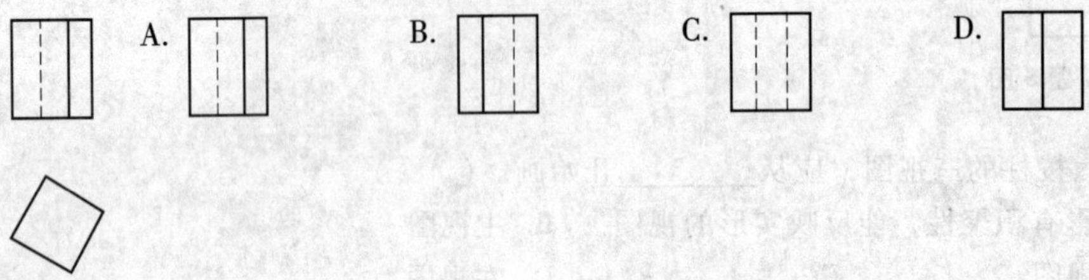

图 4－36 题 11 图

12. 根据图 4－37 所示的主视图和俯视图，选择正确的左视图________。( )

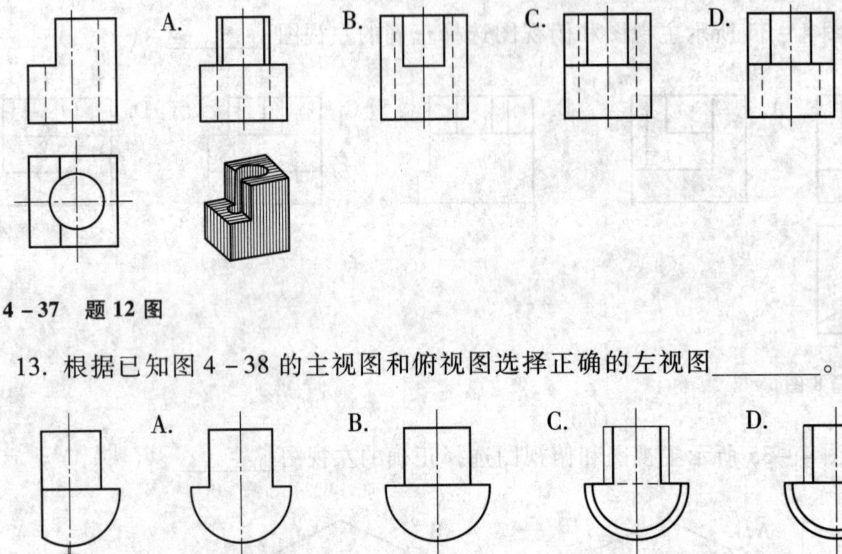

图 4－37 题 12 图

13. 根据已知图 4－38 的主视图和俯视图选择正确的左视图________。( )

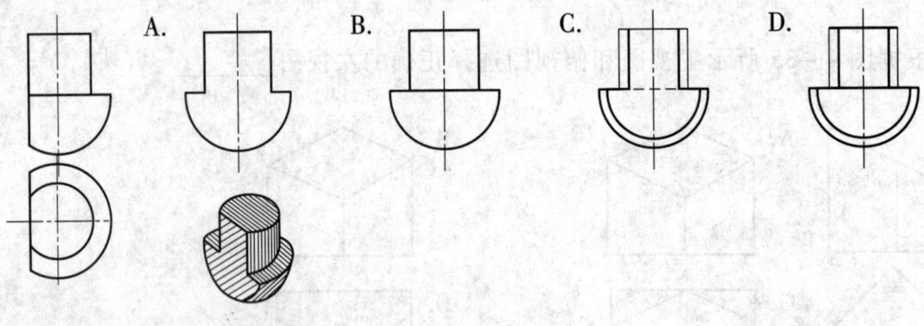

图 4－38 题 13 图

14. 以下说法正确的是________。( )

A. 平面与球面截交线的投影是圆　　B. 平面与球面截交线的投影是直线

C. 平面与球面截交线的投影是椭圆　　D. 平面与球面截交线不可能是椭圆

15. 两圆柱轴线垂直相交，其相贯线的正确画法是________。( )

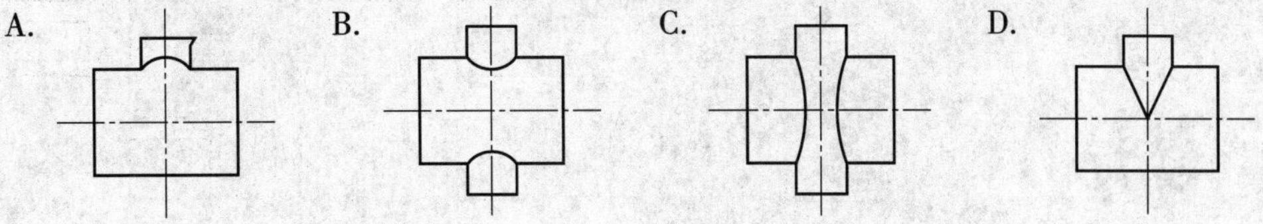

16. 已知左视图如图 4 – 39 所示，主视图相贯线的正确画法应为________。(　　)

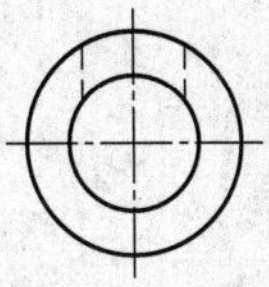

图 4 – 39　题 16 图

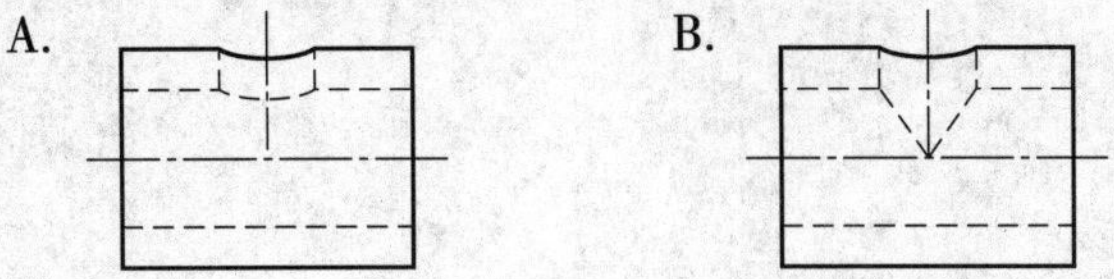

17. 视图上过渡线的画法与________基本一样，线型用________绘制。(　　)

A. 相贯线/粗实线　　B. 相贯线或截交线/细实线

C. 截交线/粗实线　　D. 转向轮廓线/细实线

模块五

组合体

学习与训练总目标

➢ 熟练掌握组合体的形体分析法，了解线面分析法；
➢ 掌握组合体的画图、读图和尺寸标注方法；
➢ 具备用形体分析法绘图、识读组合体的三视图及标注尺寸的能力。

子模块一　组合体的组成方式

学习与训练要点

✧ 了解组合体的概念；
✧ 掌握组合体的组合方式；
✧ 掌握组合体相邻表面间的三种关系；
✧ 了解形体分析法。

一、组合体的概念

任何复杂的形体都可以看成是由一些基本体按照一定的连接方式组合而成。这些基本体包括棱柱、棱锥、圆柱、圆锥、球和圆环等。由基本体组成的复杂形体称为组合体。

二、组合体的组合方式

组合体的组合方式有叠加和切割两种形式，如图 5－1 所示。常见的则是这两种方式的综合。

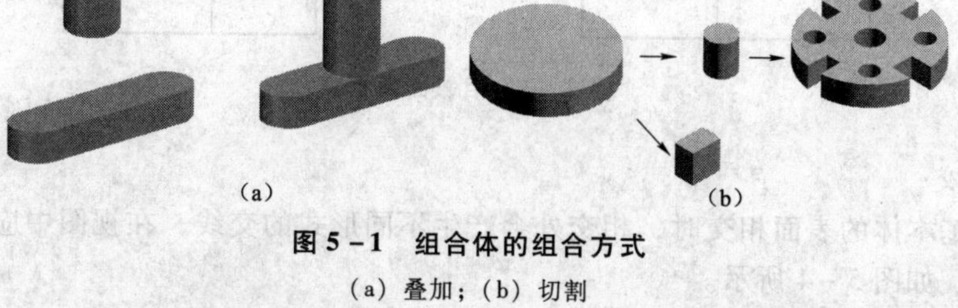

图 5－1　组合体的组合方式
（a）叠加；（b）切割

无论以何种方式构成组合体，其基本体的相邻表面都存在一定的相互关系，这种关系一般可分为平行、相切、相交等情况。

1. 平行

平行指两基本体表面间同方向的相互关系，它又可分为两种情况：平齐与不平齐；当两基本体表面平齐时，如图 5－2（a）所示，两表面为共面，因而视图上两基本体之间无分界线；当两基本体表面不平齐时，如图 5－2（b）所示，则必须画出它们的分界线。

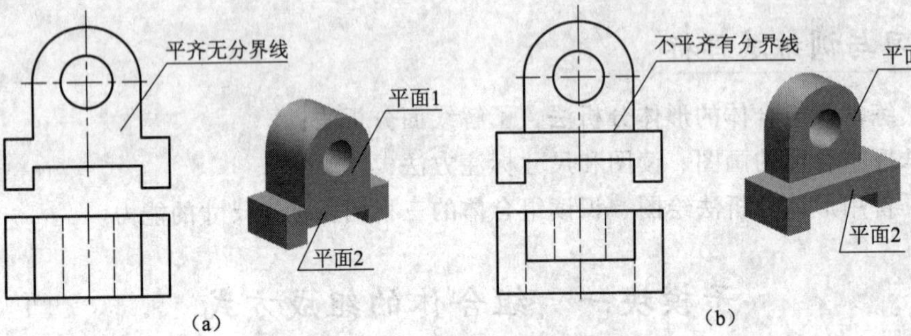

图 5－2　相邻表面平齐与不平齐

2. 相切

当两基本体的表面相切时，两表面在相切处光滑过渡，不应画出界限；当两曲面相切时，只有当相切两表面的公切面垂直于某个投影面时，才在所垂直的投影面上画出它们的切线，如图 5－3 所示。

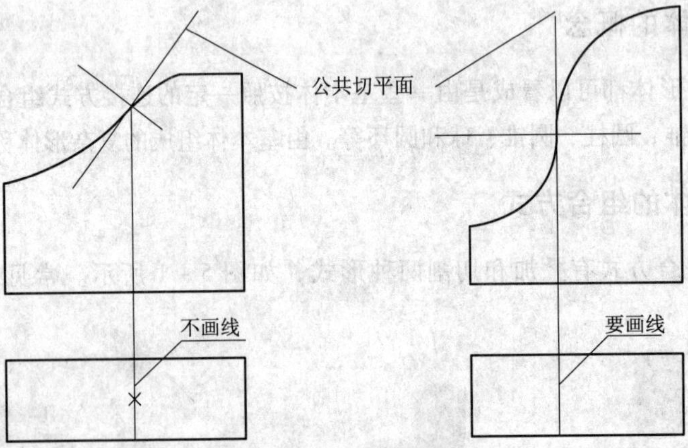

图 5－3　相邻曲面相切

3. 相交

当两基本体的表面相交时，相交处会产生不同形式的交线，在视图中应画出这些交线的投影，如图 5－4 所示。

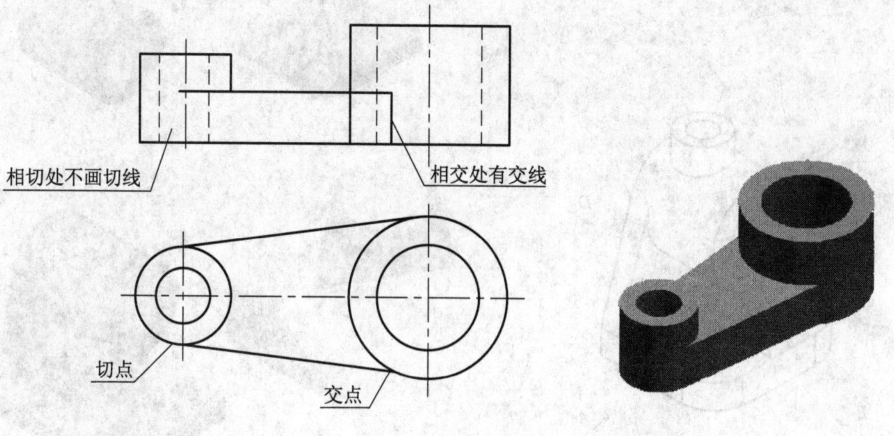

图 5－4　表面相交

三、形体分析法

形体分析法是解决组合体问题的基本方法。所谓形体分析就是将组合体按照其组成方式分解为若干基本体，以便弄清楚各基本体的形状、它们之间的相对位置和表面间的相互关系，这种方法称为形体分析法。

子模块二　组合体三视图的画法

学习与训练要点

✧ 了解画组合体三视图的方法；
✧ 了解画组合体三视图的步骤；
✧ 掌握切割型组合体的画法；
✧ 掌握综合型组合体的画法。

一、画组合体三视图的方法和步骤

叠加式组合体的画法及步骤如图 5－5 所示。

第一步：形体分析

画图之前，首先应对轴承座进行形体分析。分析其由哪几部分组成，各部分之间的相对位置、相邻两基本体的组合形式、是否产生交线等。图中轴承座由上部的凸台、轴承、支承板、底板及肋板 5 组成。凸台与轴承是两个垂直相交的空心圆柱体，在外表面和内表面上都有相贯线。支承板、肋板和底板分别是不同形状的平板。支承座的左、右侧面都与轴承的外圆柱相切，肋板的左、右侧面与轴承的外圆柱面相交，底板的顶面与支承板、肋板的底面相互重叠。

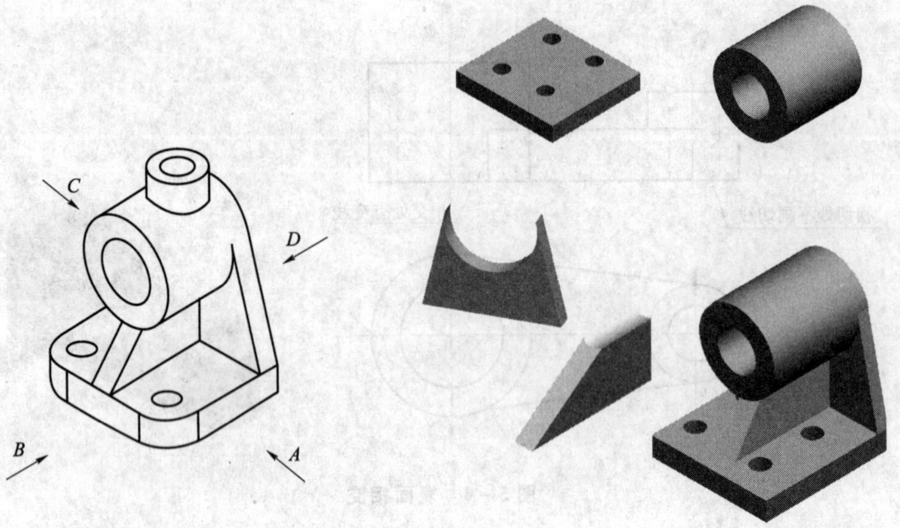

图 5-5 轴承座

第二步：选择视图

选择视图首先要确定主视图。一般是将组合体的主要表面或主要轴线放置在与投影面平行或垂直位置，并以最能反映该组合体各部分形状和位置特征的一个视图作为主视图。同时还要考虑到：① 尽量减少其他两个视图上的细虚线；② 尽量使画出的三视图长大于宽。后两点不能兼顾时，以前面所讲主视图的选择原则为准。图中沿 B 向观察，所得视图满足上述要求，可以作为主视图。主视图方向确定后，其他视图的方向随之确定。

第三步：选择图纸幅面和比例

根据组合体的复杂程度和尺寸大小，应选择国家标准规定的图幅和比例。在选择时，应充分考虑到视图、尺寸、技术要求及标题栏的大小和位置。

第四步：布置视图，画作图基准线

根据组合体的总体尺寸，通过简单计算，将各视图均匀地布置在图框内，视图间应预留尺寸标注位置。各视图位置确定后，用细点划线或细实线画出作图基准线。作图基准线一般为底面、对称面、主要端面、主要轴线等。

第五步：画底稿

依次画出每个简单形体的三视图。画底稿时应注意：

(1) 在画各基本体的视图时，应先画主要形体，后画次要形体；先画可见部分，后画不可见部分。

(2) 画每一个基本体时，一般应该三个视图对应着一起画。先画反映实形或有特征的视图，再按投影关系画其他视图，尤其要注意必须按投影关系正确地画出平行、相切和相交处的投影。如轴承与支承板相切，俯视图、左视图中支承板要画到切点位置；又如肋板与轴承相交，左视图上要画出交线的投影。完成后的图形如图 5-6 所示。

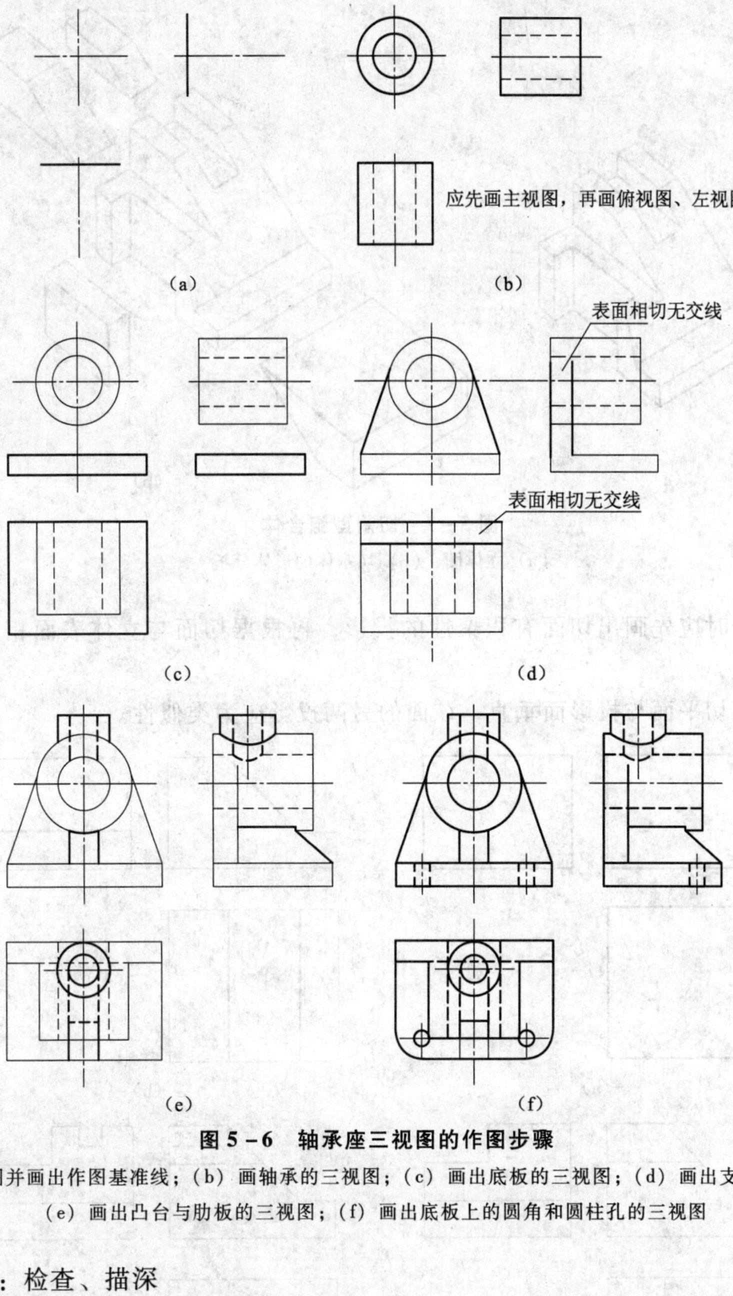

图 5-6 轴承座三视图的作图步骤

(a) 布置视图并画出作图基准线；(b) 画轴承的三视图；(c) 画出底板的三视图；(d) 画出支承板的三视图；(e) 画出凸台与肋板的三视图；(f) 画出底板上的圆角和圆柱孔的三视图

第六步：检查、描深

检查底稿，改正错误，然后再描深。

二、切割型组合体三视图的画法及步骤

画切割型组合体三视图的步骤与叠加型组合体相同，首先进行形体分析，作图时由一个简单的投影开始，按切割的顺序逐次画完全图。如图 5-7、图 5-8 所示。

画切割型组合体时应注意：

(1) 认真分析物体的形成过程，确定切面的位置和形状。

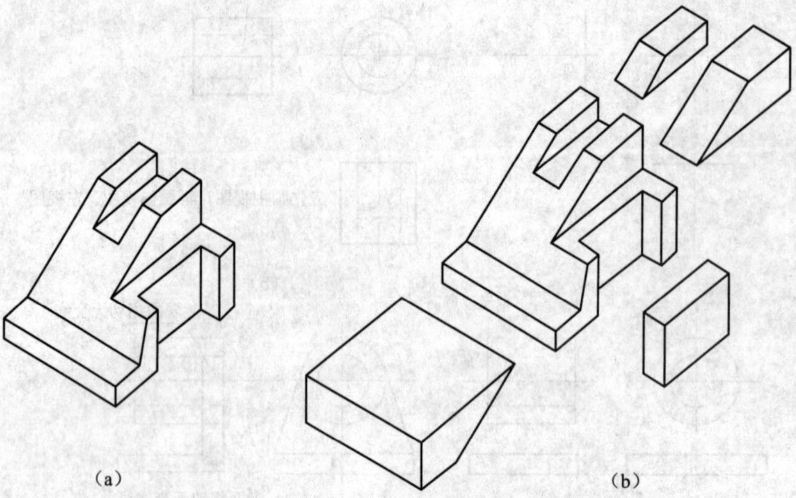

图 5-7　切割型组合体

（a）立体图；（b）切割体的形体分析

（2）作图时应先画出切面有积聚性的投影，再根据切面与立体表面相交的情况画出其他视图。

（3）如果切平面与投影面垂直，该面的另两投影应为类似性。

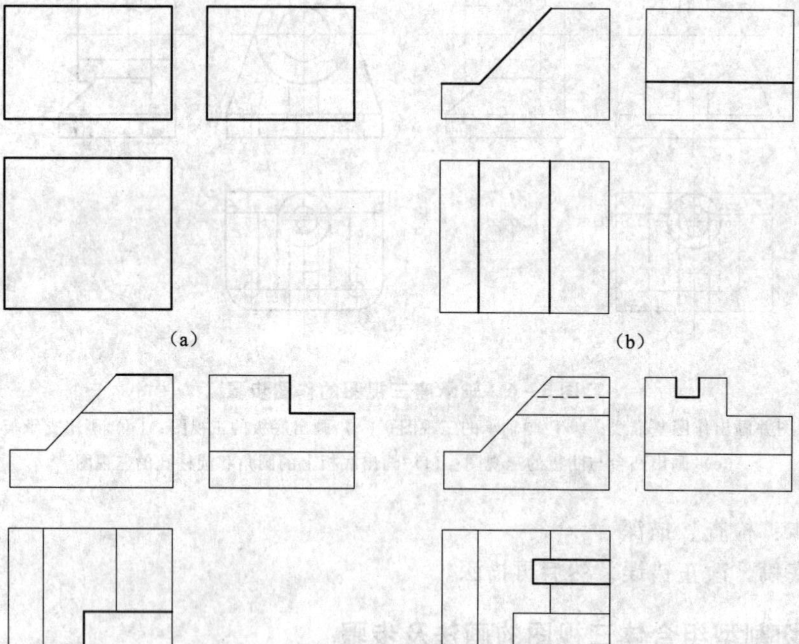

图 5-8　切割型组合体三视图的作图步骤

（a）画出基本体四棱柱；（b）画切去形体 A 后的投影；

（c）画切去形体 B 后的投影；（d）画切去形体 C 后的投影；

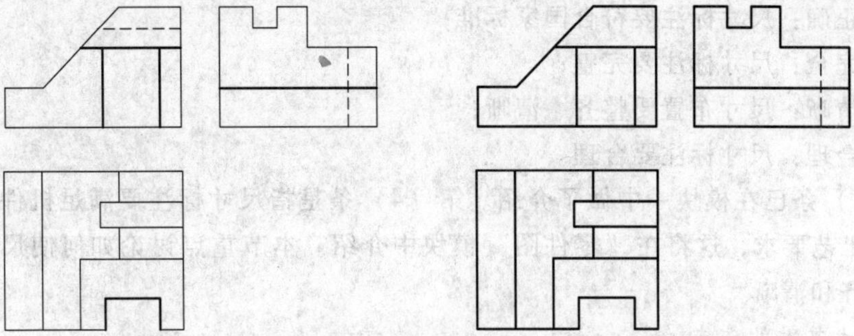

（e）　　　　　　　　　　　　（f）

图 5－8　切割型组合体三视图的作图步骤（续）

（e）画切去形体 *D* 后的投影；（f）检查、加深、完成全图

练一练

如图 5－9 所示，根据立体图绘制组合体三视图。

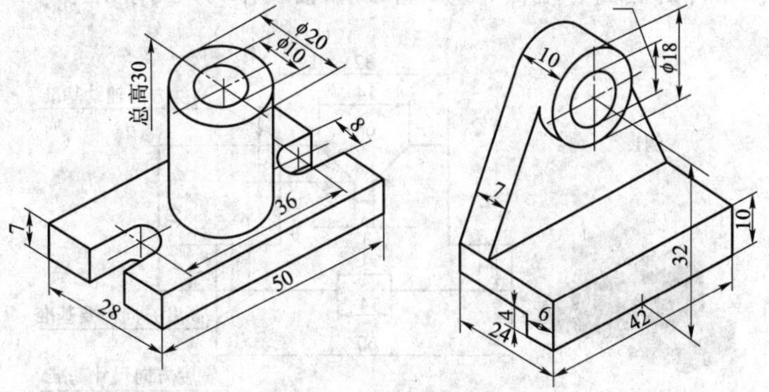

图 5－9　练习题

子模块三　组合体三视图的尺寸标注

学习与训练要点

✧ 掌握基本体的尺寸标注；
✧ 了解切割体和相贯体的尺寸标注；
✧ 了解组合体的尺寸标注。

组合体的视图表达了物体的形状，而物体的大小则要由视图上所标注的尺寸来确定。

一、标注尺寸的基本知识

1. 标注尺寸的基本要求

图样上标注尺寸应做到以下几点：

（1）正确：尺寸标注要符合国家标准；

（2）完全：尺寸标注要完整；

（3）清晰：尺寸布置要整齐、清晰；

（4）合理：尺寸标注要合理。

第（1）条已在模块一中做了介绍。第（4）条是指尺寸标注要满足机件的设计要求和制造工艺要求，这将在“零件图”模块中介绍。本节重点讨论如何使尺寸标注得完整、整齐和清晰。

2. 尺寸基准的选定

尺寸基准如图 5－10 所示，选定标准如下：

（1）组合体是一个空间形体，有长、宽、高三个方向的尺寸，每个方向至少要有一个基准。

（2）如果同一方向有几个尺寸，则其中一个为主要基准，其余为辅助基准，且两基准间必须有尺寸联系。

（3）通常以零件的底面、端面、对称平面和轴线作为尺寸基准。

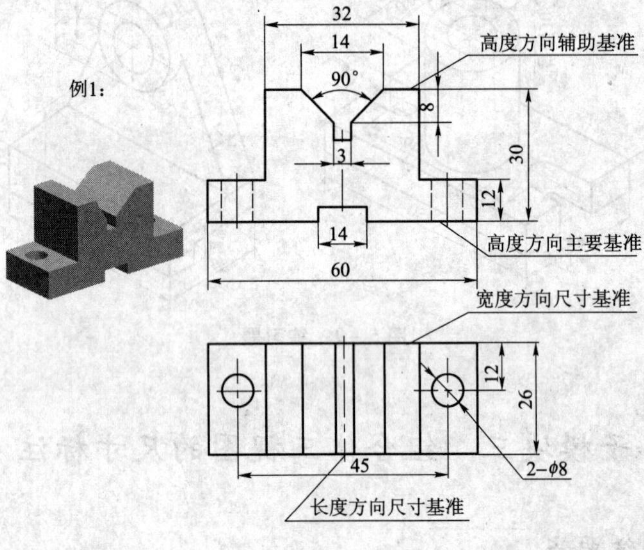

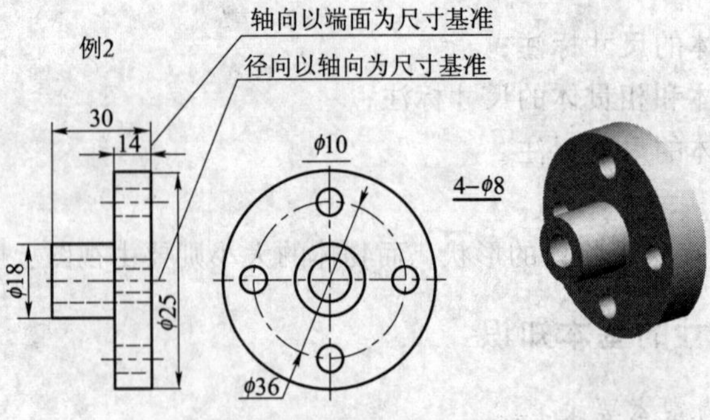

图 5－10　尺寸基准

3. 尺寸分类

（1）定形尺寸：确定各基本体形状和大小的尺寸。

（2）定位尺寸：确定各基本体之间相对位置的尺寸、组合体和基本体尺寸基准之间的距离。

（3）总体尺寸：确定组合体总长、总宽、总高的外形尺寸，有时兼为定形尺寸或定位尺寸的最大尺寸。

二、基本体的尺寸标注

要掌握组合体的尺寸标注，必须先了解基本体的尺寸标注方法。常见基本体的尺寸标注法，如图5－11、图5－12所示。在标注基本体的尺寸时，要注意定出长、宽、高三个方向的大小。

1. 平面基本体的尺寸标注

如图5－11所示。

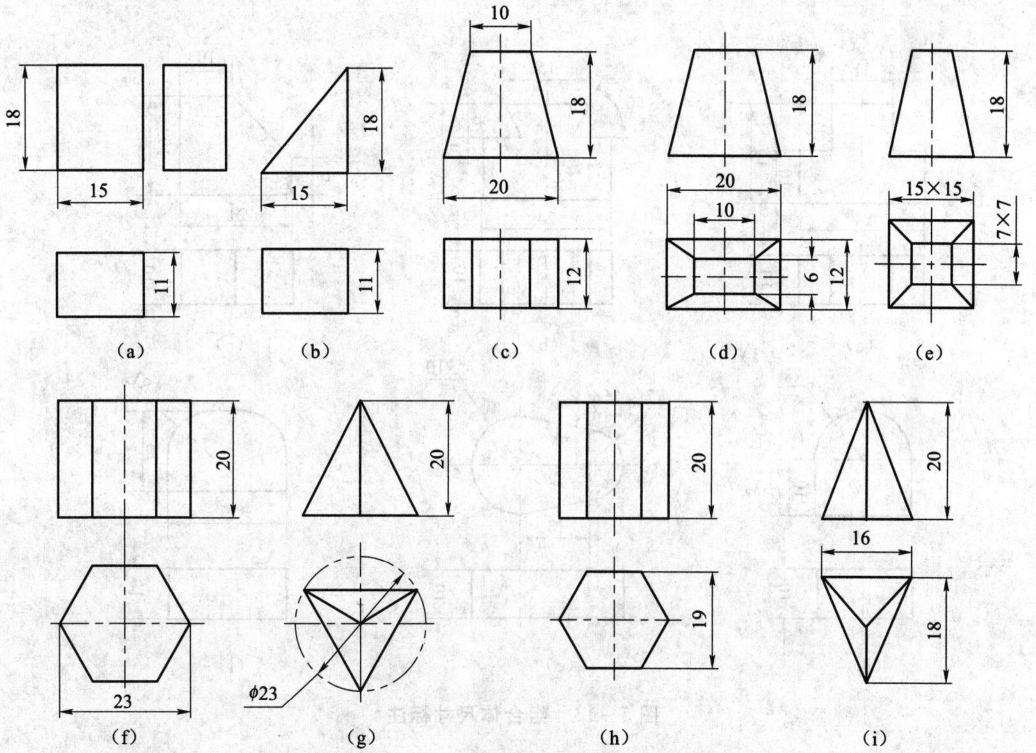

图5－11 平面基本体的尺寸标注

2. 曲面基本体的尺寸标注

通常将尺寸注在非圆视图上，只需一个视图即可确定曲面基本体的形状和大小。如图5－12所示。

3. 常见柱体类形体的尺寸标注

为了读图方便，常在能反映柱体形状特征的视图上集中标注两个坐标方向的尺寸。

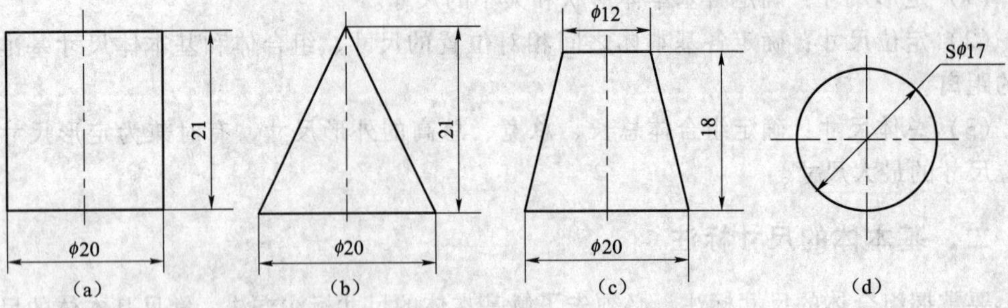

图 5-12　曲面基本体的尺寸标注

三、组合体的尺寸标注

组合体的尺寸标注如图 5-13 所示。

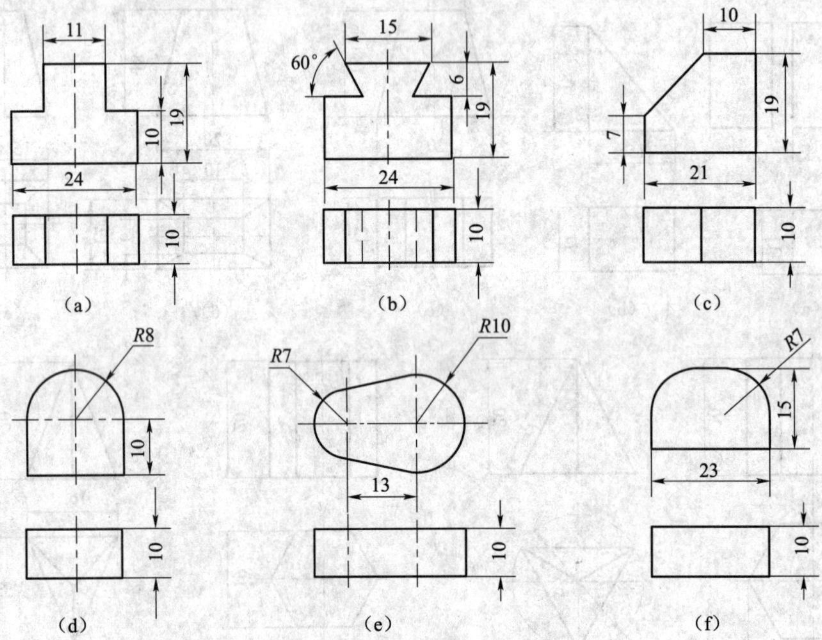

图 5-13　组合体尺寸标注

四、切割体的尺寸标注

基本体上的切口、开槽或穿孔等，一般只标注截切平面的定位尺寸和开槽或穿孔的定形尺寸，而不标注截交线的尺寸。

1. 基本体切口后的尺寸标注

基本体切口后的尺寸标注如图 5-14 所示。

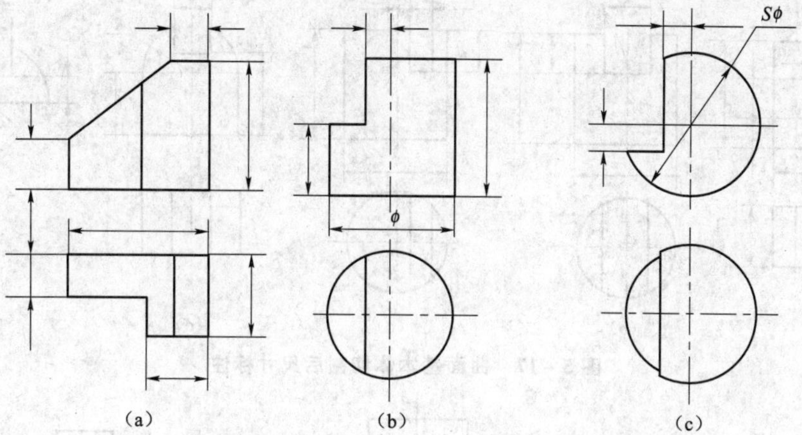

图 5－14　切割体尺寸标注

注意：在截交线上不能标注尺寸。

图 5－15 中，(b)、(c) 图里 R10、R9 及 17 的标注是错误的。

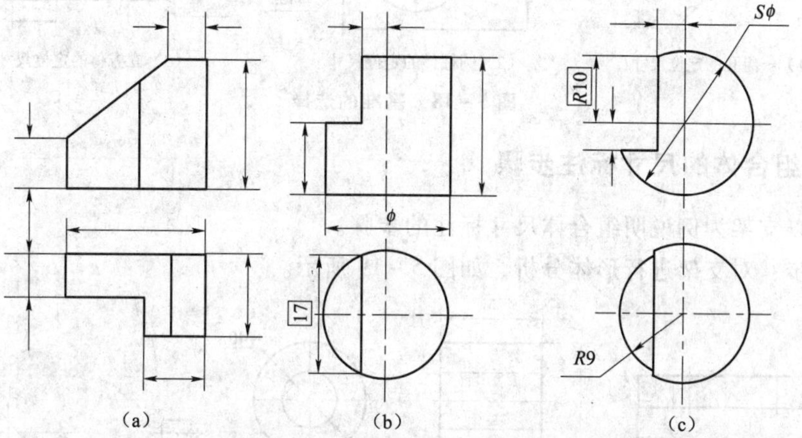

图 5－15　切割体标注及常见错误

两基本体相贯时，应标注两基本体的定形尺寸和表示相对位置的定位尺寸，而不应标注相贯线的尺寸，如图 5－16 所示。

2. 基本体穿孔或切槽后的尺寸标注

这种形体除注出完整基本体大小尺寸外，还应注出槽和孔的大小及位置尺寸，如图 5－17 所示。

3. 常见基本体尺寸基准的选择

示例如图 5－18 所示。

注意：圆孔和圆柱体均应从中心线开始标注定位尺寸。

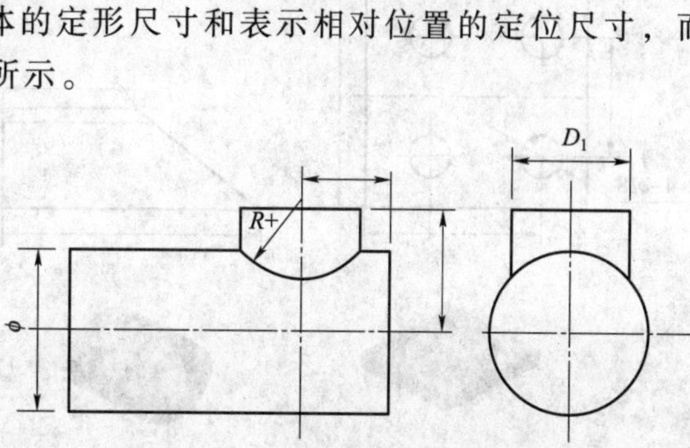

图 5－16　相贯体的尺寸标注

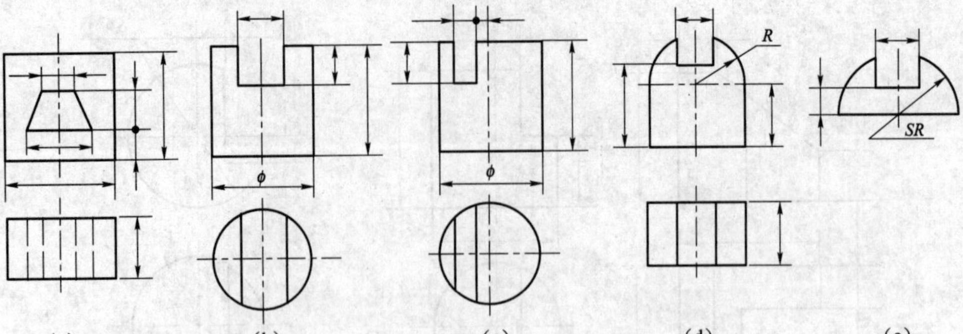

图 5－17　曲面基本体切割后尺寸标注

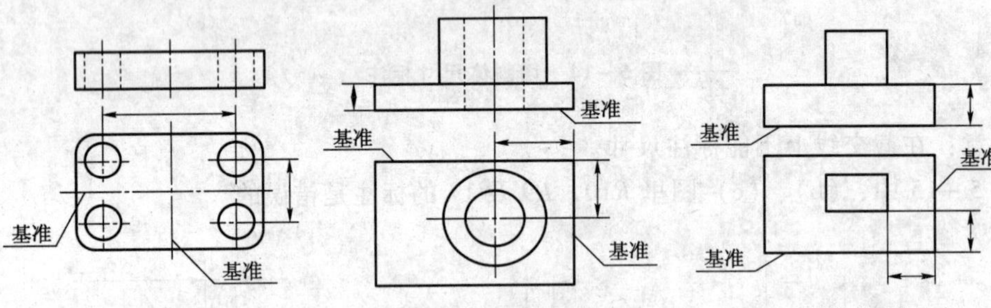

图 5－18　基准的选择

五、组合体的尺寸标注步骤

下面以支架为例说明组合体尺寸标注的步骤。

第一步：对支架进行形体分析，如图 5－19 所示。

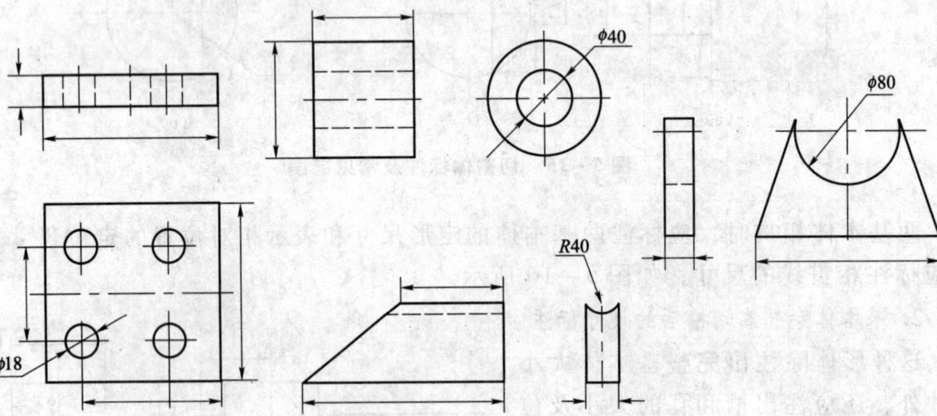

图 5－19　形体分析

第二步：选择尺寸基准，如图 5 - 20 所示。

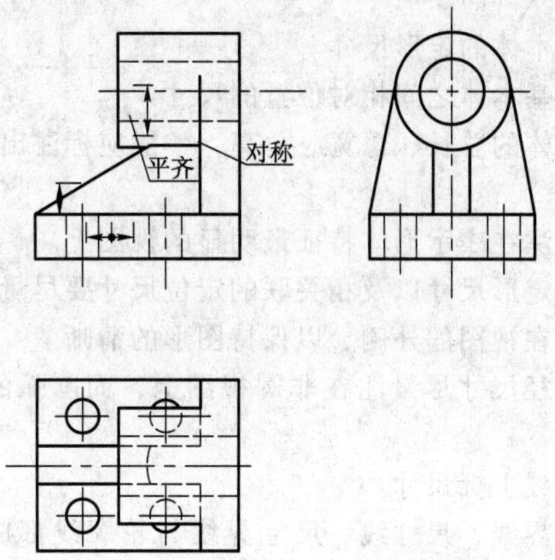

图 5 - 20 尺寸基准

第三步：从基准出发，确定各组成部分之间的相对位置尺寸，如图 5 - 21 所示。

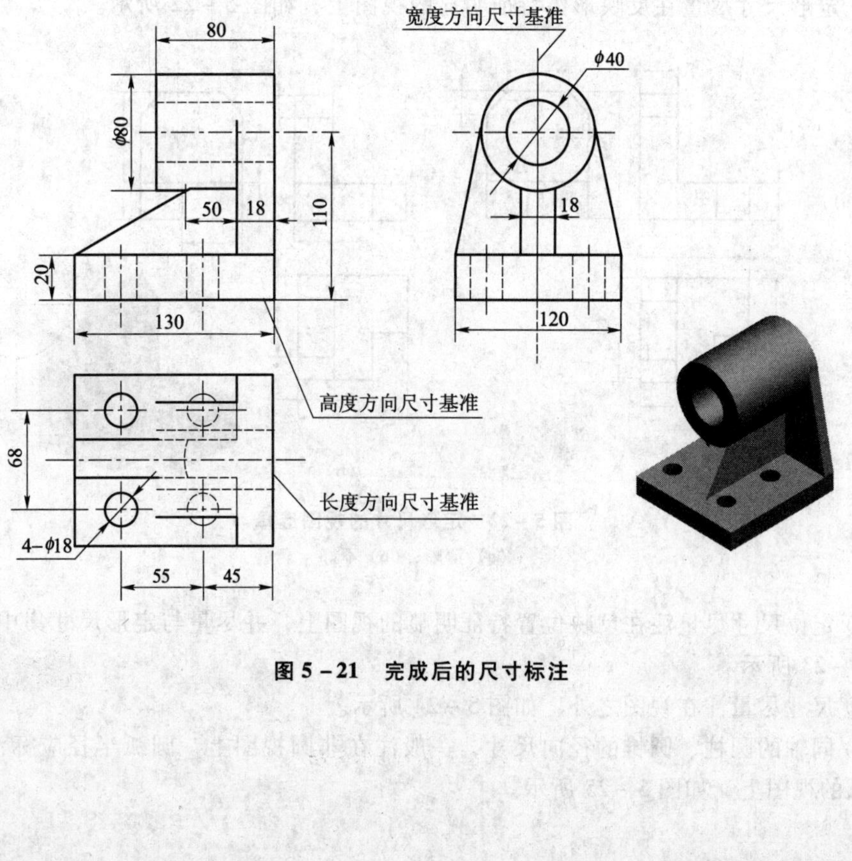

图 5 - 21 完成后的尺寸标注

六、标注尺寸的注意事项

1. 尺寸标注要完整

（1）逐个注出各基本体的定形尺寸。

（2）标注出确定各基本体之间相对位置的尺寸。

（3）为了表示组合体的总长、总宽、总高，一般应标注出相应的总体尺寸。

2. 标注尺寸要清晰

（1）尺寸应尽量标注在表示形体特征最明显的视图上。

（2）同一基本体的定形尺寸以及相关联的定位尺寸要尽量集中标注。

（3）尺寸应尽量注在视图的外侧，以保持图形的清晰。

（4）同心圆柱的直径尺寸尽量注在非圆视图上，而圆弧的半径尺寸则必须注在投影为圆弧的视图上。

（5）尽量避免在虚线上标尺寸。

（6）尺寸线与尺寸界线、尺寸线、尺寸界线与轮廓线都应避免相交。相互平行的尺寸应按“小尺寸在内，大尺寸在外”的原则排列。

（7）内形尺寸与外形尺寸最好分别注在视图的两侧。

（8）尺寸排列应避免尺寸线和尺寸界线相交；并联尺寸小尺寸在内，大尺寸在外；串联尺寸箭头对齐，排成一直线。

以上注意事项由下列部分实际图形表示。

① 定形尺寸尽量在反映形体特征明显的视图上，如图 5－22 所示。

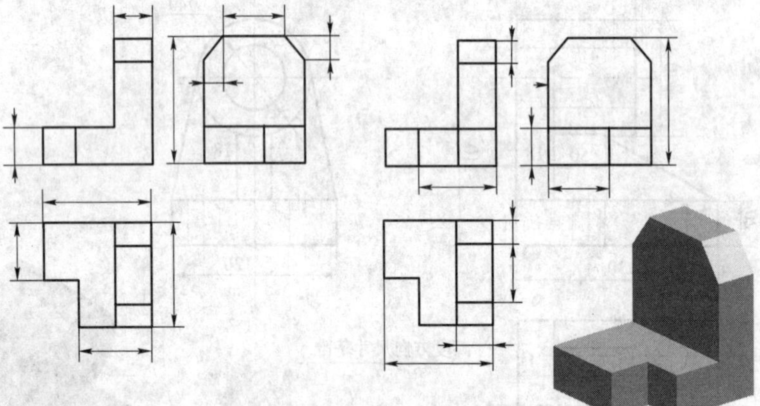

（a）

（b）

图 5－22　定形尺寸的视图选择

（a）清晰；（b）不好

② 定位尺寸尽量注在反映位置特征明显的视图上，并尽量与定形尺寸集中在一起，如图 5－23 所示。

③ 尺寸尽量注在视图之外，如图 5－24 所示。

④ 同轴的圆柱、圆锥的径向尺寸，一般注在非圆视图上，圆弧半径应标注在投影为圆弧的视图上，如图 5－25 所示。

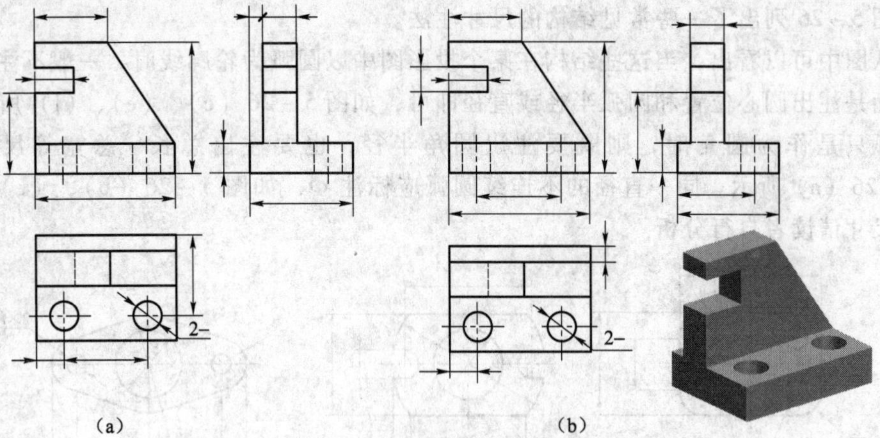

（a）　　　　　　　　（b）

图 5－23　定位尺寸的视图选择

（a）清晰；（b）不好

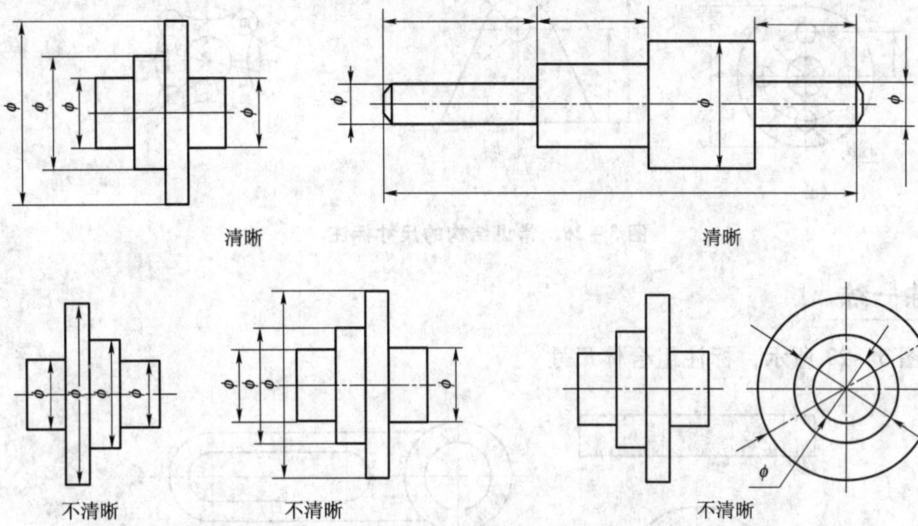

图 5－24　合理的尺寸布局

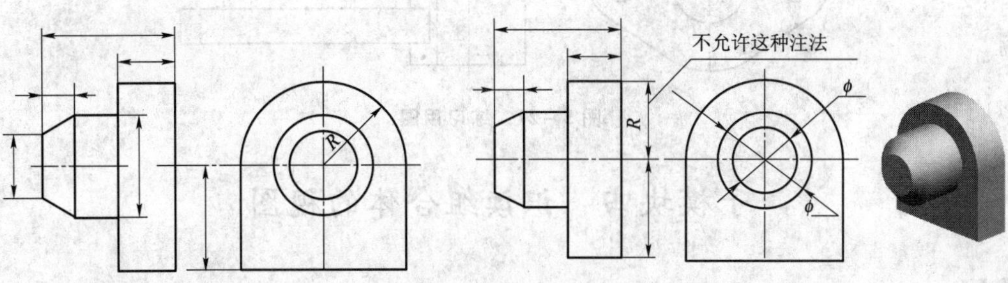

（a）　　　　　　　　（b）

图 5－25　回转体的径向尺寸标注

（a）清晰；（b）不清晰

图 5－26 列出了一些常见结构的尺寸注法。

从图中可以看出，当这些结构在某个投影图中以圆弧为轮廓线时，一般不注总体尺寸，而是注出圆心位置和圆弧半径或直径即可，如图 5－26（c）、（e）、（f）所示。但当圆弧只是作为圆角时，则既要注出圆角半径，也要注出总长、总宽等尺寸，如图 5－26（a）所示。同一直径的不连续圆弧应标注 Φ，如图 5－26（b）、（c）所示。其他尺寸请读者自行分析。

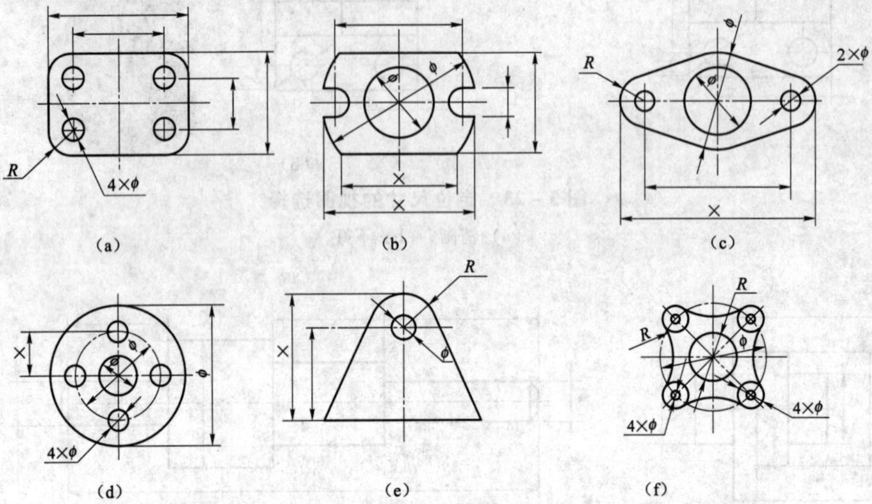

图 5－26　常见结构的尺寸标注

练一练

如图 5－27 所示，标注组合体尺寸。

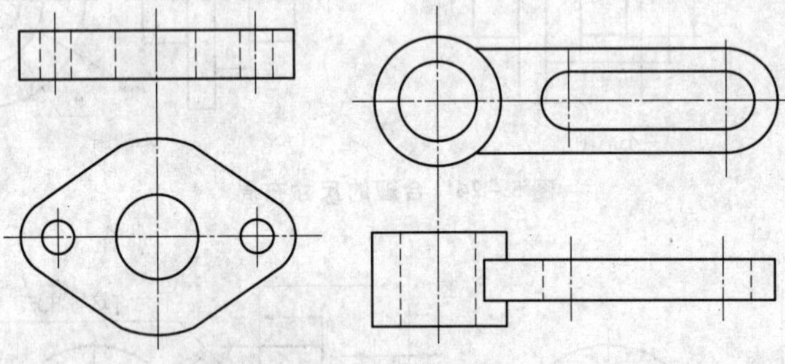

图 5－27　练习用图

子模块四　识读组合体的视图

学习与训练要点

✧ 掌握读图的基本知识；

✧ 掌握读图的基本方法。

画图和读图是学习本课程的两个重要环节。画图是把空间形体用正投影的方法表达在平面上；读图则是运用正投影方法，根据视图想象出空间形体的结构形状。所以，要能正确、迅速地读懂视图，必须掌握读图的基本知识和基本方法，培养空间想象力和形体构思能力，并通过不断实践，逐步提高读图能力。

一、读图的基本知识

1. 几个视图联系起来看

一般情况下，一个视图不能完全确定物体的形状。如图 5－28 所示的五组视图，它们的主视图都相同，但实际上是五种不同形状的物体。

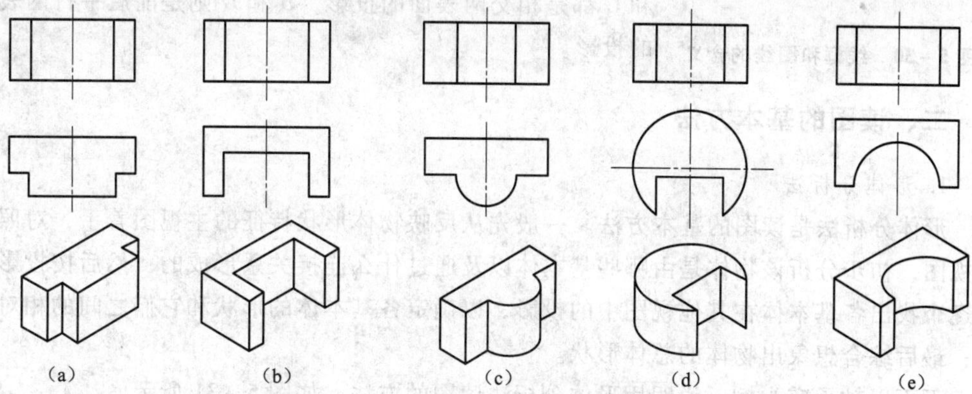

图 5－28 一个视图不能完全确定物体的形状

如图 5－29 所示的三组视图，它们的主、俯视图都相同，但也表示了三种不同形状的物体。

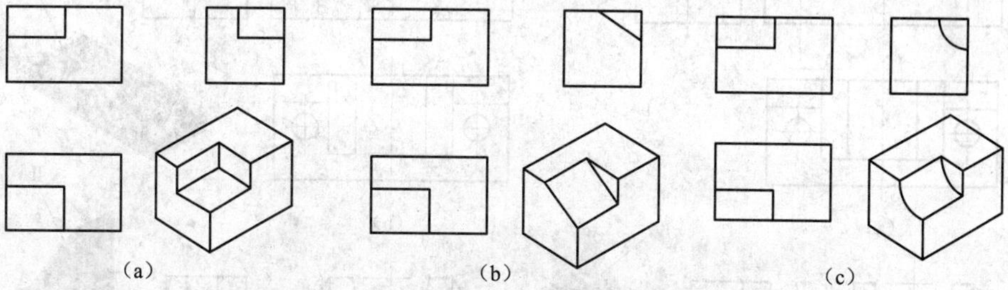

图 5－29 几个视图同时分析才能确定物体形状

由此可见，读图时，一般都要将几个视图联系起来阅读、分析和构思，才能弄清物状。

2. 寻找特征视图

所谓特征视图，就是把物体的形状特征及相对位置反映得最充分的那个视图。例如图 5－28 中的俯视图及图 5－29 中的左视图。找到这个视图，再配合其他视图，就能较快地认清物体了。

3. 了解视图中的线框和图框的含义

弄清视图中线和线框含义，是看图的基础。下面以图 5－30 为例说明。视图中每个

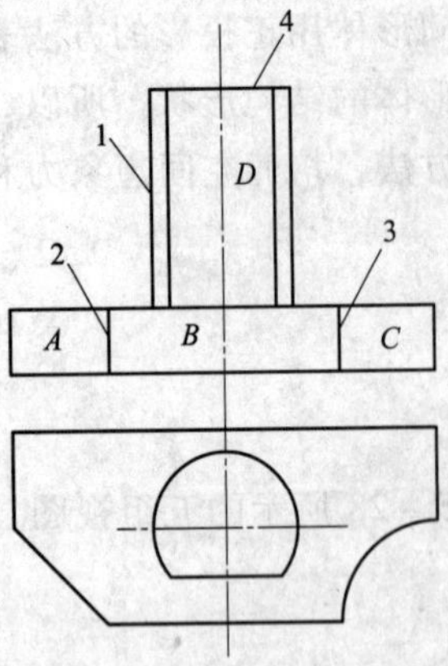

图 5-30 线框和图线的含义

封闭线框，可以是形体上不同位置平面和曲面的投影，也可以是孔的投影。如图 5-30 中A、B 和 D 线框为平面的投影，线框 C 为曲面的投影。视图中的每一条图线，则可以是曲面的转向轮廓线的投影，如图 5-30 中直线 1 是圆柱的转向轮廓素线；也可以是两表面的交线的投影，如图中直线 2（平面与平面的交线）、直线 3（平面与曲面的交线）；还可以是面的积聚性投影，如图中直线 4。

任何相邻的两个封闭线框，应是物体上相交的两个面的投影，或是同相位的两个面的投影。如图中 A 和 B、B 和 C 都是相交两表面的投影，B 和 D 则是前后平行两表面的投影。

二、读图的基本方法

1. 形体分析法

形体分析法是读图的基本方法。一般先从反映物体形状特征的主视图着手，对照其他视图，初步分析该物体是由哪些基本体以及通过什么连接关系形成的；然后按投影特性逐个找出各基本体在其他视图中的投影，以确定各基本体的形状和它们之间的相对位置；最后综合想象出物体的总体形状。

下面以轴承座为例，说明用形体分析法读图的方法，如图 5-31 所示。

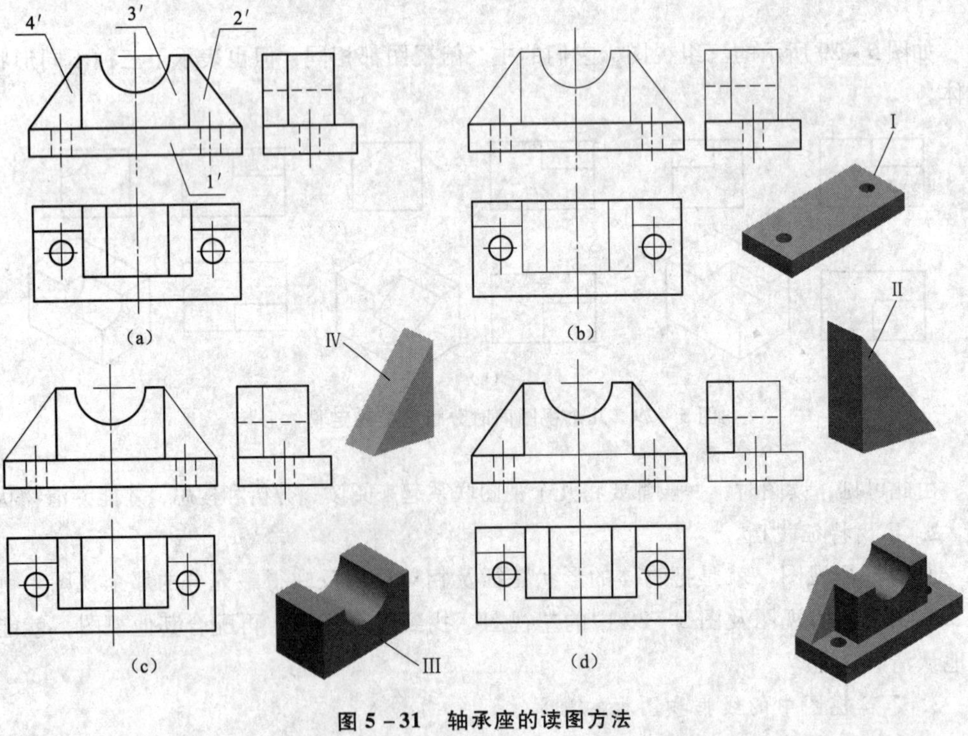

图 5-31 轴承座的读图方法

(a) 三面视图；(b) 形体 Ⅰ 的三面投影；(c) 形体 Ⅲ 的三面投影；(d) 形体 Ⅱ、Ⅳ 的三面投影

(1) 从视图中分离出表示各基本体的线框。

将主视图分为四个线框。其中线框 2 和 4 为左右两个完全相同的三角形，因此可归纳为三个线框。每个线框各代表一个基本体，如图 5－31（a）所示。

(2) 分别找出各线框对应的其他投影，并结合各自的特征视图逐一构思它们的形状。

如图 5－31（b）所示，线框 1 的主、俯两视图是矩形，左视图是 *L* 形，可以想象出该形体是一块直角弯板，板上钻了两个圆孔。

如图 5－31（c）所示，线框 3 的俯视图是一个中间带有两条直线的矩形，主视图是一个中间有一条虚线矩形，可以想象出它的形状是在一个长方体的中部挖了一个半圆槽。

如图 5－31（d）所示，线框 2 和 4 俯、左两视图都是矩形。因此它们是两块三角形板对称地分布在轴承座的左、右两侧。

(3) 根据各部分的形状和它们的相对位置综合想象出其整体形状。

2. 线面分析法

当形体被多个平面切割，形体形状不规则或在某视图中形体结构的投影关系重叠时，应用形体分析法往往难于读懂。这时，需要运用线、面投影理论来分析物体的表面形状、面与面的相对位置以及面与面之间的表面相交线，并借助立体的概念来想象物体的形状，这种方法称为线面分析法。

下面以压块为例，说明线面分析的读图方法，如图 5－32 所示。

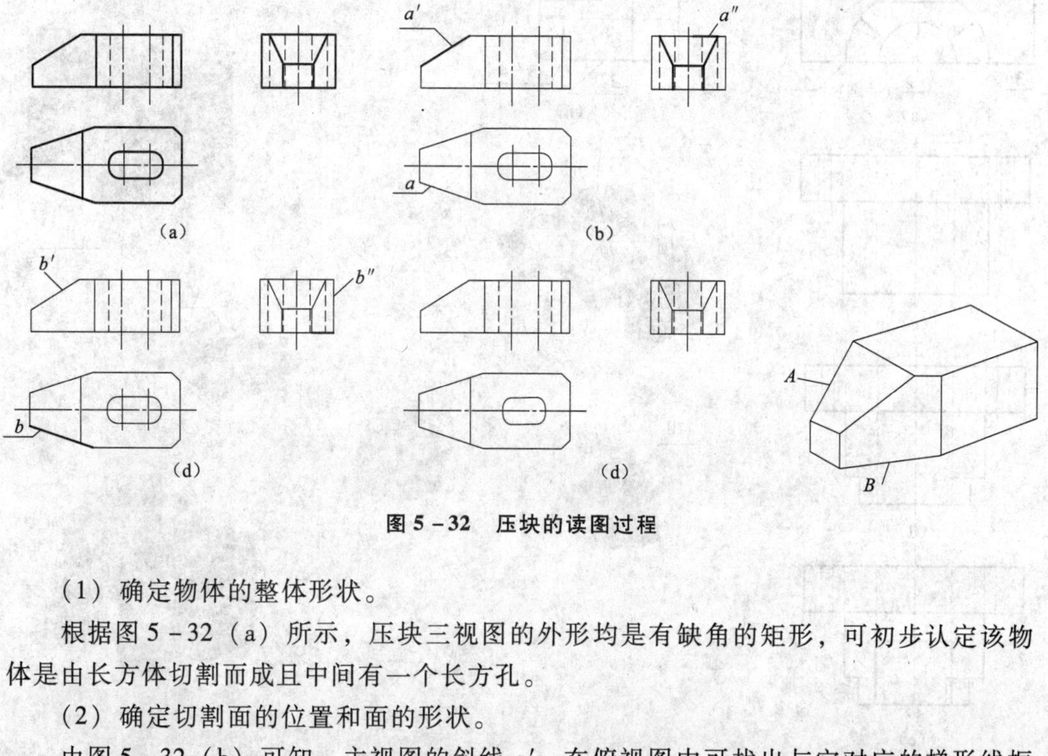

图 5－32　压块的读图过程

(1) 确定物体的整体形状。

根据图 5－32（a）所示，压块三视图的外形均是有缺角的矩形，可初步认定该物体是由长方体切割而成且中间有一个长方孔。

(2) 确定切割面的位置和面的形状。

由图 5－32（b）可知，主视图的斜线 a'，在俯视图中可找出与它对应的梯形线框 a，由此可见 *A* 面是垂直于 *V* 面的梯形平面。长方体的左上角是由 *A* 面切割而成，平面 *A* 对 *W* 面和 *H* 面都处于倾斜位置，因而侧面投影 a''和水平投影 a 是类似图形，不反映 *A*

面的真实形状。

由图 5－32（c）可知，俯视图中的斜线 b 在主视图中可找出与它对应的四边形 b'，由此可见 B 面是铅垂面。长方体的左端就是由这样的两个平面切割而成。平面 B 对 V 面和 W 面都处于倾斜位置，因而侧面投影 b'' 也是类似的四边形线框。

最后综合想象其整体形状。

搞清楚各截切面的空间位置和形状后，根据基本体形状、各截切面与基本体的相对位置，并进一步分析视图中线、线框的含义，可以综合想象出整体形状。

读组合体的视图常常是两种方法并用，以形体分析法为主，线面分析法为辅。

归纳读图步骤如下：

（1）初步了解；

（2）形体分析法→投影分析；

（3）线面分析法→综合想象。

根据两个视图补画第三视图，也是培养读图和画图能力的一种有效手段，现举例如下：如图 5－33 所示，已知轴承盖主、左视图，补画俯视图。

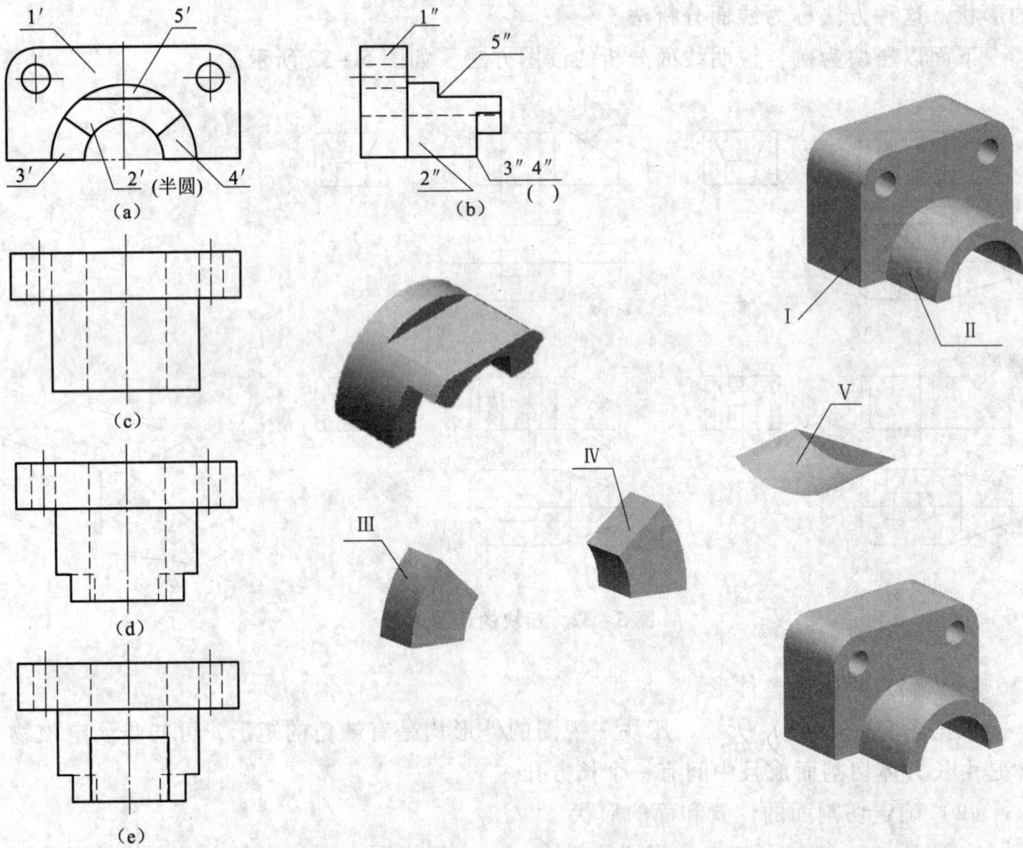

图 5－33 根据两视图补画第三视图

（c）Ⅰ与Ⅱ叠起来画；（d）画切去的Ⅲ与Ⅳ；（e）画切去的Ⅴ

练一练

1. 如图 5－34 所示，根据两视图补画第三视图。

(1)

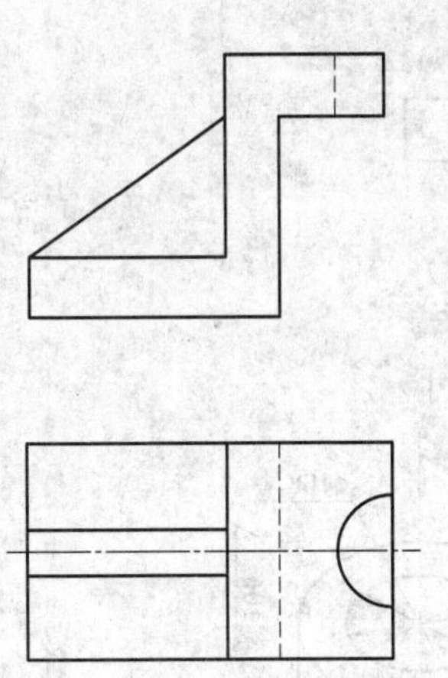

(2)

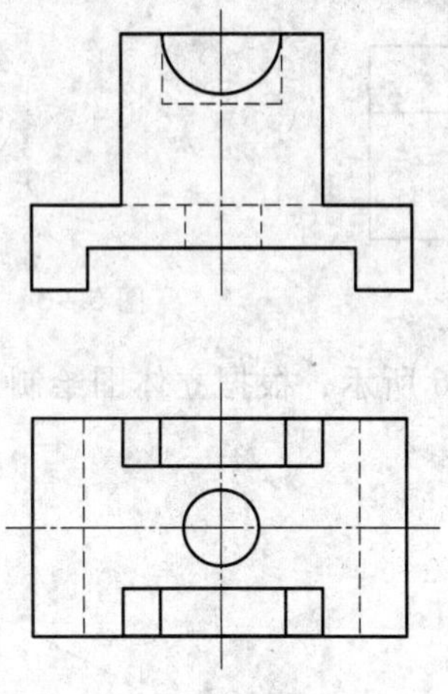

(3)

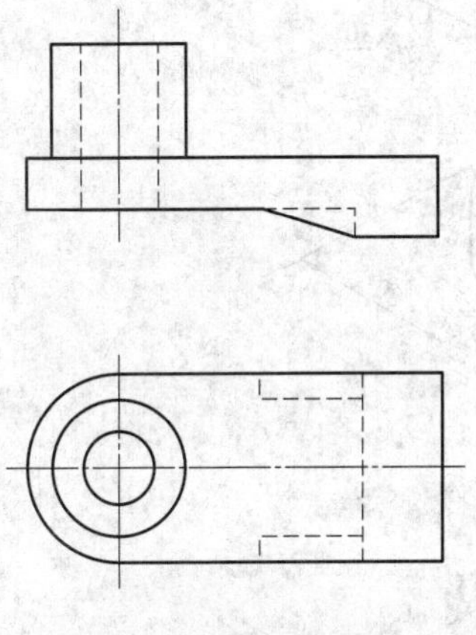

(4)

图 5－34　练习图（1）

2. 如图 5－35 所示，补画视图中所缺图线。

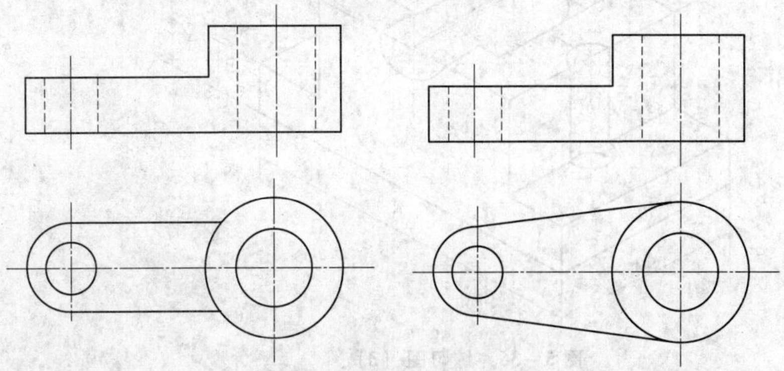

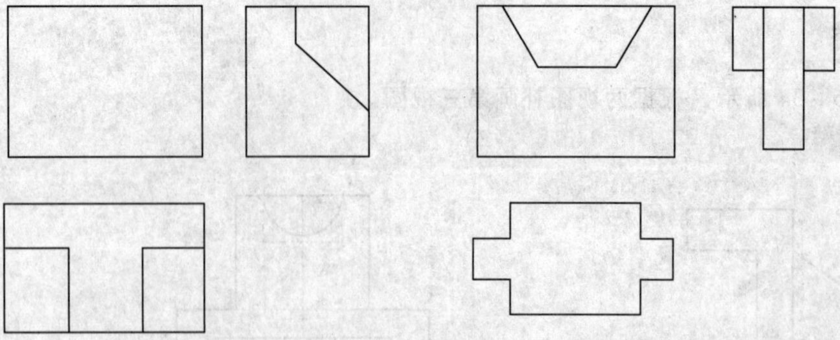

图 5-34　练习图（2）

3. 如图 5-36 所示，根据立体图绘制三视图并标注尺寸。

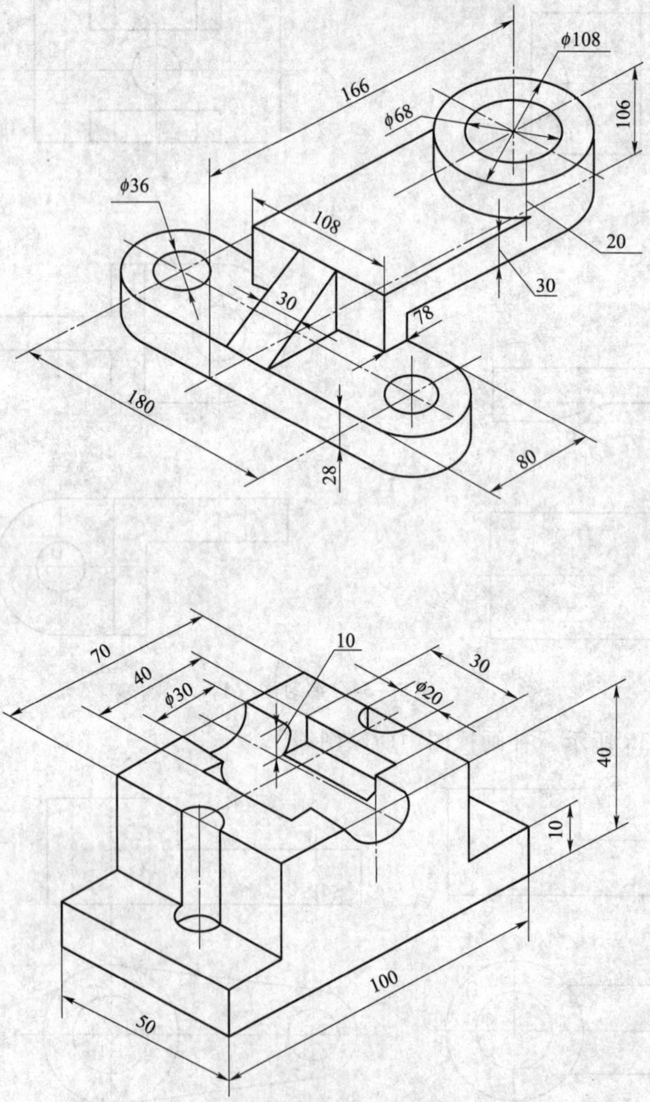

图 5-36　练习图（3）

要点回顾

1. 形体分析法是组合体画图、读图及尺寸标注的基本方法，必须熟练掌握并应用。

2. 组合体组成部分之间的表面连接关系是正确画出组合体视图的关键，必须掌握。

3. 读组合体的一般步骤是：分线框，对投影；想形体，辨位置；线面分析攻难点；综合起来想形体。

思考与训练

请把正确的选择填在括号中。

1. 平面基本体视图上的粗实线包括________。(　　)

Ⅰ. 可见轮廓线；Ⅱ. 转向轮廓线；Ⅲ. 可见相贯线。

A. Ⅰ　　B. Ⅰ + Ⅱ　　C. Ⅱ + Ⅲ　　D. Ⅰ + Ⅱ + Ⅲ

2. 根据图 5 – 37 所示主视图和俯视图，选择正确的左视图________。(　　)

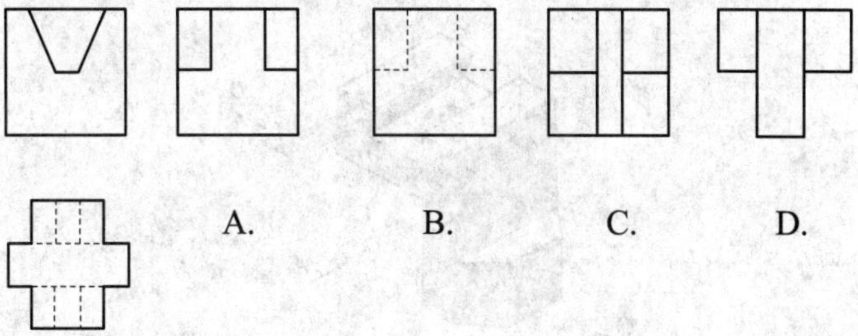

图 5 – 37　题 2 图

3. 根据图 5 – 38 所示主视图和俯视图，选择正确的左视图________。(　　)

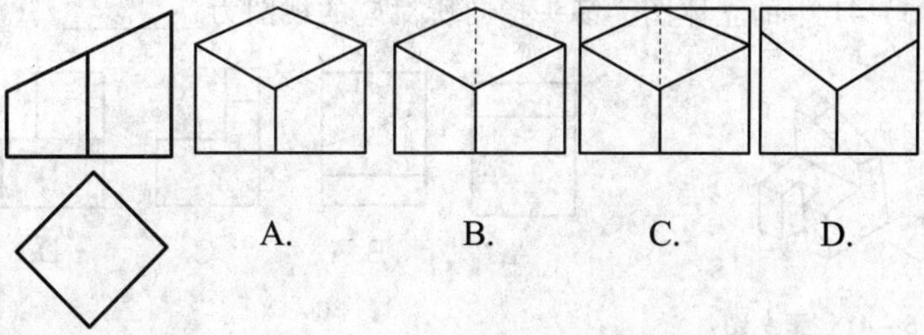

图 5 – 38　题 3 图

4. 根据图 5 – 39 给出的主视图和俯视图，选择正确的左视图________。(　　)

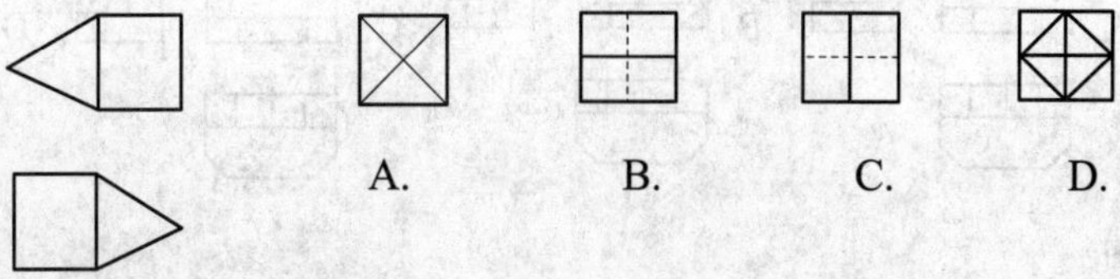

图 5 – 39　题 4 图

5. 截平面和物体表面的交线为________。(　　)

A. 结合线　　B. 相贯线　　C. 截交线　　D. 素线

6. 基本体的画图与读图的基本方法是________法；组合体的画图与读图的基本方法是________法。(　　)

A. 形体分析/面、线分析

B. 面、线分析/形体分析

C. 形体分析/形体分析

D. 面、线分析/面、线分析

7. 在视图中，当两形体表面相交时，两形体的相交处________；当两形体表面相切时，两形体的相切处________。(　　)

A. 必有交线/不该有交线　　B. 必有交线/必有交线

C. 不该有交线/不该有交线　　D. 不该有交线/必有交线

8. 对于图 5－40 所示的机件来说，应选择箭头________的方向为主视图。(　　)

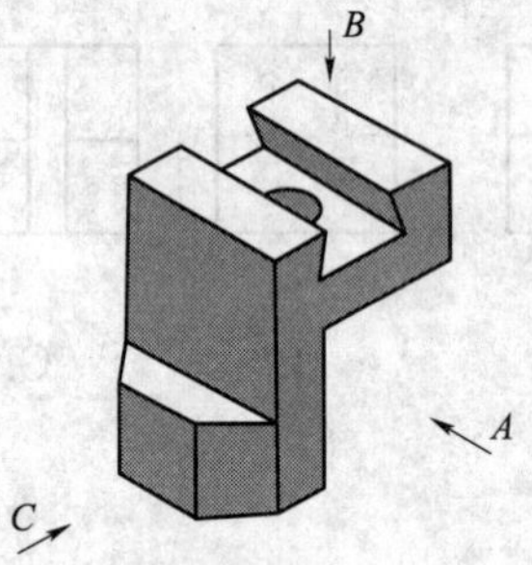

图 5－40　题 8 图

A. A　　B. B　　C. C　　D. D

9. 根据图 5－41 中的立体图，箭头指向所对应的视图为________。(　　)

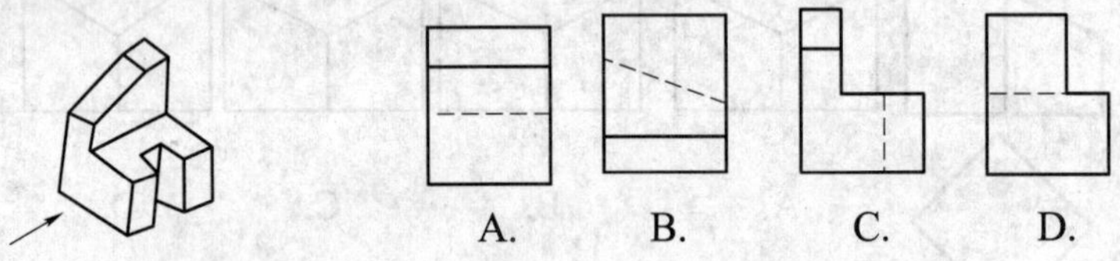

图 5－41　题 9 图

10. 根据图 5－42 中所示的立体图，其对应的三视图为________。(　　)

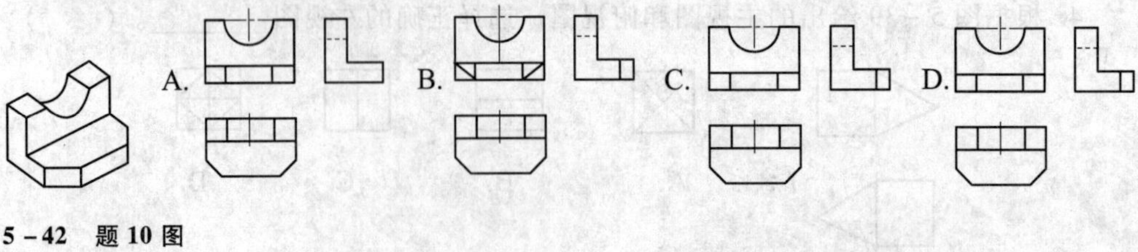

图 5－42　题 10 图

11. 根据图 5－43 中所示立体图，其正确的三视图为________。(　　)

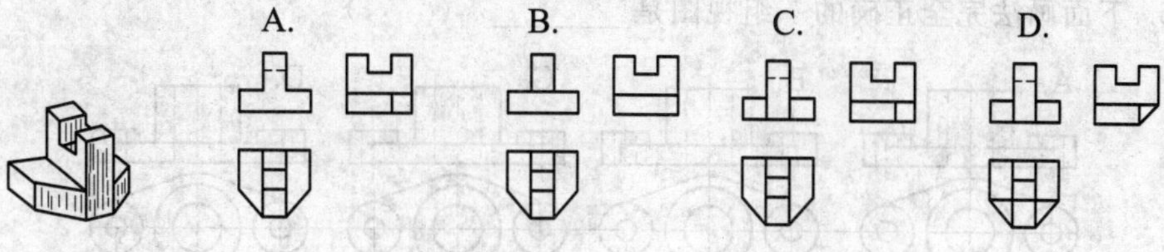

图 5-43　题 11 图

12. 根据图 5-44 中所示立体图，其正确的三视图为________。(　　)

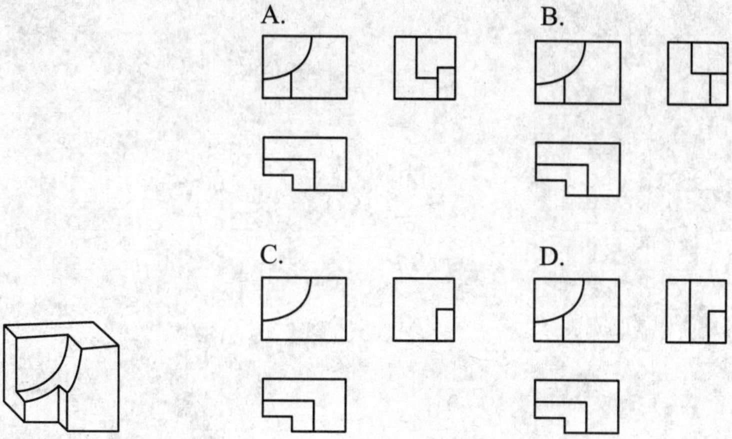

图 5-44　题 12 图

13. 根据图 5-45 中所示的立体图，其对应的主、俯视图为________。(　　)

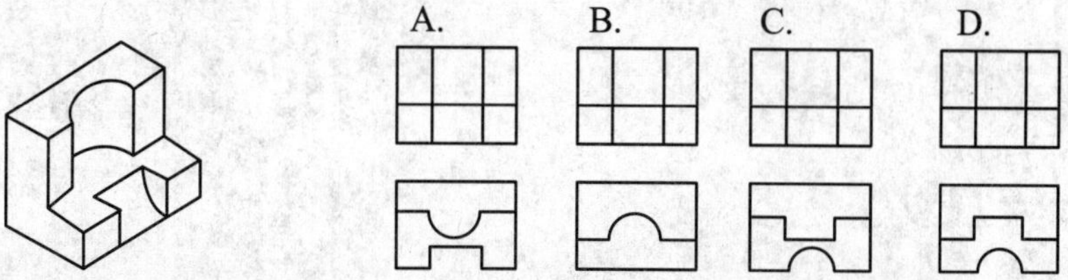

图 5-45　题 13 图

14. 根据图 5-46 中所给出的三视图，其对应的立体图为________。(　　)

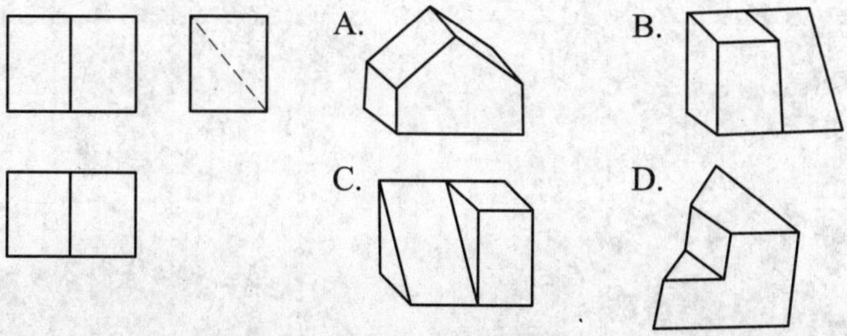

图 5-46　题 14 图

15. 下面画法完全正确的一组视图是________。(　　)

A. B. C. D.

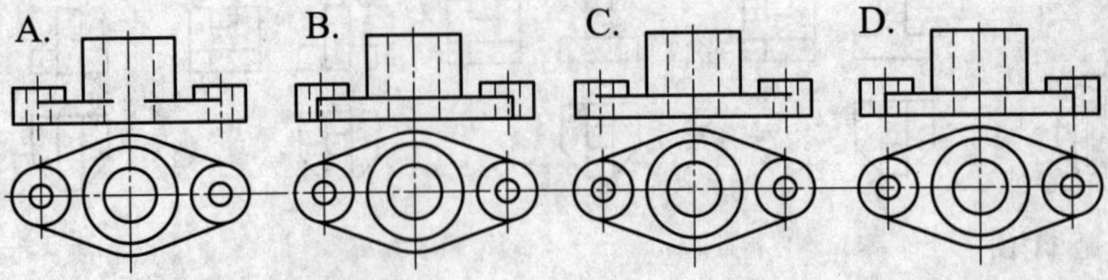

模块六

机件的基本表示法

学习与训练总目标

- 掌握各种视图、剖视图、断面图的定义以及画法标注及适用范围；
- 掌握常用机件的简化画法；
- 具有应用图样画法综合表达机件的能力；
- 了解三角投影法。

在实际生产中，当机件的形状、结构比较复杂时，如果仍采用两视图或三视图来表达，就很难把机件的内外形状和结构准确、完整、清晰地表达出来。为了满足这些实际的要求，国家标准规定了各种画法——视图、剖视图、断面图、局部放大图和简化画法。这些画法是表达机件的基本方法。

子模块一　视图（GB/T17451—1998 GB/T4458.1—2002）

学习与训练要点

- ✧ 掌握基本视图的种类；
- ✧ 掌握向视图的概念及应用；
- ✧ 掌握斜视图的概念及应用；
- ✧ 掌握局部视图的概念及应用。

国家标准规定，主要用来表达机件外部形状的视图分为四类，即基本视图、向视图、局部视图和斜视图。

一、基本视图

国家规定，采用正六面体的六个面为基本投影面（见图6－1)，机件向基本投影面进行投影所得到的视图称为基本视图。除了前面已经介绍过的主视图、俯视图、左视图三个视图外，还有后视图（从前向后投射)、仰视图（从下向上投射）和右视图（从右向左投射)。

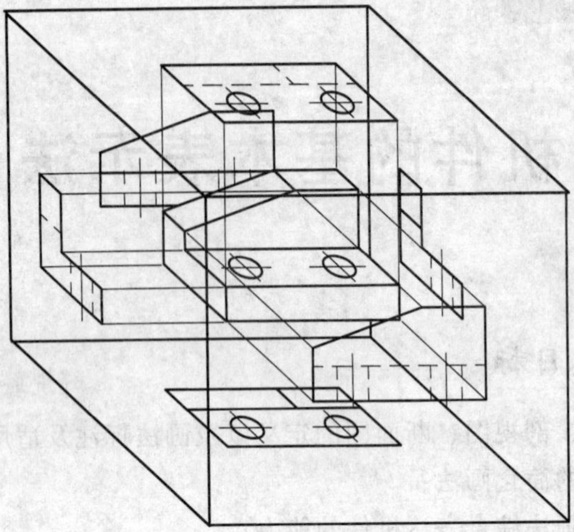

图 6-1　基本投影面

投影面按上图所示展开在同一平面上后，基本视图的配置关系如图 6-2 所示。在同一张图内按图 6-2 配置视图时，一律不标注视图的名称。

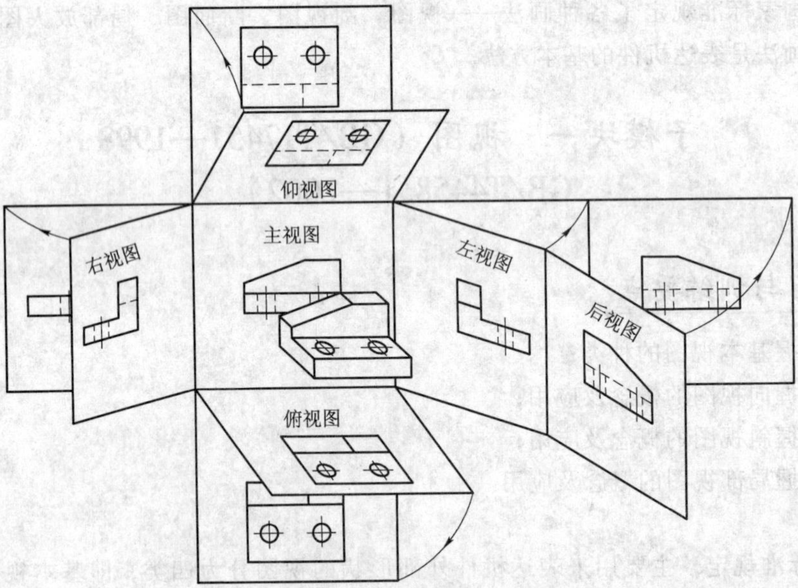

图 6-2　基本视图的配置

六个基本视图之间仍然符合长对正、高平齐、宽相等的投影规律。从图中可以看出，主视图和后视图、左视图和右视图的形状左右对称，俯视图和仰视图的形状上下对称。根据视图还可以看出机件前后、左右、上下的方位关系。

表达机件的形状时，基本视图的选择完全是根据需要来确定的，而不是任何机件都需用六个基本视图来表达，其基本配置关系如图 6－3 所示。

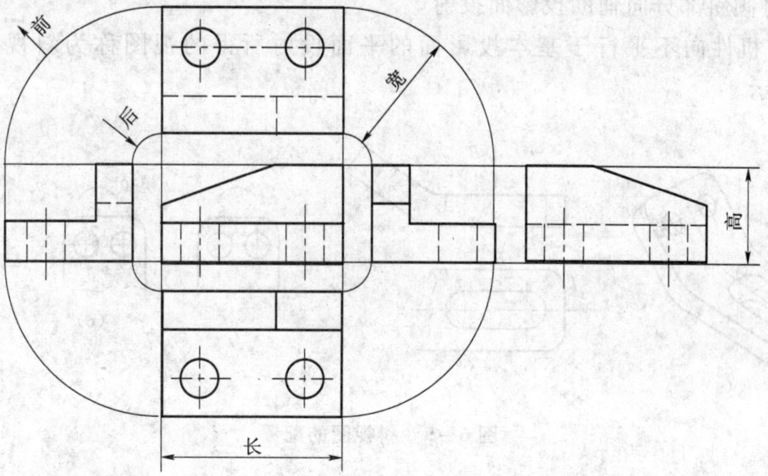

图 6－3　基本视图的配置

二、向视图

在实际制图时，由于考虑到各视图在图纸中的合理布局问题，不能按图 6－3 配置视图或视图不画在用一张图纸上时，应在视图上方标出视图的名称“×”，同时在相应的视图附近用箭头指明投射方向，并注上相同的字母（大写拉丁字母）。这种视图称为向视图，向视图是可以自由配置的视图，如图 6－4 所示。

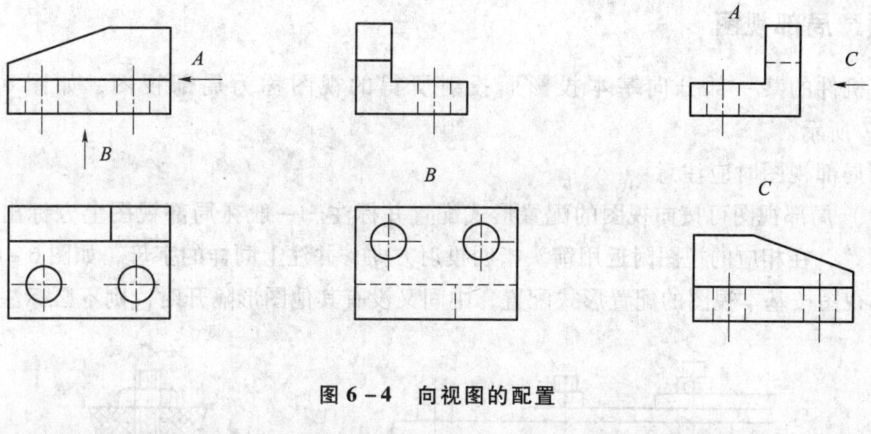

图 6－4　向视图的配置

三、斜视图

对于机件上的倾斜部分，由于不平行基本投影面，那么该部分在基本投影面的投影不反映实形。如何解决这个问题呢？

1. 解决办法

(1) 增加一个与倾斜表面平行的辅助投影面。

(2) 将倾斜部分向辅助投影面投射。

我们将机件向不平行于基本投影面的平面投射所得的视图称为斜视图，示例如图 6 - 5 所示。

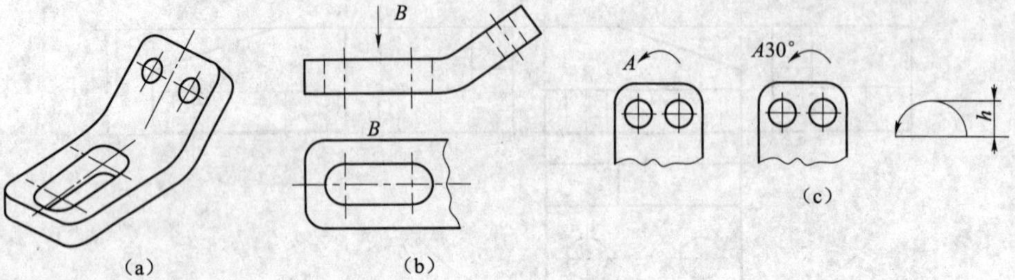

图 6 - 5　斜视图的配置

2. 画斜视图时应注意

(1) 斜视图只使用于表达机件倾斜部分的局部形状。其余部分不必画出，其断裂边界处用波浪线或双折线断开。

(2) 斜视图通常按向视图形式配置。必须在视图上方标出名称“×”，用箭头指明投影方向，并在箭头旁水平注写相同字母。在不引起误解时允许将斜视图旋转，但需在斜视图上方注明，如图 6 - 5 (b) 所示。

(3) 斜视图一般按投影关系配置，便于看图。必要时也可配置在其他适当位置。在不致引起误解时，允许将倾斜图形旋转便于画图，旋转后的斜视图上应加注旋转符号，如图 6 - 5 (c) 所示。

四、局部视图

将机件的某一部分向基本投影面投射所得的视图称为局部视图，如图 6 - 6 和图 6 - 7 所示。

画局部视图时应注意：

(1) 局部视图可按向视图的配置形式配置并标注。一般在局部视图上方标出视图的名称“x”，在相应的视图附近用箭头指明投射方向，并注上同样的字母，如图 6 - 6 所示。当局部视图按基本视图的配置形式配置，中间又没有其他图形隔开时，则不必标注。

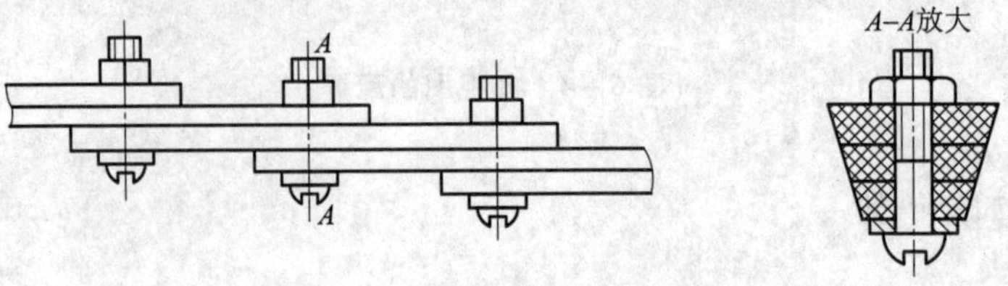

图 6 - 6　压紧杆的局部视图

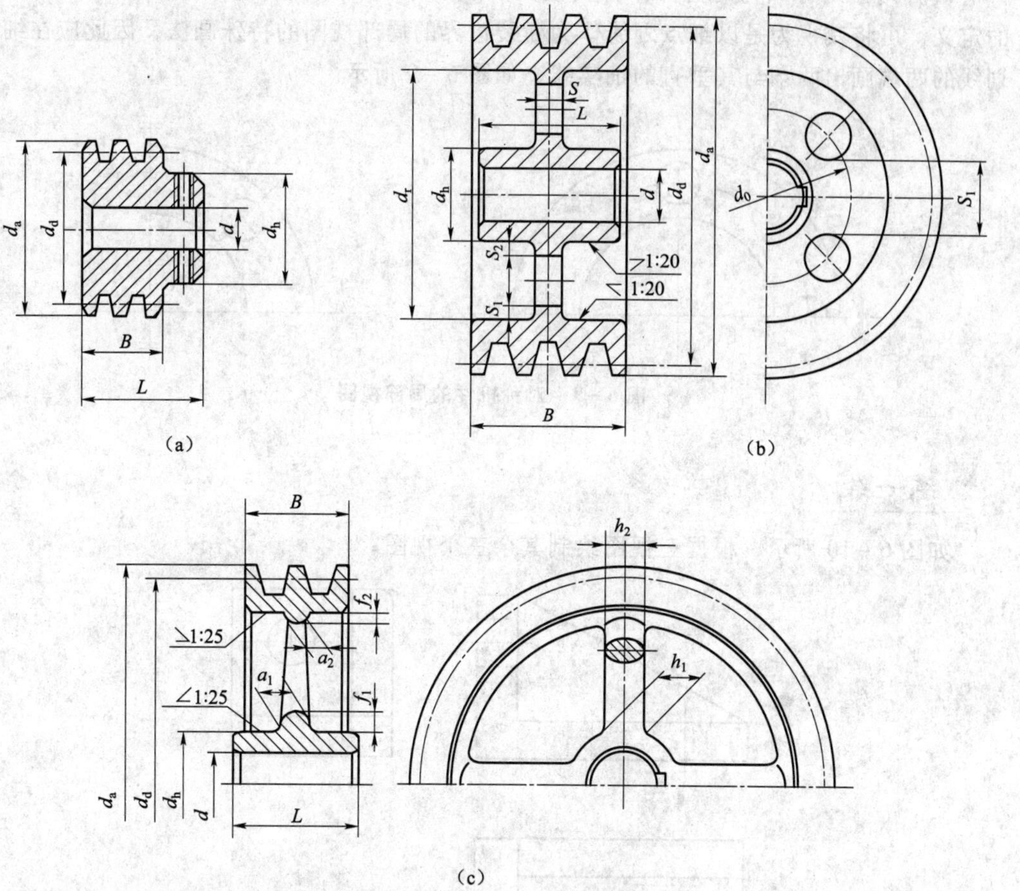

图 6－7　三通的局部视图

（2）局部视图的范围用波浪线或双折线来表示。当表达的局部结构是完整的且外轮廓封闭时，波浪线可省略。如图 6－7C 所示的右侧凸台的局部视图。

用波浪线作为断裂边界时，边界线不应超过断裂机件的轮廓线，即波浪线应画在实体上，不可画在机件的中空处，如图 6－8 所示。

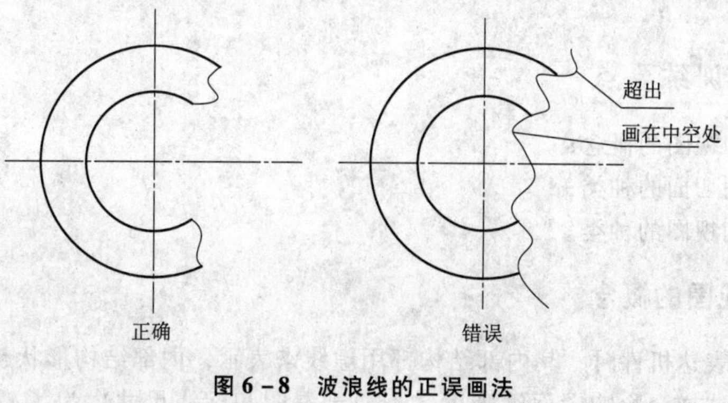

图 6－8　波浪线的正误画法

（3）对于对称结构的机件，将其视图只画一半或四分之一的画法也符合局部视图的定义，可将其视为是以细点划线作为断裂边界的局部视图的特殊画法，因此应在细点划线的两端画出两条与其垂直的细实线，如图 6－9 所示。

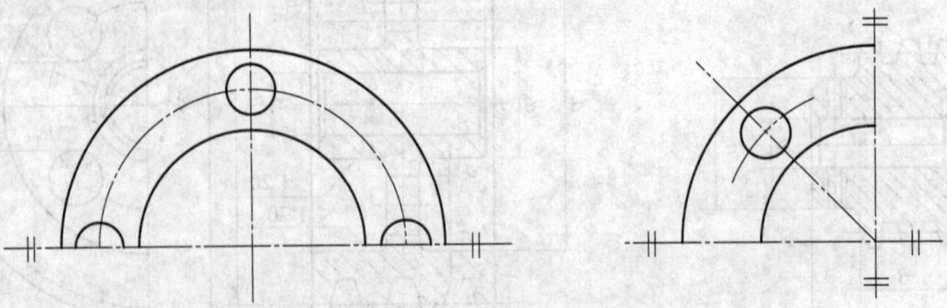

图 6－9　对称机件的局部视图

练一练

如图 6－10 所示，根据三视图绘制其余三个视图。

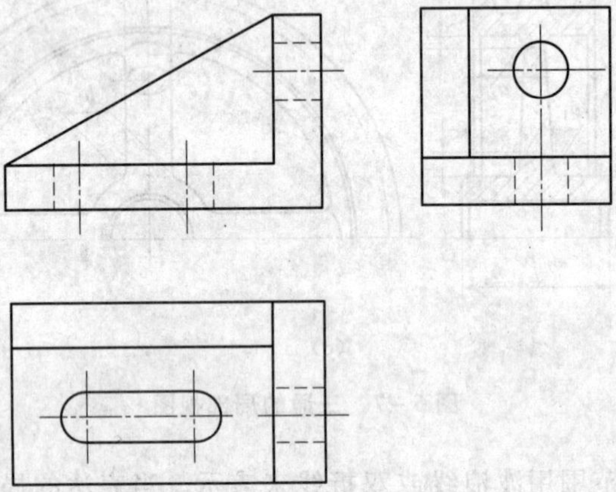

图 6－10　练习用图

子模块二　剖　视　图

学习与训练要点

- ✧ 掌握剖视图的概念；
- ✧ 了解剖切面的种类；
- ✧ 掌握剖视图的种类。

一、剖视图的概念

在用视图表达机件时，其内部结构都用虚线来表示，内部结构形状越复杂，视图中虚线就越多，这样会影响图面清晰度，不便于看图和标注尺寸。为了减少视图中的虚线，使图面清晰，可以采用剖视的方法来表达机件的内部结构和形状。

1. 剖视图的概念

假想用剖切面剖开机件，将处在观察者和剖切面之间的部分移去，而将其余部分全部向投影面投影所得的图形称剖视图，并在剖面区域内画上剖面符号，如图 6 - 11 所示。

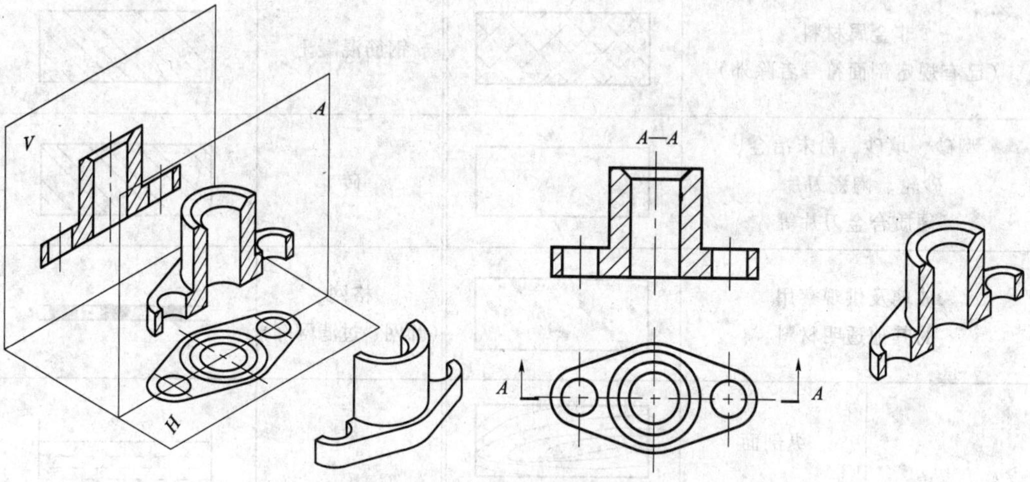

图 6 - 11　剖视图的概念及画法

2. 画剖视图时应注意的几个问题

（1）确定剖切面的位置时一般要选择所需表达的内部结构的对称面，并且平行于基本投影面。一般都选特殊位置平面，如通过机件的对称面、轴线或中心线；被剖切到的实体其投影反映实形。

（2）剖切是一种假想过程，其他视图仍旧完整画出。剖切面后面的可见部分应该全部画出。

（3）在剖视图上已经表达清楚的结构，其表示内部结构的虚线省略不画。但没有表示清楚的结构，允许画少量虚线。

3. 剖面符号

不同的材料有不同的剖面符号，有关剖面符号的规定见表 6 - 1。在绘制机械图样时，用得最多的是金属材料的剖面符号。

剖面线为细实线，最好与主要轮廓或剖面区域的对称线成 45°角；同一物体的剖面区域，其剖面线画法应一致。这种剖面符号称为剖面线，如图 6 - 12 所示。

表 6 - 1　剖面符号

金属材料 （已有规定剖面符号者除外）	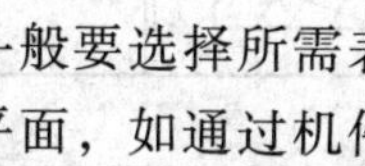	胶合板 （不分层数）	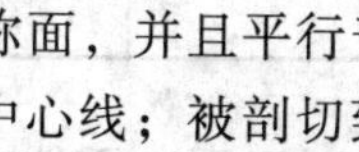
线圈绕组元件	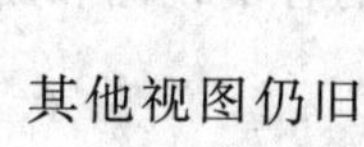	基础周围的混土	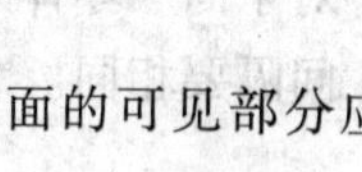

续表

<table>
<tr><td colspan="2">转子、电枢、变压器和电抗器等的迭钢片</td><td></td><td>混凝土</td><td></td></tr>
<tr><td colspan="2">非金属材料（已有规定剖面符号者除外）</td><td></td><td>钢筋混凝土</td><td></td></tr>
<tr><td colspan="2">型砂、填砂、粉末冶金、砂轮、陶瓷刀片、硬质合金刀片等</td><td>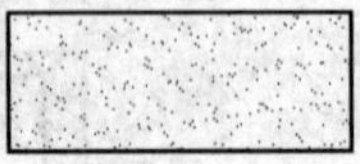</td><td>砖</td><td>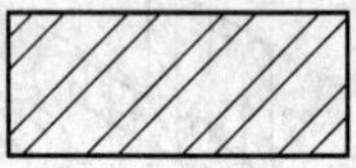</td></tr>
<tr><td colspan="2">玻璃及供观察用的其他透明材料</td><td>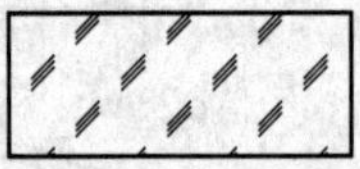</td><td>格网（筛网、过滤网等）</td><td></td></tr>
<tr><td rowspan="2">木材</td><td>纵剖面</td><td>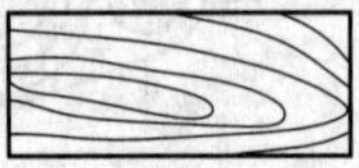</td><td rowspan="2">液体</td><td rowspan="2">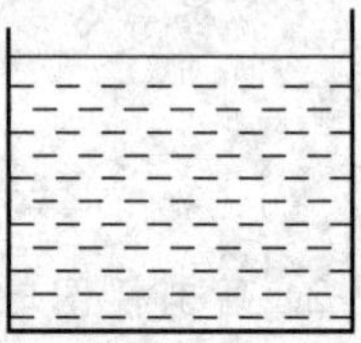</td></tr>
<tr><td>横剖面</td><td></td></tr>
</table>

对于同一零件来说，在同一张图样的各剖视图和断面图中，剖面线倾斜方向应一致，间隔要相同。

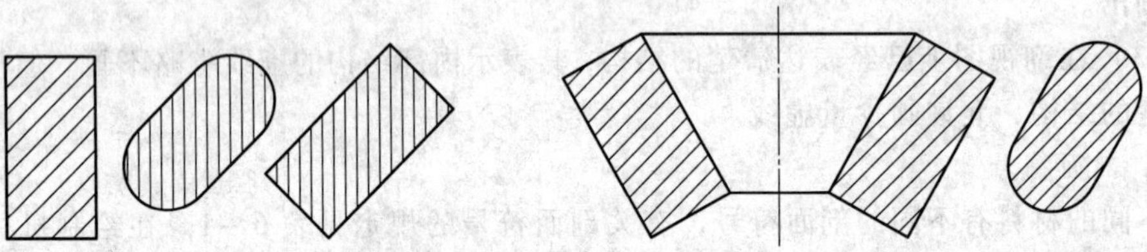

图 6－12　剖面线的画法

4. 剖视图的标注（GB/T4458.6—2002）

剖视图一般应进行标注，标注的内容包括以下三方面：

（1）剖切线：是指示剖切面位置的线，用细点画线表示，画在剖切符号之间。通常剖切线省略不画。

（2）剖切符号：是指示剖切面起、讫和转折位置（用粗实线表示）及投射方向（用箭头表示）的符号，如图 6－13 所示。

（3）字母：是在剖切符号起、讫和转折处注上相同的大写拉丁字母，在相应剖视图上方应注写相同字母成“x—x”形式，以表示该剖视图的名称。

以上是剖视图标注的基本规定。当剖视图按投影关系配置，中间又无其他图形隔开时，可以省略表示投射方向的箭头，如图 6－13 所示的左视图；当单一剖切平面通过机件的对称平面或基本对称平面，且视图按投影关系配置，中间又没有其他图形隔开时，则不必标注，如图 6－13 所示的主视图；当单一剖切平面的剖切平面的剖切位置明确时，局部剖视图不必标注，如图 6－13 所示的主视图。

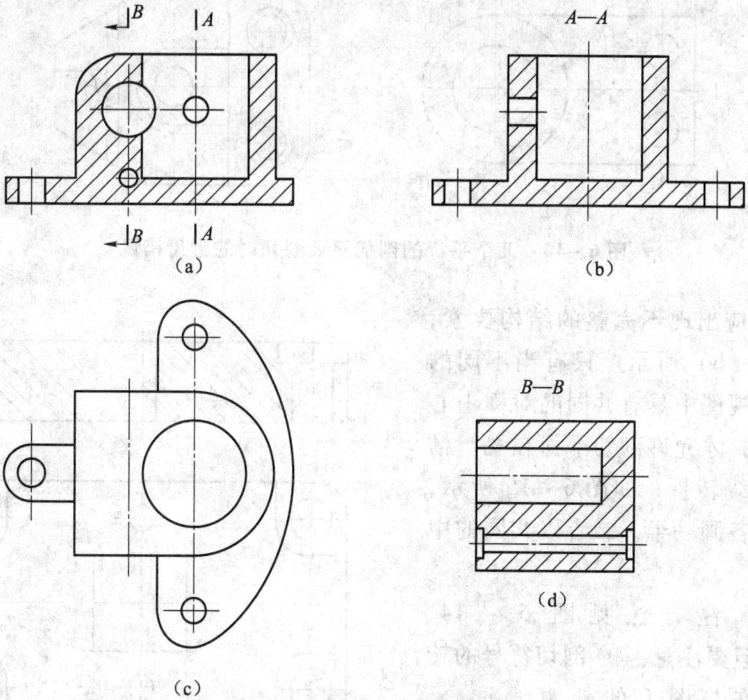

图 6－13　剖视图的标注

二、剖切面的种类

由于机件的结构形状千差万别，因此画剖视图时，应根据机件的结构特点，选用不同的剖切面，以便使机件的内部形状得到充分反映。根据国家标准（GB/T17452—1998）的规定，常用的剖切面有如下几种形式：

1. 单一剖切面

仅用一个剖切面剖开机件。如图 6－13（a）所示。

基本视图的配置规定同样适用于剖视图；剖视图也可按投影关系配置在与剖切符号相对应的位置，必要时可将剖视图配置在图纸的适当位置。采用单一剖切平面剖得的剖视图，还允许将视图旋转，并加以标注。

2. 几个平行的剖切平面

当机件上有几种不同的结构要素（如孔槽等），而且它们的中心线排列在相互平行的平面上时，宜采用几个平行的剖切平面剖切。画此类剖视图时，应注意以下几点：

（1）剖面区域内不允许画出剖切平面转折处的分界线，如图 6－14（a）所示。

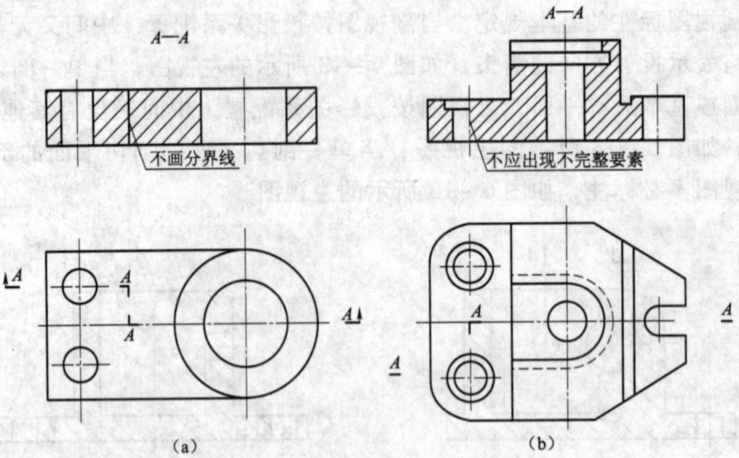

图 6-14 几个平行的剖切平面剖切时的常见错误

(2) 不应出现不完整的结构要素，如图 6-14 (b) 所示。只有当不同的孔、槽在剖视图中具有共同的对称中心线或轴线时，才允许剖切平面在孔、槽中心线或轴线转折，如图 6-15 所示，不同的孔槽各画一半，二者以共同的中心线分界。

(3) 标注方法见图 6-14、图 6-15。但要注意：① 剖切符号的转折处不允许与图上的轮廓线重合。② 在转折处如因位置限制，且不致引起误解时，可以不标注字母。

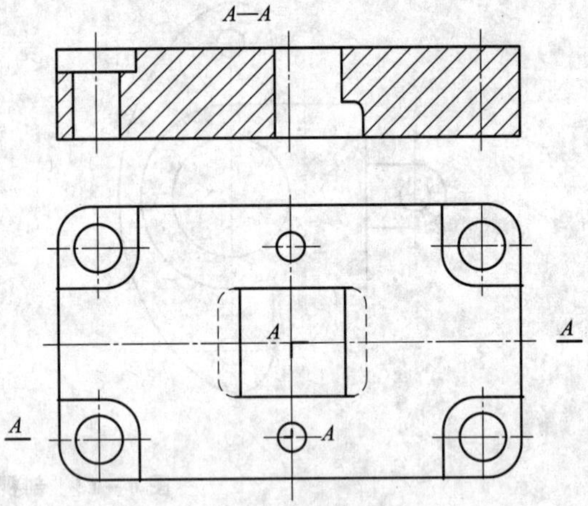

图 6-15 模板的剖视图

3. 几个相交的剖切面

用几个相交的剖切面（交线垂直于某一基本投影面）剖开机件获得剖视图的情况，如图 6-16 所示。

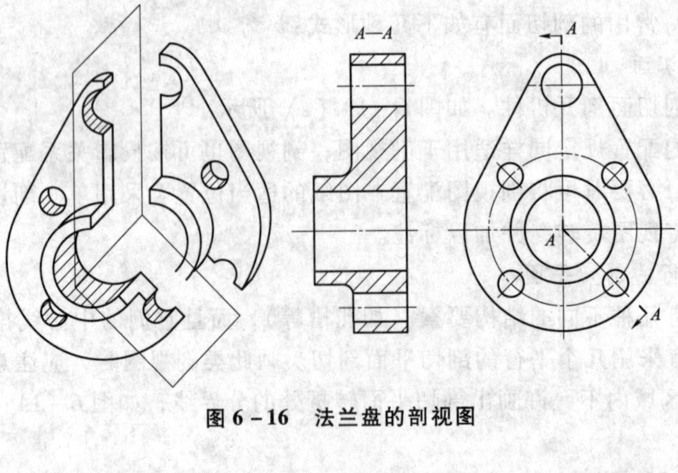

图 6-16 法兰盘的剖视图

应注意的是：凡是没有被剖切平面剖到的结构，应按原来的位置画出它们的投影。剖切面一般采用平面，但也可以采用曲面。

三、剖视图的种类

按机件被剖开的范围来分，剖视图可分为全剖视图、半剖视图和局部剖视图等。

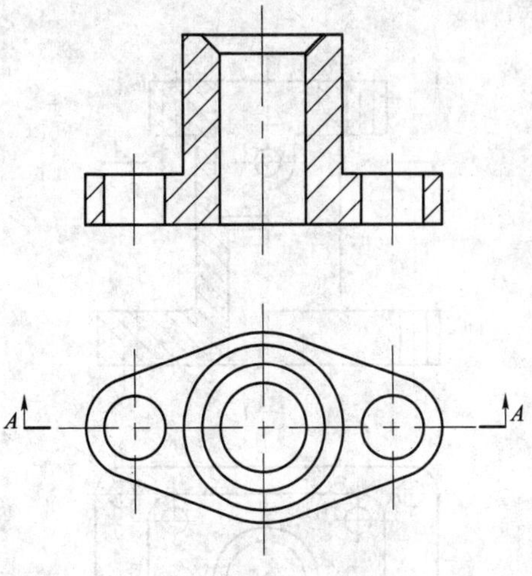

图 6－17　全剖视图

1. 全剖视图

用剖切平面（一个或几个）完全地剖开机件所得的剖视图称为全剖视图。

全剖视图适用于机件外形比较简单，而内部结构比较复杂，图形又不对称时。如果单一剖切平面通过机件的对称平面或基本对称平面，且剖视图按投影关系配置，中间又没有其他图形隔开时，可省略标注，如图 6－17 所示。

2. 半剖视图

当机件具有对称平面，且向垂直于对称平面的投影面上投射时，可以以对称中心为界，一半画成剖视图，另一半画成视图，这种图形叫半剖视图，如图 6－18 所示。

半剖视的适用范围：内、外形状比较复杂都需要表达，而机件形状又基本对称时采用。

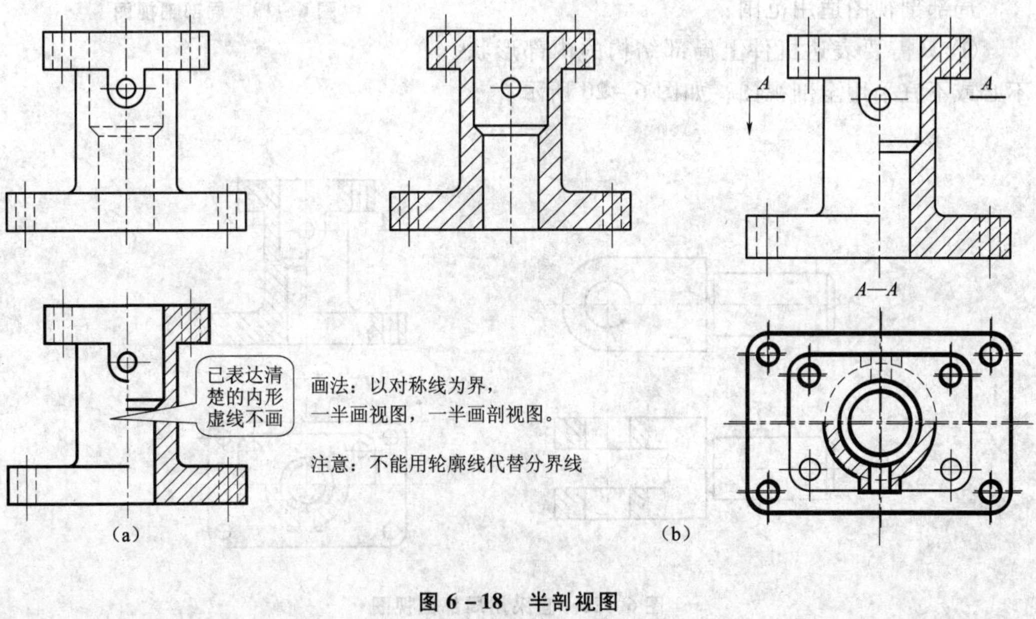

(a)　　(b)

图 6－18　半剖视图

图 6－18（b）为完整的半剖视图表达方案。

画法：以对称线为界，一半画视图，一半画剖视图。注意：不能用轮廓线代替分界线

画半剖视图时，应注意以下几点：

（1）只有当物体对称时，才能在与对称面垂直的投影面上做半剖视图。但当物体基本对称时，且不对称的部分已在其他视图表达清楚时，也可画成半剖视图。

（2）在表达外形的半个视图中，一般不画细虚线。

（3）半个剖视图和半个视图必须以细点划线分界。如机件的轮廓线恰好和细点划线重迭，则不能采用半剖视图，此时应采用局部剖视图。

半剖视图的标注，应符合剖视图的标注规定。

3. 局部剖视图

用剖切平面局部地剖开机件所得的剖视图称为局部剖视图（简称局部剖）。可以采用局部剖视图来表达图 6－19 中的圆孔。

画局部剖视图时，剖切平面的位置与范围应根据机件需要而决定，剖开部分与视图之间的分界线用波浪线表示。波浪线表示机件断裂痕迹，因而波浪线应画在机件的实体部分，不能超出视图之外，不允许用轮廓线来代替，也不允许和图样上的其他图线重合。

局部剖视图适用范围：

① 只需要表达机件上局部结构的内部形状，不必或不宜采用全剖视图，如图 6－20 所示。

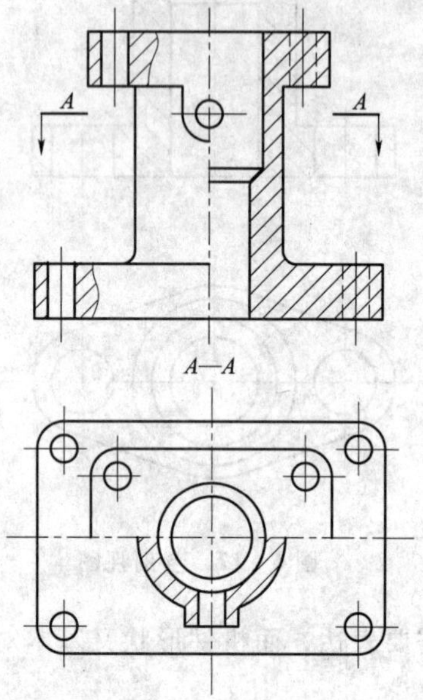

图 6－19　局部剖视图

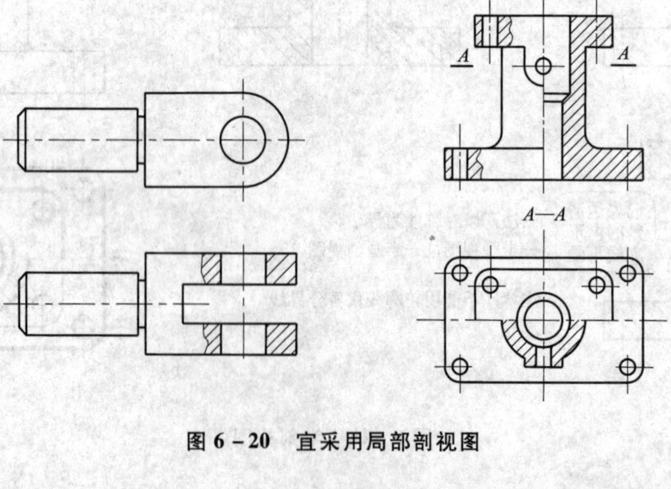

图 6－20　宜采用局部剖视图

② 实心杆上的孔、槽等结构，应采用局部剖视，如图 6－21 所示。

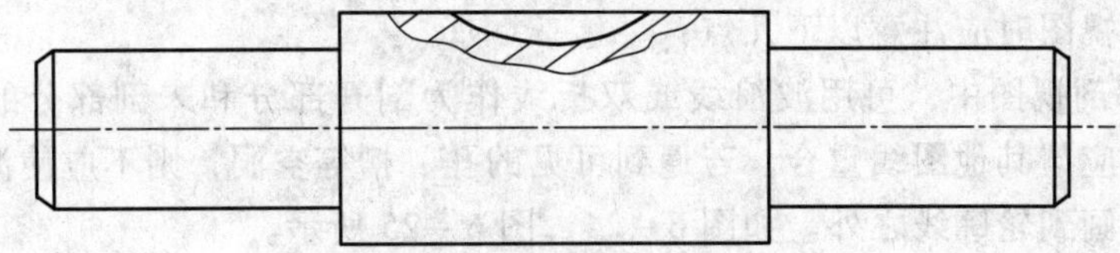

图 6－21　键槽采用局部剖视图

③ 当对称机件的轮廓线与中心线重合，不宜采用半剖视图，如图 6－22 所示。

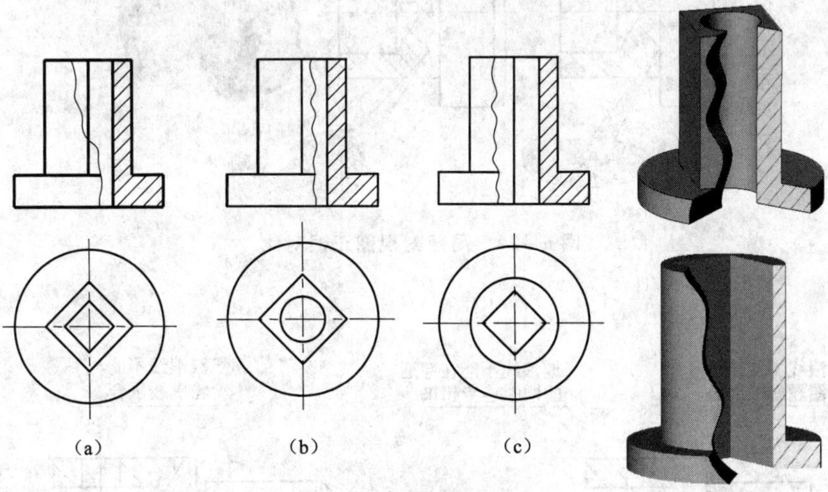

图 6－22　不宜半剖图例

④ 某些不对称的机件，既需要表达其内部形状，又需要保留其局部外形，如图 6－23 所示。

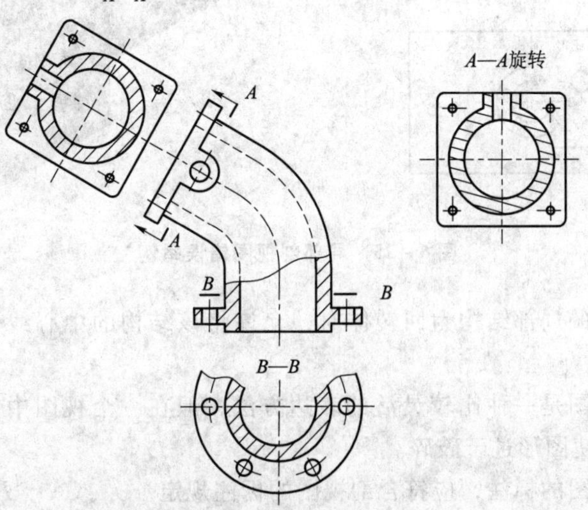

图 6－23　弯管的剖视图

画局部剖视图时应注意以下几点：

（1）局部剖视图中，可用波浪线或双折线作为剖开部分和未剖部分的分界线。画波浪线时，不应与其他图线重合。若遇到可见的孔、槽等空洞，则不应使波浪线穿空而过，也不允许画到轮廓线之外。如图 6－24、图 6－25 所示。

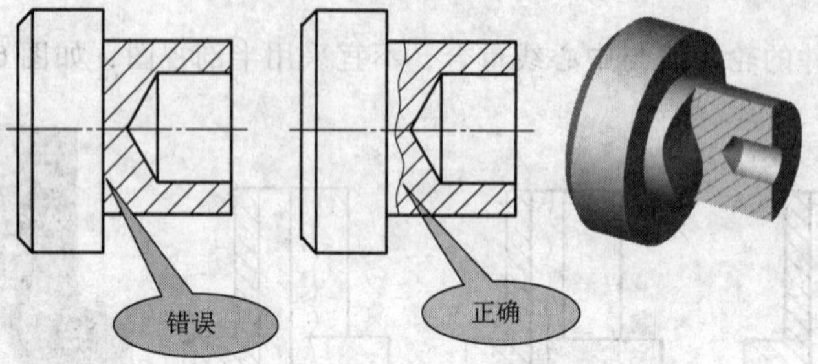

图 6－24　局部剖视图正误对比

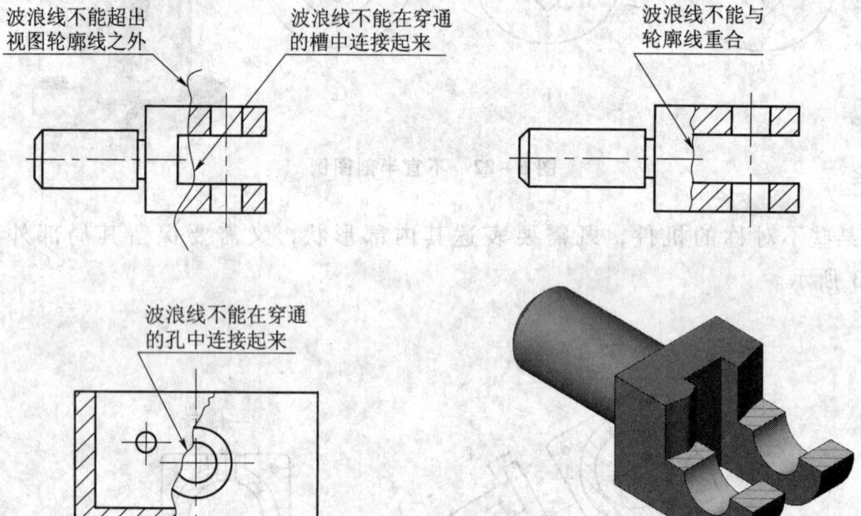

图 6－25　局部剖视图错误举例

（2）当被剖切的局部结构为回转体时，允许将该结构的中心线作为局部剖视图与视图的分界线。

（3）局部剖视图是一种比较灵活的表达方法，但在一个视图中，局部剖视图的数量不宜过多，以免使图形过于破碎。

（4）局部剖视图的标注，应符合剖视图的标注规定。

练一练

1. 如图 6－26 所示，为剖视图补画漏线。

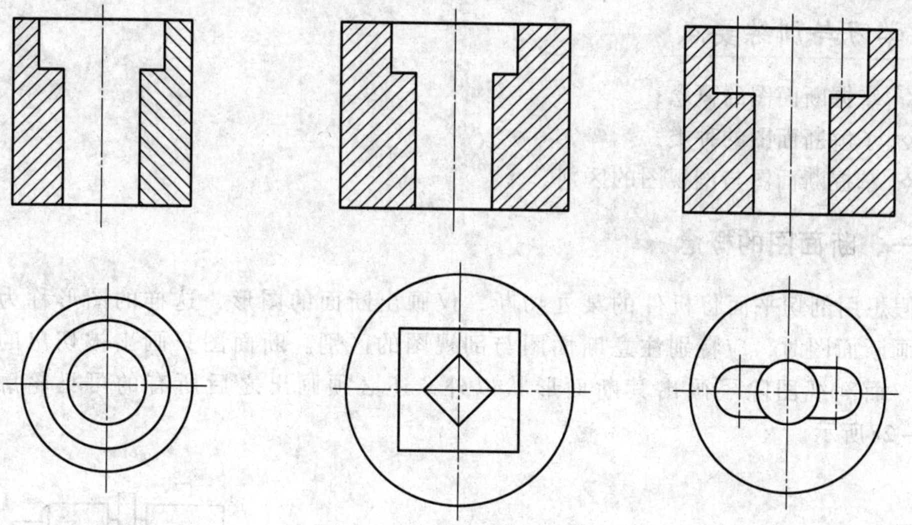

图 6－26 练习 1 用图

2. 如图 6－27 所示，将主视图画成全剖视图。

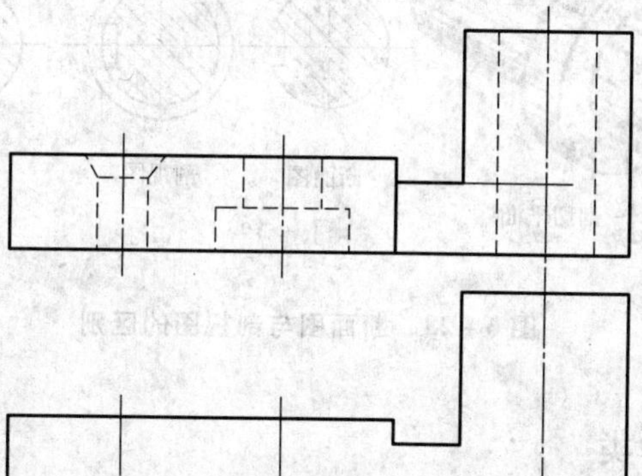

图 6－27 练习 2 用图

子模块三　断　面　图

学习与训练要点

- ✧ 掌握断面图的概念；
- ✧ 了解断面图的种类；
- ✧ 掌握断面图与剖视图的区别。

一、断面图的概念

假想用剖切平面将机件的某处切断，仅画出断面的图形，这样的图形称为断面图。画断面图时，应特别注意断面图与剖视图的区别。断面图只画出被切出的断面形状，而剖视图除了画出其断面形状以外，还必须画出之后所有的可见轮廓，如图 6－28所示。

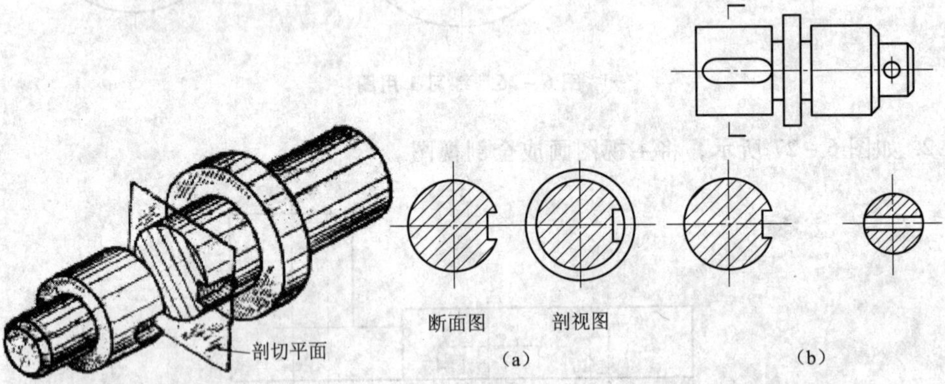

图 6－28　断面图与剖视图的区别

二、断面图的种类

断面图可分为移出断面图和重合断面图两种。

1. 移出断面图

画在视图之外的断面图，称为移出断面图。

画移出断面图时，应注意以下几点：

（1）移出断面的轮廓线用粗实线绘制。

（2）为了读图方便，移出断面图尽量画在剖切线的延长线上，也可画在其他适当的位置。如图 6－29、图 6－30 所示。

（3）当剖切平面通过回转面形成的孔或凹坑等结构的轴线时，这些结构应按剖视图画出，如图 6－30（a）、（b）所示。

（4）剖切平面一般应垂直于被剖切部分的主要轮廓线，当遇到如图 6－31 所示的肋板结构时，可用两个相交的剖切平面，分别垂直于左、右肋板进行剖切。这时所画的断面图，中间应断开。

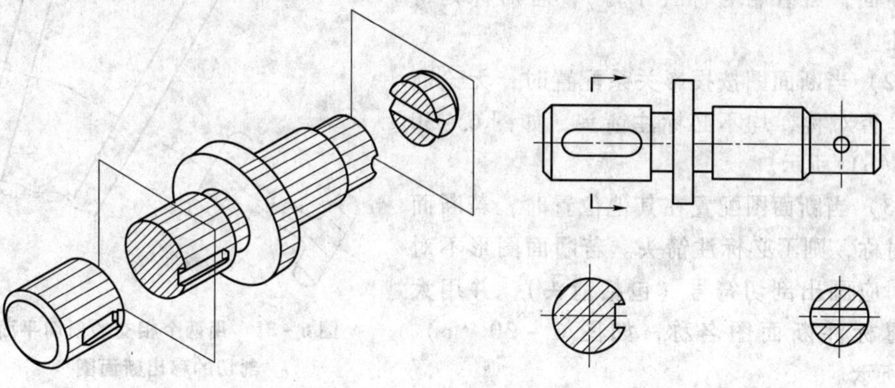

图 6－29　画移出断面图

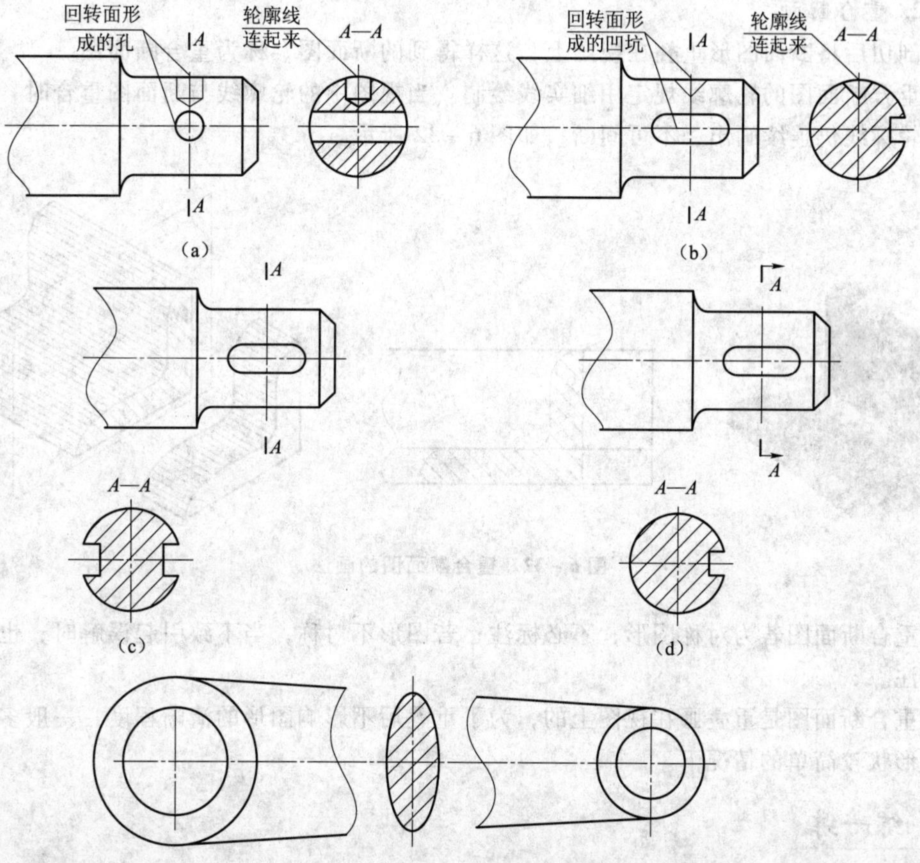

图 6－30　移出断面图的画法

移出断面图的标注应掌握以下几点：

（1）配置在剖切符号的延长线上的不对称移出断面，可省略名称（字母）；若对称则可不标注。

（2）当断面图按投影关系配置时，无论断面图是否对称，均不必标注箭头，如图 6－30（a）、（b）所示。

（3）当断面图配置在其他位置时，若断面图形对称，则不必标注箭头。若断面图形不对称时，应画出剖切符号（包括箭头），并用大写字母标注断面图名称，如图 6－30（c）、（d）所示。

（4）配置在视图中断处的对称断面图不必标注，如图 6－31 所示。

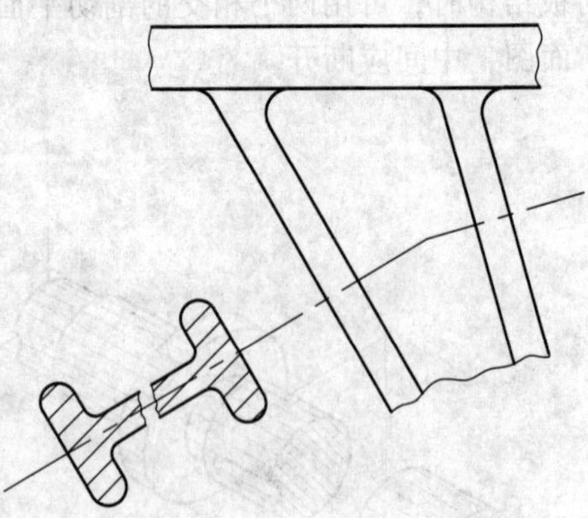

图 6－31　用两个相交的剖切平面剖切的移出断面图

2. 重合断面

剖切后将断面图形重叠在视图上，这样得到的断面图，称为重合断面图。

重合断面图的轮廓线规定用细实线绘制。当视图中的轮廓线与断面图重合时，视图中的轮廓线仍连续画出，不可间断，如图 6－32 所示。

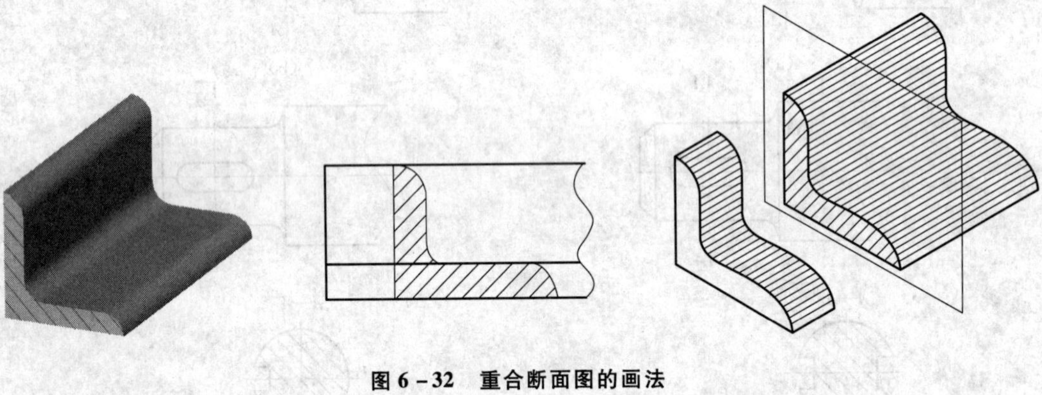

图 6－32　重合断面图的画法

重合断面图若为对称图形，不必标注；若图形不对称，当不致引起误解时，也可省略标注。

重合断面图是重叠画在视图上的，为了重叠后不影响图形的清晰程度，一般多用在断面形状较简单的情况下。

练一练

找出图 6－33 中正确的剖面，正确的在括号内画“√”，错误的在括号内画“×”。

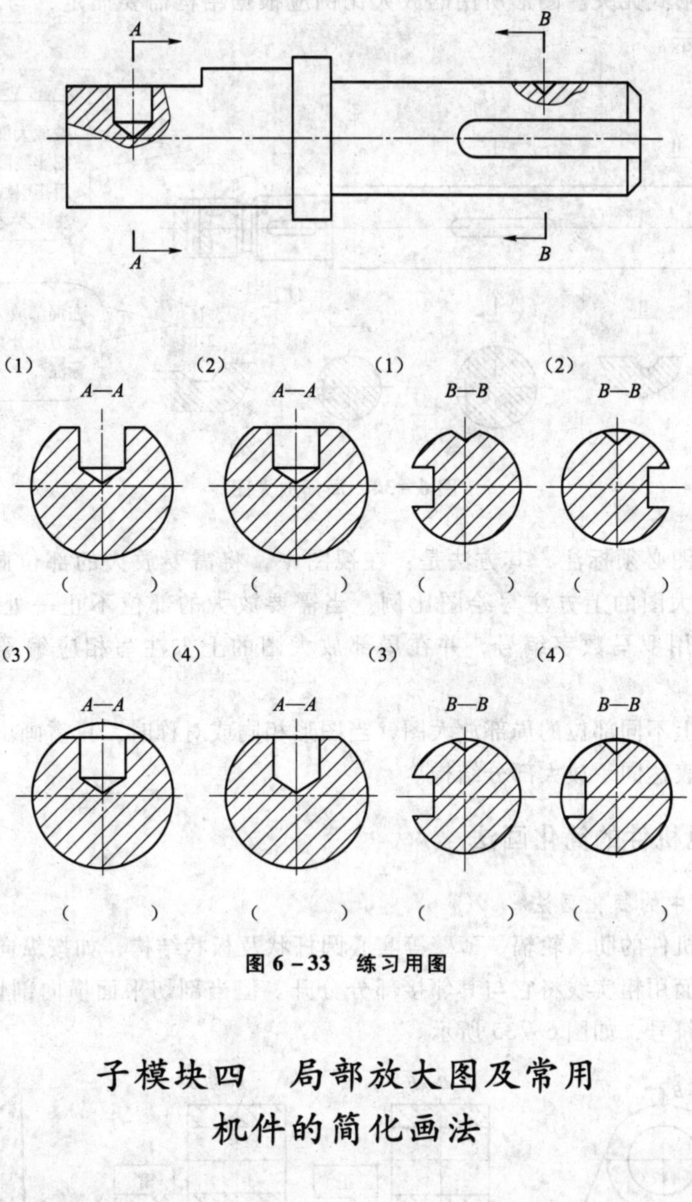

图 6－33　练习用图

子模块四　局部放大图及常用机件的简化画法

学习与训练要点

✧ 了解局部放大图的概念；

✧ 了解局部放大图的标注；

✧ 掌握常用机件的简化画法。

一、局部放大图

将机件的部分结构，用大于原图形所采用的比例画出的图形称为局部放大图。它用于机件上较小结构的表达和尺寸标注。可以画成视图、剖视图、断面图等形式，与被放大部位的表达形式无关。图形所用的放大比例应根据结构需要而定，与原图比例无关，如图 6－34 所示。

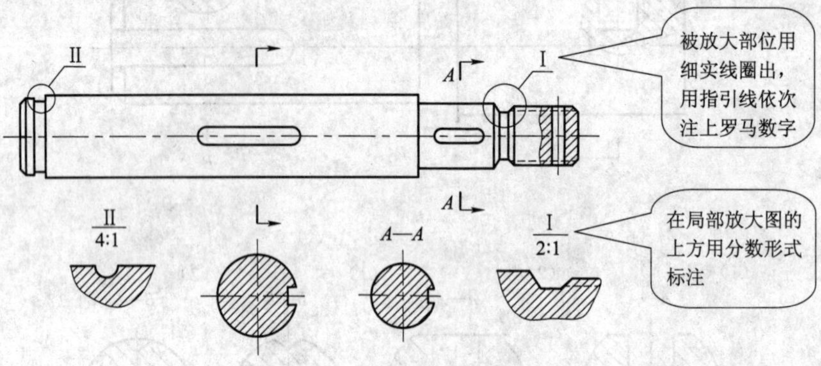

图 6－34　局部放大图

局部放大图必须标注，其方法是：在视图中，将需要放大的部位画上细实线圈，然后在局部放大图的上方注写绘图比例。当需要放大的部位不止一处时，应在视图中对这些部位用罗马数字编号，并在局部放大图的上方注写相应编号，如图 6－34 所示。

同一机件上不同部位的局部放大图，当图形相同或对称时，只需画出一个，必要时可用几个图形表达同一放大部分结构。

二、常见机件的简化画法

1. 剖视图中的简化画法

(1) 对于机件的肋、轮辐、薄壁等实心圆杆状及板状结构，如按纵向剖切，肋板不画剖面符号，而用粗实线将它与其邻接部分分开。但当剖切平面横向剖切这些结构时，则应画出剖面符号，如图 6－35 所示。

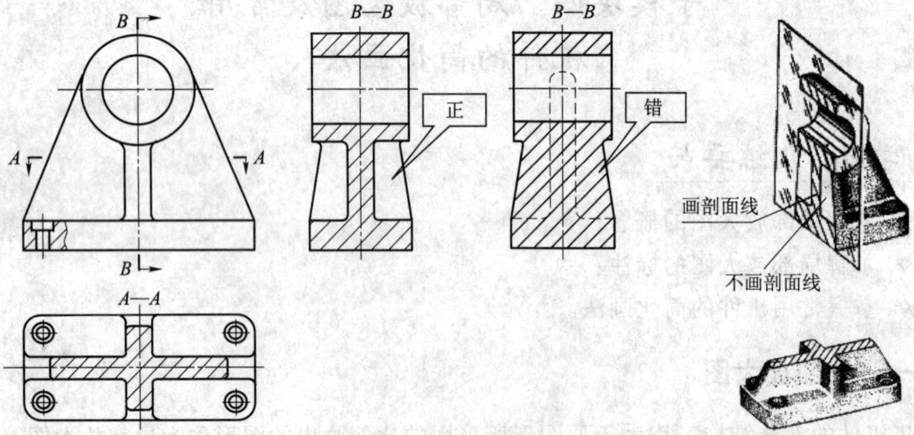

图 6－35　肋的规定画法

（2）当机件上均匀分布在一个圆周上的肋、轮辐、孔等结构不处于剖切平面上时，可将这结构旋转到剖切平面上画出。

均匀分布且直径相同的孔，可以只画出一个或几个，其余只需用细点划线表示其中心位置，如图 6－36 所示。

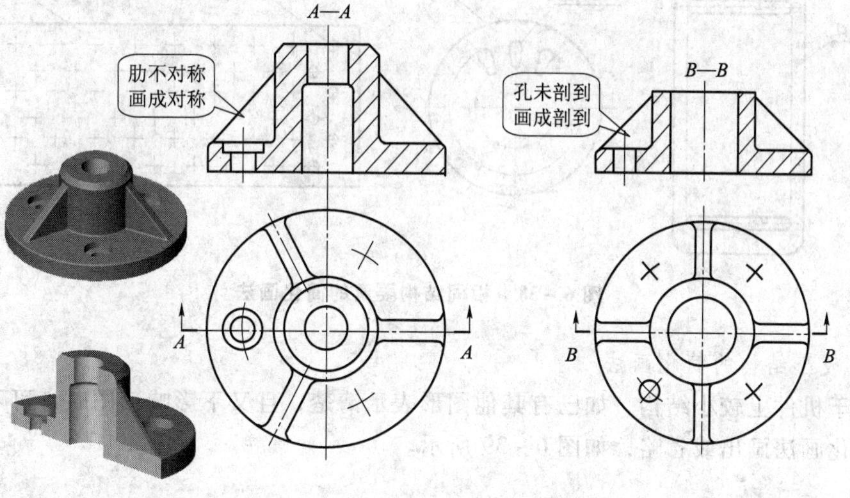

图 6－36　均布孔、肋的简化画法

2. 移出断面图中的简化画法

零件图中的移出断面图，在不致引起误解的前提下，允许省略剖面符号，但应按前面讲的移出断面图标注方法进行标注，如图 6－37 所示。

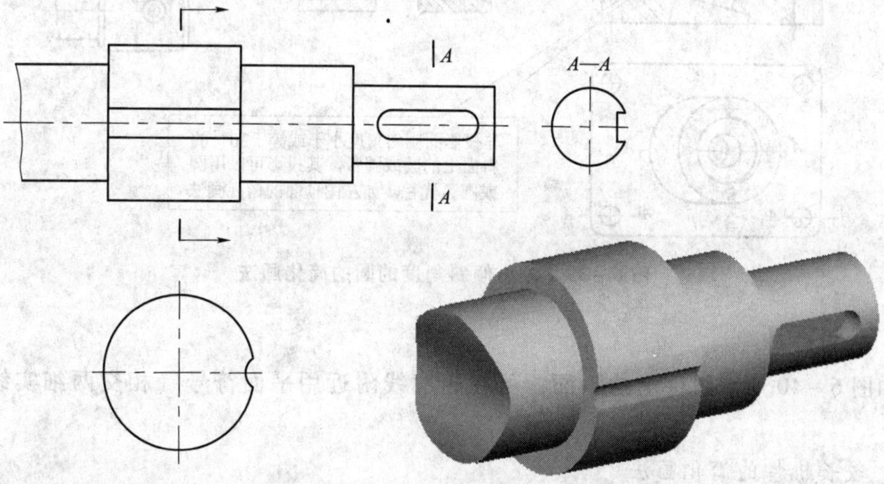

图 6－37　移出断面中省略剖面符号

3. 相同结构要素的简化画法

机件上若干相同结构（齿、槽、孔等）按一定规律分布时，只需画出几个完整的结构，其余用细实线连接或画出中心线位置，但在图上应注明该结构的总数；对于厚度均匀的薄壁零件，可采用 $t2$（$\delta=2$）的形式直接表示厚度，如图 6－38 所示。

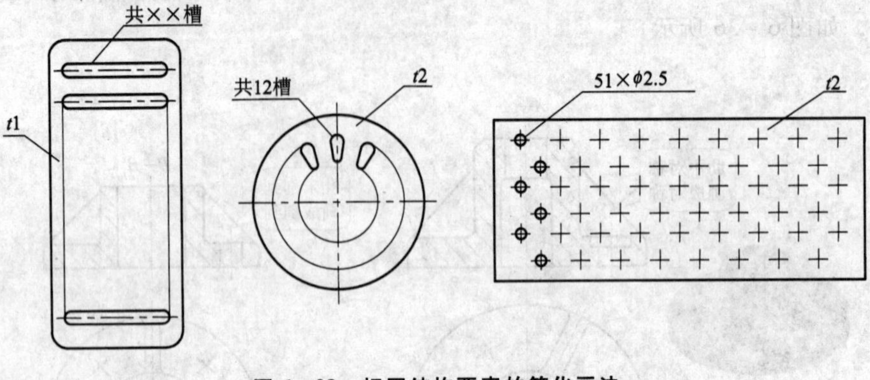

图 6－38　相同结构要素的简化画法

4. 较小结构的简化画法

对于机件上较小结构，如已有其他图形表示清楚，且又不影响读图时，可不按投影而按简化画法画出或省略，如图 6－39 所示。

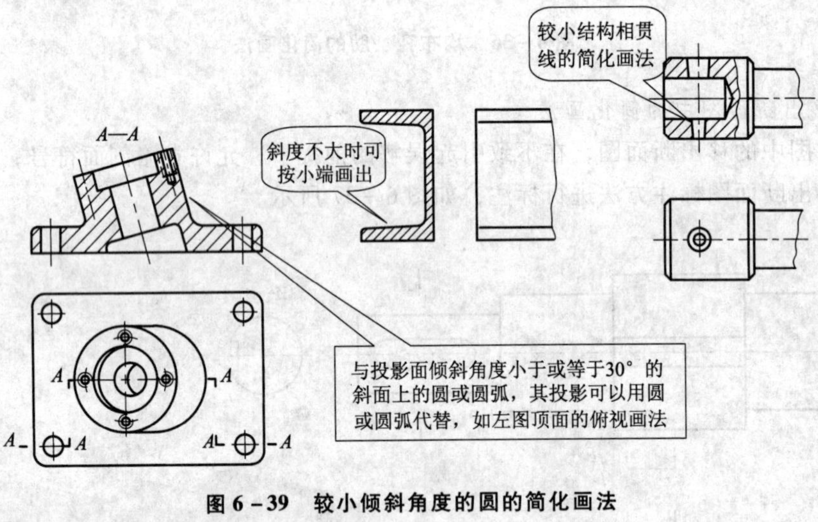

图 6－39　较小倾斜角度的圆的简化画法

5. 平面符号

如图 6－40 所示机件上的平面，可在轮廓线附近用平面符号（相交两细实线）来表示。

6. 较长机件的简化画法

轴、杆类较长的机件，当沿长度方向形状相同或按一定规律变化时，允许断开画出，如图 6－41 所示。

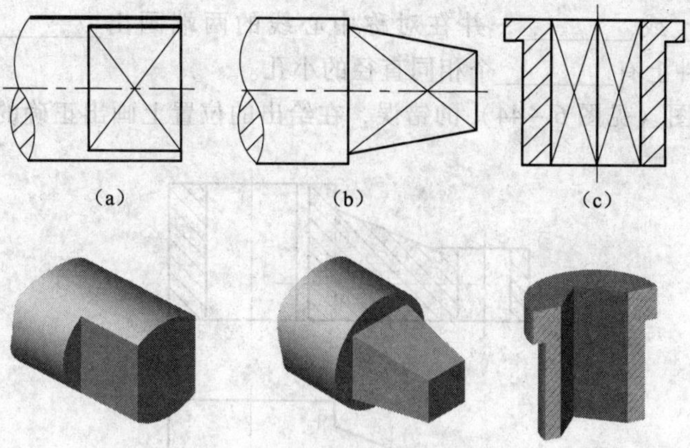

图 6-40 用符号表示平面

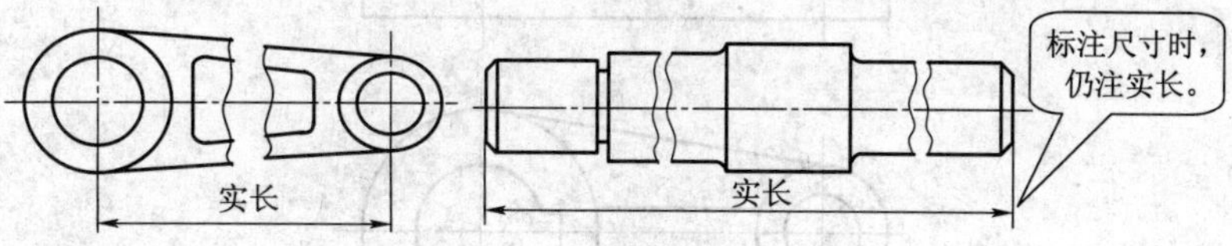

图 6-41 较长机件的简化画法

练一练

1. 看懂视图（见图 6-42、图 6-43），作填空题。

（1）

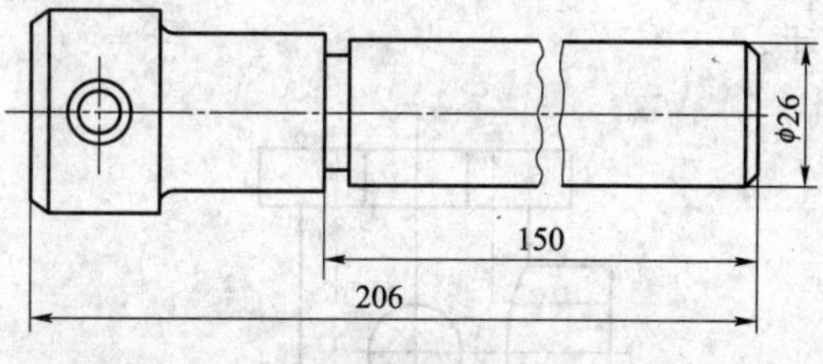

图 6-42 练习用图（1）

视图中采用了较长机件的________画法，对于沿长度方向的形状一致或按一定规律变化时，可________绘制，但必须按机件原来________标注尺寸，此机件该部分尺寸为________。

（2）

图 6-43 练习用图（2）

视图中采用了对称机件的________画法，在不致引起误解时，对于对称机件的视图可以只画________或________，并在对称中心线的两端画出________条与其垂直的________，此机件上有________个相同直径的小孔。

2. 改正剖视图（见图 6－44）的错误，在给出的位置上画出正确的剖视图。

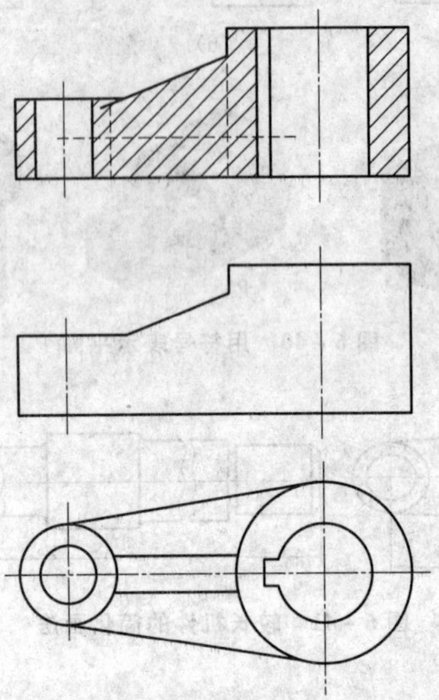

图 6－44　练习用图（3）

3. 如图 6－45 所示，主视图、俯视图分别采用全剖视图和半剖视图，左视图采用适当的剖视，并标注尺寸。

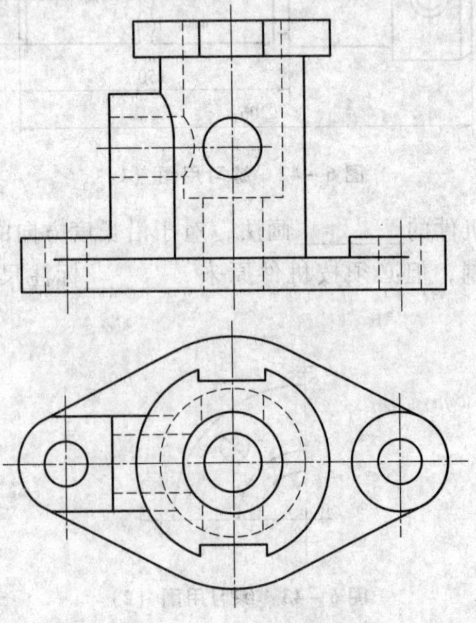

图 6－45　练习用图（4）

要点回顾

本章介绍的各种视图、剖视图、断面图、简化画法等都是国家标准的规定，必须很好地掌握和灵活地运用，才能画出合格的符合生产要求的图样来。

简化画法只介绍了常用的几种，这部分内容较多，需要时可查阅有关标准（GB/T 16675.1—1996）。

思考与训练

请把正确的选择填在括号中。

1. 根据图 6－46 所示主视图和俯视图，正确的 *E* 向局部视图和 *F* 向斜视图为______。(　　)

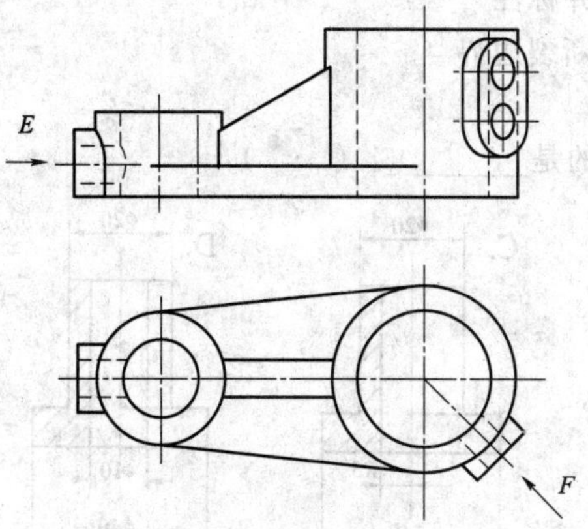

图 6－46　题 1 图

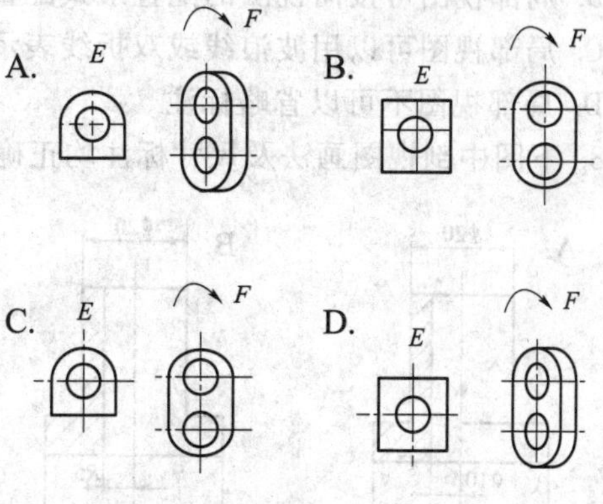

2. 基本视图中不包括________。(　　)

A. 主视图　　B. 后视图　　C. 向视图　　D. 右视图

3. 必须标注的是________。(　　)

A. 全剖视图　　B. 移出断面　　C. 阶梯剖　　D. 左视图

4. 下图中 O 型密封圈的剖面符号应为________。(　　)

5. 下图中画法正确的一组视图为________。(　　)

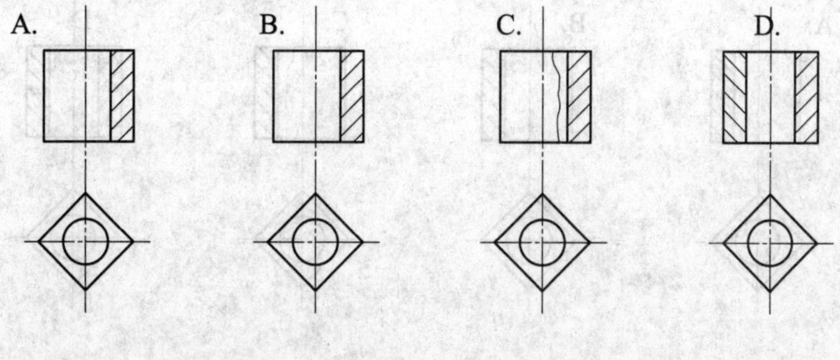

6. 下图中剖视图画法及尺寸标注均正确的是________。(　　)

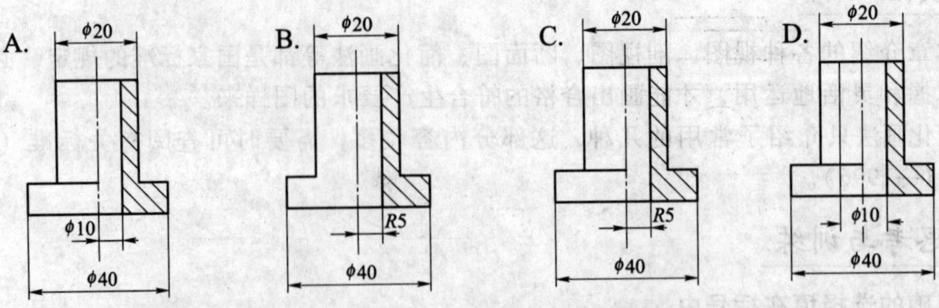

7. 以下说法错误的是________。(　　)

A. 局部视图是将物体的一部分向基本投影面投射得到的视图

B. 局部视图可按向视图的配置形式配置并标注

C. 局部视图可以用波浪线或双折线表示断裂边界

D. 局部视图不可以省略标注

8. 下图中剖视图画法及尺寸标注均正确的是________。(　　)

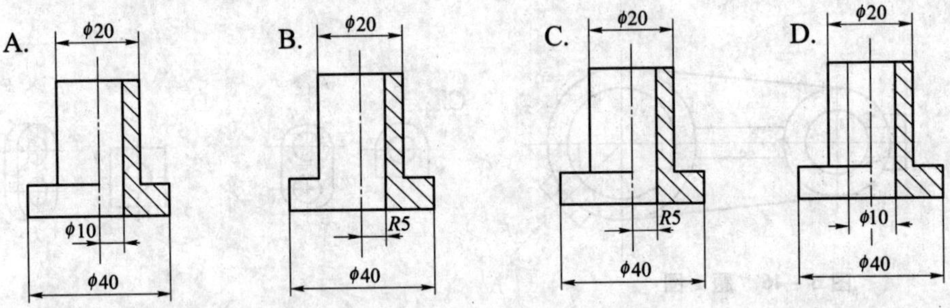

9. 局部剖视图是________。(　　)

A. 假想用两个相交的剖切平面（交线垂直于某一基本投影面）剖开物体，并将被倾斜的剖切平面所剖到的那部分旋转到与选定的投影面平行后再投影而得到的剖视图

B. 假想用不平行于任何基本投影面的单一平面来剖切物体，再投影到与剖切平面平行的投影面上而得到的剖视图

C. 假想用几个相互平行的剖切平面剖切物体而得到的剖视图

D. 假想用剖切面局部地剖开物体而得到的剖视图

10. 下图中画法正确的一组视图为________。(　　)

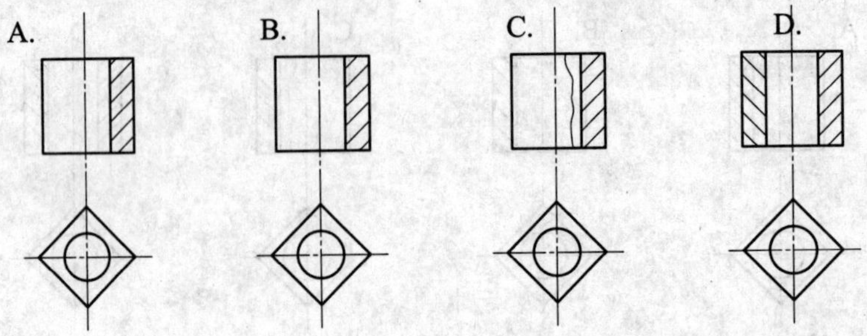

11. 图 6－47 中，主视图正确的剖视图画法应为________。(　　)

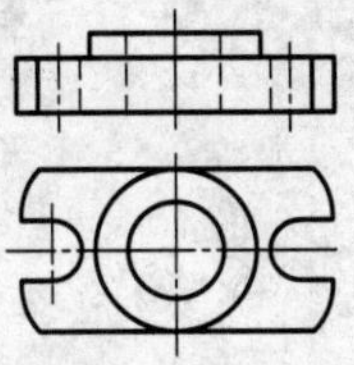

图 6－47　题 11 图

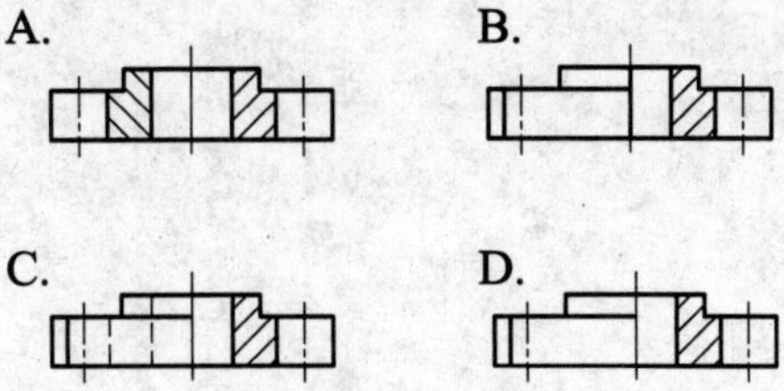

12. 视图标注时，可省略箭头的条件是________。(　　)

Ⅰ. 当剖视图按投影关系配置；Ⅱ. 中间没有图形隔开时；Ⅲ. 剖切平面通过主轴线时。

A. Ⅰ＋Ⅱ　　B. Ⅰ＋Ⅲ　　C. Ⅱ＋Ⅲ　　D. Ⅰ＋Ⅱ＋Ⅲ

13. 下图中剖视画法及尺寸标注均正确的是________。(　　)

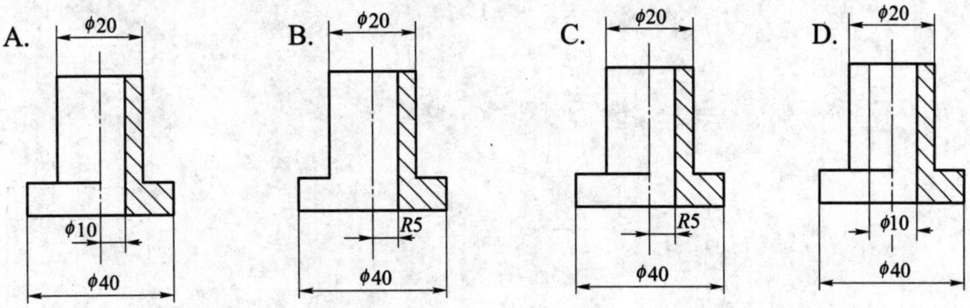

14. 图 6－48 中画法正确的断面图是________。(　　)

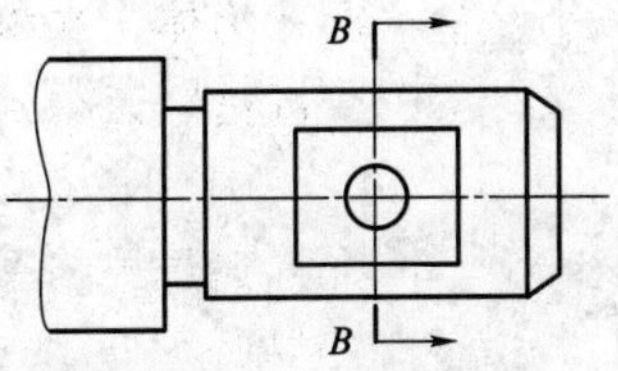

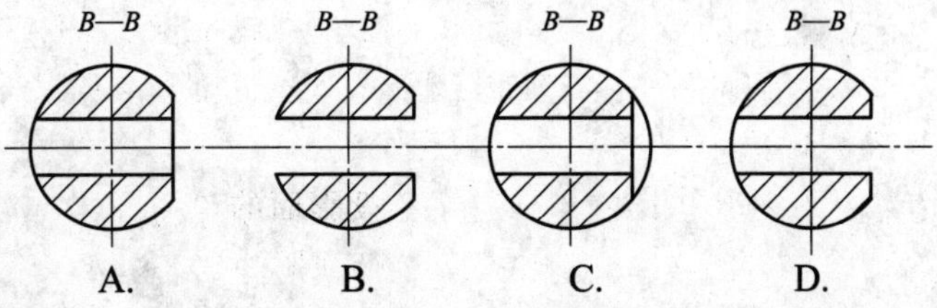

图 6－48　题 14 图

15. 以下说法正确的是________。(　　)

A. 移出断面必须要标注　　B. 重合断面可用粗实线绘制

C. 移出断面有时须用剖视绘制　　D. 移出断面不允许旋转配置

模块七

常用机件及结构要素的特殊表示法

学习与训练总目标

➢ 掌握螺纹的规定画法及标注；
➢ 掌握常用螺纹紧固件的连接画法；
➢ 掌握直齿圆柱齿轮及其啮合的规定画法；
➢ 掌握键、销、滚动轴承、弹簧的画法。

螺栓、螺钉、螺母和滚动轴承都是标准件（含标准零件和标准部件，轴承是标准部件）。齿轮、弹簧、花键都是常用的机件，这些机件中大都含有多处重复出现的、已经标准化的结构要素（如螺纹、轮齿和健齿等），绘图时若按上一模块中基本表示法的规定画出其真实的投影，则十分繁琐。为此，国家标准规定了这些机件及其结构要素的特殊表示法。

子模块一　螺纹及螺纹紧固件表示法（GB/T4459—1995）

学习与训练要点

✧ 掌握螺纹基本要素；
✧ 掌握螺纹的规定画法；
✧ 了解常用螺纹紧固件及连接。

一、螺纹的形成、要素和结构

1. 螺纹的形成

螺纹是指在圆柱（锥）表面上，沿着螺旋线所形成的、具有相同剖面的连续凸起和沟槽。加工在圆柱体外表面上的螺纹叫外螺纹。加工在圆柱体内表面上的螺纹叫内螺纹。外螺纹及内螺纹的加工方法如图 7－1 所示。

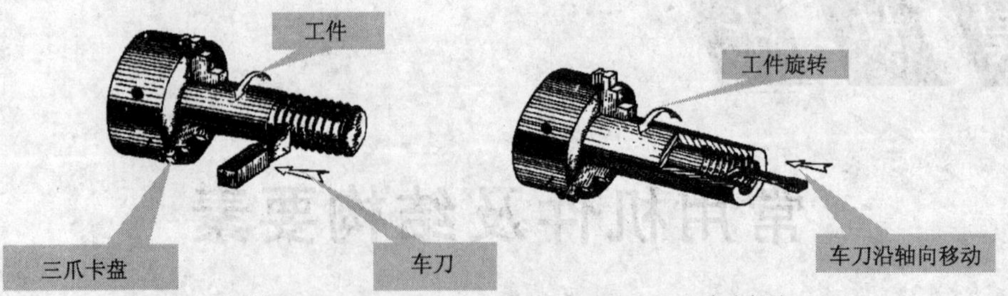

车外螺纹　　车内螺纹

图 7－1　内、外螺纹的加工示意图

2. 螺纹的要素

螺纹的基本要素包括牙型、大径、小径、中径、螺距、导程、线数和旋向等。

(1) 螺纹的牙型

在通过螺纹轴线的剖面上，螺纹的轮廓形状称为牙型。相邻两牙侧面间的夹角称为牙型角。常用的标准螺纹的牙型角及特征代号见表 7－1。

(2) 螺纹的大径、小径和中径

大径：与外螺纹牙顶或内螺纹牙底相切的假想圆柱面的直径。用 D、d（外螺纹用大写字母表示，内螺纹用小写字母表示）表示。

小径：与外螺纹牙底或内螺纹牙顶相切的假想圆柱面的直径。用 $D1$、$d1$（外螺纹用大写字母表示，内螺纹用小写字母表示）表示。

中径：一个假想圆柱的直径，该圆柱的母线通过牙型上沟槽和凸起宽度相等的地方。用 $D2$、$d2$（外螺纹用大写字母表示，内螺纹用小写字母表示）表示。

在图 7－2 中，(a) 为内螺纹，(b) 为外螺纹。

普通螺纹和梯形螺纹的大径的基本尺寸称为公称直径。

表 7－1　　常用标准螺纹牙型

种类			特征代号	牙型放大图	说明
紧固螺纹	普通螺纹	粗牙 细牙	M	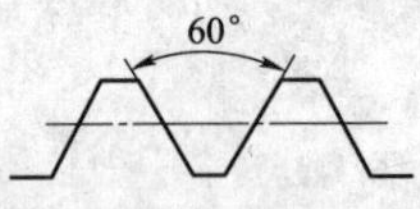	常用的连接螺纹，一般连接多用粗牙，在相同的大径下，细牙螺纹的螺距较粗牙小，切深较浅，多用于薄壁或紧密连接的零件
管螺纹		55°密封管螺纹	R_1 R_c R_2 R_p	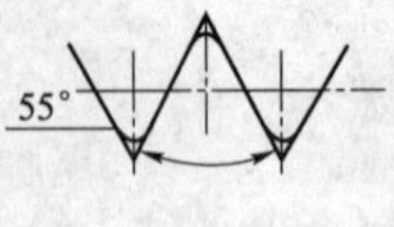	包括圆柱内螺纹与圆柱外螺纹、圆锥内螺纹与圆锥外螺纹两种连接形式。必要时，允许在螺纹副内添加密封物，以保证连接的紧密性。适用于管子、管接头、旋塞、阀门等
		非 55°密封管螺纹	G	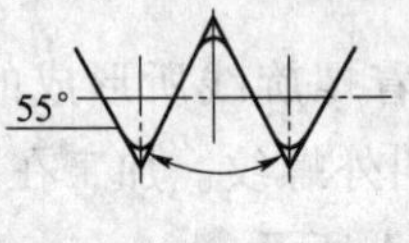	螺纹本身不具有密封性，若要求连接后具有密封性，可压紧被连接件螺纹副外的密封面，也可在密封面间添加密封物，适用于管接头、旋塞、阀门等

续表

种类		特征代号	牙型放大图	说　明
传动螺纹	梯形螺纹	Tr	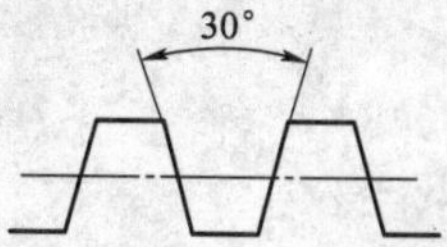	用于传递运动和动力，如机床丝杠、尾架丝杠等
	锯齿形螺纹	B	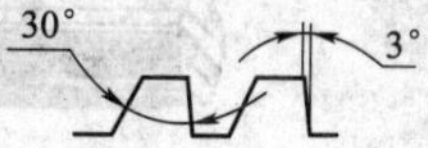	用于传递单向压力，如千斤顶螺杆

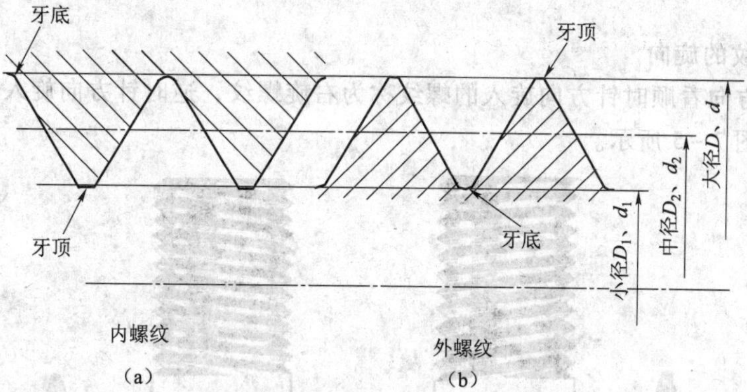

图 7－2　螺纹各部分的名称

(3) 螺纹的线数 n

单线螺纹：沿一条螺旋线形成的螺纹，如图 7－3（a）所示。

多线螺纹：沿两条或两条以上在轴向等距分布的螺旋线所形成的螺纹，如图 7－3（b）所示。

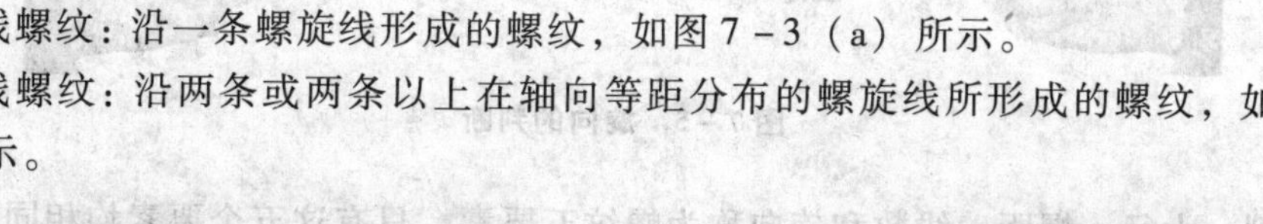

图 7－3　螺纹的线数

(a) 单线螺纹；(b) 多线螺纹

(4) 螺纹的螺距和导程

螺距：螺纹上相邻两牙在中径线上对应两点之间的轴向距离 P 称为螺距。如图7-4（a）所示。

导程：同一条螺纹上相邻两牙在中径线上对应两点之间的轴向距离 L 称为导程。如图7-4（b）所示。

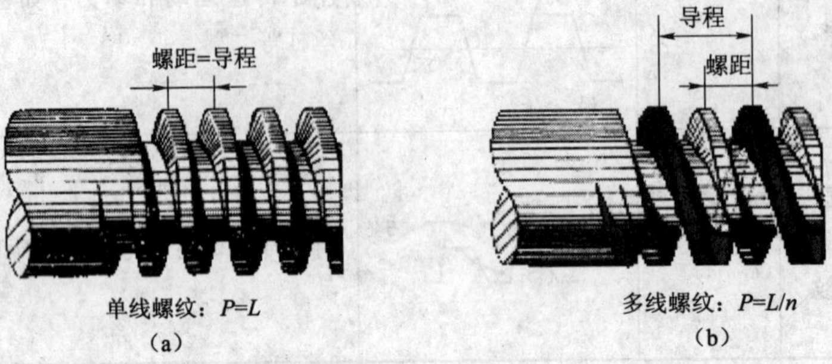

图7-4　螺距与导程

（5）螺纹的旋向

沿轴向方向看顺时针方向旋入的螺纹称为右旋螺纹，逆时针方向旋入的螺纹称为左旋螺纹，如图7-5所示。

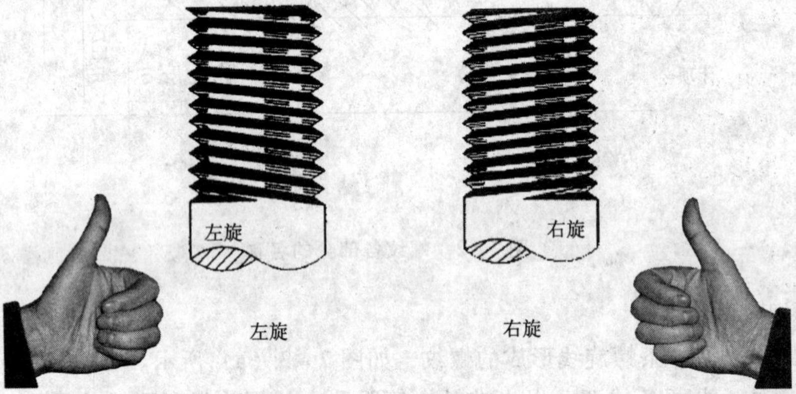

图7-5　旋向的判断

牙型、大径、螺距、线数和旋向称为螺纹五要素，只有这五个要素均相同的内外螺纹，才能相互旋合。

3. 螺纹的结构

螺纹的未端为了便于装配和防止螺纹起始圈损坏，常在螺纹的起始处加工成一定的形式，如倒角、倒圆等。

螺尾和退刀槽：

螺尾：车削螺纹时，因加工的刀具要退刀或其他原因，螺纹的末尾部分产生不完整的牙型，称为螺尾。

退刀槽：为了避免产生螺尾，可以在螺纹未尾处加工出一槽，称为退刀槽，然后再车削螺纹。

二、螺纹的分类

螺纹的分类如图 7－6 所示。

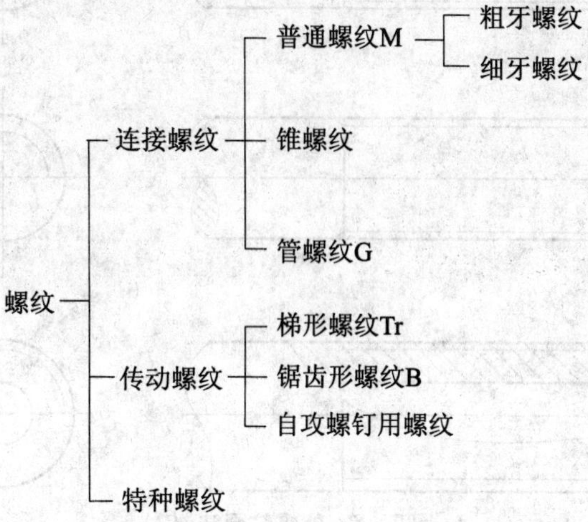

图 7－6 螺纹的分类

三、螺纹的规定画法

※ 牙顶用粗实线表示（外螺纹的大径线，内螺纹的小径线）。

※ 牙底用细实线表示（外螺纹的小径线，内螺纹的大径线）。

※ 在投影为圆的视图上，表示牙底的细实线圆只画约 3/4 圈。

※ 螺纹终止线用粗实线表示。

※ 不管是内螺纹还是外螺纹，其剖视图或断面图上的剖面线都必须画到粗实线。

※ 当需要表示螺纹收尾时，螺尾部分的牙底线与轴线成 30°。

1. 外螺纹画法

外螺纹画法如图 7－7 所示。

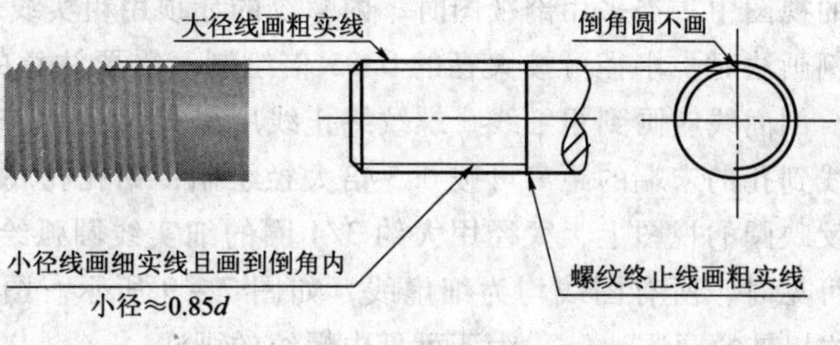

图 7－7 外螺纹画法（1）

外螺纹的牙顶用粗实线表示，牙底用细实线表示。在不反映圆的视图上，牙底的细实线应画入倒角，螺纹终止线用粗实线表示。在比例画法中，螺纹小径可按大径的 0.85 倍绘制。螺尾部分一般不必画出，当需要表示时，该部分用与轴线成 30°的细实线画出。在反映圆的视图上，小径用大约 3/4 圈的细实线圆弧表示，倒角圆不画。如图 7－8 所示。

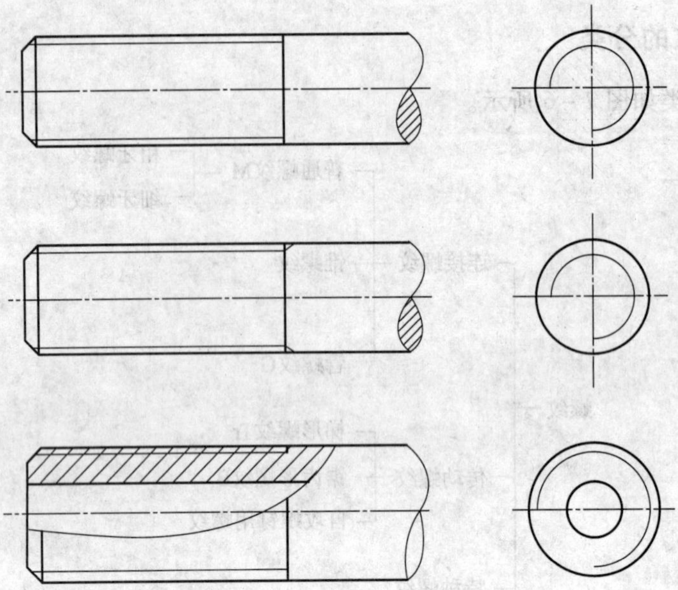

图 7－8　外螺纹画法（2）

2. 内螺纹画法

内螺纹画法如图 7－9 所示。

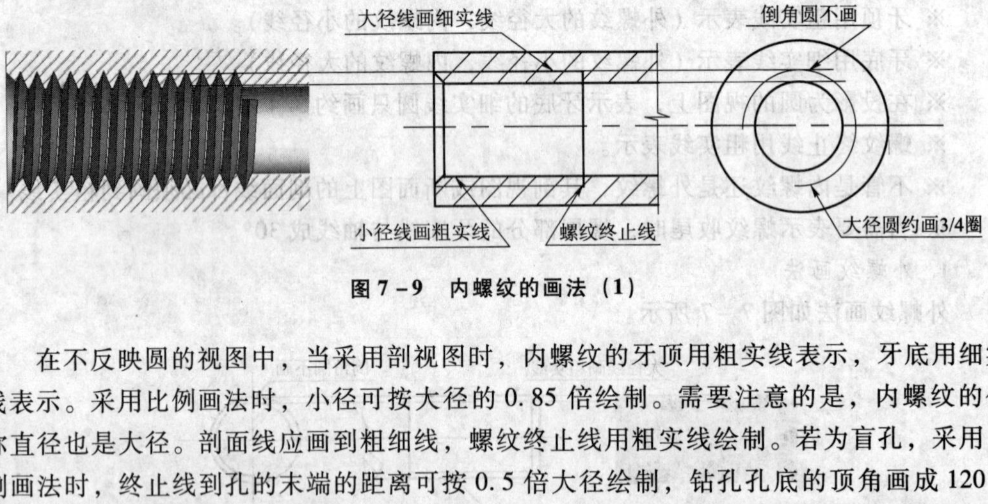

图 7－9　内螺纹的画法（1）

在不反映圆的视图中，当采用剖视图时，内螺纹的牙顶用粗实线表示，牙底用细实线表示。采用比例画法时，小径可按大径的 0.85 倍绘制。需要注意的是，内螺纹的公称直径也是大径。剖面线应画到粗细线，螺纹终止线用粗实线绘制。若为盲孔，采用比例画法时，终止线到孔的末端的距离可按 0.5 倍大径绘制，钻孔孔底的顶角画成 120°，但不必标注。在反映圆的视图上，大径用大约 3/4 圈的细实线圆弧绘制，倒角圆不画。当螺纹的投影不可见时，所有图线均为细虚线，如图 7－9 所示。图 7－10 中，（c）、（d）、（e）为螺纹相贯的画法；（e）为不可见内螺纹的画法。

3. 内、外螺纹旋合的画法

在剖视图中，内外螺纹的旋合部分应按外螺纹的画法绘制，其余不旋合部分按各自原有的画法绘制。必须注意，表示内、外螺纹大径的细实线和粗实线以及表示内、外螺纹小径的粗实线和细实线应分别对齐。在剖切平面通过螺纹轴线的剖视图中，实心螺杆按不剖绘制，如图 7－11 所示。

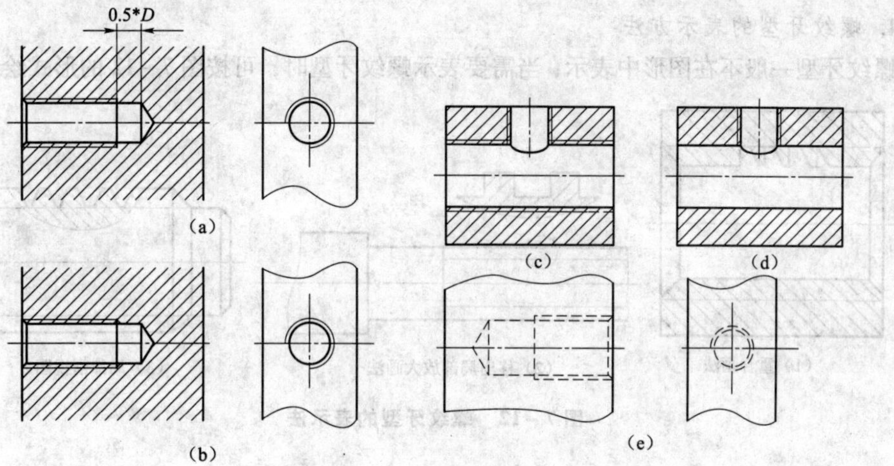

图 7－10 内螺纹的画法（2）

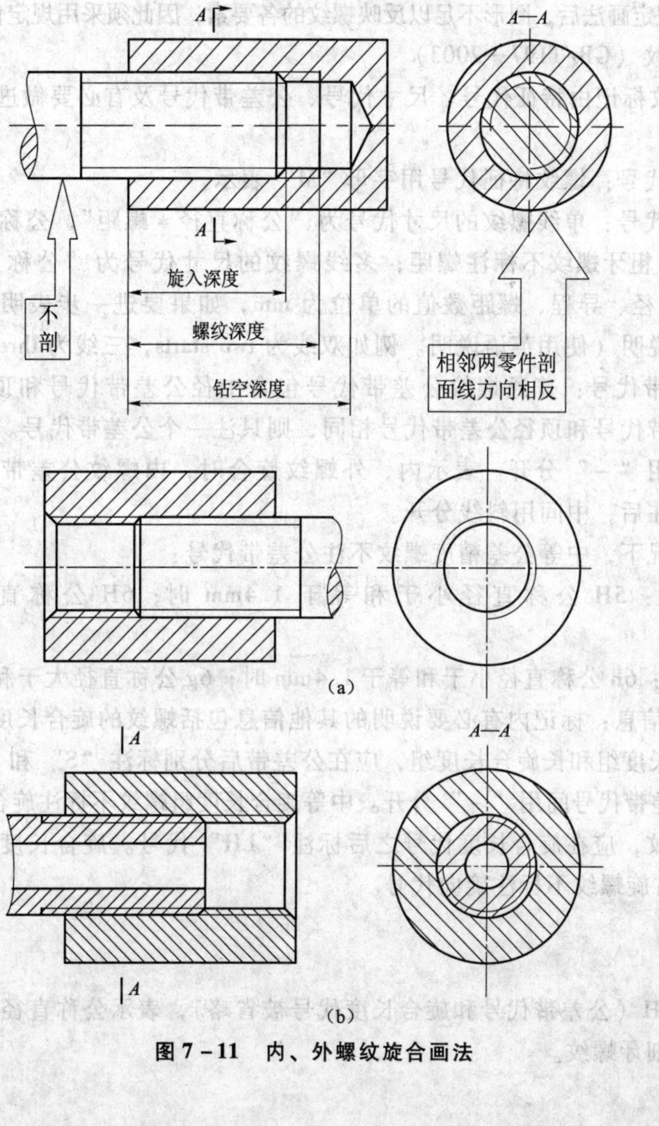

图 7－11 内、外螺纹旋合画法

4. 螺纹牙型的表示方法

螺纹牙型一般不在图形中表示，当需要表示螺纹牙型时，可按图 7－12 的形式绘制。

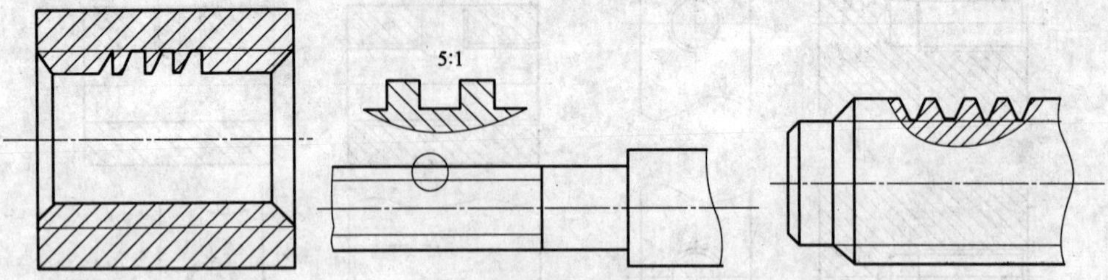

（1）重合画法　（2）移出局部放大画法　（3）局部剖视图

图 7－12　螺纹牙型的表示法

四、螺纹的标注方法

螺纹采用规定画法后，图形不足以反映螺纹的各要素，因此须采用规定代号进行标注。

1. 普通螺纹（GB/T197—2003）

完整的螺纹标记由特征代号、尺寸代号、公差带代号及有必要做进一步说明的其他个别信息组成。

（1）特征代号：螺纹特征代号用字母“M”表示。

（2）尺寸代号：单线螺纹的尺寸代号为“公称直径 * 螺距”，公称直径和螺距数值的单位为 mm，粗牙螺纹不标注螺距；多线螺纹的尺寸代号为“公称直径 * Ph 导程 P 螺距”，公称直径、导程、螺距数值的单位为 mm，如果要进一步表明螺纹的线数，可在后面加括号说明（使用英语说明。例如双线为 two starts，三线为 three starts）。

（3）公差带代号：普通螺纹公差带代号包含中径公差带代号和顶径公差带代号。如果中径公差带代号和顶径公差带代号相同，则只注一个公差带代号。螺纹尺寸代号与公差带代号间用“－”分开。表示内、外螺纹旋合时，内螺纹公差带代号在前，外螺纹公差带代号在后，中间用斜线分开。

在下列情况下，中等公差精度螺纹不注公差带代号：

① 内螺纹：5H 公称直径小于和等于 1.4mm 时；6H 公称直径大于和等于 1.6mm 时。

② 外螺纹：6h 公称直径小于和等于 1.4mm 时；6g 公称直径大于和等于 1.6mm 时。

（4）其他信息：标记内有必要说明的其他信息包括螺纹的旋合长度和旋向。

对短旋合长度组和长旋合长度组，应在公差带后分别标注“S”和“L”代号。旋合长度代号与公差带代号间用“－”分开。中等旋合长度组螺纹不标注旋合长度代号（N）。

对左旋螺纹，应在旋合长度代号之后标注“LH”代号。旋合长度代号与旋向代号间用“－”。右旋螺纹不标注旋向代号。

标注示例：

左旋螺纹：

M8 × 1 － LH（公差带代号和旋合长度代号被省略），表示公称直径为 8mm，螺距为 1mm，左旋的细牙螺纹。

M6×0.75－5h6h－S－LH，表示公称直径为6mm，螺距为0.75mm，左旋的细牙螺纹（外螺纹），中径公差带为5h，大径公差带为6h，旋合长度属于中等的一组。

M14×Ph6P2－7H－L－LH，或M14×Ph6P2（three starts）－7H－L－LH，表示公称直径为14mm，导程为6 mm，螺距为2 mm，三线中径公差带代号和顶径公差带代号为7H（内螺纹），旋合长度属于长旋合长度的一组，左旋的细牙螺纹。

右旋螺纹：

M6（螺距、公差带代号、旋合长度代号和旋向代号被省略），表示公称直径为6mm普通粗牙螺纹，右旋。

螺纹尺寸标注由螺纹长度、螺纹工艺结构尺寸和螺纹标记组成，如图7－13所示。其中，无论是内螺纹还是外螺纹，在标注螺纹标记时，尺寸线或指引线均应由螺纹的大径引出。图样中标注的螺纹长度均指不含螺尾在内的有效螺纹长度。

螺纹副（内外螺纹装配在一起）标记中的公差带代号用斜线分开，左边表示内螺纹公差带代号，右边表示外螺纹公差带代号。例如M20×2－6H/6g。

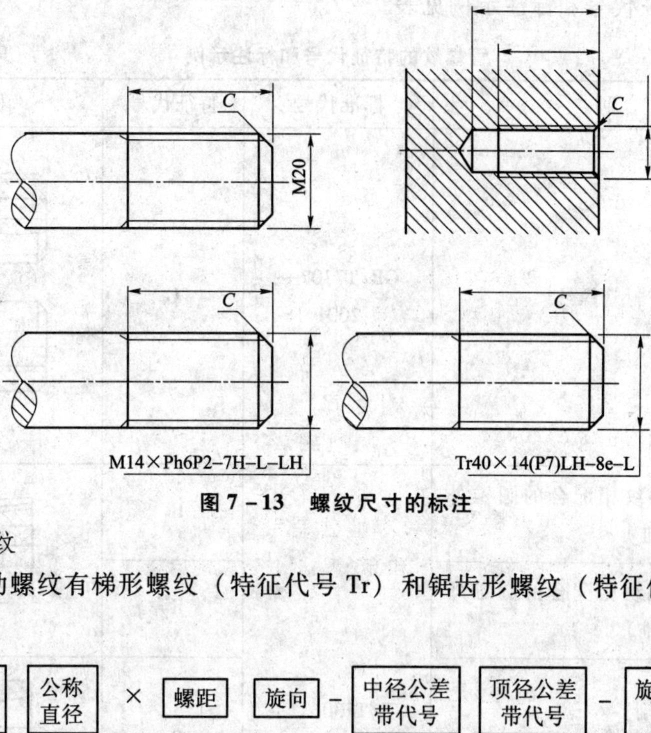

图7－13　螺纹尺寸的标注

2. 传动螺纹

常用的传动螺纹有梯形螺纹（特征代号Tr）和锯齿形螺纹（特征代号B），完整的标记如下：

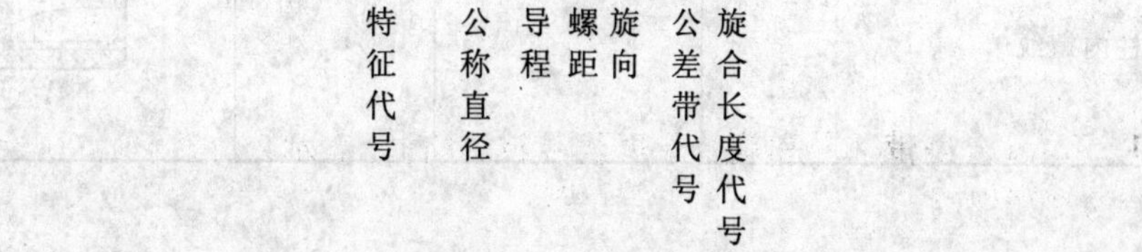

标注传动螺纹标记时，如中径和顶径公差带代号相同，只标注一次；右旋螺纹不注旋向；螺纹旋合长度中等旋合长度时（N）不标注，长旋合长度用L表示，短旋合长度用S表示。上图为梯形螺纹标记的示例。

3. 管螺纹

常用的管螺纹分为密封管螺纹和非密封管螺纹。管螺纹的标记必须标注在大径的引出线上，管螺纹标记组成如下：

密封管螺纹标记：特征代号　尺寸代号 × 螺距 − 旋向代号

非密封管螺纹标记：特征代号　尺寸代号　公差等级代号　旋向代号

需要注意的是，管螺纹的尺寸代号并不是指螺纹大径，而是与加工有螺纹的管子的通径接近。其大径和小径等参数可从相关标准中查出。

管螺纹的特征代号和标注示例见表7－2。

表7－2　管螺纹的特征代号和标注示例

类别		标准代号	特征代号	标注示例
非55°密封管螺纹		GB/T7307—2001	G	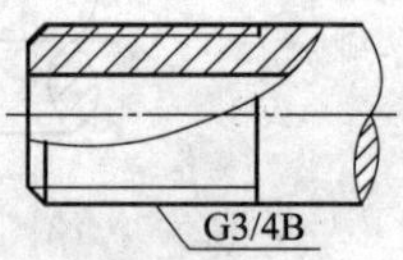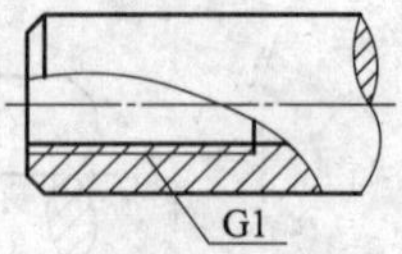
55°密封管螺纹	与圆柱内螺纹相配合的圆锥外螺纹（柱/锥）	GB/T7306.1～7306.2—2000	R_1	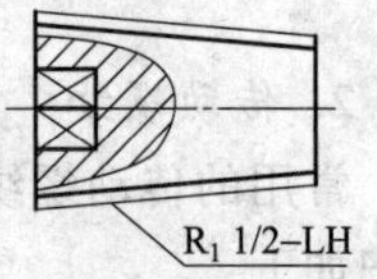
	与圆柱内螺纹相配合的圆锥外螺纹（柱/锥）		R_2	
	圆锥内螺纹		R_c	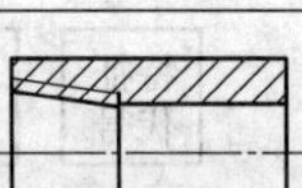
	圆柱内螺纹		R_p	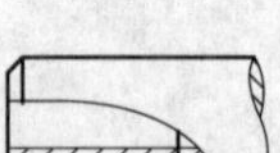

密封管螺纹的完整标记由螺纹特征代号、螺纹尺寸代号和旋向代号组成；非密封管螺纹的完整标记由螺纹特征代号、螺纹尺寸代号、中径公差等级代号和旋向代号组成。

注意：对非密封圆柱内螺纹，其中径公差等级代号省略不标；而英制非密封圆柱外螺纹的中径公尺等级代号分别为 A 和 B。

无论是密封管螺纹，还是非密封管螺纹，左旋螺纹的旋向代号为 LH；右旋螺纹的旋向代号省略不标。

加工内孔螺纹的是管螺纹丝锥，加工外螺纹的是板牙。

示例：

尺寸代号为 2 的右旋非密封圆柱内螺纹：G2

尺寸代号为 3 的 A 级右旋非密封圆柱外螺纹：G3A

尺寸代号为 4 的 B 级左旋非密封圆柱外螺纹：G4 B－LH

尺寸代号为 2 的右旋非密封圆柱内螺纹与 A 级圆柱外螺纹组成的螺纹副：G2A

五、螺纹紧固件

常用的螺纹紧固件有螺栓、双头螺柱、螺钉、螺母和垫圈。螺栓用于被连接零件允许钻成通孔的情况；双头螺柱用于被连接零件较厚或不允许钻成通孔的情况；螺钉则用于上述两种情况，而且常用于不经常拆开和受力较小的连接中。常用螺纹紧固件如图 7－14 所示。

图 7－14　常用螺纹紧固件

螺纹连接件的比例画法：

绘制螺纹连接件的零件图和装配图时，可按零件的规定标记（即标准件代号），从有关标准中查出绘图所需的尺寸，但为了提高绘图速度，通常采用比例画法，即螺纹紧固件的各有关尺寸都取成与螺纹大径 d 成一定比例。

螺纹连接件标记方法按“GB”有关规定。

1. 螺栓连接

（1）六角螺母。

先画俯视图，以 $2d$ 为直径，作出内接正六边形。以“三等”关系画出主视图和俯视图。画出内螺纹的大径和小径。

（2）六角头螺栓。

简化画法，如图 7－15 所示。

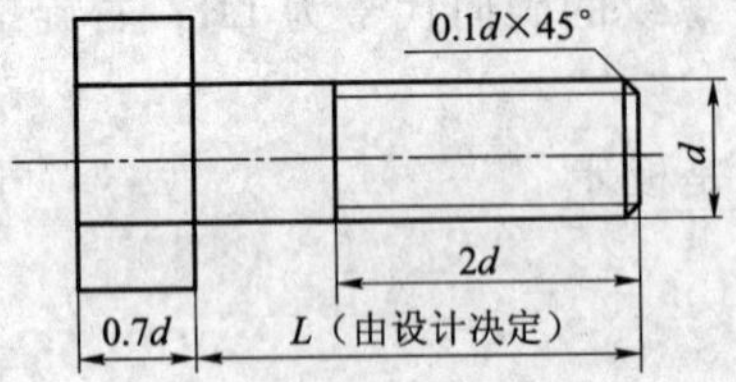

规定标记：

例：螺栓 GB5790　M12×90

螺栓长度

图 7－15　六角头螺栓简化画法

（3）垫圈。

简化画法：

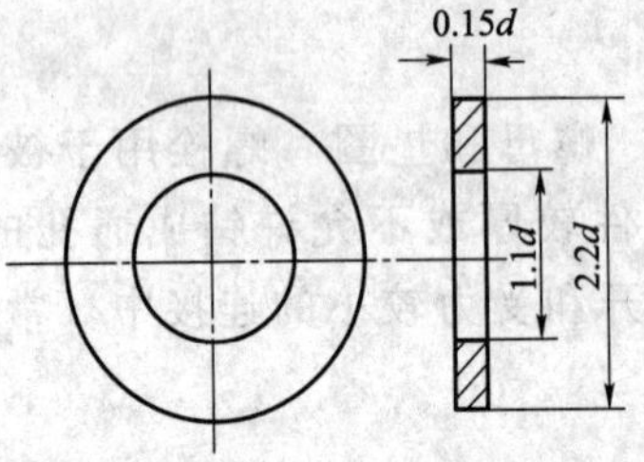

规定标记：

例：垫圈 GB95 12

规格

指用于 M12 的螺栓或螺钉

图 7－16　垫圈简化画法

（4）螺栓连接。

螺栓连接指用螺栓、螺母和垫圈将两个不太厚、而且又允许钻成通孔的零件连接在一起。装配过程如下：

① 螺栓穿过被连接件的通孔。（为便于装配，此通孔应稍大于螺栓杆的直径 d，约为 $1.1d$）

② 在制有螺纹的一端装上垫圈，拧上螺母。（加垫圈的目的是为了避免拧紧螺母时损坏被连接件的表面）

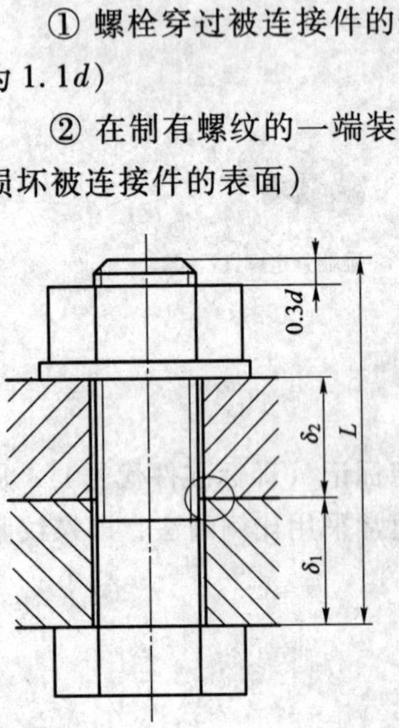

图 7－17　螺栓有效长度示意

- 被连接件的孔径 $=1.1d$，
- 两块板的剖面线方向相反。
- 两被连接件接触面形成一条轮廓线。
- 螺栓、垫圈、螺母按不剖画。
- 螺栓的螺纹大径和被连接件光孔之间有两条轮廓线，零件接触面轮廓线在此之间应画出。
- 螺栓的有效长度按下式计算：

$$L=\delta_1+\delta_2+0.15d(\text{垫圈厚})+0.8d(\text{螺母})+0.3d$$

计算后查表取标准值，如图 7－17 所示。

螺栓连接作图步骤如图 7－18 所示。

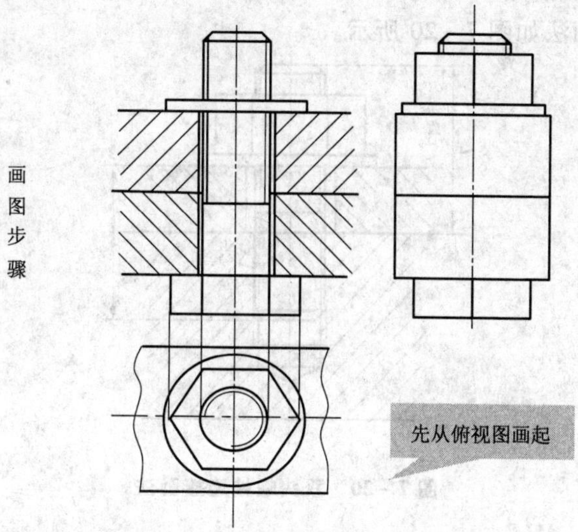

图 7－18　螺栓连接作图步骤

螺纹连接常见错误如图 7－19 所示，注意事项如下：

➢ 两相邻零件的剖面线方向应相反。
➢ 螺栓与螺孔之间应画出间隙。
➢ 应画出螺纹段及螺纹终止线。

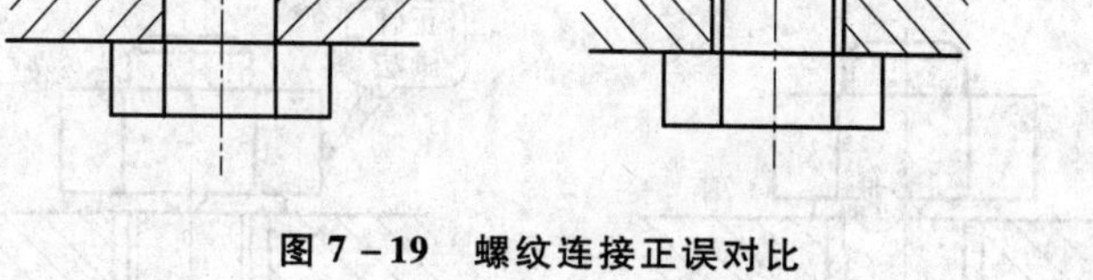

图 7－19　螺纹连接正误对比

2. 双头螺柱连接

用双头螺柱与螺母、垫圈配合使用，将两个零件连接在一起。

双头螺柱两端均加工有螺纹，一端和被连接件旋合，另一端和螺母旋合。

适用场合：当两个连接件中有一个零件较厚，加工通孔困难时，或者由于其他原因，不便使用螺栓连接的场合，一般用螺柱连接。

装配过程：

① 先将双头螺柱的旋入端拧入机件的螺纹孔中。

② 然后将双头螺柱的另一端（紧固端）穿过被连接件上的通孔（孔径 =1.1d），再套上垫圈，并拧紧螺母。

双头螺柱连接画法如图 7－20 所示。

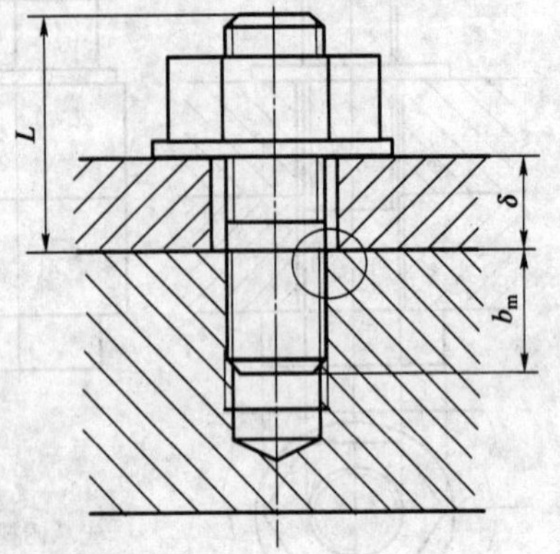

图 7－20　双头螺柱连接画法

注意：

(1) 螺柱的旋入端必须全部地旋入螺孔内。

(2) 旋入端的螺纹终止线应与两个被连接零件的接触面平齐。

(3) 螺纹孔的深度应大于旋入端长度，螺孔深一般是 $b_m+(0.3\sim0.5)d$。

(4) L 是紧固端长度，b_m 是旋入深度，L 的计算公式如下：

$$L=\delta+0.15d+0.8d+0.3d$$

螺柱连接错误画法如图 7－21 所示，注意事项如下：

➢ 弹簧垫圈开口方向应向左斜。

➢ 螺栓旋入端螺纹终止线与两被连接件接触面轮廓线平齐表示已拧紧。

➢ 紧固端螺纹终止线不应漏画。

➢ 螺纹孔底部的画法应符合加工实际。

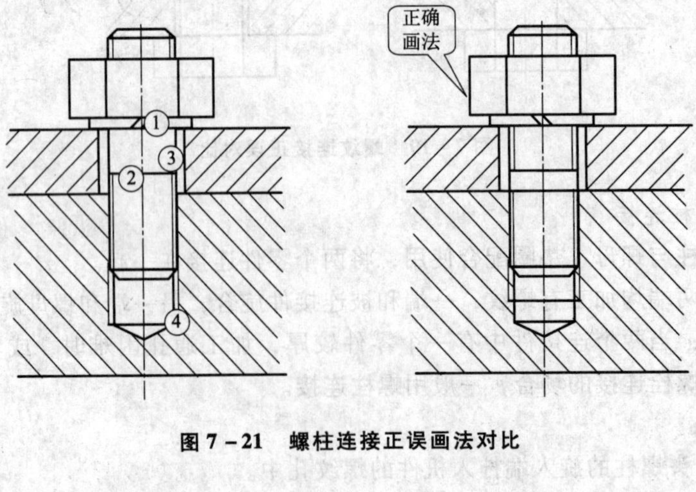

图 7－21　螺柱连接正误画法对比

3. 螺钉连接

螺钉按用途分为连接螺钉和紧定螺钉，简化画法如图 7－22 所示。

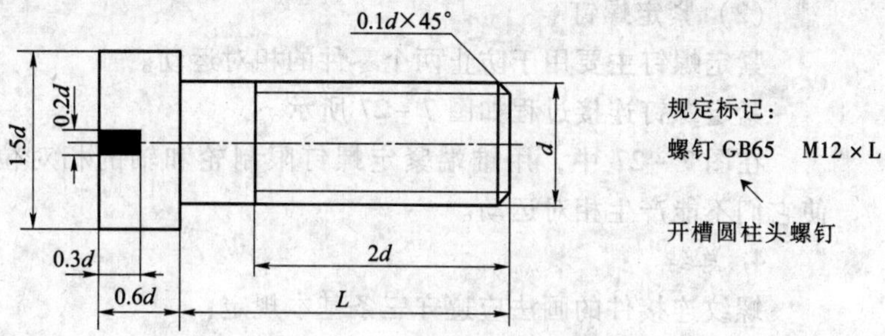

图 7－22 螺钉简化画法

（1）连接螺钉

适用场合：螺钉连接用于不经常拆卸，并且受力不大的零件。

常见的连接螺钉如图 7－23 所示。

图 7－23 常见螺钉

螺钉连接装配特点：

① 不用螺母，一般也不用垫圈，而是把螺钉直接拧入被连接件。

② 螺钉自上而下穿过上部零件（其孔径 ＝1.1d），与下部零件螺纹孔相旋合。

③ 螺钉的旋入长度 b_m 由被旋入件的材料决定：

钢：$b_m = d$

铸铁：$b_m = 1.25d$ 或 $1.5d$

铝：$b_m = 2d$

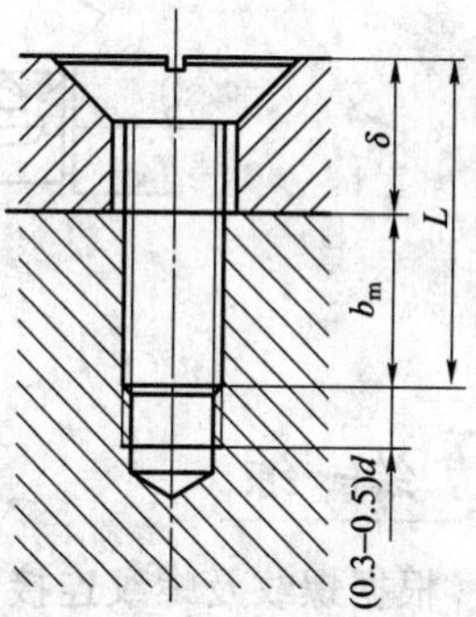

图 7－24 主视图正绘制

④ 螺钉口的槽口在主视图被放正绘制（见图 7－24）。在俯视图规定画成与水平线成 45°角，不和主视图保持投影关系（见图 7－25）。

当槽口的宽度小于 2mm 时，槽口投影可涂黑。

⑤ 若有螺纹终止线，则其应高于两被连接件接触面轮廓线。

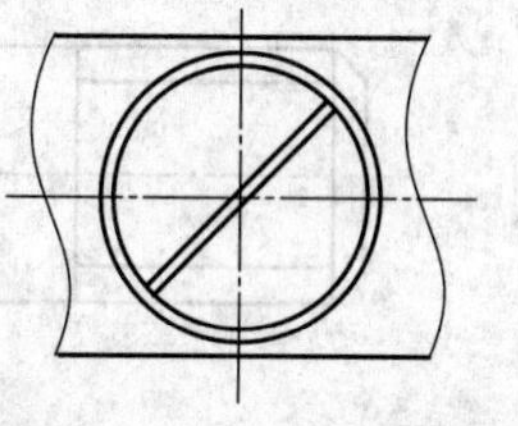

图 7－25 俯视图 45°绘制

螺钉连接画法注意事项：

① 螺钉头的槽口：在主视图被放正绘制；在俯视图规定画成与水平线成 45 度，不和主视图保持投影关系。

当槽口的宽度小于 2mm 时，槽口投影可涂黑，如图 7－26 所示。

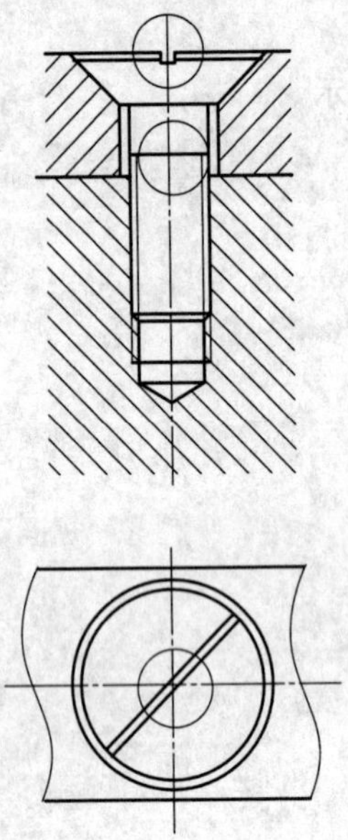

图 7－26　螺钉头的槽口

② 若有螺纹终止线，则其应高于两被连接件接触面轮廓线，表示还须足够的拧紧力。

（2）紧定螺钉

紧定螺钉主要用于防止两个零件的相对运动。

紧定螺钉连接过程如图 7－27 所示。

在图 7－27 中，用锥端紧定螺钉限制轮和轴的相对位置，使它们不能产生相对运动。

4. 总结

螺纹连接件的画法应遵守三条基本规定：

① 两零件的接触面只画一条线，不接触面必须画两条线。

② 在剖视图中，当剖切平面通过螺纹连接件的轴线时，这些零件都按不剖处理，即只画外形，不画剖面线。

③ 相邻两被连接件的剖面线方向应相反，必要时可以相同，但剖面线必须相互错开或间隔不一致。

在同一张图上，同一零件的剖面线在各个视图上，其方向和间隔必须画成一致。

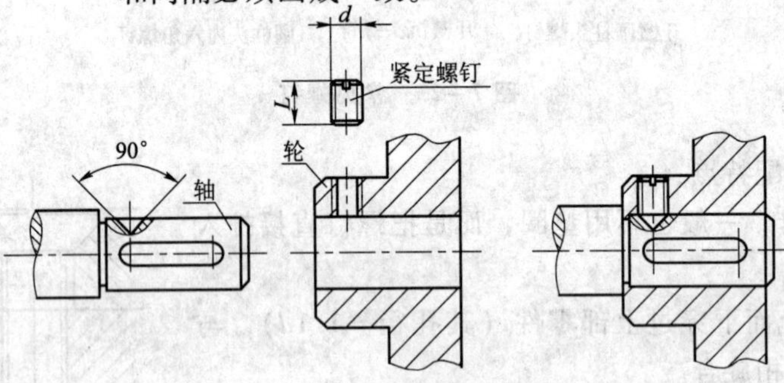

图 7－27　紧定螺钉过程

练一练

根据螺纹及螺纹连接的规定画法，分析图 7－28、图 7－29 中的错误，并在指定位置画出正确图形。

（1）　　（2）

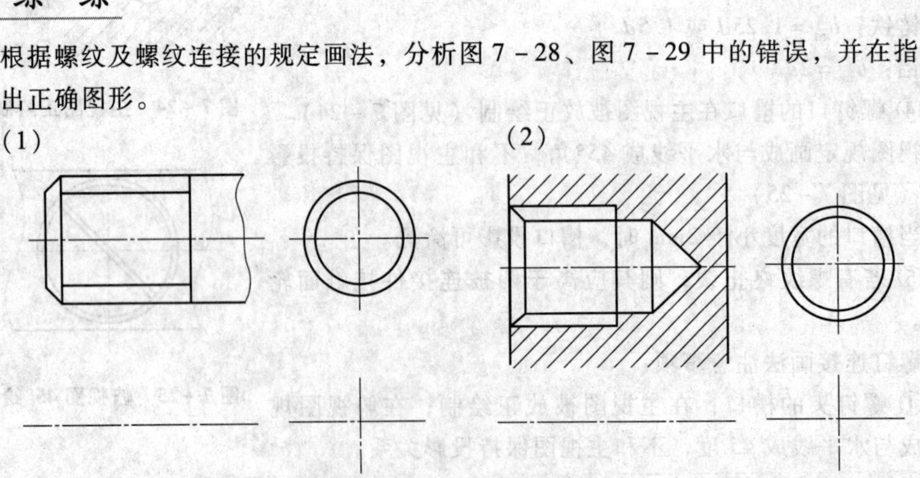

图 7－28　练习用图（1）

(3)

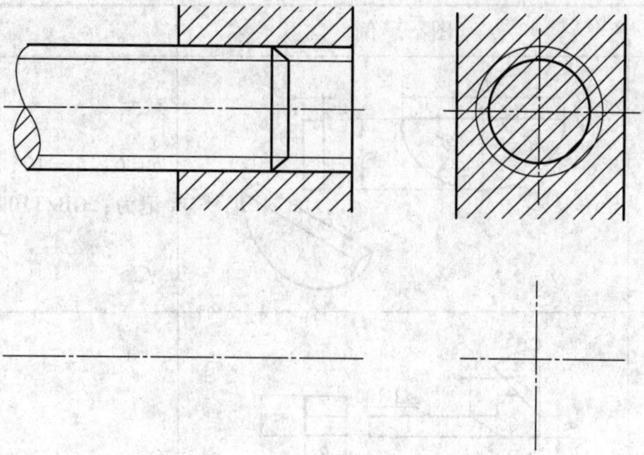

图 7-29　练习用图（2）

子模块二　键　与　销

学习与训练要点

✧ 了解常用键及其标记；
✧ 了解键连接的画法及标注；
✧ 了解销连接；
✧ 了解尺寸标准的规则和要素。

一、键及其连接的画法

1. 键的功用、种类及标记

键连接也是常用的可拆卸连接。用键将轴与轴上的传动件（如齿轮、皮带轮等）联接在一起，以传递扭矩。

键的分类：普通平键、半圆键、钩头楔，如表 7-3 所示。

普通平键有三种类型：圆头（A 型）、平头（B 型）、单圆头（C 型）。

表 7-3　　键及其标记示例

名称（标准号）	图　例	标记示例
普通平键 GB/T1096.1—2003	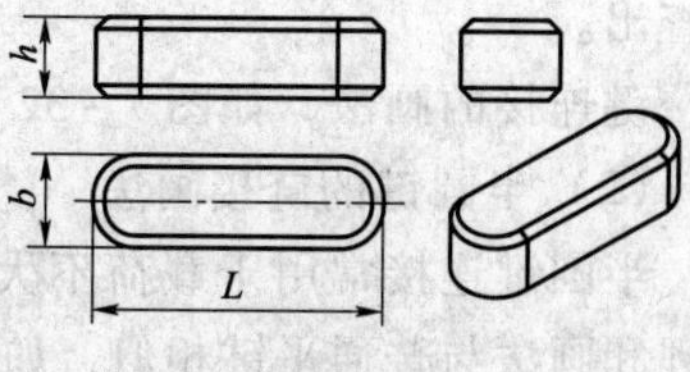	$b=8$、$h=7$、$L=25$ 的普通平键（A 型）标记：GB/T1096 键 8×7×25

续表

名称（标准号）	图　　例	标记示例
半圆键 GB/T1099.1—2003	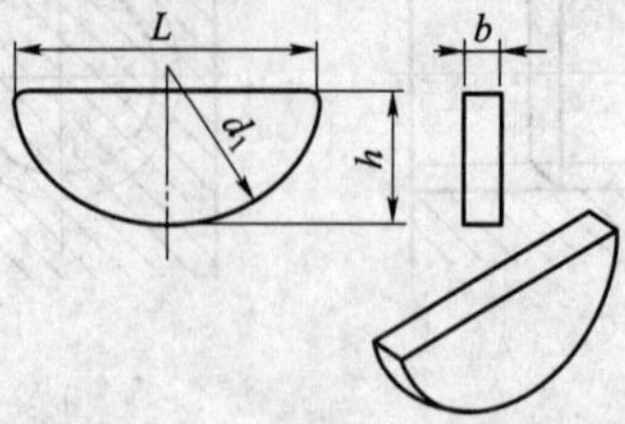	$b=6$、$h=10$、$L=25$ 的半圆键标记为：GB/T1099.1 键 6×10×25
钩头楔键 GB/T1565—2003	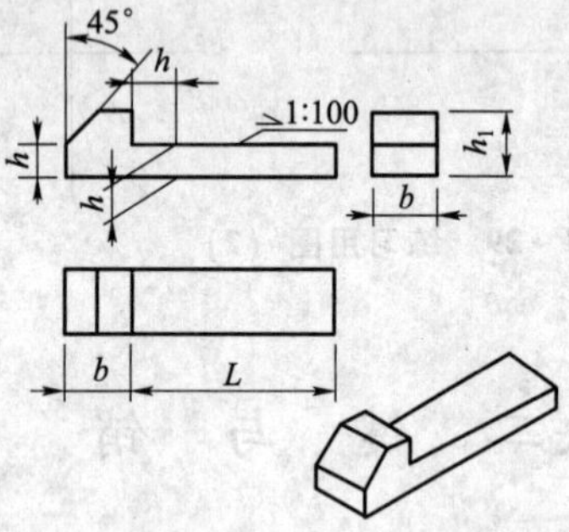	$b=6$、$L=25$ 的钩头楔键标记为：GB/T1565 键 6×25

2. 键连接的画法

（1）普通平键的连接画法

轴槽的画法，如图 7－30 所示。其中，t 为轴上键槽深度；b、t、L 可按轴径 d 从标准手册中查出。

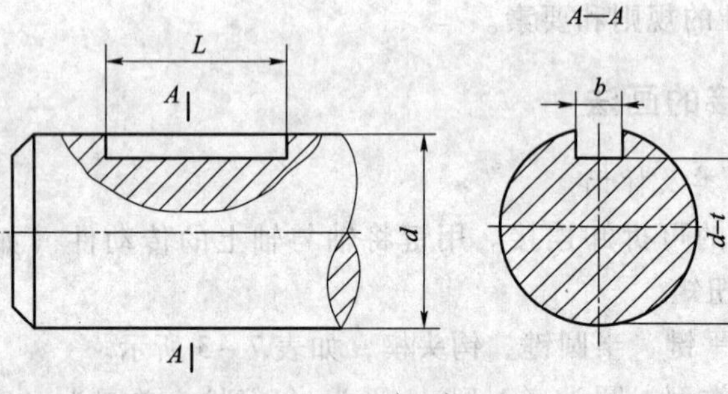

图 7－30　轴槽的画法

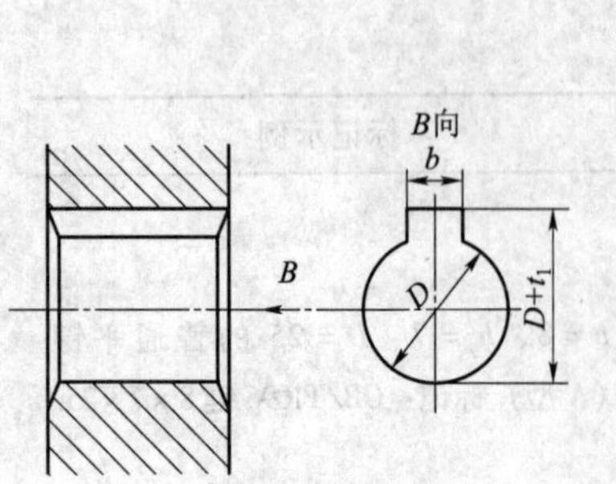

图 7－31　键槽的画法

键槽的画法，如图 7－31 所示。其中，t_1 为轮毂上键槽深度；b 为键槽宽度；t_1、b 可按孔径 D 从标准中查出。

键连接的画法，如图 7－32 所示。

（2）半圆键的链接画法

半圆键连接常用于载荷不大的传动轴上，其工作原理和画法与普通平键相似，如图 7－33 所示。

（3）钩头楔键的连接画法

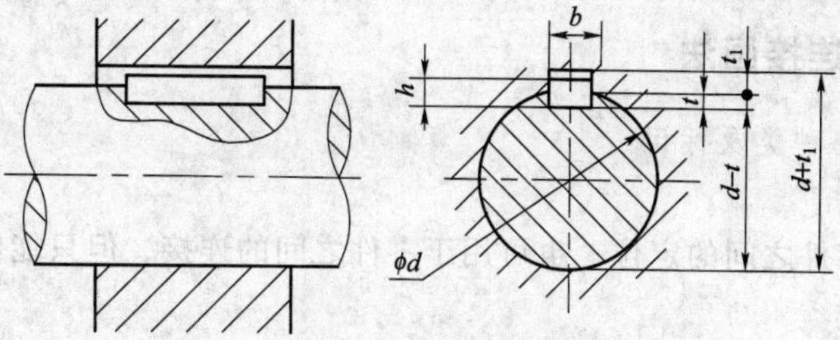

图 7－32　键连接的画法

钩头楔键的上顶面由 1∶100 的斜度，装配时将键沿轴向嵌入键槽内，靠键的上、下面将轴和轮连接在一起，之间的侧面为非工作面，如图 7－34 所示。

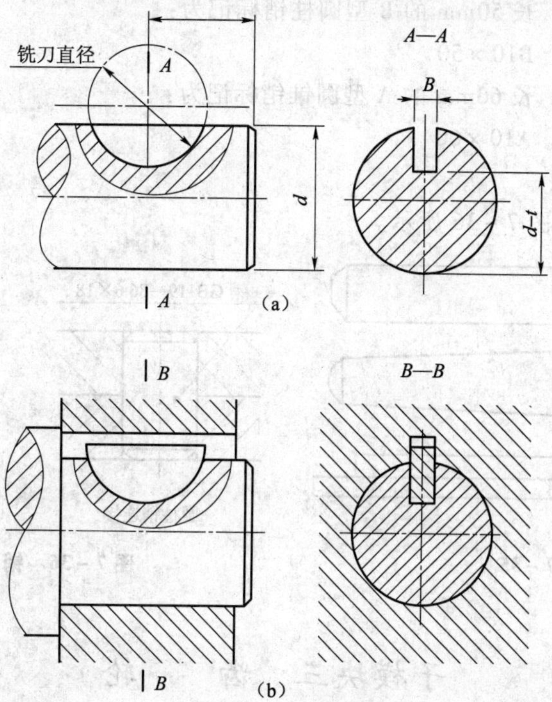

图 7－33　半圆键连接

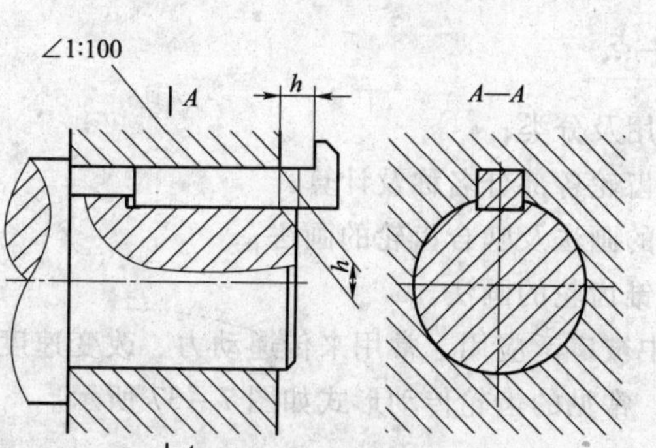

图 7－34　钩头楔键连接

二、销及其连接画法

1. 销的功用、种类及标记

(1) 销的用途

销主要用于零件之间的定位，也可用于零件之间的连接，但只能传递不大的扭矩。

(2) 销的分类

销的分类如图 7－35 所示。

(3) 销的标记

普通圆柱销（GB119—86），按直径的公差不同分为 A、B、C、D 型，普通圆锥销（GB117—86），多用于经常拆卸的场合。例如：

公称直径 10mm、长 50mm 的 B 型圆柱销标记为：

销　GB119—86　B10 × 50

公称直径 10mm、长 60mm 的 A 型圆锥销标记为：

销　GB117—86　A10 × 60

2. 销连接的画法

销连接的画法如图 7－36 所示。

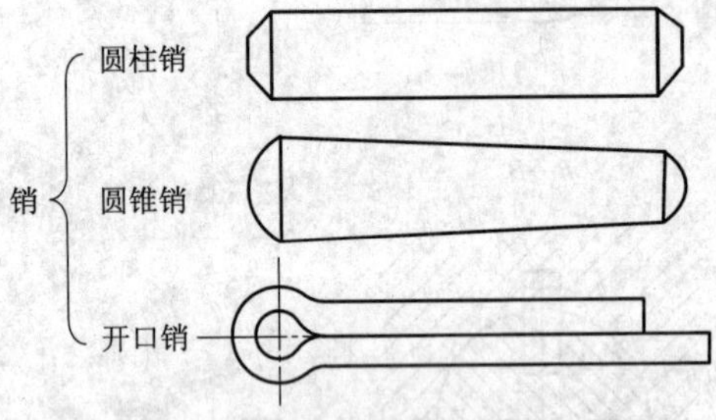

图 7－35

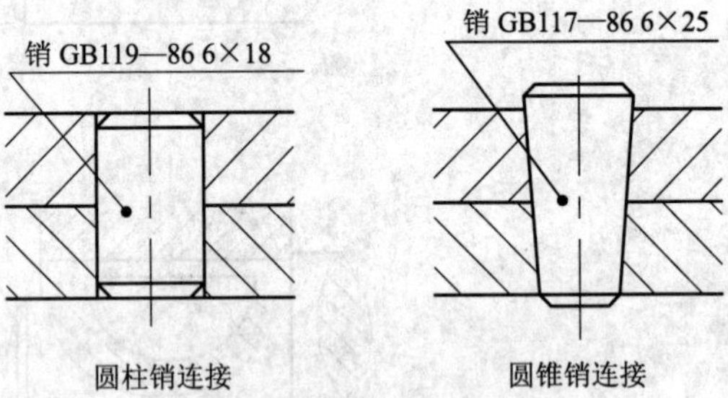

图 7－36　销连接的画法

子模块三　齿　　轮

学习与训练要点

✧ 了解齿轮的作用及分类；

✧ 了解直齿圆柱齿轮各部分名称及计算；

✧ 了解单个齿轮的画法及啮合齿轮的画法；

✧ 了解斜齿轮及锥齿轮的画法。

齿轮传动在机械中被广泛应用，常用来传递动力、改变速度与旋转方向。

齿轮的种类很多，常见的齿轮传动形式如图 7－37 所示。

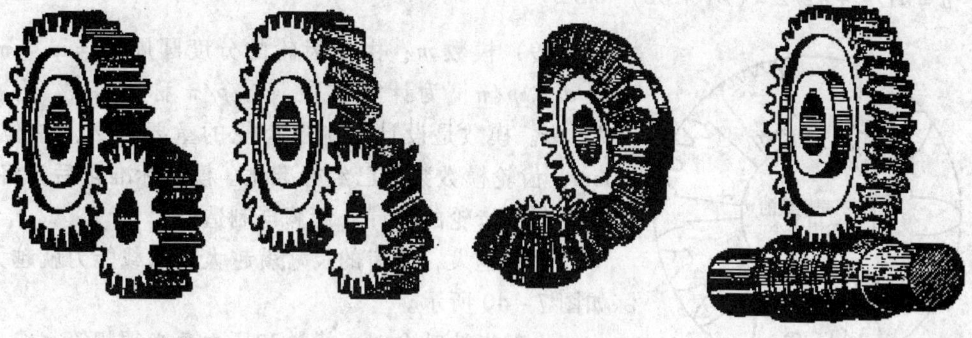

(a)　　(b)　　(c)　　(d)

图 7－37　常见的齿轮传动形式

圆柱齿轮：用于两平行轴的传动。

圆锥齿轮：用于两相交轴的传动。

蜗轮蜗杆：用于两交叉轴的传动。

齿轮齿条传动是圆柱齿轮传动的特例，如图 7－38 所示。

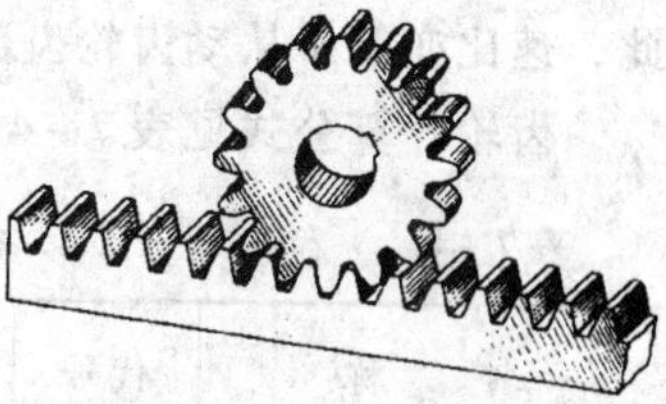

图 7－38　齿轮齿条传动

一、直齿圆柱齿轮

直齿圆柱齿轮的齿向与齿轮轴线平行，在齿轮传动中应用最广，称直齿轮。

1. 圆柱齿轮各部分名称和尺寸关系

圆柱齿轮各部分名称和尺寸关系，如图 7－39 所示。

（1）齿数 Z：轮齿的数量

（2）齿顶圆 d_a：圆柱齿轮上齿顶圆柱面与端平面的交线

（3）齿根圆 d_f：圆柱齿轮齿根圆柱面与端平面的交线

（4）分度圆 d：圆柱齿轮的分度圆柱面与端平面的交线 。在标准情况下，齿槽宽 e 与齿厚 s 近似相等，即 $e=s$。

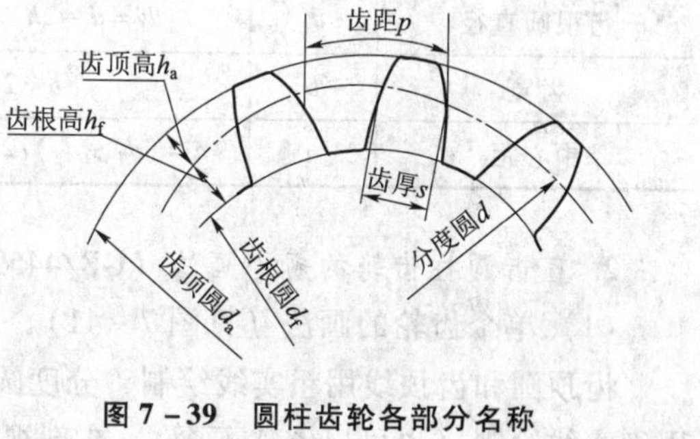

图 7－39　圆柱齿轮各部分名称

（5）齿高 h：由轮齿的齿顶和齿根在径向上的高度称全齿高 h；齿顶圆与分度圆之间的径向距离为齿顶高 h_a；分度圆与齿根圆之间的径向距离为齿根高 h_f。

（6）齿距 p：在分度圆上，相邻两齿廓对应点之间的弧长为齿距 p；在标准齿轮中分度圆上，齿厚 s＝齿槽 e，即 $p=s+e$

（7）压力角 α：轮齿上受另一轮齿作用的正压力的方向与该点速度方向所夹的锐角称为压力角，压力角一般为 20°。

（8）中心距 a：两啮合齿轮轴线之间的距离称为中心距。在标准情况下：

$a=d1/2+d2/2=(Z1+Z2)\cdot m/2$

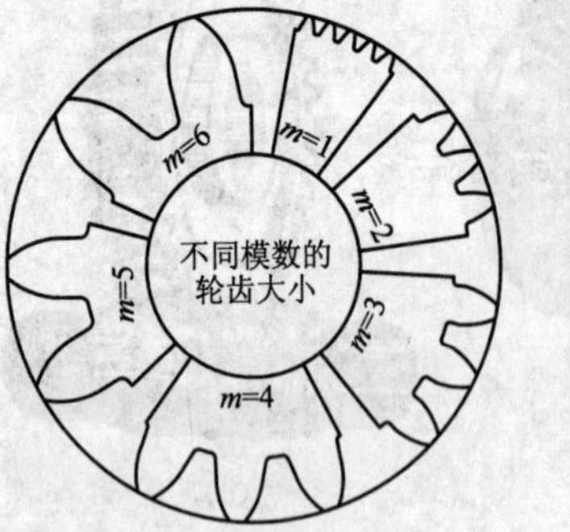

图 7－40

(9) 模数 m：由于齿轮的分度圆周长 $=zp=\pi d$，则 $d=zp/\pi$，为计算方便，将 p/π 称为模数 m，则 $d=mz$。模数是设计、制造齿轮的重要参数。单位为 mm，齿轮模数数值已经标准化。模数标准化后，将大大有利于齿轮的设计、计算与制造。

模数越大，轮齿的尺寸就越大，承载能力就越大，如图 7－40 所示。

一对齿轮啮合时，模数和压力角必须相等。

(10) 速比 i：主动齿轮转速（转/分）与从动齿轮转速之比称速比。即，由于转速与齿数成反比，因此，速比亦等于从动齿轮齿数与主动齿轮齿数之比，$i=n1/n2=Z2/Z1$

齿轮计算公式见表 7－4。

表 7－4　　标准直齿圆柱齿轮各部分尺寸计算表

名　称	代号	计算公式	说　明
齿数	Z	根据设计要求或测绘而定	Z、m 是齿轮的基本参数，设计计算时，先确定 m、Z，然后得出其他各部分尺寸
模数	m	$m=p/\pi$，根据强度计算或测绘而得	
分度圆直径	d	$d=mz$	
齿顶圆直径	d_a	$d_a=d+2h_a=m(Z+2)$	齿顶高 $h_a=m$
齿根圆直径	d_f	$d_f=d-2h_f=m(Z-2.5)$	齿根高 $h_f=1.25m$
齿宽	b	$b=2p\sim3p$	齿距 $p=\pi m$
中心距	a	$a=(d_1+d_2)/2=(Z_1+Z_2)m/2$	齿高 $h=h_a+h_f$

2. 直齿圆柱齿轮的规定画法（GB/4459.2—2003）

(1) 单个齿轮的画法（见图 7－41）。

齿顶圆和齿顶线用粗实线绘制，分度圆和分度线用细点划线绘制，齿根圆和齿根线用细实线绘制（也可以省略不画）。在剖视图中，齿根线用粗实线绘制。当剖切平面通过轮齿时，齿轮一律按不剖绘制。除轮齿部分外，齿轮的其他部分结构均按真实投影画出。

在零件图中，轮齿部分的径向尺寸仅标注出分度圆直径和齿顶圆直径即可。轮齿部分的轴向尺寸仅标注齿宽和倒角。其他参数，如模数、齿数等可在位于图纸右上角的参数表中给出，如图 7－42 所示。

(2) 两齿轮啮合的画法

在反映圆的视图上，齿顶圆用粗实线绘制，两齿轮的分度圆相切，齿根圆省略不

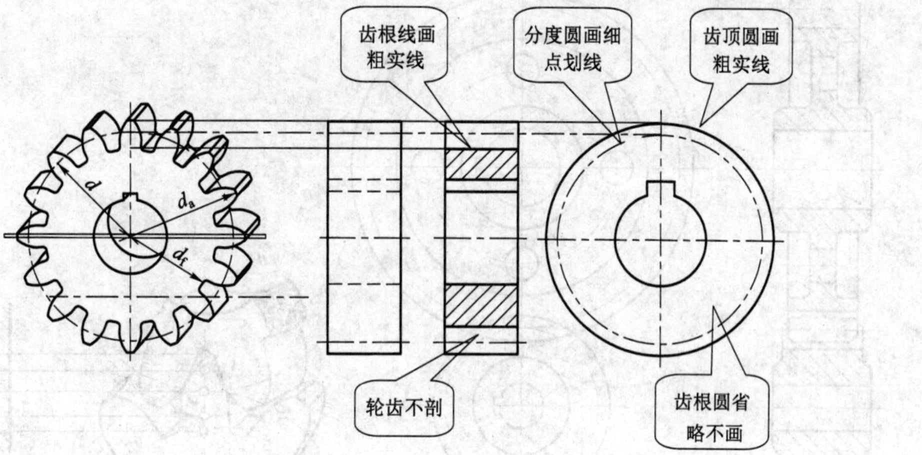

图 7－41 单个直齿圆柱齿轮的画法

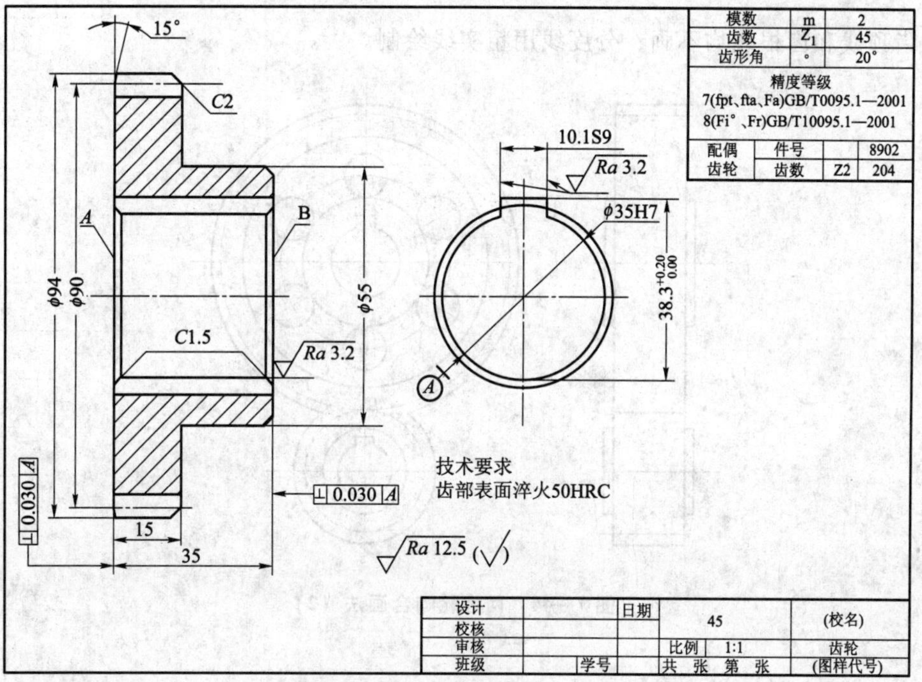

图 7－42 直齿圆柱齿轮零件图

画；在反映圆的视图上，采用剖视图时，在啮合区域内，一个齿轮的轮齿用粗实线绘制，另一个齿轮的轮齿按被遮挡处理，齿顶线用细虚线绘出；齿顶线和齿根线之间的缝隙（顶隙）为 0.25m（m 为模数），如图 7－43 所示。

当不采用剖视绘制时，可采用图 7－44 的表达方法，即在不反映圆的视图上，啮合

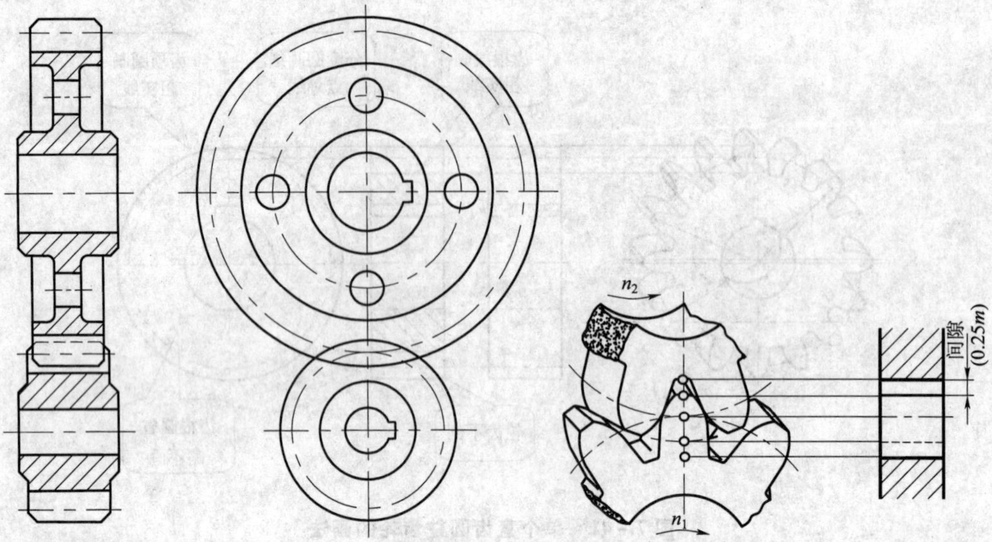

图 7-43　两齿轮啮合画法（1）

区的齿顶线和齿根线均不画，分度线用粗实线绘制。

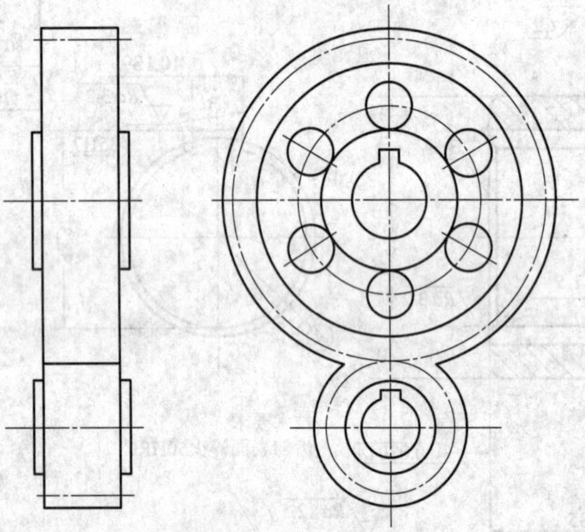

图 7-44　两齿轮啮合画法（2）

二、斜齿轮

斜齿圆柱齿轮简称斜齿轮，斜齿轮的齿在一条螺旋线上，螺旋线和轴线的夹角称为螺旋角，用 β 表示。因此，斜齿轮的端面齿形和垂直于轮齿方向的法向齿形不同，其法向模数为标准数值。斜齿轮的画法和直齿轮相同，当需要表示螺旋线方向时，可用三条与齿向相同的细实线表示，如图 7-45、图 7-46 所示。

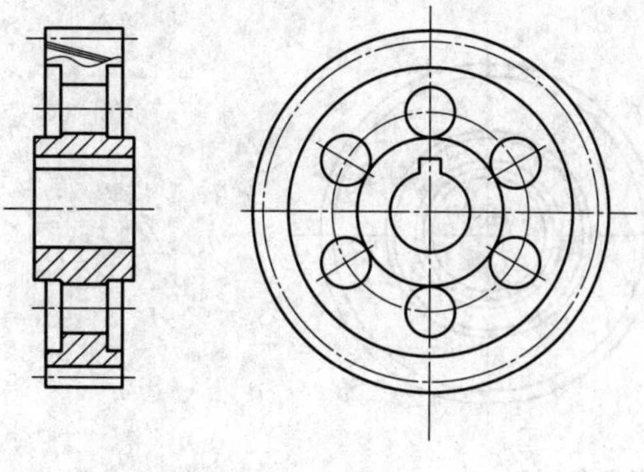

图 7 - 45　斜齿轮画法（1）

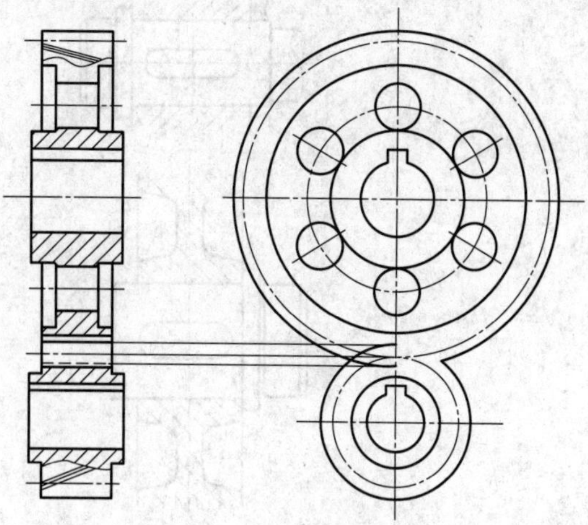

图 7 - 46　斜齿轮画法（2）

练一练

1. 已知直齿圆柱齿轮 $m=5$、$Z=40$，计算该齿轮的分度圆、齿顶圆、齿根圆的直径，并完成下列两视图（倒角 $C2$），如图 7 - 47 所示。

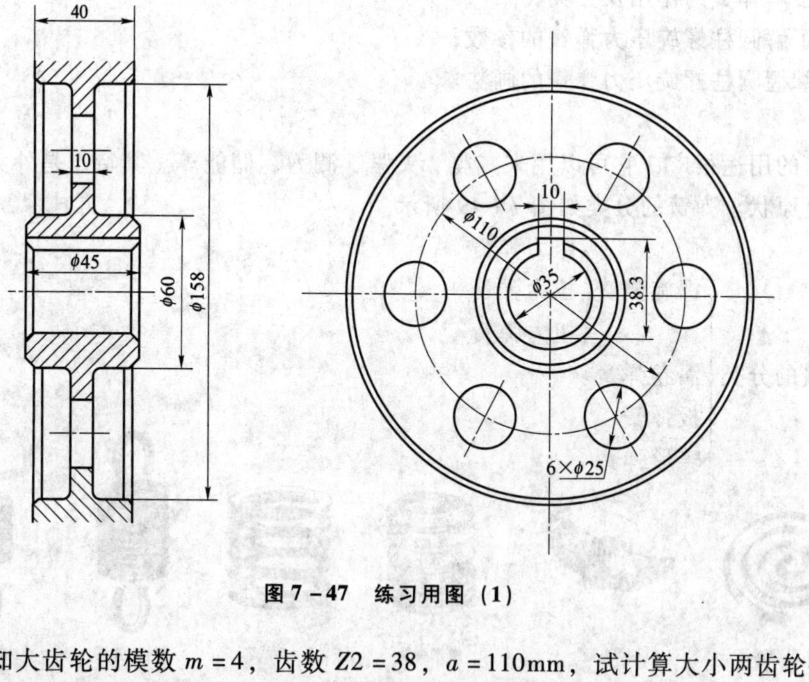

图 7 - 47　练习用图（1）

2. 已知大齿轮的模数 $m=4$，齿数 $Z2=38$，$a=110$mm，试计算大小两齿轮分度圆、齿顶圆及齿根圆直径，并完成直齿圆柱齿轮的啮合图（见图 7 - 48）。

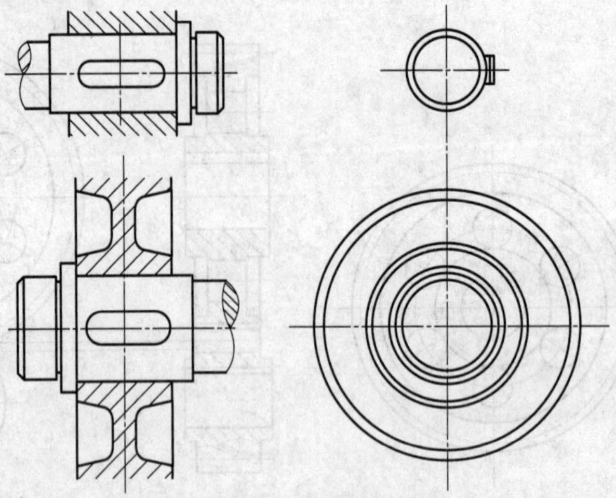

图 4-48　练习用图（2）

子模块四　弹　　簧

学习与训练要点

- ✧ 了解弹簧的作用及分类；
- ✧ 了解圆柱螺旋压力弹簧的参数；
- ✧ 掌握圆柱螺旋压力弹簧的画法。

弹簧的用途很广，它可以用来减震、夹紧、测力、储能等。其特点是外力去除后能立即恢复原状。弹簧的分类如图 7-49 所示。

弹簧的分类
- 螺旋弹簧
  - 压力弹簧
  - 拉力弹簧
  - 扭力弹簧
- 涡卷弹簧
- 板弹簧
- 蝶形弹簧

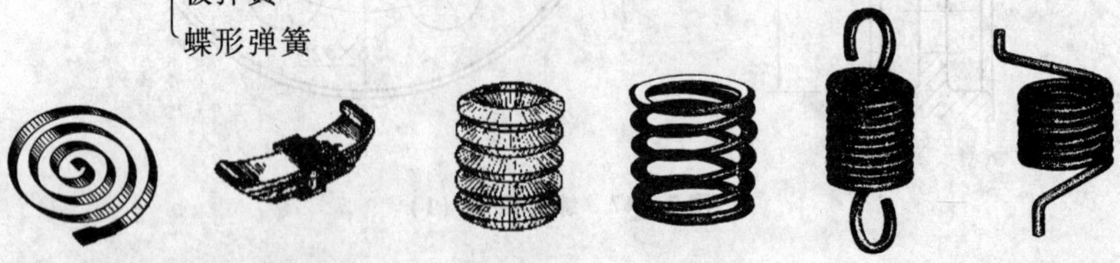

图 7-49

一、圆柱螺旋压力弹簧尺寸名称

圆柱螺旋压力弹簧常用参数（见图 7-50）：

（1）弹簧外径 D，即弹簧的最大直径。

（2）弹簧钢丝直径 d。

（3）弹簧内径 D_1，即弹簧最小直径。

（4）弹簧中径 D_2，即弹簧内外径的平均值。

$$D_2 = \frac{D + D_1}{2} = D_1 + d = D - d$$

（5）节距 t，相邻两圈间的轴向距离。

（6）支承圈数 n_0，两端不起弹力作用，只起支承作用的圈数。一般为 1.5、2、2.5 圈三种，常用 2.5 圈。

（7）有效圈数 n，除支承圈外，保持节距相等的圈数。

（8）总圈数 n_t，支承圈与有效圈之和，即：$n_t = n_0 + n$。

（9）自由高度 H_0，弹簧在没有负荷时的高度，即：

$$H_0 = n_t + (n_0 - 0.5)d$$

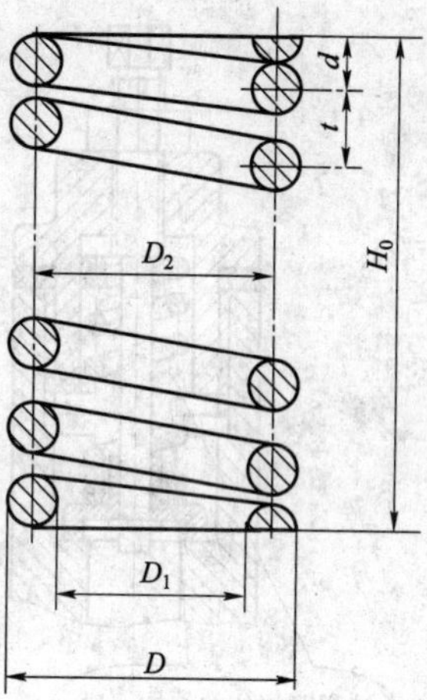

图 7－50　圆柱螺旋压力弹簧的参数

（10）簧丝长度 L，弹簧钢丝展直后的长度。

$$L = n_1 + \sqrt{(\pi d_2)2 + t_2}$$

螺旋弹簧分为左旋和右旋两类。

二、圆柱螺旋压力弹簧的规定画法

GB/T4459—2003 对弹簧的画法做了如下规定：

（1）在平行于螺旋弹簧轴线的投影面的视图中，其各圈的轮廓应画成直线。

（2）有效圈数在四圈以上时，中间各圈可省略不画，而用通过中径线的点划线连接起来，可以每端只画出 1～2 圈（支承圈除外），其余省略不画。

（3）螺旋弹簧均可画成右旋，但左旋弹簧无论画成左旋或右旋，一律要注写旋向“左”字。

（4）螺旋压缩弹簧如要求两端并紧且磨平时，不论支承圈多少均按支承圈为 2.5 圈绘制，必要时也可按支承圈的实际结构绘制。

弹簧的表示方法有剖视、视图和示意画法。单个弹簧的画法如图 7－51 所示。

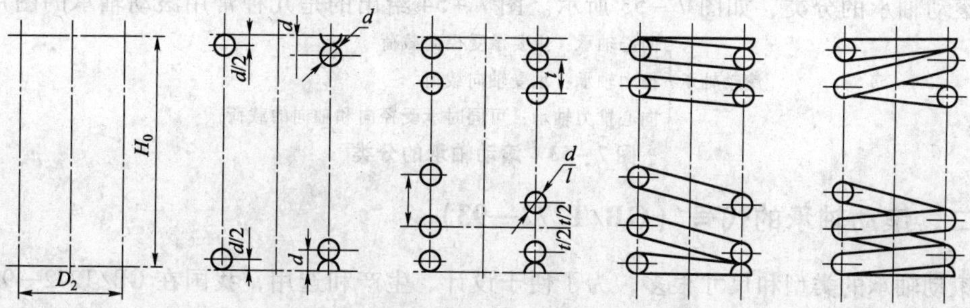

图 7－51　圆柱螺旋压力弹簧的表示法

在装配图中螺旋弹簧的画法如图 7－28 所示。

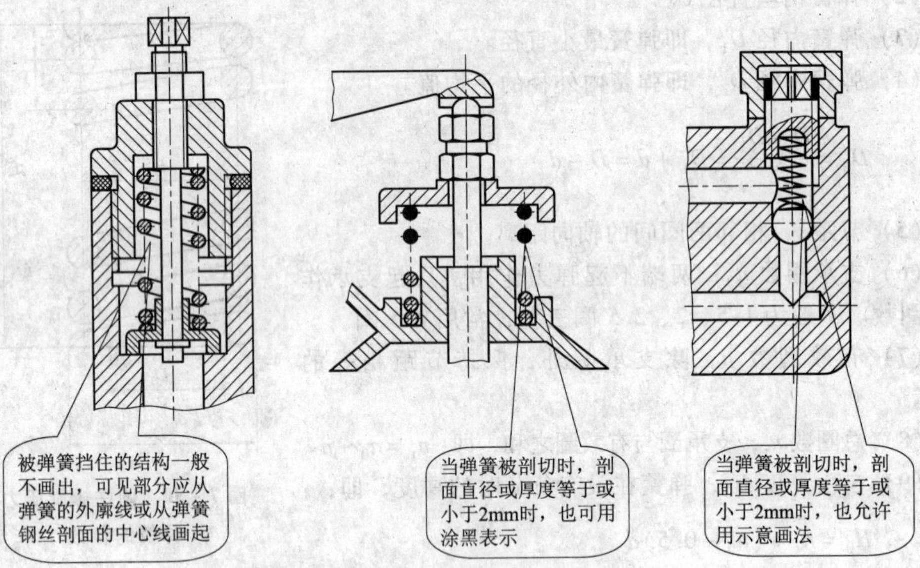

图 7－52　装配图中螺旋弹簧的画法

子模块五　滚 动 轴 承

学习与训练要点

- ✧ 了解滚动轴承的结构和类型；
- ✧ 了解滚动轴承的画法；
- ✧ 掌握滚动轴承的代号。

滚动轴承是一种标准部件，其作用是支承旋转轴及轴上的机件，它具有结构紧凑、摩擦力小等特点，在机械中被广泛地应用。滚动轴承的规格、型式很多，但都是标准化，可根据使用要求，查阅有关标准选用。

一、滚动轴承的种类

滚动轴承的分类，如图 7－53 所示。图 7－54 给出的是几种常用滚动轴承的图片。

滚动轴承
- 向心轴承：主要承受径向载荷
- 推力轴承：承受轴向载荷
- 向心推力轴承：可同时承受径向和轴向的载荷

图 7－53　滚动轴承的分类

二、滚动轴承的代号（GB/T272—93）

滚动轴承的类型和尺寸很多，为了便于设计、生产和选用，我国在 GB/T272—93 中规定，一般用途的滚动轴承代号由基本代号、前置代号和后置代号构成，其排列顺序为：

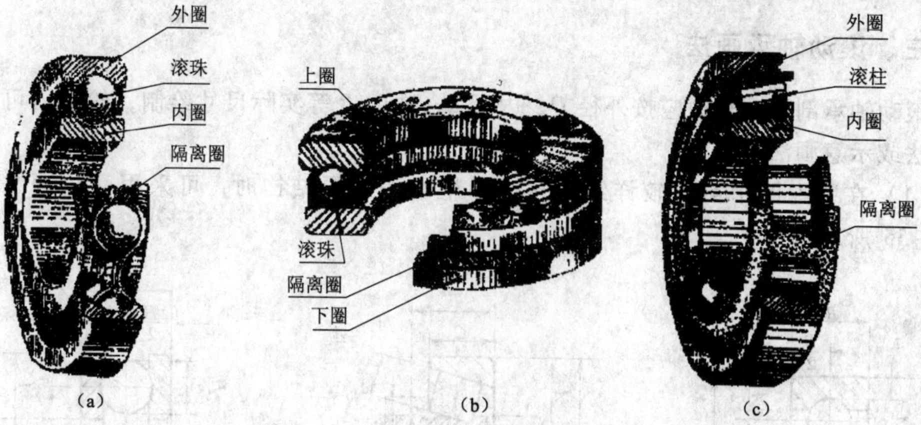

图 7-54 轴承

(a) 向心球轴承；(b) 推力球轴承；(c) 圆锥滚子轴承

前置代号　基本代号　后置代号

1. 基本代号

基本代号表示轴承的基本类型、结构和尺寸，是轴承代号的基础。除滚针轴承外，基本代号由轴承类型、尺寸系列代号及内径代号构成：

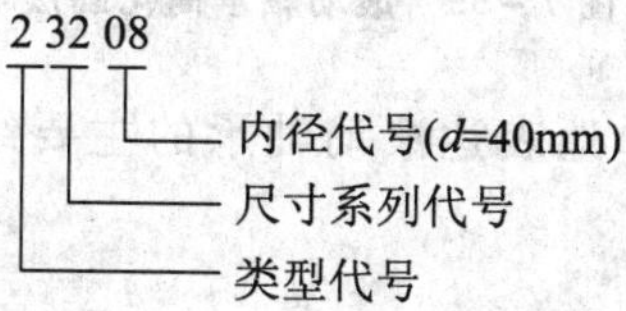

轴承的类型代号见表 7.5。

2. 前置代号、后置代号

前置代号、后置代号是轴承在结构形状、尺寸、公差、技术要求等有改变时，在其基本代号左右添加的补充代号。

表 7-5　轴承的类型代号

代号	轴　承　类
0	双列角接触轴
1	调心球轴
2	调心滚子轴承和推力调心滚子轴
3	圆锥滚子轴
4	双列深沟球轴
5	推力球轴承
6	深沟球轴
7	角接触轴
8	推力圆柱滚子轴
N	圆柱滚子轴
U	外球面球轴
O	四点接触球轴

三、滚动轴承画法

滚动轴承剖视图轮廓应按外径 D、内径 d、宽度 B 等实际尺寸绘制，轮廓内可用简化画法或示意画法绘制。

（1）在装配图中需要较详细表达滚动轴承的主要结构时，可采用简化画法，如图 7－55 所示。

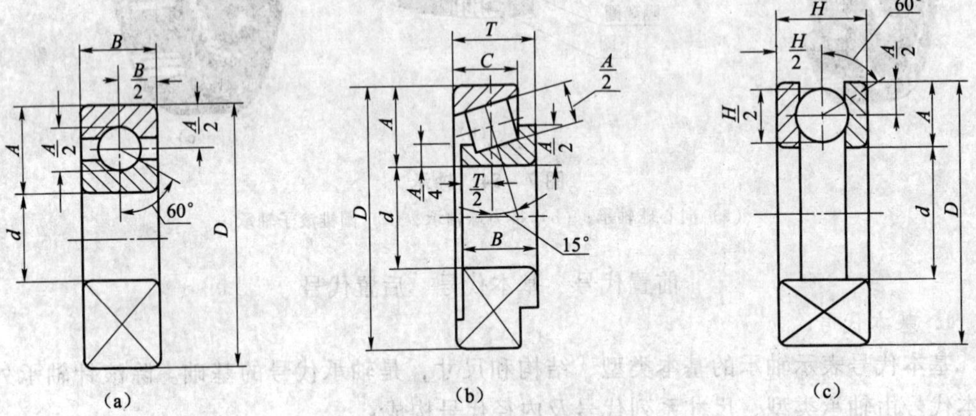

图 7－55　滚动轴承简化画法

（2）在装配图中需要简单地表达滚动轴承的主要结构时，可采用示意画法，如图 7－56 所示。

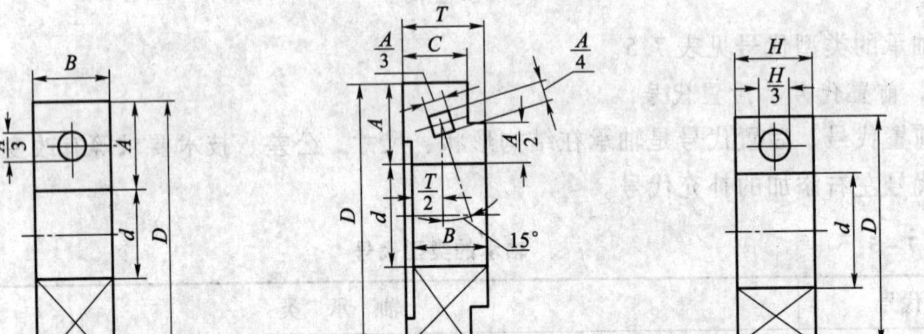

图 7－56　滚动轴承示意画法

（3）只需要用符号表示滚动轴承的场合，可采用图示符号，如图 7－57 所示。

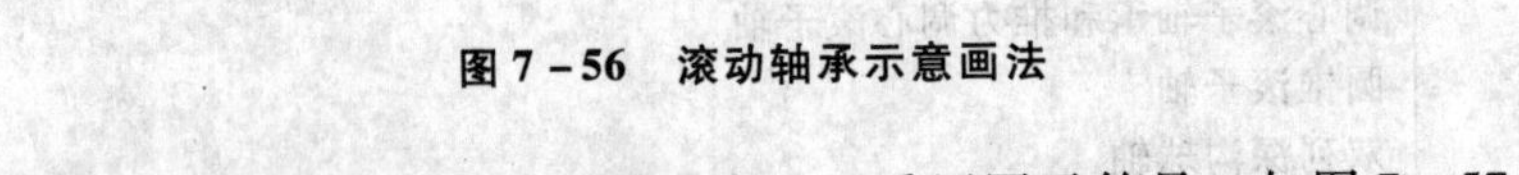

图 7－57　滚动轴承图示符号

要点回顾

1. 在螺纹的规定画法中，要抓住三条线：

牙顶——粗实线表示（用手摸得着的直径）。

牙底——细实线表示（用手摸不着的直径）。

螺纹终止线——粗实线表示。

注意剖视图中剖面线的画法。

2. 螺纹标注的目的主要是把螺纹的类型和参数标注出来。尺寸界线要从大径引出。

3. 螺栓、螺钉、螺柱连接要求掌握比例画法和查表法。掌握其连接装配图的规定画法（简化画法），注意比较它们的相同点和区别。掌握其标记内容。

4. 会查阅螺纹及螺纹连接件的标准手册。

5. 掌握齿轮、键连接、销连接与滚动轴承的画法。

6. 掌握键、销的标记；滚动轴承代号的意义。

7. 掌握弹簧的主要参数及画法。

思考与训练

请把正确的选择填在括号中。

1. 若零件的结构和规格均由国家标准具体规定，加工制造部门按标准进行加工和检验，使用部门根据需要直接选用，则这种零件称为________。（　　）

A. 互换件　　B. 标准件　　C. 同类件　　D. 维修件

2. 一般螺纹的公称直径指的是________。（　　）

A. 大径　　B. 中径　　C. 小径　　D. 通径

3. 螺纹紧固件所用的螺纹一般为________线________旋螺纹。（　　）

A. 双/右　　B. 双/左　　C. 单/右　　D. 单/左

4. 螺纹连接一般以________表示，在内、外螺纹旋合部分规定按________画，其余部分仍按各自的画法画出。（　　）

A. 剖视图/内螺纹　　B. 视图/内螺纹

C. 剖视图/外螺纹　　D. 剖面图/外螺纹

5. 为区分起见，两相邻零件的剖面线应方向________，而同一零件在各剖视图中，其剖面线的方向应________，间隔应________。（　　）

A. 相反/相反/相同　　B. 相反/相同/相同

C. 相同/相反/相同　　D. 相同/相反/相反

6. 下列属于标准件的是________。（　　）

A. 弹簧　　B. 齿轮　　C. 半圆键　　D. 凸轮

7. 薄壁零件连接宜采用________螺纹。（　　）

A. 普通粗牙　　B. 普通细牙　　C. 三角形　　D. 锯齿形

8. 下列螺纹中，牙型角最大，因而自锁性能好，广泛用于螺纹连接的是________。（　　）

A. 梯形螺纹　　B. 矩形螺纹　　C. 普通螺纹　　D. 锯齿形螺纹

9. 外螺纹的牙顶用________表示，牙底用________表示。(　　)

A. 粗实线/虚线　　B. 细实线/粗实线

C. 虚线/细实线　　D. 粗实线/细实线

10. 外螺纹作剖视时，其剖面线必须连到________，螺纹终止线________。(　　)

A. 大径/只在大小径间画一小段线

B. 细实线/垂直穿过其轴线且两端连到大径

C. 小径/只在大小径间画一小段线

D. 粗实线/垂直穿过其轴线且两端连到大径

11. 粗牙普通螺纹，大径为20，螺距为2.5，右旋，螺纹中径、顶径公差带代号都是5g，旋合长度为N，应标注为________。(　　)

A. M20　　B. M20×2.5右－5g－N

C. M20－5g　　D. M20×2.5右－5g5g

12. 管螺纹的公称直径是指________，如G1A是指________为1________。(　　)

A. 大径/大径/英寸　　B. 管子通径/管子通径/英寸

C. 管子通径/大径/英寸　　D. 大径/管子通径/毫米

13. 在画螺纹紧固件的连接时，两零件的接触面________，非接触面________。(　　)

A. 只画一条公共轮廓线/应画两条线

B. 只画一条公共轮廓线/应画一条明显加粗的线

C. 应画两条线/应画两条线

D. 只画一条明显加粗的公共轮廓线/应画两条线

14. 螺钉头部的起子槽，规定在投影为圆的视图上________。(　　)

A. 按投影关系画

B. 不按投影关系画，而画成45°方向

C. 不按投影关系画，而画成60°方向

D. 不按投影关系画，而画成30°方向

15. 普通平键和半圆键都是以键的________面为工作面，________面为非工作面，应画________条线。(　　)

A. 两侧/顶/两　　B. 两侧/底/两　　C. 两侧/顶/一　　D. 顶面/两侧/两

16. 键是________，用来连接轴和轴上装的传动零件，起________的作用。(　　)

A. 非标准件/传动　　B. 标准件/定位

C. 非标准件/定位　　D. 标准件/传动

17. 关于圆柱齿轮的画法，下面叙述中不正确的是________。(　　)

A. 在齿轮投影为圆的视图中，啮合区域内两齿轮的齿顶圆用粗实线绘制或省略不画

B. 单个齿轮剖视图中，轮齿部分按不剖处理

C. 齿根圆及齿根线在外形图上可用细实线绘制或省略不画

D. 在垂直齿轮轴线方向投影为非圆的视图中，当为不剖的外形图时，两齿轮啮合区域的节线应画成点画线

18. 单个齿轮轮齿部分的正确画法为：在剖视图上，齿轮分度线应画成________，齿顶线应画成________。(　　)

A. 粗实线/点划线　　B. 点划线/粗实线

C. 粗实线/虚线　　D. 虚线/粗实线

24. 在画弹簧图时，左旋弹簧________。(　　)

A. 允许画成右旋，不必加注“左”字

B. 不允许画成右旋

C. 应画成左旋，不必加注“左”字

D. 不论画成左旋或右旋，一律要加注“左”字

19. 有效圈数为________圈以上时，螺旋弹簧的中间部分________省略，并且________缩短图形的长度。(　　)

A. 四/可以/不可　　B. 五/可以/不可

C. 四/可以/可以　　D. 三/不可/可以

模块八

零件图

学习与训练总目标

➢ 了解零件图作用和内容，掌握绘制和阅读零件图的方法；

➢ 能正确绘制和阅读中等复杂程度的零件图；

➢ 能正确、完整、清晰并较合理地标注零件图的尺寸；

➢ 能较正确地标注和识读零件图上的尺寸公差、形位公差和表面粗糙度等技术要求。

子模块一 零件图的作用和内容

学习与训练要点

✧ 了解零件图的内容；

✧ 了解零件图的作用。

一、零件图的作用

零件是组成机器或部件的基本单位。零件图是用来表示零件的结构形状、大小及技术要求的图样，是直接指导制造和检验零件的重要技术文件，下图为阀盖的图片及图例，如图 8－1、图 8－2 所示。

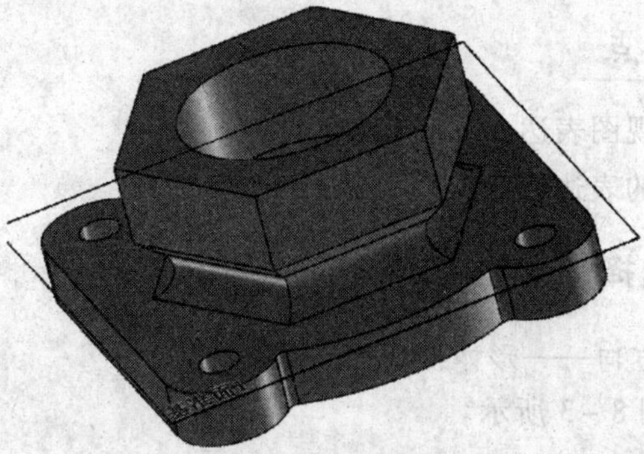

图 8－1 阀盖

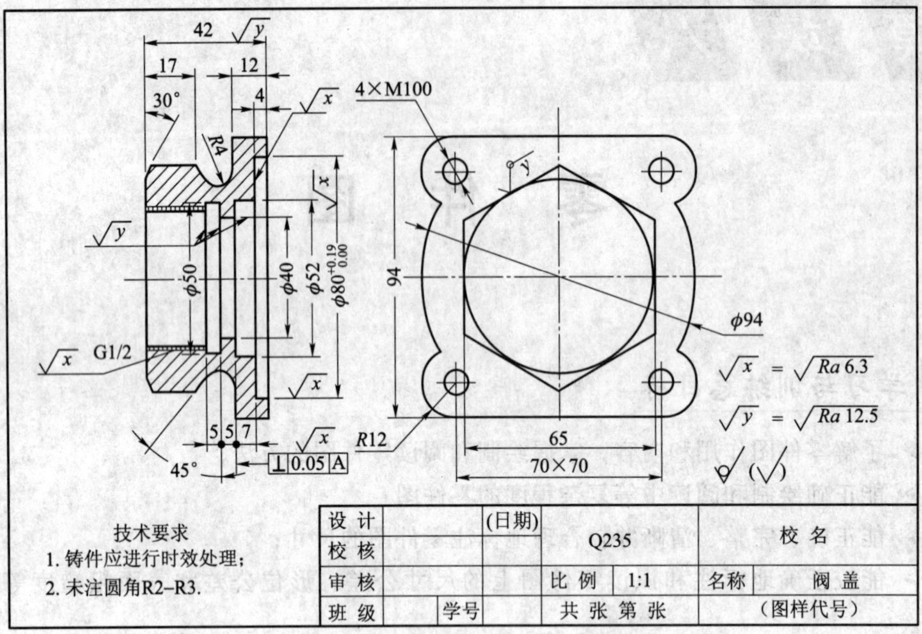

图 8－2　阀盖零件图

二、零件图的内容

（1）一组视图：完整、清晰地表达零件的结构和形状。

（2）完整的尺寸：表达零件各部分的大小和各部分之间的相对位置关系。

（3）技术要求：表示或说明零件在加工、检验过程中所需的要求。

（4）标题栏：填写零件名称、材料、比例、图号、单位名称及设计、审核、批准等有关人员的签字。每张图纸都应有标题栏。标题栏的方向一般为看图的方向。

子模块二　零件图的视图表达方案

学习与训练要点

✧ 了解零件图的视图表达方案；

✧ 了解典型零件的表达方法。

一、主视图的选择

1. 主视图的投影方向——形体投影特征原则

主视图的选择如图 8－3 所示。

2. 主视图的摆放位置

（1）工作位置原则：主视图的位置，应尽可能与零件在机器或部件中的工作位置

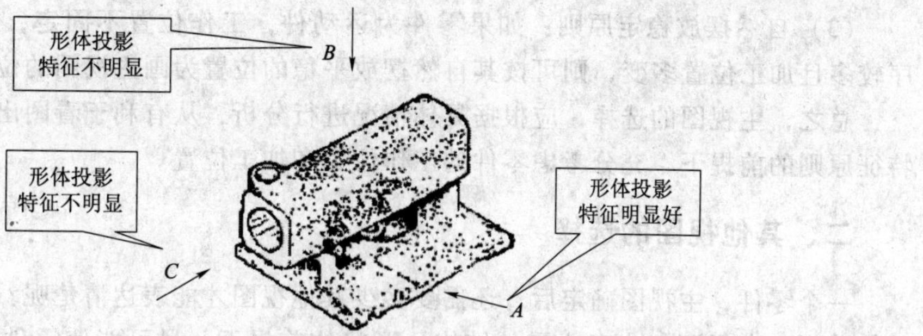

图 8－3　按形体特征选择主视图

一致，如图 8－4 所示。

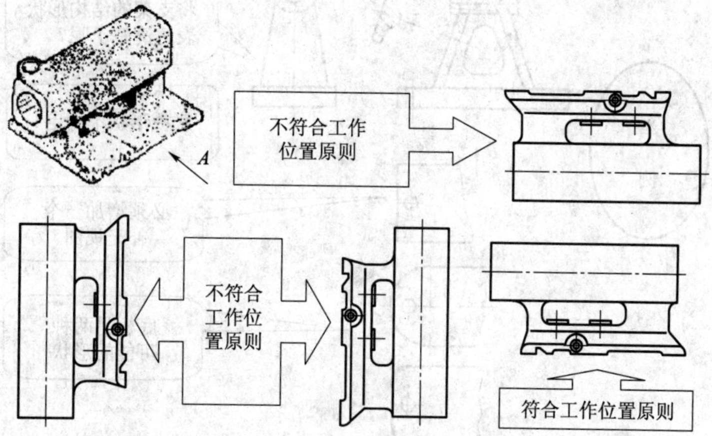

图 8－4　按工作位置选择主视图

（2）加工位置原则（如图 8－5 所示）。

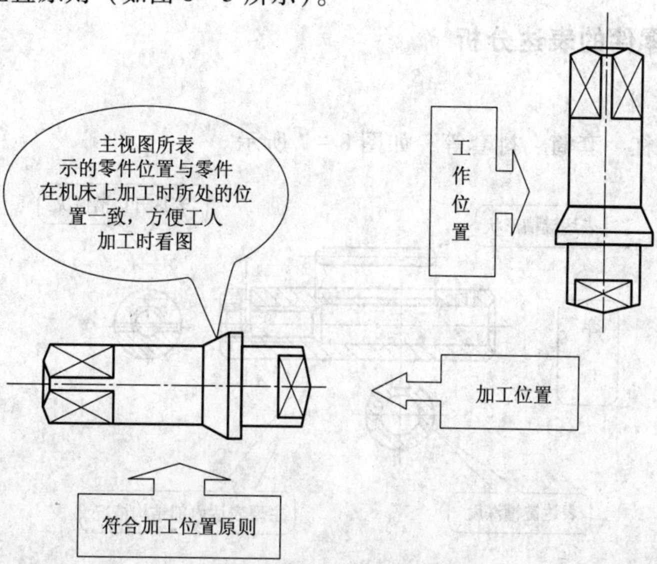

图 8－5　按加工位置选择主视图

(3) 自然摆放稳定原则：如果零件为运动件，工作位置不固定，或零件的加工工序较多且加工位置多变，则可按其自然摆放平稳的位置为画主视图的位置。

总之，主视图的选择，应根据具体情况进行分析，从有利于看图出发，在满足形体特征原则的前提下，充分考虑零件的工作位置和加工位置。

二、其他视图的选择

一个零件，主视图确定后，还需要多少其他视图才能表达清楚呢？应根据具体情况具体分析，在保证充分表达零件结构、形状的前提下，尽可能使零件的视图数目为最少。应使每一个视图都有其表达的重点内容，具有独立存在的意义，如图 8－6 所示。

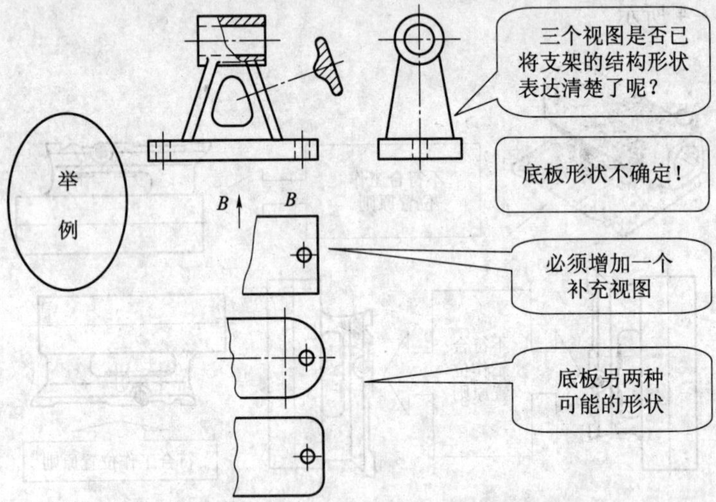

图 8－6　其他视图的选择

三、常见零件的表达分析

1. 轴套类零件

各种轴、丝杠、套筒、衬套等，如图 8－7 所示。

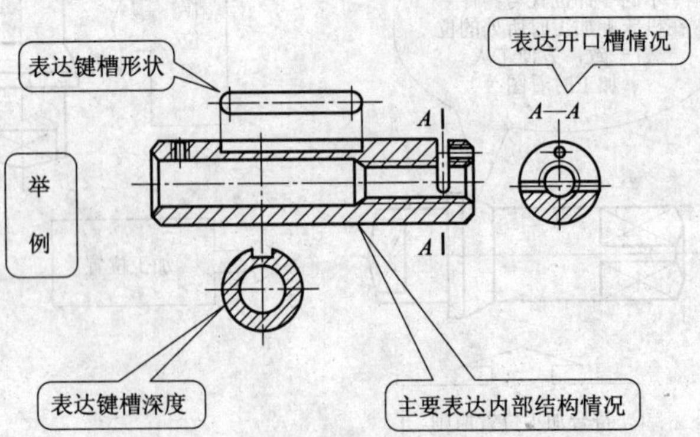

图 8－7　轴套类零件

结构特点：大多数由位于同一轴线上数段直径不同的回转体组成，轴向尺寸一般比径向尺寸大。常有键槽、销孔、螺纹、退刀槽、越程槽、中心孔、油槽、倒角、圆角、锥度等结构。

表达方法：

(1) 非圆视图水平摆放作为主视图；

(2) 用局部视图、局部剖视图、断面图、局部放大图等作为补充；

(3) 对于形状简单而轴向尺寸较长的部分常断开后缩短绘制；

(4) 空心套类零件中由于多存在内部结构，一般采用全剖、半剖或局部剖绘制。

2. 轮盘类零件

齿轮、手轮、皮带轮、飞轮、法兰盘、端盖等，如图 8-8 所示。

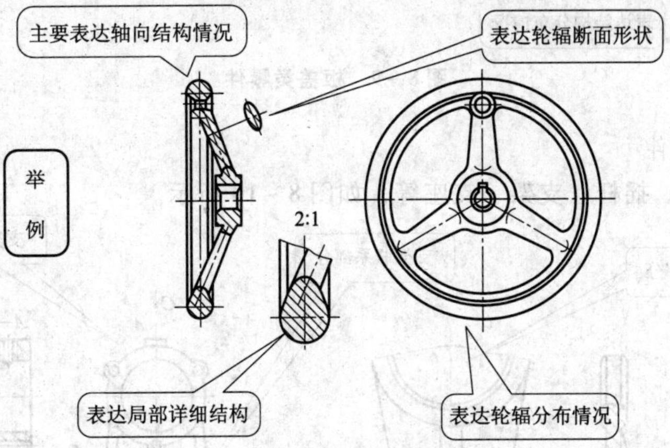

图 8-8 轮盘类零件

结构特点：其主体一般也由直径不同的回转体组成，径向尺寸比轴向尺寸大。常有退刀槽、凸台、凹坑、倒角、圆角、轮齿、轮辐、筋板、螺孔、键槽和作为定位或连接用孔等结构。

表达方法：

(1) 非圆视图水平摆放作为主视图（常剖开绘制）；

(2) 用左视图或右视图来表达轮盘上连接孔或轮辐、筋板等的数目和分布情况；

(3) 用局部视图、局部剖视图、断面图、局部放大图等作为补充。

3. 板盖类零件

各种垫板、固定板、滑板、连接板、工作台、箱盖等，如图 8-9 所示。

结构特点：其主体为高度方向尺寸较小的棱柱体，其上常有凸台、凹坑、销孔、螺纹孔、螺栓过孔和成型孔用孔等结构。此类零件常由铸造后，经过必要的切削加工而成。

表达方法：

(1) 零件一般水平放置，选择较大的一个侧面作为主视图的投影方向。（常剖开绘制）；

(2) 常用一个俯视图或仰视图表示其上的结构分布情况；

(3) 未表达清楚的部分，用局部视图、局部剖视图等补充表达。

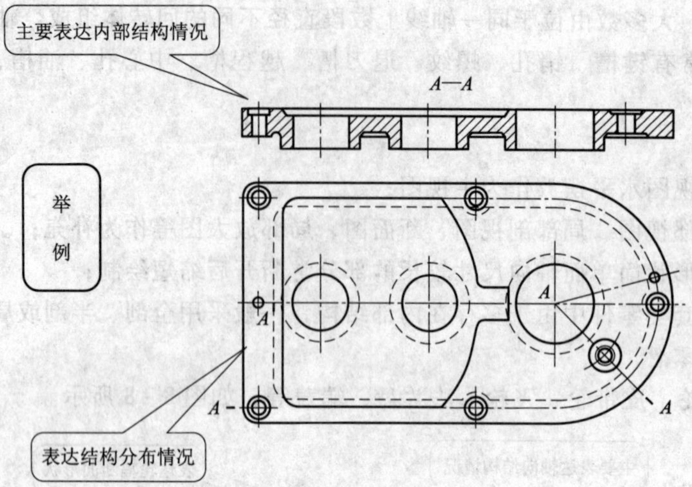

图 8－9　板盖类零件

4. 叉架类零件

拔叉、连杆、摇杆、支架、支座等，如图 8－10 所示。

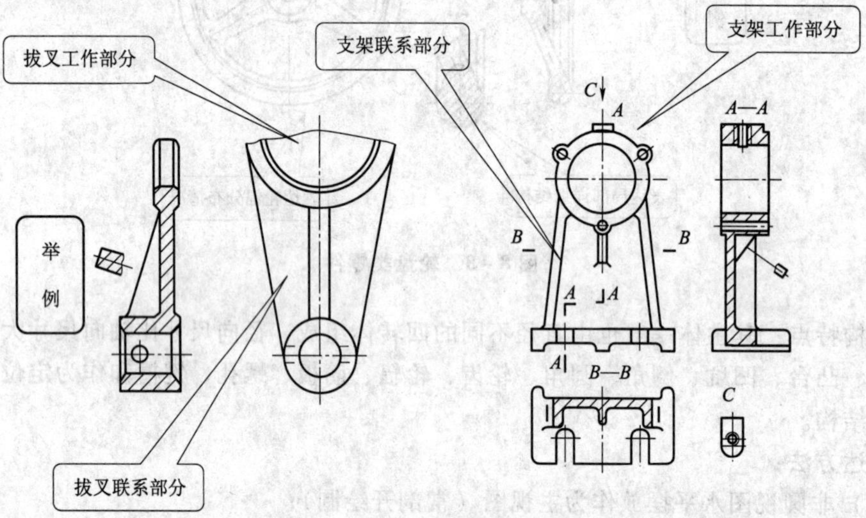

图 8－10　叉架类零件

结构特点：此类零件多数由铸造或模锻制成毛坯，经机械加工而成。结构大都比较复杂，一般分为工作部分（与其他零件配合或连接的套筒、叉口、支承板等）和联系部分（高度方向尺寸较小的棱柱体，其上常有凸台、凹坑、销孔、螺纹孔、螺栓过孔和成型孔等结构）。

表达方法：

（1）零件一般水平放置，选择零件形状特征明显的方向作为主视图的投影方向；

（2）除主视图外，一般还需 1～2 个基本视图才能将零件的主要结构表达清楚；

（3）常用局部视图、局部剖视图表达零件上的凹坑、凸台等。筋板、杆体常用断面图表示其断面形状。用斜视图表示零件上的倾斜结构。

5. 箱壳类零件

箱体、外壳、座体等，示例如图 8－11 所示。

结构特点：箱壳类零件大致由以下几个部分构成：容纳运动零件和储存润滑液的内腔，由厚薄较均匀的壁部组成；其上有支承和安装运动零件的孔及安装端盖的凸台（或凹坑）、螺孔等；将箱体固定在机座上的安装底板及安装孔；其上有加强筋、润滑油孔、油槽、放油螺孔等。

表达方法：

（1）通常以最能反映其形状特征及结构间相对位置的一面作为主视图的投影方向，以自然安放位置或工作位置作为主视图的摆放位置；

（2）一般需要两个或两个以上的基本视图才能将其主要结构形状表示清楚；

（3）常用局部视图、局部剖视图和局部放大图等来表达尚未表达清楚的局部结构。

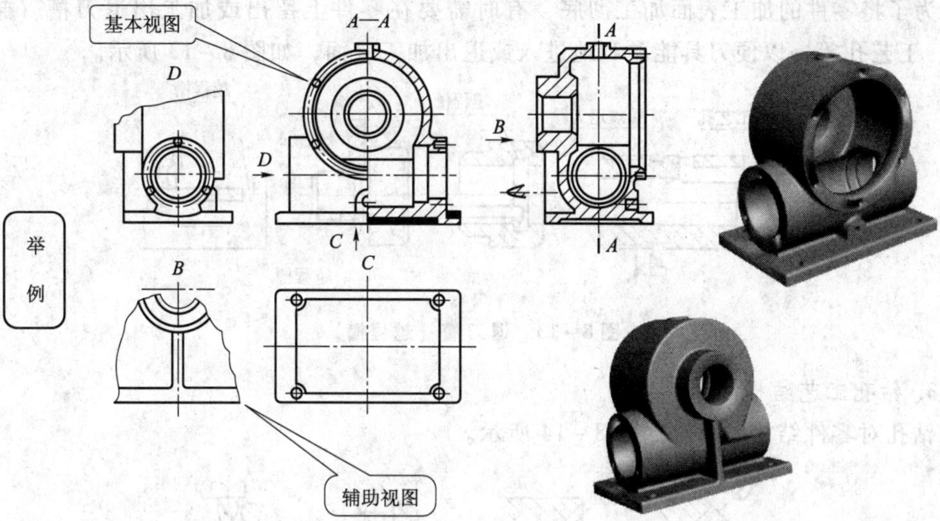

图 8－11　蜗轮减速箱箱体

子模块三　加工工艺对零件结构的要求

学习与训练要点

✧ 了解机械加工工艺结构；

✧ 了解铸件工艺结构。

一、金属切削加工工艺对零件结构的要求

1. 减少加工面积

零件与零件接触的表面一般都要加工。为了降低加工费用，保证零件接触良好，在允许的情况下，应尽量减少加工面积。常用的办法是，在零件表面作出凸台、凹坑或凹槽，如图 8－12 所示。

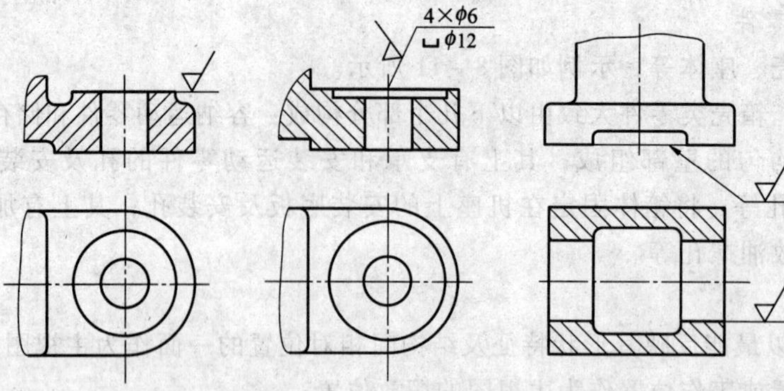

图 8-12　凸台与凹坑

2. 退刀槽、工艺孔等结构

为了将零件的加工表面加工彻底，有时需要在零件上留出或加工出退刀槽（越程槽）、工艺孔等，以便刀具能顺利地进入或退出加工表面，如图 8-13 所示。

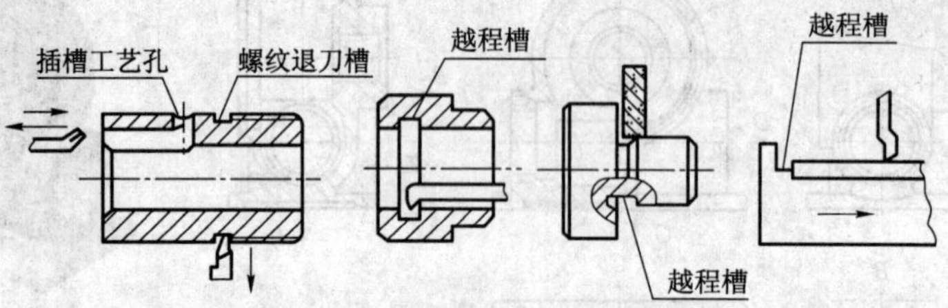

图 8-13　退刀槽（越程槽）

3. 钻孔工艺结构

钻孔对零件结构的要求如图 8-14 所示。

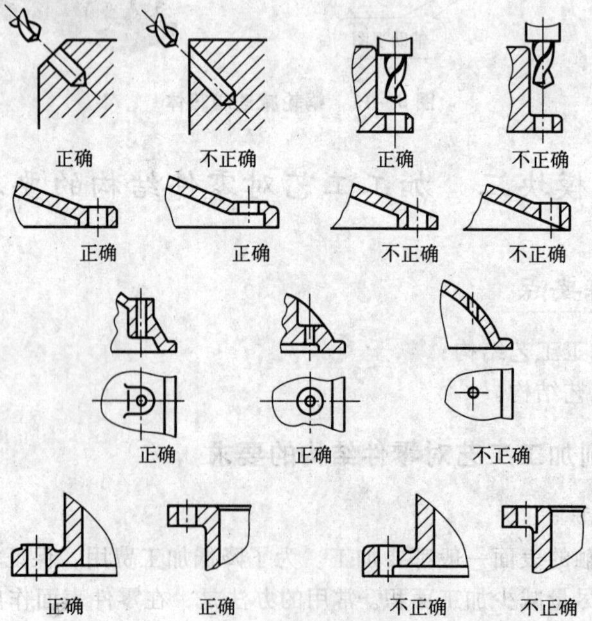

图 8-14　钻孔工艺结构

二、铸造工艺对铸件结构的要求

1. 铸造常识

铸造工艺过程如图 8－15 所示。

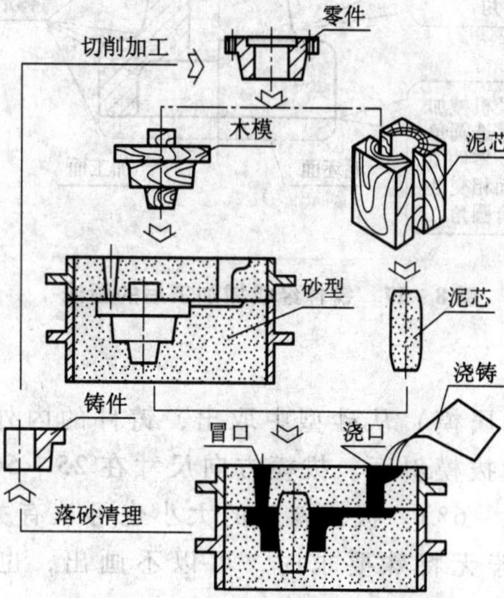

图 8－15　砂型铸造工艺过程

砂型铸造的过程：

第一步：做木模、泥芯箱；

第二步：制成型箱（简称砂型）和泥芯；

第三步：放入泥芯，合箱；

第四步：将熔化的金属液体浇入空腔内；

第五步：清砂并切除铸件上冒口和浇口处的金属快。

2. 铸件结构的要求

（1）铸造圆角

铸造圆角半径一般取 3～5mm，或取壁厚的 0.2～0.4 倍，也可从有关手册中查得，如图 8－16 所示。

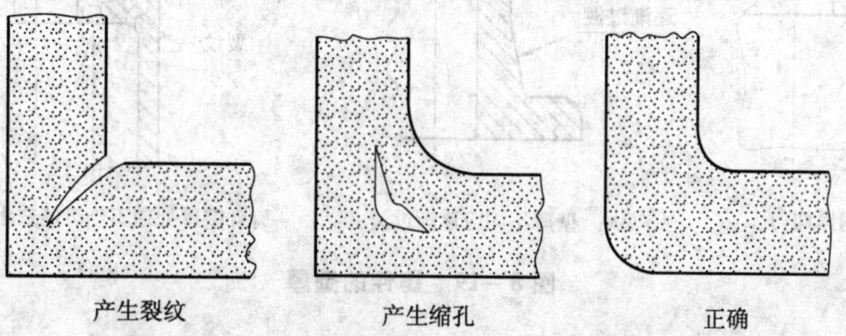

图 8－16　铸造圆角

铸件经机械加工后的画法，如图 8－17 所示。

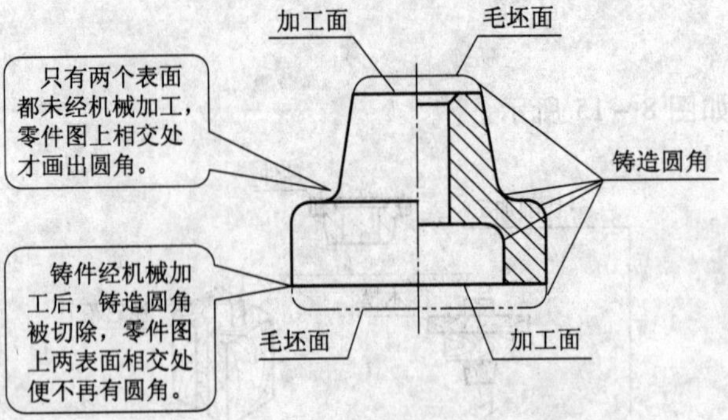

图 8－17　铸件经机械加工后的画法

（2）拔模斜度

为便于将木模（或金属模）从砂型中取出，铸件的内外壁沿拔模方向应设计成具有一定的斜度，称为拔模斜度。拔模方向尺寸在 25～500mm 的铸件，其拔模斜度约为 1∶20～1∶9（3°～6°）。拔模斜度的大小也可从有关手册中查得。在零件图上，零件的拔模斜度若无特殊要求时，可以不画出，也不加任何标注，如图 8－18 所示。

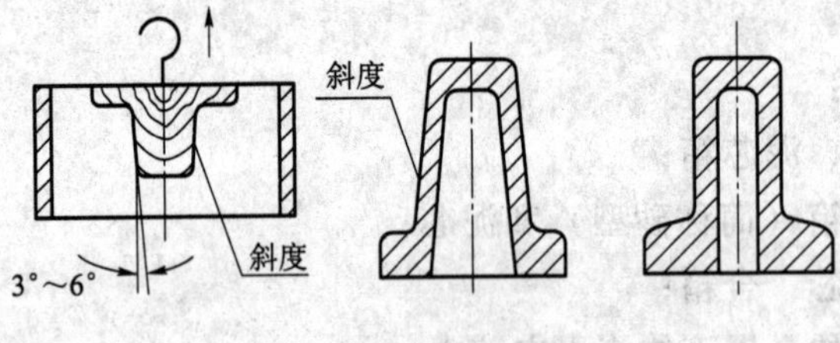

图 8－18　拔模斜度

（3）铸件壁厚

铸件壁厚应均匀或逐渐过渡，如图 8－19 所示。

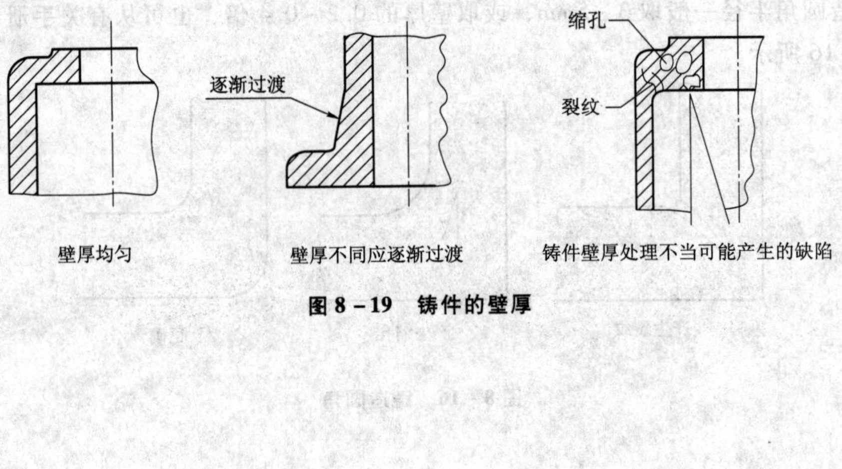

壁厚均匀　　壁厚不同应逐渐过渡　　铸件壁厚处理不当可能产生的缺陷

图 8－19　铸件的壁厚

子模块四 零件图的尺寸标注

学习与训练要点

✧ 了解尺寸基准的选择；
✧ 掌握尺寸标注的步骤；
✧ 了解尺寸配置的形式；
✧ 了解标注尺寸应注意的问题。

一、零件图上标注尺寸的要求

零件图上的尺寸是加工和检验零件的重要依据，是零件图的重要内容之一，是图样中指令性最强的部分。在零件图上标注尺寸，必须做到正确、完整、清晰、合理。本节着重讨论尺寸标注的合理性问题和常见结构的尺寸注法，并进一步说明清晰标注尺寸的注意事项。

二、合理标注尺寸的初步知识

标注尺寸的合理性，就是要求图样上所标注的尺寸既要符合零件的设计要求，又要符合生产实际，便于加工和测量，并有利于装配。

1. 正确选择尺寸基准

可以用来作基准的几何要素有点、线、面，如图 8－20 所示。

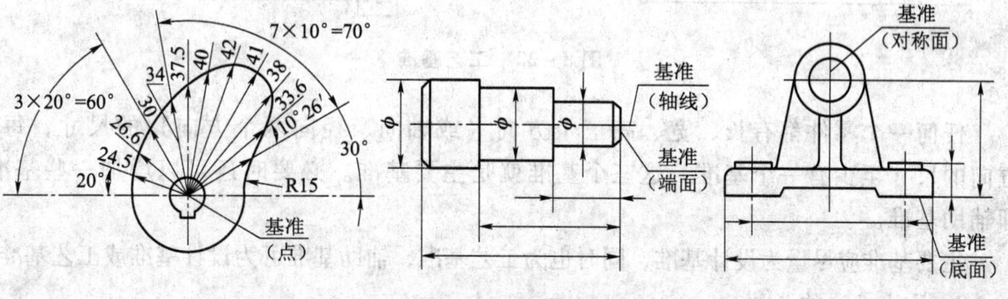

图 8－20 基准的几何要素

（1）尺寸基准的种类

根据基准的作用不同，分为设计基准、工艺基准、测量基准。

① 设计基准：设计时确定零件表面在机器中位置所依据的点、线、面，如图 8－21 所示。

② 工艺基准：加工制造时，确定零件在机床或夹具中位置所依据的点、线、面，如图 8－22 所示。

③ 测量基准：测量某些尺寸时，确定零件在量具中位置所依据的点、线、面。

（2）主要基准和辅助基准

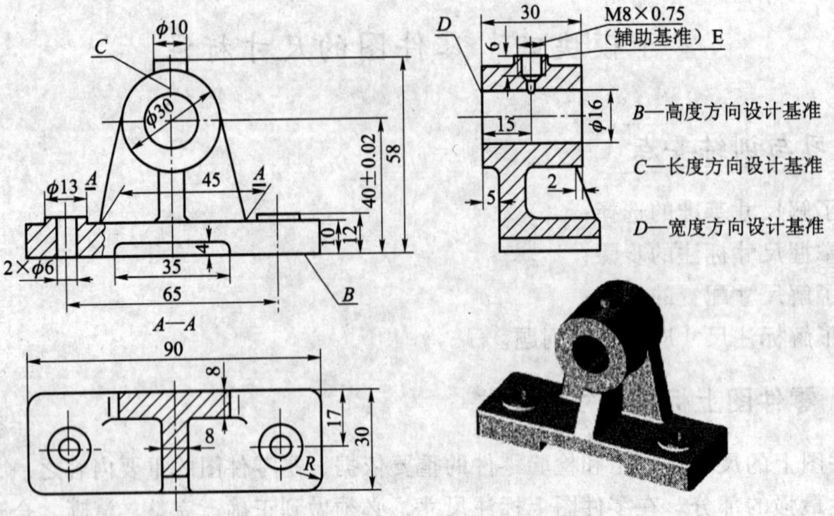

图 8－21　设计基准

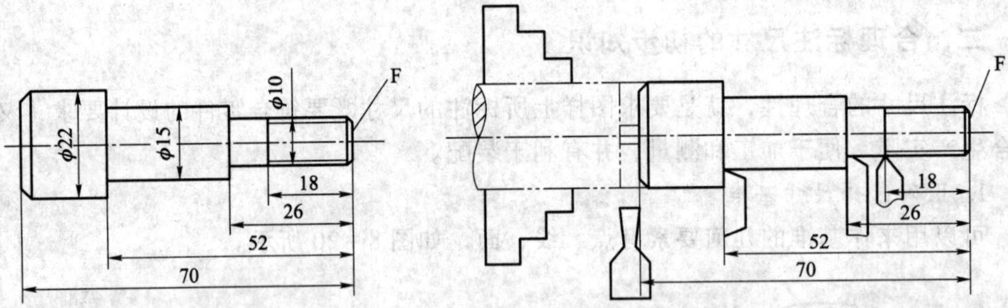

图 8－22　工艺基准

任何一个零件都有长、宽、高三个方向（或轴向、径向两个方向）的尺寸，每个方向的尺寸至少有一个基准，这三个基准就是主要基准。必要时还可以增加一些基准，即辅助基准。

主要基准应尽量为设计基准，同时也为工艺基准，辅助基准可为设计基准或工艺基准。

2. 尺寸标注的步骤

（1）分析尺寸基准，注出主要形体的定位尺寸；

（2）形体分析，注出主要形体的定形及定位尺寸；

（3）整理加工，完成全部尺寸的标注。

三、尺寸标注形式

1. 基准型尺寸配置

这种尺寸配置形式的优点是，任一尺寸的加工误差不影响其他尺寸的加工精度，如图 8－23 所示。

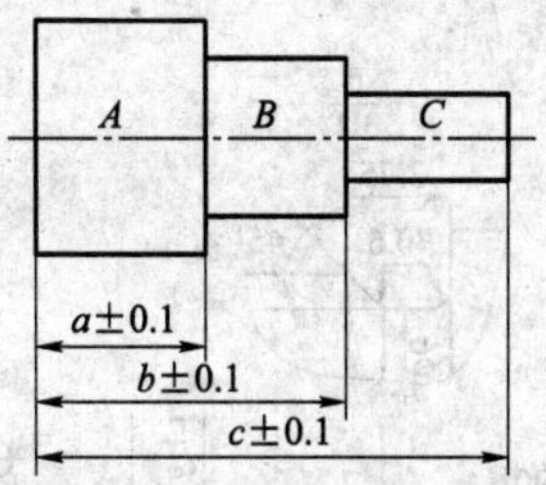

图 8－23 基准型尺寸配置

2. 连续型尺寸配置

这种尺寸配置的形式，虽然前一段尺寸的加工并不影响后一段的尺寸精度，但是总尺寸的误差则是各段尺寸的误差之和，如图 8－24 所示。

3. 综合型尺寸配置

综合型尺寸配置是上述两种尺寸配置形式的综合，这种尺寸配置形式，各尺寸的加工误差都累加到空出不注的一个尺寸上，如图 8－25 所示。

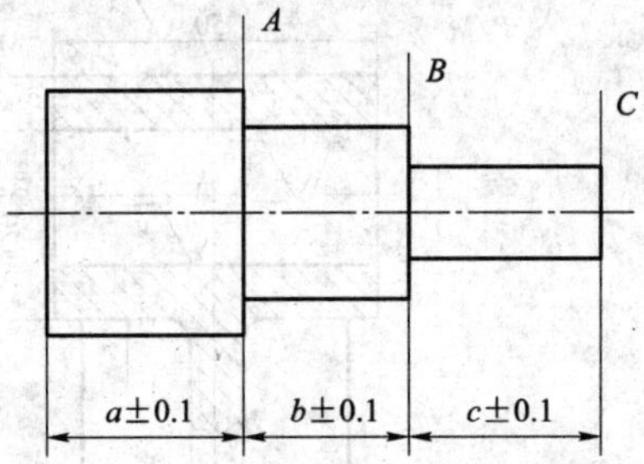

图 8－24 连续型尺寸配置

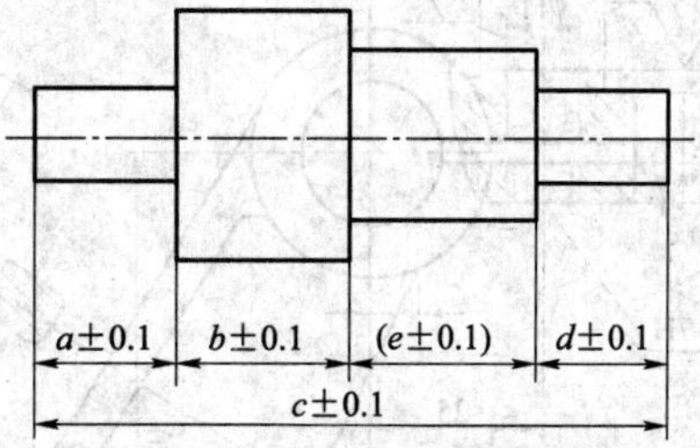

图 8－25 综合型尺寸配置

四、标注尺寸中应注意的问题

（1）重要尺寸应从主要基准直接注出，不应通过换算得到。

（2）不能注成封闭尺寸链。

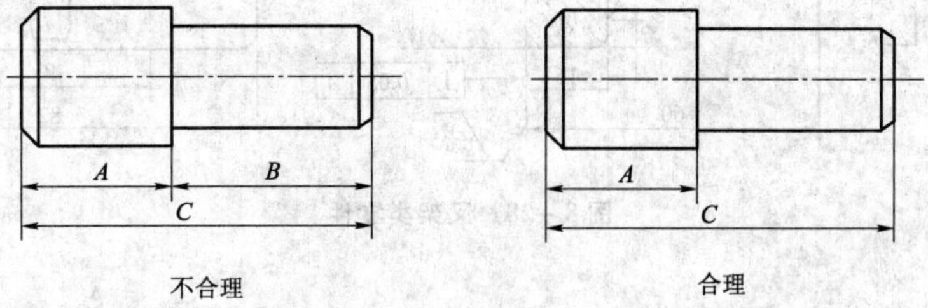

图 8－26 合理标注尺寸

五、典型零件标注示例

典型零件标注如图 8－27、图 8－28 所示。

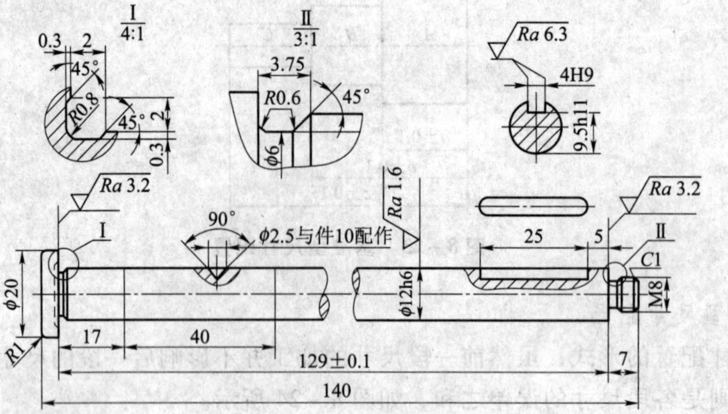

图 8-27 轴套类零件

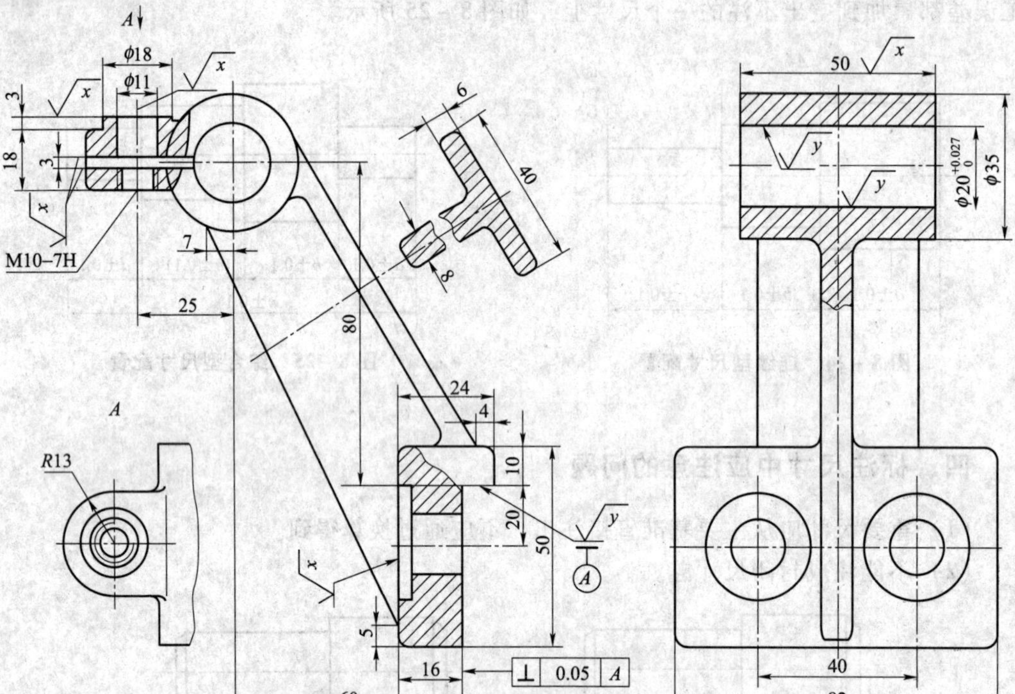

图 8-28 叉架类零件

练一练

根据轴套类零件的视图选择原则，为图 8-29 的轴选择合理的视图表达方案，并标注出正确、完整、清晰、合理的尺寸。

表面	测量尺寸	R_a/mm	配合代号
A	2×45°		
B	φ28.5×34		
C	φ35.1×25	1.6	k6
D	φ44.3×48	3.2	r7
E	φ34.8×25	1.6	k6
F	φ28×120		
G	M16.3 长35		
其余		12.5	

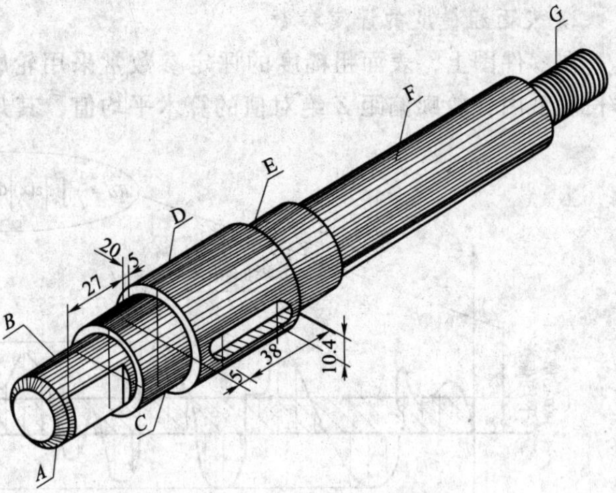

图 8-29　练习用图

子模块五　零件图的技术要求

学习与训练要点

✧ 了解表面结构的图样表示法；
✧ 掌握极限与配合的概念及类别；
✧ 掌握形状和位置公差的概念及意义。

一、技术要求的内容

（1）表面粗糙度；
（2）表面形状和位置公差；
（3）材料及热处理等。

二、表面粗糙度

1. 概念

不论采用何种加工方法，零件表面都不会绝对平整和光滑。由于刀具在零件表面上留下的刀痕、切削时表面金属的塑性变形和机床振动等因素的影响，使零件表面存在微观的凹凸不平的轮廓峰谷，这种表示零件表面具有较小间距和峰谷所组成的微观几何形状特征，称为表面粗糙度，如图 8-30 所示。

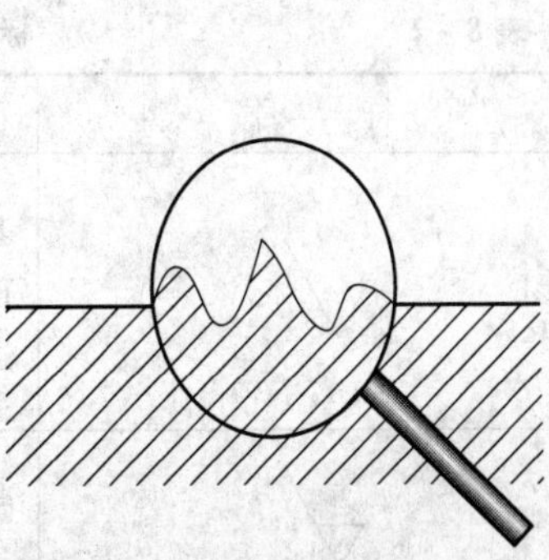

图 8-30　表面粗糙度

2. 表面粗糙度的评定参数

在零件图上，表面粗糙度的评定参数常采用轮廓算术平均偏差 *Ra*，其定义为在取样长度 *L* 内，轮廓偏距 *Z* 绝对值的算术平均值，其几何意义如图 8－31 所示。

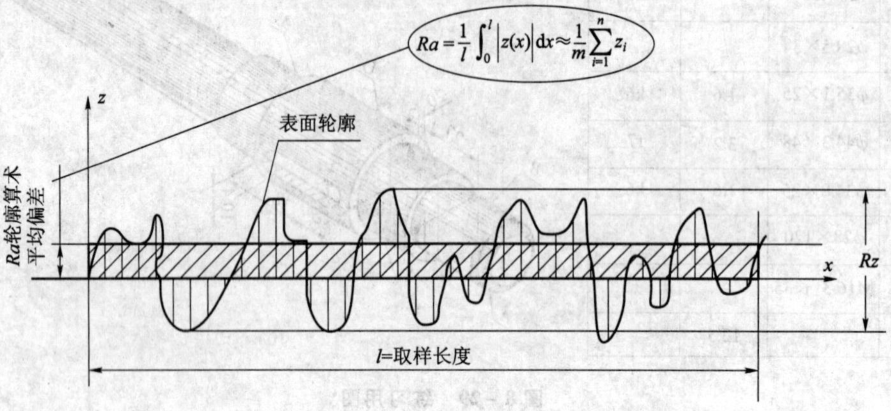

图 8－31　轮廓算术平均偏差 *Ra* 和轮廓的最大高度 *Rz*

3. 轮廓最大高度

Rz：在取样范围内，轮廓峰顶线和轮廓谷底线之间的距离即为 *Rz*，如图 8－31 所示。

表面粗糙度对零件的配合性质、疲劳强度、抗腐蚀性、密封性等影响很大，因此要根据零件表面的不同情况，合理选择其参数值。表 8－1 给出了国家标准推荐的 *Ra* 优先选用系列。

表 8－1　　评定轮廓的算术平均偏差 *Ra* 值

0.012	0.025	0.05	0.1	0.2	0.4	0.8
1.6	3.2	6.3	12.5	25	50	100

4. 表面粗糙度代号

GB/T131—1993 规定，表面粗糙度代号是由规定的符号和有关参数组成，零件表面粗糙度的符号及意义如表 8－2 所示。

表 8－2　　标注表面结构要求时的图形符号

符　　号	意 义 说 明
	基本符号，表示表面可用任何方法获得，当不加注粗糙度参数值或有关说明（例如：表面处理、局部热处理状况等）时，仅适用于简化代号标注
	基本符号加一短画，表示表面是用去除材料的方法获得。例如：车、铣、钻、磨、剪切、抛光、腐蚀、电火花加工、气割等

续表

符　号	意 义 说 明
	基本符号加一小阀，表示表面是用去除材料的方法获得。例如：铸、锻、冲压变形、热轧、冷轧、粉末冶金等。 或者是用于保持原供应状况的表面（包括保持上道工序的状况）
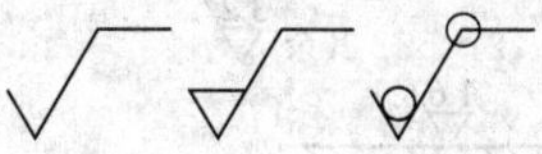	在上述三个符号的长边上均可加一横线，用于标注有关参数和说明
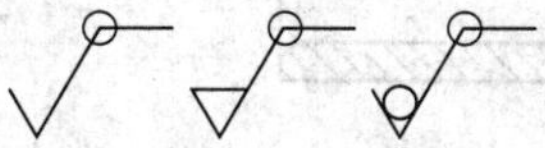	在上述三个符号上均可加上一小圆，表示所有表面具有相同的表面粗糙要求

5. 轮廓算术平均偏差 *Ra* 的标注

轮廓算术平均偏差 *Ra* 的标注见表 8－3。

表 8－3　　表面粗糙度代号及意义

代号	意　义	代号	意　义
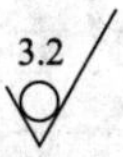	用任何方法获得的表面粗糙度，*Ra* 的上限值为 3.2μm	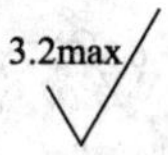	用任何方法获得的表面粗糙度，*Ra* 的最大值为 3.2μm
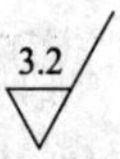	用去除材料方法获得的表面粗糙度，*Ra* 的上限值为 3.2μm	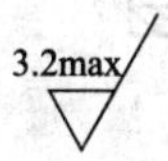	用去除材料方法获得的表面粗糙度，*Ra* 的最大值为 3.2μm
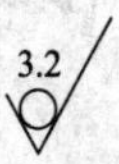	用不去除材料方法获得的表面粗糙度，*Ra* 的上限值为 3.2μm	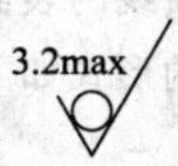	用不去除材料方法获得的表面粗糙度，*Ra* 的最大值为 3.2μm
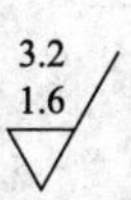	用去除材料方法获得的表面粗糙度，*Ra* 的上限值为 3.2μm，*Ra* 的下限值为 1.6μm	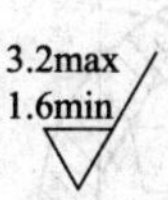	用去除材料方法获得的表面粗糙度，*Ra* 的最大值为 3.2μm，*Ra* 的最小值为 1.6μm

需要注意的是，在通常情况下，零件图上注写的表面粗糙度值是 *Ra* 的上限值，这里所称的 *Ra* 的上限值应理解为：该表面所有的 *Ra* 实测值中，当超过规定值的个数少于总数的 16% 时，该表面的粗糙度应认为是合格的。

6. 表面粗糙度应用举例

表面粗糙度标注示例如图 8 - 32 所示。

零件的表面具有不同的粗糙度要求时，应分别标出粗糙度的代［符］号，代［符］号一般注在可见轮廓线、尺寸界线、引出线或它们的延长线上，符号的尖端必须从材料外指向表面，同一图样上，每一表面一般只标注一次代［符］号

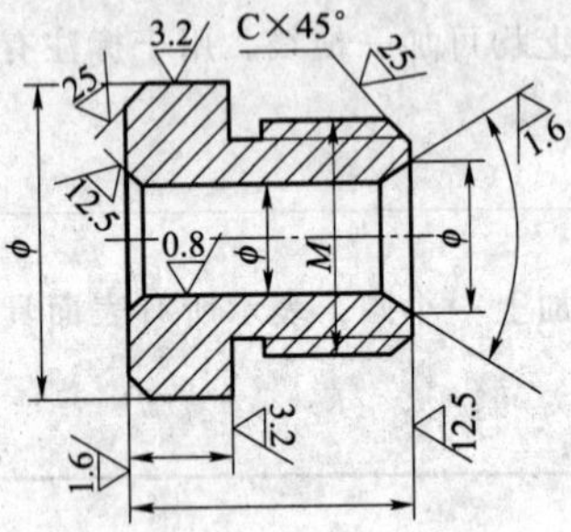

表示零件上使用最多的一种粗糙度代［符］号，可以在图样右上角统一标注，并加注“其余”两字。当用统一标注表达表面粗糙度要求时，其代号和说明文字的高度均应是图形上其他所注代号和文字的 1.4 倍

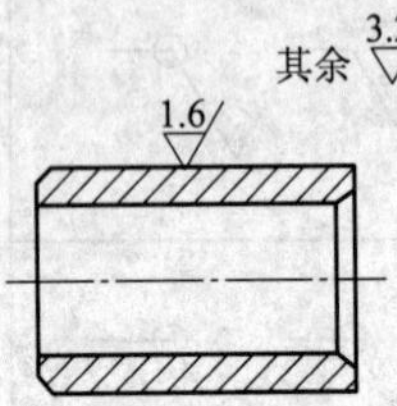

零件上所有表面具有相同的表面粗糙度要求时，可以在图样右上角统一标注，或如表 10 - 5 表所述在符号上加一小圆

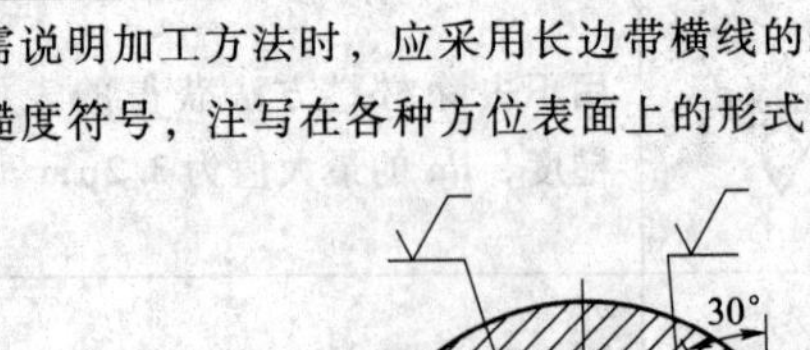

同一表面有不同的粗糙度要求时，须用细实线画出分界线，并注上相应的尺寸和粗糙度代［符］号

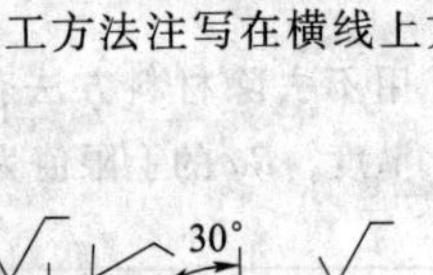

如需说明加工方法时，应采用长边带横线的表面粗糙度符号，加工方法注写在横线上方，带横线的粗糙度符号，注写在各种方位表面上的形式如下图

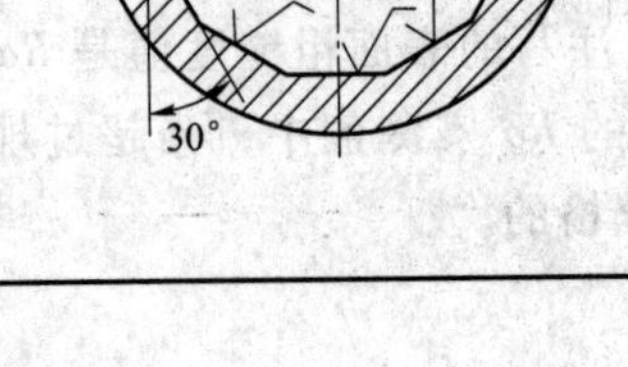

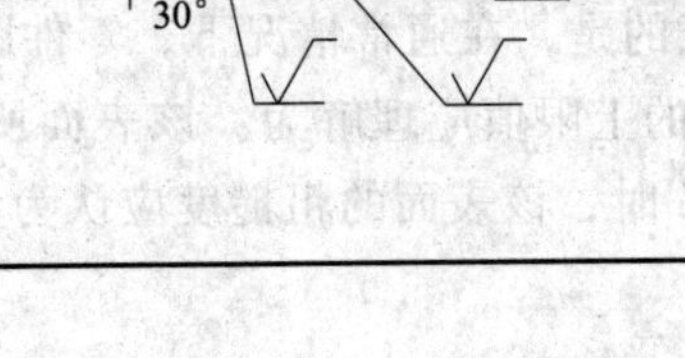

连续的表面，其粗糙度代［符］号只标注一次

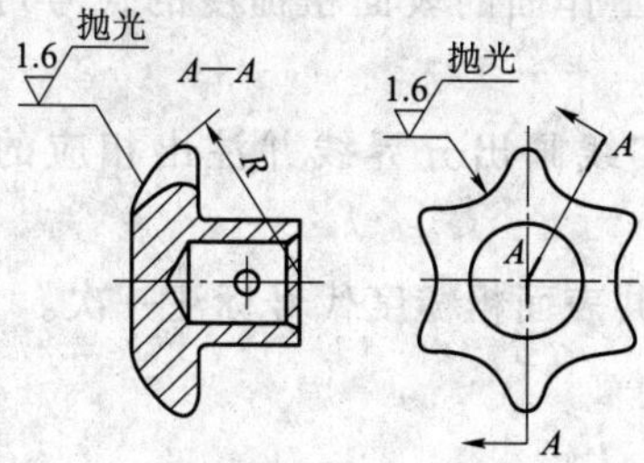

不连续的同一表面可用细实线连接，其表面粗糙度［符］号只标注一次

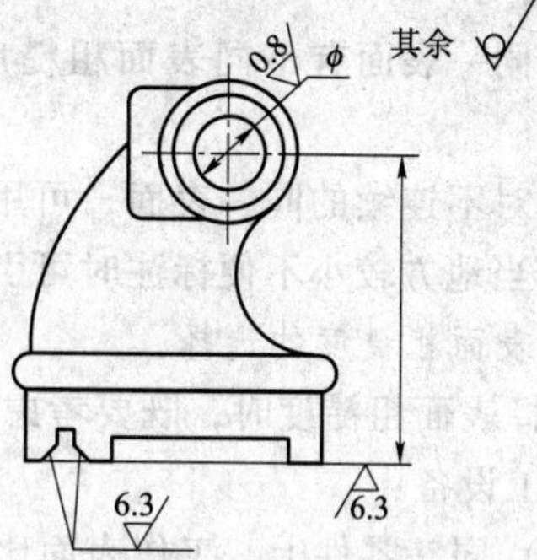

对重复要素（孔、槽、齿等）的表面，其表面粗糙度代［符］号可以只标注一次。当地位狭小或不便标注时，代［符］号可以引出标注

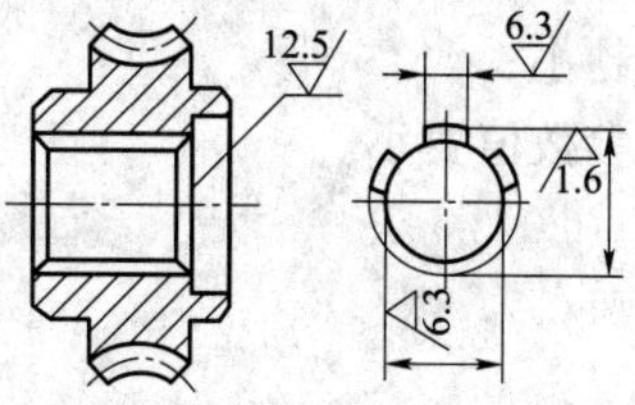

需要将零件局部热处理或局部镀（涂）覆时，应用粗点画线画出其范围并标注相应尺寸，也可将其要求注写在表面粗糙度符号长边的横线上

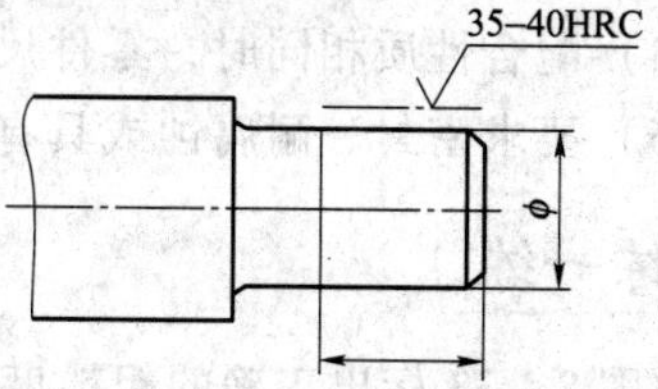

中心孔的工作表面、键槽工作表面、倒角、圆角的表面粗糙度代号可以简化标注

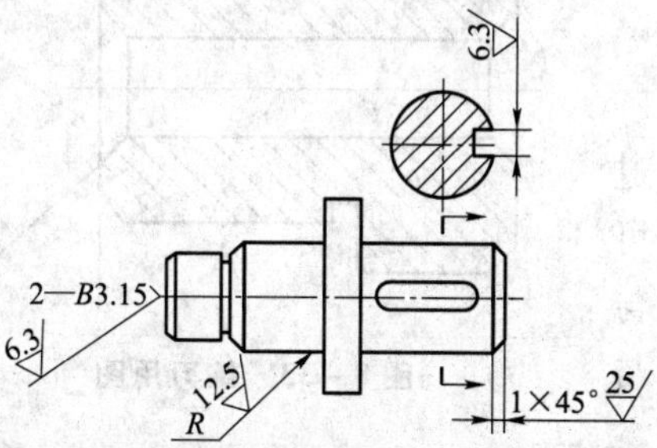

齿轮及渐开线花键工作表面的粗糙度代［符］号，在没有画出齿形时，可标注在节线上

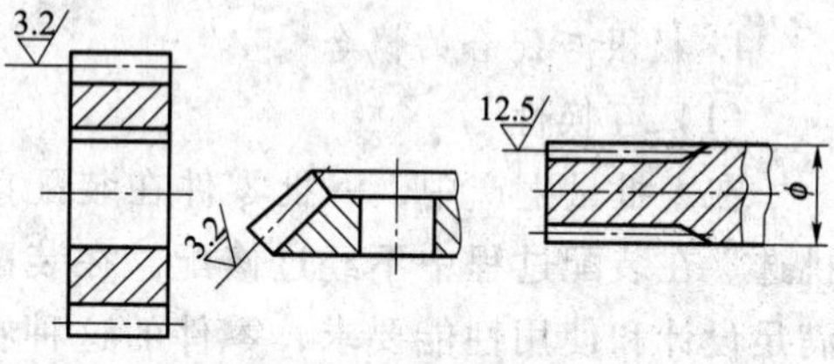

螺纹工作表面一般可不注粗糙度代［符］号，当需要注出而图中未画出牙形时，则必须与螺纹代号一起引出标注

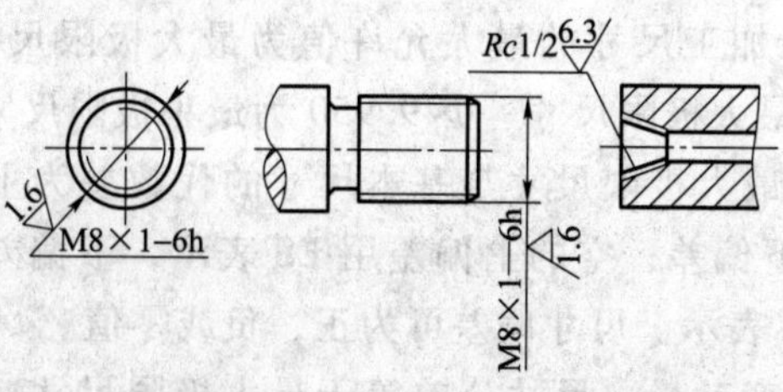

在符号长边的横线上亦可注写注释性说明

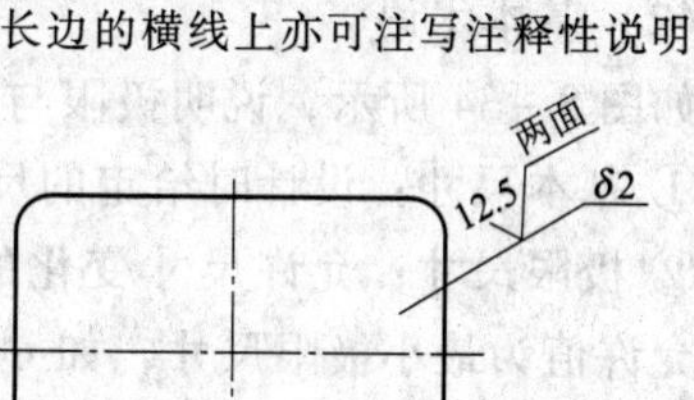

图 8－32　表面粗糙度应用举例

注意：

① 键槽工作面、螺纹工作面、倒角、圆角的工作面的表面粗糙度的代号可以按图简化标注。

② 同一表面有不同表面粗糙度时，需用细实线画出分界线并注出相应的代号和尺寸。

③ 对不连续的同一表面，可用细实线连接，共表面粗糙度代号标注一次。

④ 当地方较小不便标注时可引出标注。

7. 表面粗糙度的选择

选择表面粗糙度时，既要考虑零件表面的功能要求，又要考虑经济性，还要考虑现有的加工设备：

（1）同一零件上，工作表面比非工作表面的参数只要小；

（2）摩擦表面要比非摩擦表面的参数值小；有相对运动的工作表面，运动速度越高，其参数值越小；

（3）配合精度越高，参数值越小。间隙配合比过盈配合的参数小；

（4）配合性质相同时，零件尺寸越小，参数值越小；

（5）要求密封、耐腐蚀或具有装饰性的表面，参数值要小。

练一练

在图 8－33 标出正确的粗糙度。

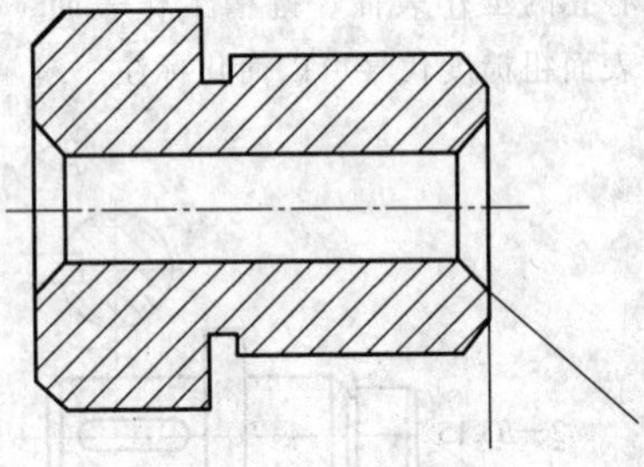

图 8－33　练习用图

三、极限与配合

1. 极限与配合的概念

（1）互换性

在大批量生产中，一批零件在装配前不经过挑选、在装配过程中不经过修配，在装配后即可满足设计和使用性能要求，零件的这种在尺寸与功能上可以互相代替的性质称为互换性，极限与配合是保证零件具有互换性的重要标准。

（2）基本术语

如图 8－34 所示，说明极限与配合的基本术语。

① 基本尺寸：设计时给定的尺寸，如 $\Phi50$。

② 极限尺寸：允许尺寸变化的极限值、加工尺寸的最大允许值为最大极限尺寸，最小允许值为最小极限尺寸，如 $\Phi49.975$ 为最大极限尺寸，$\Phi49.950$ 为最小极限尺寸。

③ 尺寸偏差：有上偏差和下偏差之分，最大极限尺寸与基本尺寸的代数差为上偏差；最小极限尺寸与基本尺寸的代数差称为下偏差；空的上偏差用 ES 表示，下偏差用 EI 表示；轴的上偏差用 es 表示，下偏差用 ei 表示。尺寸偏差可为正、负或零值。

④ 尺寸公差：简称公差，是允许尺寸的变动量、尺寸公差等于最大极限尺寸减去最小极限尺寸，或上偏差减去下偏差、公差总是大于零的正数。在图 7－34 中，孔的公

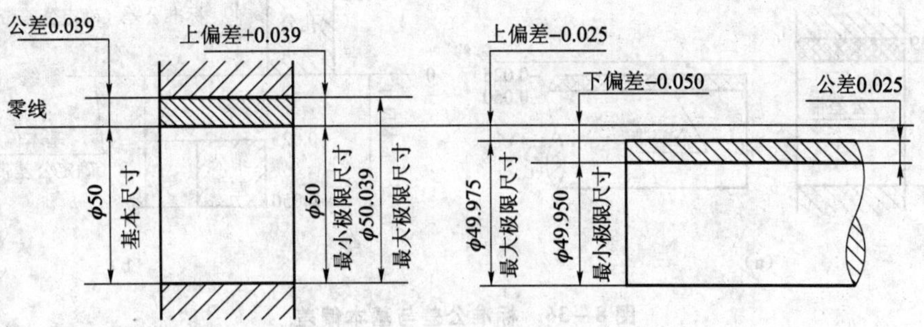

图 8－34 极限与配合的基本概念

差是 0.039，轴的公差是 0.025。

⑤ 公差带：在公差带图解中，用零线表示基本尺寸，上方为正，下方为负，公差带是指由代表上、下偏差的两条直线限定的区域，如图 8－35 所示。

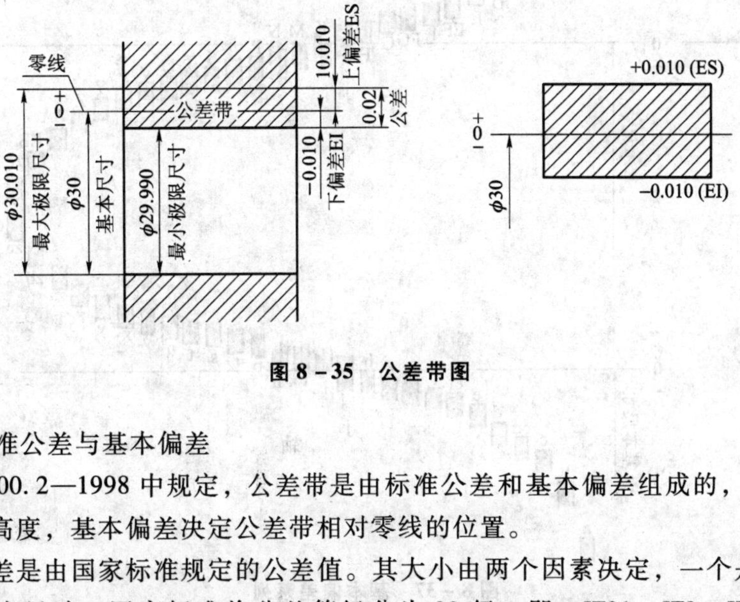

图 8－35 公差带图

（3）标准公差与基本偏差

GB/T1800.2—1998 中规定，公差带是由标准公差和基本偏差组成的，标准公差决定公差带的高度，基本偏差决定公差带相对零线的位置。

标准公差是由国家标准规定的公差值。其大小由两个因素决定，一个是公差等级，另一个是基本尺寸。国家标准将公差等级分为 20 级，即：IT01、IT0、IT1、IT2……IT18。IT 表示标准公差，IT01 精度最高，IT18 精度最低。基本尺寸相同时，公差等级越高（数值越小），标准公差越小；公差等级相同时，基本尺寸越大，标准公差也越大。其中，IT5－－：IT12 用与配合，：IT0－－：IT4 用于量规、塞规。

基本偏差一般是指上、下偏差中靠近零线的那个偏差，根据它的大小和正负，就可确定公差带相对于零线的位置。当公差带在零线上方时，基本偏差为下偏差；当公差带在零线下方时，基本偏差为上偏差；当零线穿过公差带时，离零线近的偏差为基本偏差；当公差带关于零线对称时，基本偏差为上偏差或下偏差。基本偏差有正号和负号。如图 8－36 所示。

国家标准规定了基本偏差系列，孔和轴各有 28 个基本偏差，它们的代号用拉丁字

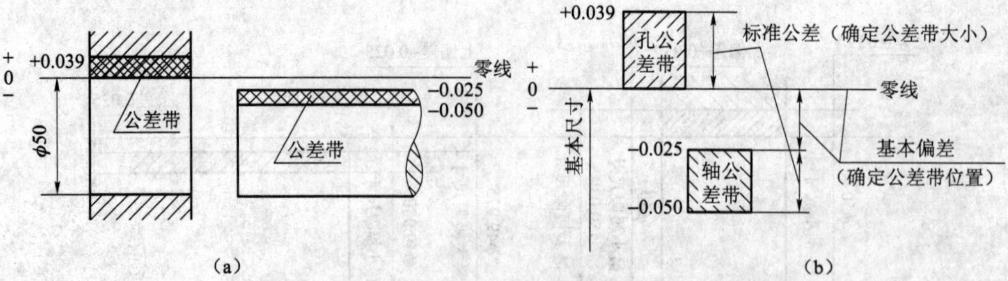

图 8－36　标准公差与基本偏差

母表示，大写为孔，小写为轴，如图 8－37 所示。

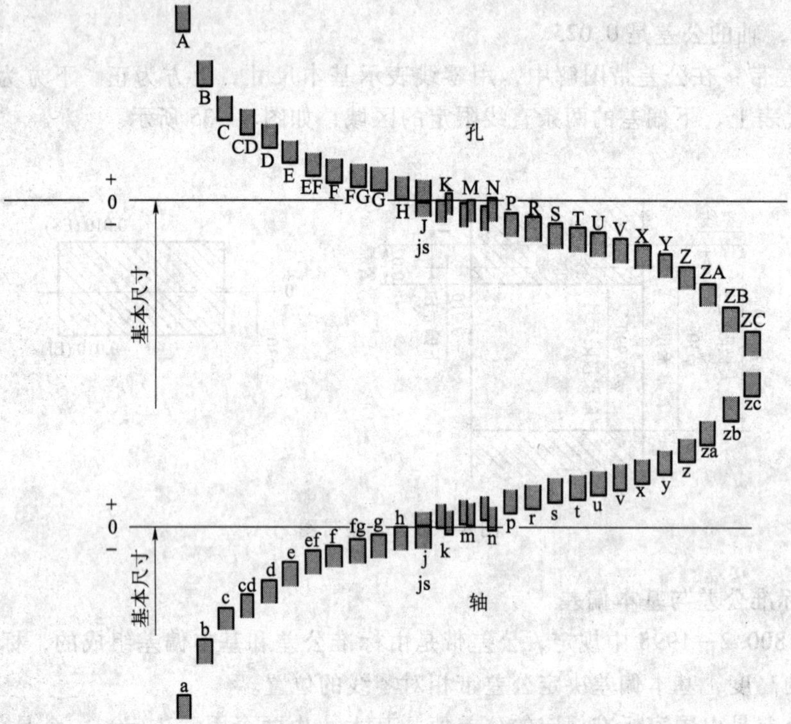

图 8－37　基本偏差系列

需要注意的是，基本尺寸相同的轴和孔基本偏差代号相同，则基本偏差值一般情况下互为相反数。此外，公差带不封口，这是因为基本偏差值决定公差带位置的原因。一个公差带的代号，由表示公差带位置的基本偏差代号和表示公差带大小的公差等级和基本尺寸组成。如 Φ50H8，Φ50 是基本尺寸，H 是基本偏差代号，大写表示孔，公差等级为 IT8。

（4）配合种类

基本尺寸相同时，相互结合的轴和孔公差带之间的关系称为配合。按配合性质不同，配合可分为间隙配合、过渡配合和过盈配合三类，如图 8－38 所示。

① 间隙配合：具有间隙（包括最小间隙等于零）的配合。此时，孔的公差带在轴的公差带之上。

② 过盈配合：具有过盈（包括最小过盈等于零）的配合。此时，孔的公差带在轴的公差带之下。

③ 过渡配合：可能具有间隙，也可能具有过盈的配合。此时，孔的公差带与轴的公差带互相交叠。

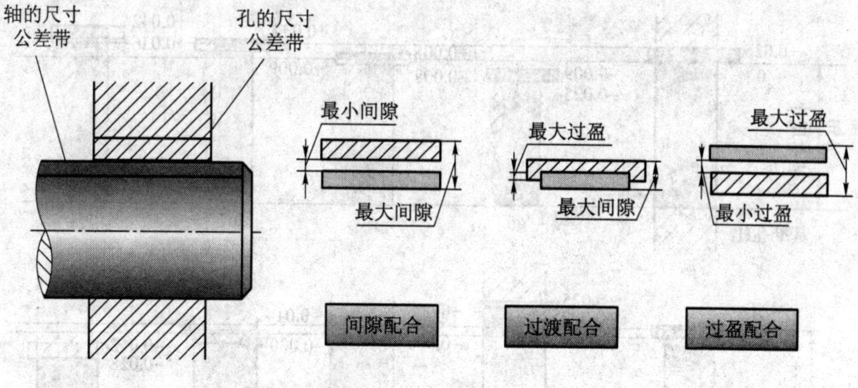

图 8-38 配合种类

(5) 配合制

采用配合制是为了在基本偏差为一定的基准件的公差带与配合件配合时，只须改变配合件的不同基本偏差的偏差带，便可获得不同松紧程度的配合，从而达到减少零件加工的定值刀具和量具的规格数量。国家标准规定了两种配合制及即基孔制和基轴制，如图 8-39 所示 。

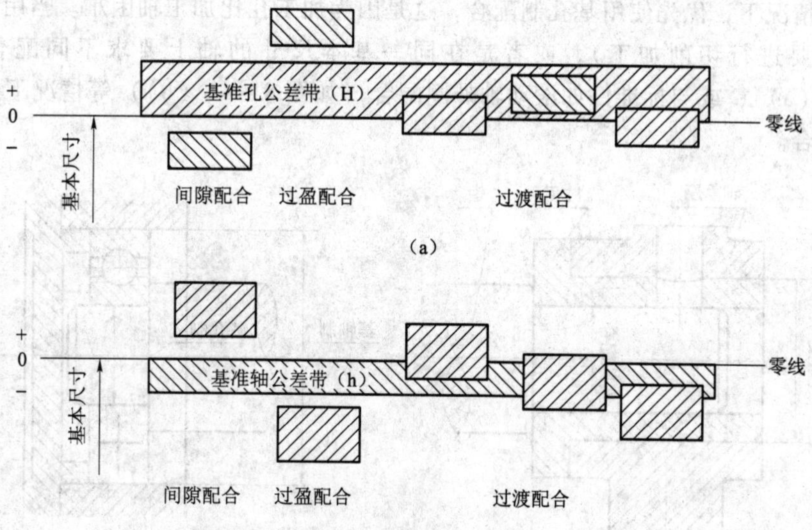

图 8-39 基孔制与基轴制

(a) 基孔制配合示意图；(b) 基轴制配合示意图

① 基孔制配合：基本偏差为一定的孔的公差带，与不同基本偏差的轴的公差带形成各种配合的一种制度。

基孔制配合中的孔为基准孔，其基本偏差代号为 H，基准孔的下偏差 EI = 0。

② 基轴制配合：基本偏差为一定的轴的公差带，与不同基本偏差的孔的公差带形成各种配合的一种制度。

基准制示例如图 8－40 所示。

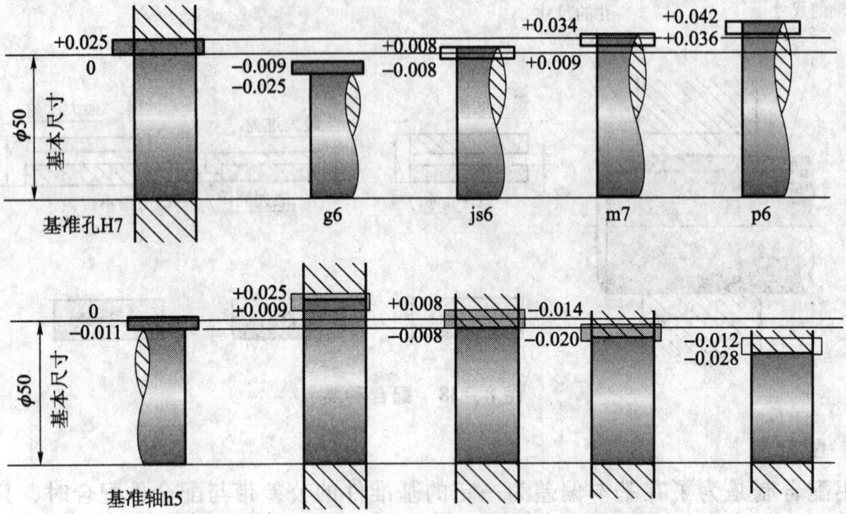

图 8－40　基准制实例

(6) 常用配合和优先配合

一般情况下，优先使用基孔制配合，这是因为加工孔比加工轴困难。当用冷拉钢作轴（不需要进行切削加工），或者是在同一基本尺寸的轴上要求不同配合时（如图 8－41 (a)），或与标准件如滚动轴外圈配合（如图 8－41 (b)）等情况下，才采用基轴制配合。

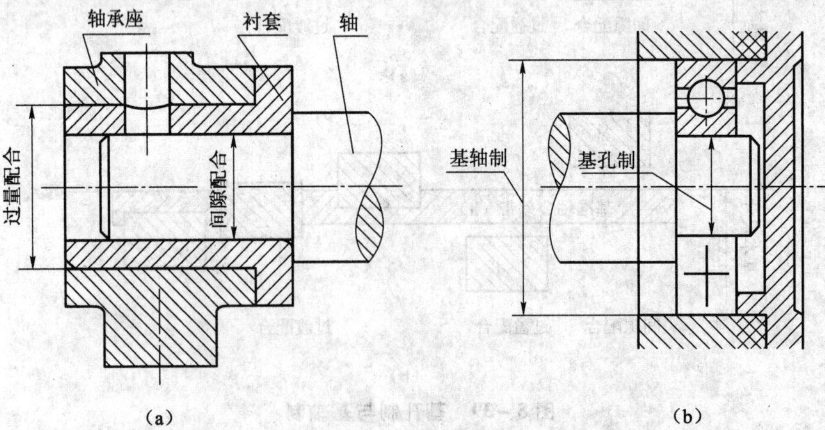

图 8－41　配合实例

基孔制常用配合共 59 种，其中优先配合 13 种；基轴制常用配合 47 种，其中优先配合 13 种，如表 8－4、表 8－5 所示。

表 8－4　　基孔制优先常用配合

基准孔	a	b	c	d	e	f	g	h
	间隙配合							
H6						H6/f5	H6/g5	H6/h5
H7						H7/f6	▼H7/g6	▼H7/h6
H8				H8/d8	H8/e7 H8/e8	▼H8/f7 H8/f8	H8/g7	▼H8/h7 H8/h8
H9			H9/c9	▼H9/d9	H9/e9	H9/f9		▼H9/h9
H10			H10/c10	H10/d10				H10/h10
H11	H11/a11	H11/b11	▼H11/c11	H11/d11				▼H11/h11
H12		H12/b12						H12/h12

表 8－5　　基轴制优先常用配合

轴												
js	k	m	n	p	r	s	t	u	v	x	y	z
过渡配合			过盈配合									
H6/js5	H6/k5	H6/m5	H6/n5	H6/p5	H6/r5	H6/s5	H6/t5					
H7/js6	▼H7/k6	H7/m6	▼H7/n6	▼H7/p6	H7/r6	▼H7/s6	H7/t6	▼H7/u6	H7/v6	H7/x6	H7/y6	H7/z6
H8/js7	H8/k7	H8/m7	H8/n7	H8/p7	H8/r7	H8/s7	H8/t7	H8/u7				

常用配合 59 种，其中包括优先配合 13 种。左上角标注▼的为优先配合。

2. 极限与配合的标注

(1) 在零件图中的注法，如图 8－42 所示。

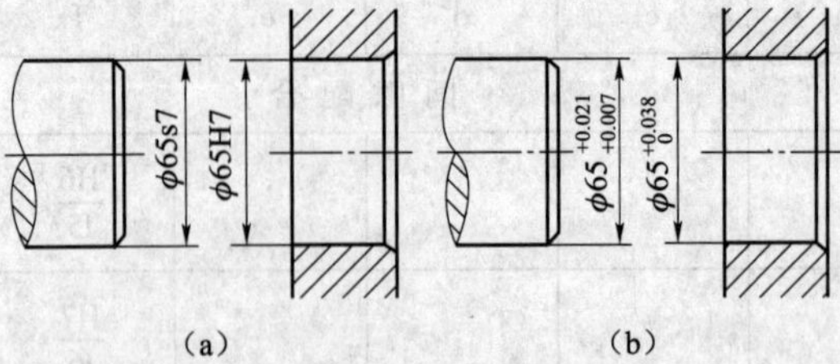

图 8－42　零件图中尺寸公差的标注

(2) 在装配图上的注法，如图 8－43 所示。

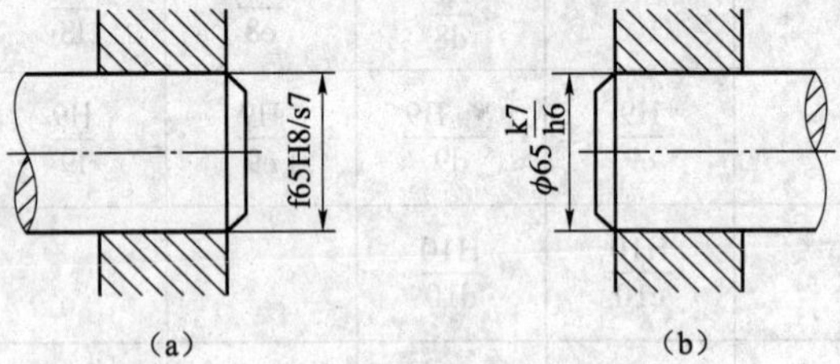

图 8－43　装配图中尺寸公差的标注

表示标准件、外购件与零件的配合时，可以只标注相配零件的公差带，如图 8－45 所示。配合尺寸的含义如图 8－44 所示

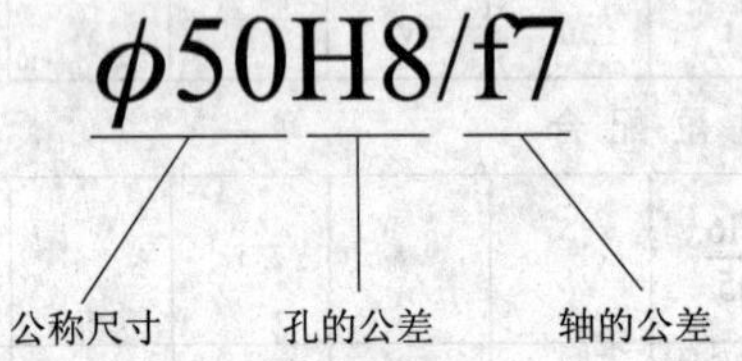

图 8－44　配合尺寸的含义

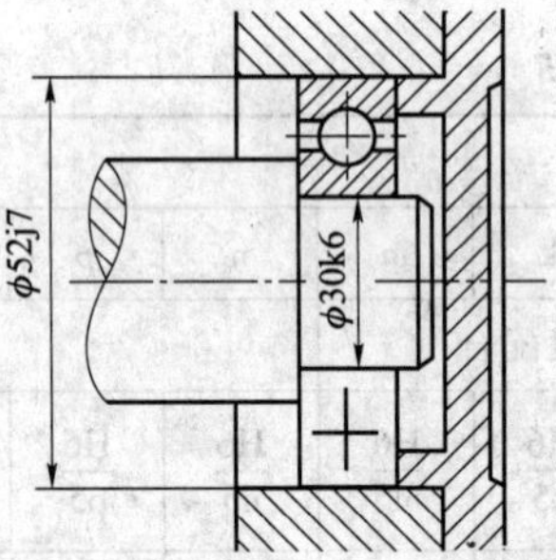

图 8－45　滚动轴承尺寸公差的标注

(3) 极限与配合查表举例：

【例 1】确定 Φ50 中孔和轴的上下、偏差值（见图 8－46）。

【例 2】确定 Φ28S7/h6 中孔和轴的上、下偏差值（见图 8－47）。

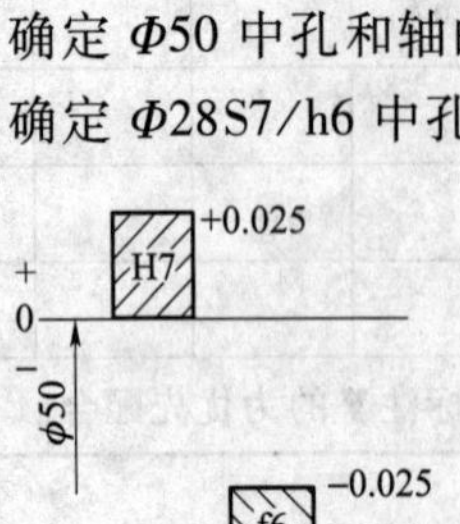

图 8－46　例 1 图

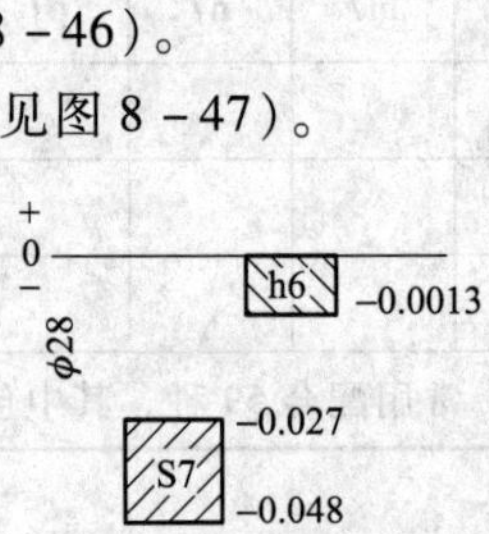

图 8－47　例 2 图

【例 3】确定 Φ25K8/h7 中孔和轴的上、下偏差值（见图 8－48）。

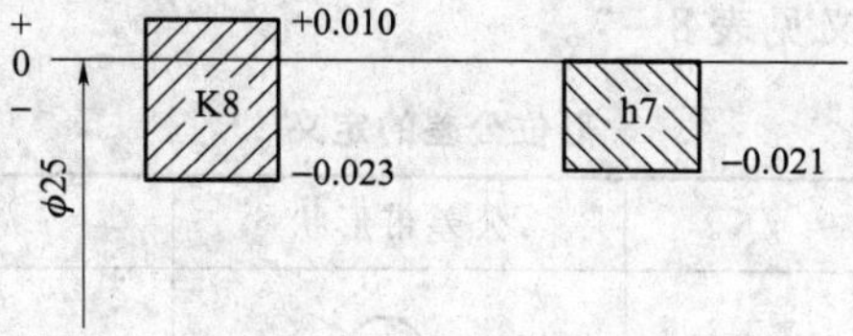

图 8－48　例 3 图

四、形状和位置公差

1. 形状和位置公差的初步概念

形状误差是指加工后实际表面形状与理想表面形状的误差，如图 8－49 中的小轴，由于加工后产生直线度误差（如图中细双点划线所示），致使装配困难，使用受到影响。

位置误差是指零件的各表面之间、轴线之间或表面与轴线之间的实际相对位置与理想相对位置的误差，如图 8－50 中的轴套，其左端面对轴线产生了垂直度误差，使其难以与其他零件的表面紧密接触。可见，形状误差和位置误差会影响零件的使用性能，因此必须对零件的重要表面和轴线规定出形状和位置误差的最大允许值，即形状和位置公差，简称形位公差。

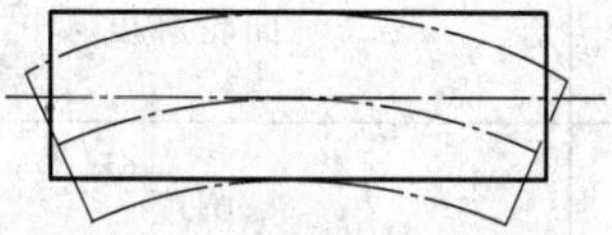

图 8－49　小轴的形状误差图

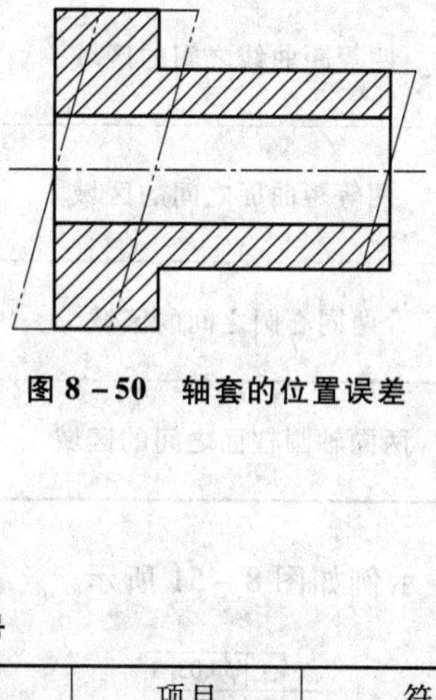

图 8－50　轴套的位置误差

2. 形位公差的项目和符号

形位公差的项目和符号见表 8－6。

表 8－6　　形位公差的名称及符号

公差	项目	符号	公差		项目	符号
形状公差	直线度	—	位置公差	定向	平行度	//
					垂直度	⊥
	平面度	▱			倾斜度	∠
	圆度	○		定位	同轴度	⌖
					对称度	◎
	圆柱度	⌭			位置度	⌯
形状公差或位置公差	线轮廓度	⌒		跳动	圆跳动	↗
	画轮廓度	⌓			全跳动	⌰

3. 形位公差的公差带定义

形位公差的公差带定义见表 8－7。

表 8－7　　　　　　　　　　　　形位公差的定义

序号	公差带区域	公差带形状	特征项目应用示例
1	圆内的区域		平面内点的位置度
2	球内的区域		空间内点的位置度
3	两平行直线之间的区域		给定平面上的直线度
4	两平行面之间的区域	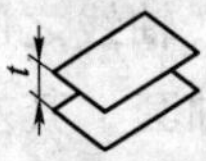	平面度
5	圆柱面内的区域	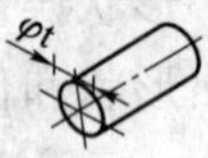	任意方向上的直线度
6	两等距曲线之间的区域	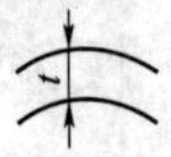	线轮廓度
7	两等距曲面之间的区域	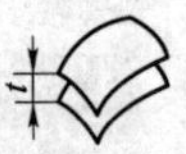	面轮廓度
8	两同心圆之间的区域		圆度
9	两同轴圆柱面之间的区域	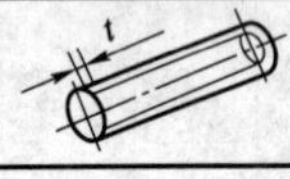	圆柱度

标注示例如图 8－51 所示。

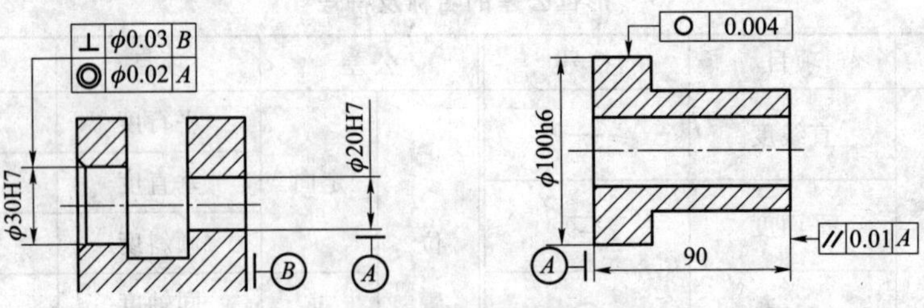

图 8－51　标注示例

练一练

1. 根据零件图（见图 8－52）上公差的要求，在装配图中标出其相应的尺寸及配合代号。

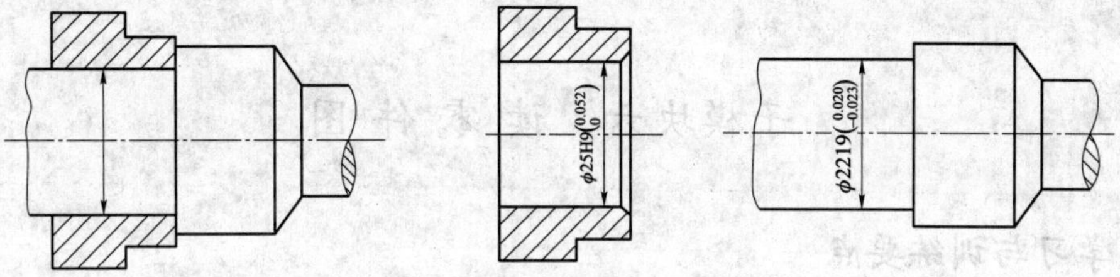

图 8－52 练习图（1）

2. 根据装配图（见图 8－53）上的公差配合及要求，分别在对应的零件图上标出其尺寸公差。

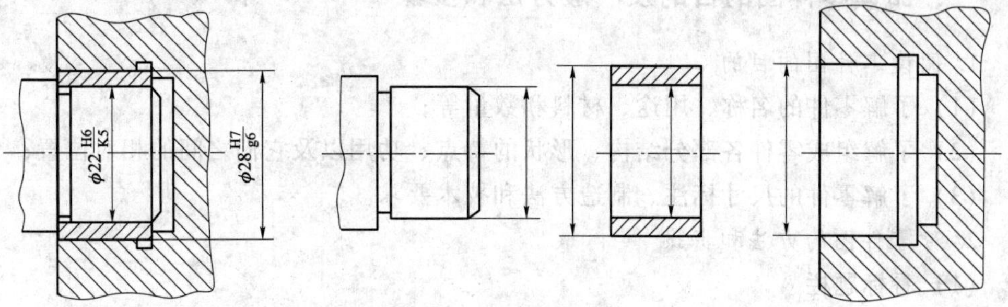

图 8－53 练习图（2）

3. 查表填空（见表 8－8）

表 8－8 填空用表

	基孔制						基轴制					
	$\phi 50\frac{H7}{a6}$		$\phi 50\frac{H7}{js6}$		$\phi 50\frac{H7}{f6}$		$\phi 50\frac{S7}{h6}$		$\phi 50\frac{JS7}{h6}$		$\phi 50\frac{F7}{h6}$	
	孔	轴	孔	轴	孔	轴	轴	孔	轴	孔	轴	孔
基本尺寸												
最大极限尺寸												
最小极限尺寸												
上偏差												
下偏差												
公差												
公差带图												
	过盈		过盈	间隙	间隙		过盈		过盈	间隙	间隙	
最大												
最小												
配合公差												
配合公差带图												

子模块六　读零件图

学习与训练要点

✧ 了解阅读零件图的目的；
✧ 了解阅读零件图的方法和步骤。

一、阅读零件图的目的及一般方法和步骤

1. 阅读零件图的目的

（1）了解零件的名称、用途、材料和数量等；

（2）了解组成零件各部分结构、形状的特点、功用以及它们之间的相对位置；

（3）了解零件的尺寸标注、制造方法和技术要求。

2. 读零件图的方法和步骤

（1）看标题栏

首先看标题栏，了解零件的名称、材料、比例等，并浏览全图，对零件有个概括了解，如零件属什么类型、大致轮廓和结构等。

（2）表达方案分析

根据视图布局，首先确定主视图，围绕主视图分析其他视图的配置。对于剖视图、断面图要找到剖切位置及方向，对于局部视图和局部放大图要找到投影方向和部位，弄清楚各个图形彼此间的投影关系。

（3）形体分析

首先利用形体分析法，将零件按功能分解为主体、安装、联接等几个部分，然后明确每一部分在各个视图中的投影范围与各部分之间的相对位置，最后仔细分析每一部分的形状和作用。

（4）分析尺寸和技术要求

根据零件的形体结构，分析确定长、宽、高各方向的主要基准。分析尺寸标注和技术要求，找出各部分的定形和定位尺寸，明确哪些是主要尺寸和主要加工面，进而分析制造方法等，以便保证质量要求。

（5）综合考虑

综上所述，将零件的结构、形状、尺寸标注及技术要求综合起来，就能比较全面地阅读一张零件图。在实际读图过程中，上述步骤常常是穿插进行的。

二、读图举例

如图 8－54 所示，具体读图过程如下：

1. 看标题栏

从标题栏中了解零件的名称、材料等。

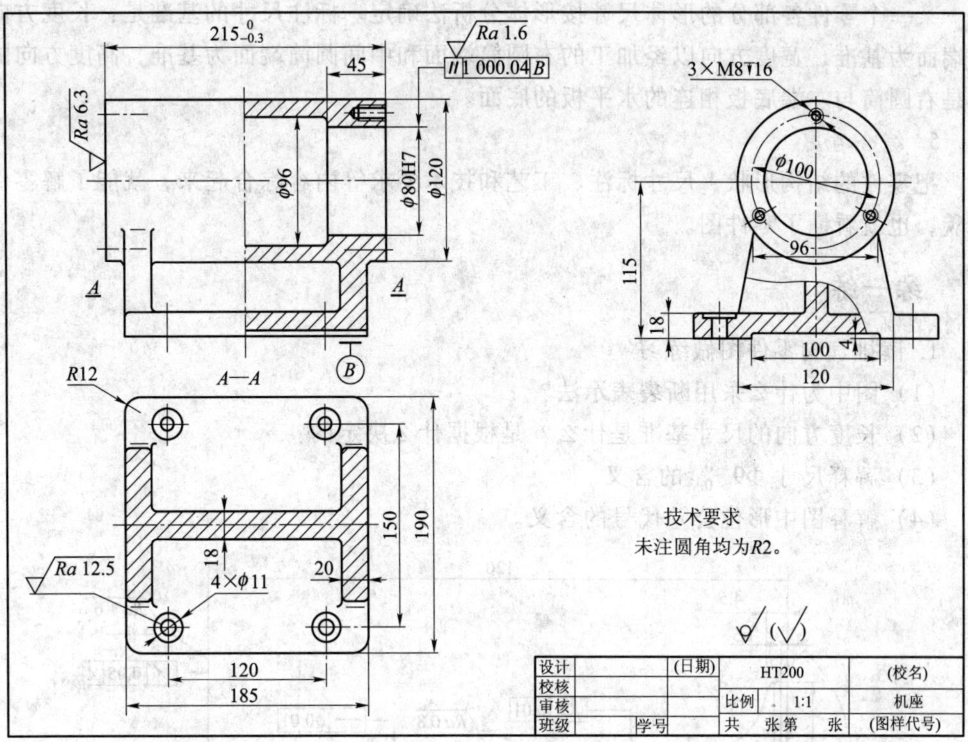

图 8-54　机座零件图

2. 表达方案分析

(1) 找出主视图；

(2) 分析用多少视图、剖视图、断面图等，找出它们的名称、相互位置和投影关系；

(3) 凡有剖视图、断面图处要找到剖切平面位置；

(4) 有局部视图和斜视图的地方，必须找到表示投影部位的字母和表示投影方向的箭头；

(5) 有无局部放大图及简化画法。

3. 进行形体分析和线面分析

(1) 先看大致轮廓，再分几个较大的独立部分进行形体分析，逐一看懂；

(2) 对外部结构逐个分析；

(3) 对内部结构逐个分析；

(4) 对不便于形体分析的部分进行线面分析。

4. 进行尺寸分析和了解技术要求

(1) 形体分析和结构分析，了解定形尺寸和定位尺寸；

(2) 据零件的结构特点，了解基准和尺寸标注形式；

(3) 了解功能尺寸与非功能尺寸；

(4) 了解零件总体尺寸。

某一个零件各部分的形体尺寸按形体分析法确定。标注尺寸的基准是：长度方向以左端面为基准，宽度方向以经加工的右圆筒端面和中间圆筒端面为基准，高度方向的基准是右圆筒与左端底板相连的水平板的底面。

5. 综合考虑

把零件的结构形状、尺寸标注、工艺和技术要求等内容综合起来，就能了解零件的全貌，也就看懂了零件图。

练一练

1. 读排气阀零件图做练习

(1) 图中为什么采用断裂表示法？

(2) 长度方向的尺寸基准是什么？是根据什么决定的？

(3) 解释尺寸 $\Phi9_{-0.3}^{-0.2}$ 的含义。

(4) 解释图中形位公差代号的含义。

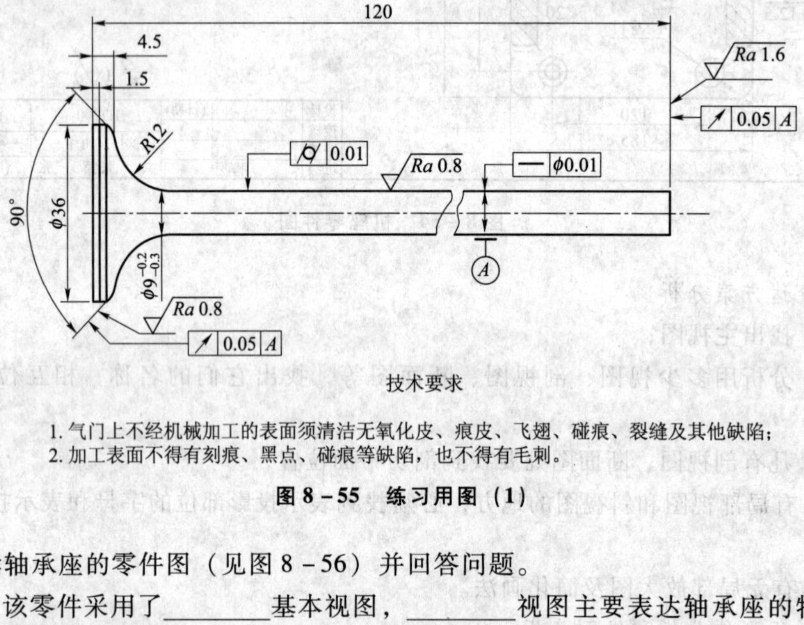

技术要求

1. 气门上不经机械加工的表面须清洁无氧化皮、痕皮、飞翅、碰痕、裂缝及其他缺陷；
2. 加工表面不得有刻痕、黑点、碰痕等缺陷，也不得有毛刺。

图 8－55　练习用图（1）

2. 读轴承座的零件图（见图 8－56）并回答问题。

(1) 该零件采用了________基本视图，________视图主要表达轴承座的特征性状，________视图采用________剖，主要为了表达________，*B* 向视图是________视图。

(2) 底板上两个方孔的定形尺寸长为________，宽为________，它们的定位尺寸是________。

(3) *Φ*38H10 表示________

(4) *Φ*38H10（$^{-0.1}_{0}$）最大极限尺寸为________，最小极限尺寸为________，公差为________。

(5) *Φ*38H10 表面粗糙度为 3.2，45H10 表面粗糙度为 6.3，说明________表面要求更光滑。

(6) “其余 ”表示________________________________。

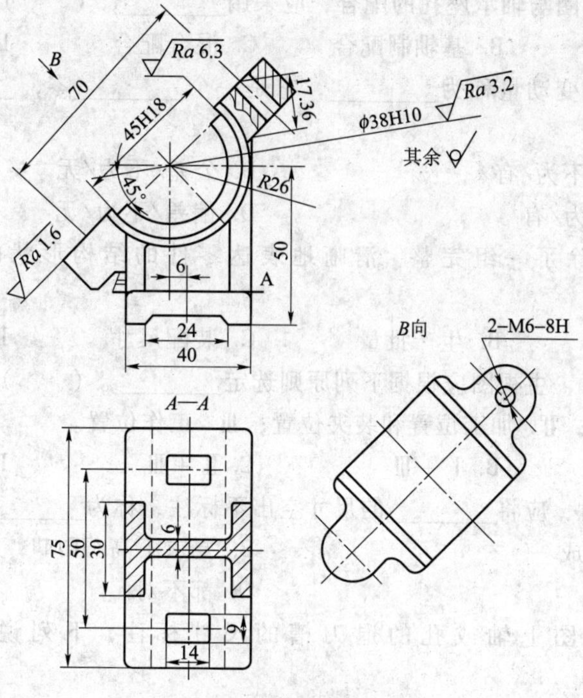

图 8-56　练习用图（2）

要点回顾

1. 掌握零件的视图选择，并注意以下问题：

（1）了解零件的作用和各组成部分的作用，以便在选择主视图时从表达主要形体入手；

（2）确定主视图时要正确选择零件的安放位置和投射方向；

（3）零件的结构形状要表达完全，并且要唯一确定。

2. 掌握绘制和阅读零件图的方法和步骤。

3. 掌握零件图上标注尺寸的方法。

4. 掌握零件图上的技术要求的标注和识读。

思考与训练

请把正确的选择填在括号中。

1. 表面粗糙度、尺寸公差和形位公差，属于零件图________的内容。（　）

A. 标题栏　　B. 说明栏　　C. 技术要求　　D. 尺寸标注

2. 下列属于零件图上应标注的尺寸的是________。（　）

A. 性能尺寸　　B. 定位尺寸　　C. 配合尺寸　　D. 安装尺寸

3. 国家标准规定了评定表面粗糙度参数轮廓算术平均偏差 *Ra*（μm）的值。*Ra* 越________，则表面越________。（　）

A. 大/光滑　　B. 小/粗糙　　C. 大/平整　　D. 小/光滑

4. 滚动轴承外圈与轴承座孔的配合，应采用________。(　　)

A. 基孔制配合　　B. 基轴制配合　　C. 混合配合　　D. 任意配合

5. 允许尺寸的变动量称为________，它是一个________零，________正负号的数值。(　　)

A. 基本偏差/不为/有　　B. 公差/不为/无

C. 公差/可以为/有　　D. 偏差/不为/无

6. 零件图中除了一组完整、清晰地表达零件的结构形状的视图外，还包括________。(　　)

A. 技术要求　　B. 生产批量　　C. 装配尺寸　　D. 零部件序号

7. 画零件图时，主视图应根据下列原则选定________。(　　)

Ⅰ. 形状特征；Ⅱ. 加工位置和装夹位置；Ⅲ. 工作位置。

A. Ⅰ + Ⅱ　　B. Ⅰ + Ⅲ　　C. Ⅱ + Ⅲ　　D. Ⅰ + Ⅱ + Ⅲ

8. 标注尺寸时，应将________的尺寸空出不标注，称为________环。(　　)

A. 要求高/组成　　B. 要求不高/开口

C. 自由/自由　　D. 都不对

9. 关于零件图上轴或孔的退刀槽的尺寸标注，下列说法中不正确的是________。(　　)

A. 槽的宽度尺寸和槽的直径尺寸可单独标出

B. 可用“槽宽×直径”的形式标注

C. 可用“槽宽×深度”的形式标注

D. 可用“槽宽×半径”的形式标注

10. 轮廓算术平均偏差值是评定________的参数。(　　)

A. 公差　　B. 形状公差　　C. 位置公差　　D. 表面粗糙度

11. 表面粗糙度代号上数字的单位为________，表示其 *Ra* ________的大小。(　　)

A. μm/上限值　　B. mm/上限值　　C. mm/最大值　　D. μm/最大值

12. Φ50H8/f7 表示________。(　　)

A. 基轴制间隙配合　　B. 基孔制间隙配合

C. 基孔制过渡配合　　D. 基孔制过盈配合

13. Φ50P7/h6 表示________。(　　)

A. 基孔制过盈配合　　B. 基轴制过盈配合

C. 基轴制间隙配合　　D. 基孔制过渡配合

14. 最大极限尺寸减去基本尺寸所得的代数差称为________。(　　)

A. 上公差　　B. 上标准公差　　C. 上偏差　　D. 正公差

15. 国家标准规定，公差带的宽窄由________决定，公差带的位置由________决定。(　　)

A. 公差/上偏差　　B. 公差/下偏差

C. 标准公差/基本偏差　　D. 基本偏差/标准公差

16. 过盈配合是孔的公差带在轴的公差带________，即孔的实际尺寸________（或等于）轴的实际尺寸而具有过盈（包括最小过盈等于零）的配合。(　　)

A. 之下/大于　　B. 之上/大于　　C. 之下/小于　　D. 之上/小于

17. 国家标准规定了________种配合制度，它们是________。(　　)

A. 两/基孔制和基轴制

B. 两/公差制和偏差制

C. 三/基孔制、基轴制和公差制

D. 三/公差制、偏差制和标准制

18. 形状和位置公差是指零件的________形状和位置对________的________变动量。(　　)

A. 真实/理想形状和位置/最大　　B. 理想/实际形状和位置/允许

C. 实际/理想形状和位置/允许　　D. 实际/真实形状和位置/最大

19. "○"符号表示的形位公差是________，属于________。(　　)

A. 圆度/形状公差　　B. 圆度/位置公差

C. 圆跳动/位置公差　　D. 圆跳动/形状公差

20. "⌖"符号表示的形位公差是________，对基准________。(　　)

A. 位置度/有或无要求　　B. 平分度/有或无要求

C. 位置度/有要求　　D. 平分度/有要求

21. 在读零件图时，以下说法不妥的是________。(　　)

A. 重点要弄清零件的结构形状　　B. 零件图为零件检验提供依据

C. 零件图为零件测量提供依据　　D. 零件的加工方法取决于零件图

22. 在读零件图时，以下说法正确的是________。(　　)

A. 零件图为零件的加工提供必要的技术条件

B. 读零件图可运用组合体的读图方法

C. 零件测量主要依据于零件的加工精度

D. 零件的材料决定了采用何种加工方法

模块九

装　配　图

学习与训练总目标

- ➢ 了解装配图的作用和内容；
- ➢ 掌握装配图的规定画法、特殊表达方法；
- ➢ 掌握装配体的视图选择原则和方法；
- ➢ 能准确阅读中等以上复杂程度的装配图；
- ➢ 熟悉装配体的测绘方法和步骤。

子模块一　装配图的作用和内容

学习与训练要点

- ✧ 了解装配图的作用；
- ✧ 了解装配图的内容。

一、装配图的作用

在机械设计和机械制造的过程中，装配图是不可缺少的重要技术文件。它是表达机器或部件的工作原理及零件、部件间的装配、联接关系的技术图样。

在产品或部件的设计过程中，一般是先设计出装配图，然后再根据装配图进行零件设计，画出零件图；在产品或部件的制造过程中，先根据零件图进行零件加工和检验，再依据装配图所制定的装配工艺、规程将零件装配成机器或部件；在产品或部件的使用、维护及维修过程中，也经常通过装配图来了解产品或部件的工作原理及构造。

二、装配图的内容

1. 一组视图

用一组视图完整、清晰、准确地表达出机器的工作原理、各零件的相对位置及装配关系、连接方式和重要零件的形状结构。

图 9－1 所示是滑动轴承的装配轴测图，它直观的表示出了滑动轴承的外形结构，但不能清晰的表示各零件的装配关系。图 9－2 所示是滑动轴承的装配图，图中采用了

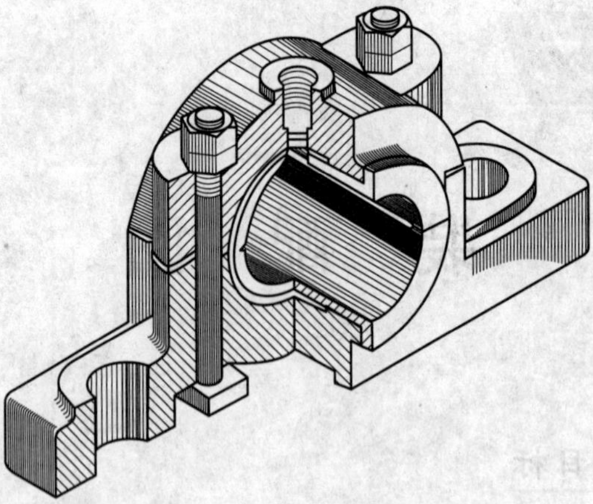

图 9-1　滑动轴承轴测图

三个基本视图，由于结构基本对称，所以三个视图均采用了半剖视，这就比较清楚地表示了轴承盖，轴承座和上、下的轴衬的装配关系。

2. 必要的尺寸

装配图上需注有表示机器或部件的规格、装配、检验和安装时所需要的尺寸。图 9-2 所示滑动轴承的装配图中，轴孔直径 $\Phi50H8$ 为规格尺寸，176、58、$2\times\Phi20$ 等为安装尺寸，Φ60H8/K7、86H9/F9 等为装配尺寸，236、121 为整体尺寸。

3. 技术要求

技术要求就是说明机器或部件的性能和装配，调整、试验等所必须满足的技术条件。如图 9-2 所示的部件，其技术要求是：装配后要进行接触面涂色检查。

4. 零件的序号、明细栏和标题栏

装配图中的零件编号、明细栏用于说明每个零件的名称、代号、数量和材料等。标题栏包括零部件名称、比例、绘图及审核人员的签名等。绘图及审核人员签名后就要对图纸的技术质量负责，所以我们画图时必须细致认真。

子模块二　装配图的视图表示法

学习与训练要点

✧ 了解装配图画法的基本规定；
✧ 了解装配图画法的特殊规定；
✧ 了解装配图的简化画法。

一、装配图画法的基本规定

装配图的侧重点是将装配体的结构、工作原理和零件间的装配关系正确、清晰地表示清楚。前面所介绍的机件表示法中的画法及相关规定对装配图同样适用。但由于表达的侧重点不同，国家标准对装配图的画法又做了一些规定。

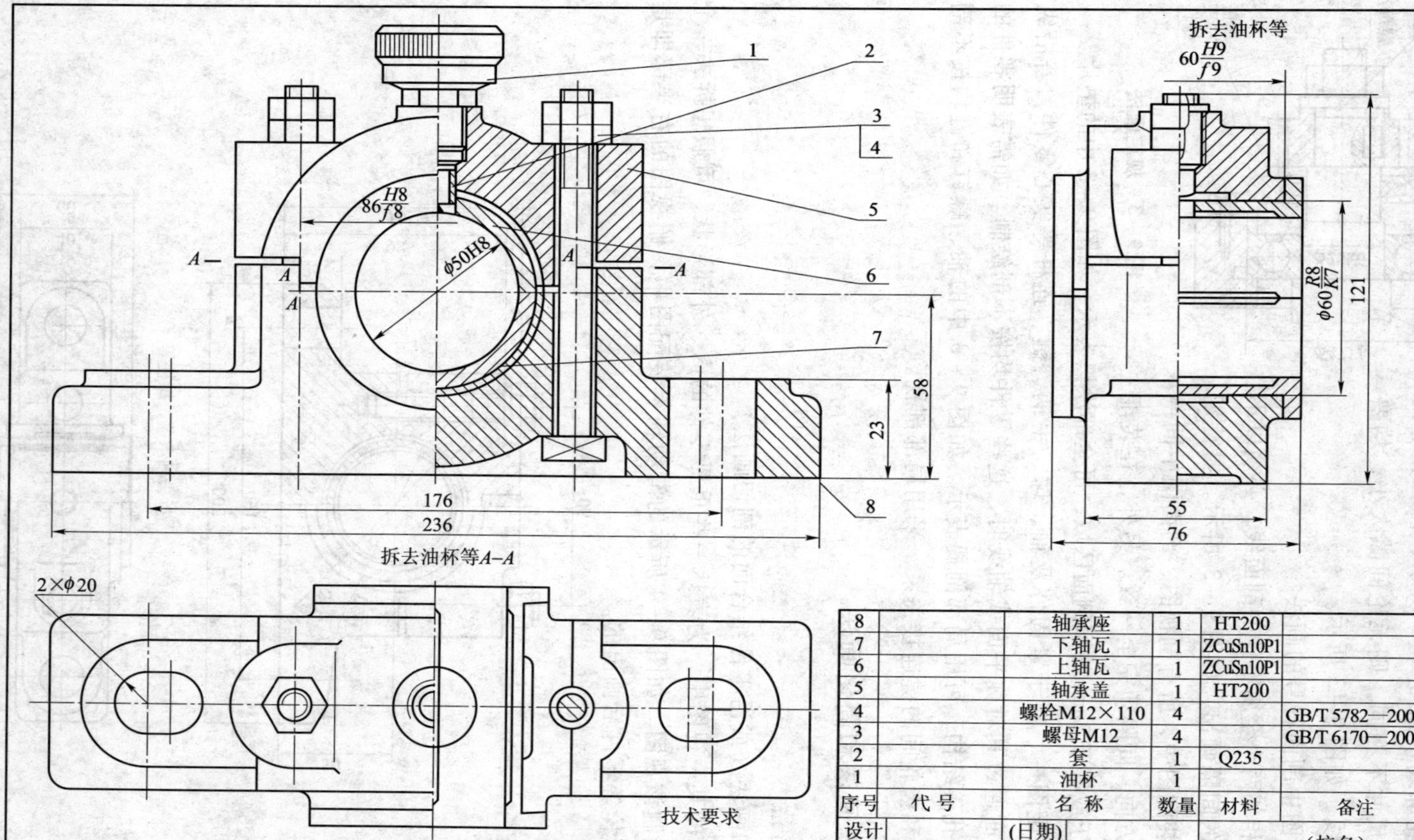

8		轴承座	1	HT200	
7		下轴瓦	1	ZCuSn10P1	
6		上轴瓦	1	ZCuSn10P1	
5		轴承盖	1	HT200	
4		螺栓M12×110	4		GB/T 5782—2000
3		螺母M12	4		GB/T 6170—2000
2		套	1	Q235	
1		油杯	1		
序号	代号	名称	数量	材料	备注

设计		(日期)		(校名)
校核				
审核			比例 1:1	滑动轴承
班级	学号		共　张第　张	(图样代号)

技术要求

涂色检查：

轴承座与下轴瓦的接触面不小于50%；

轴承盖与上轴瓦的接触面不小于40%。

图 9–2　滑动轴承装配图

（1）零件间接触面、配合面的画法

相邻两个零件的接触面和基本尺寸相同的配合面，只画一条轮廓线，如图 9－3 所示；但若相邻两个零件的基本尺寸不相同，则无论间隙大小，均要画成两条轮廓线，如图 9－3 所示。

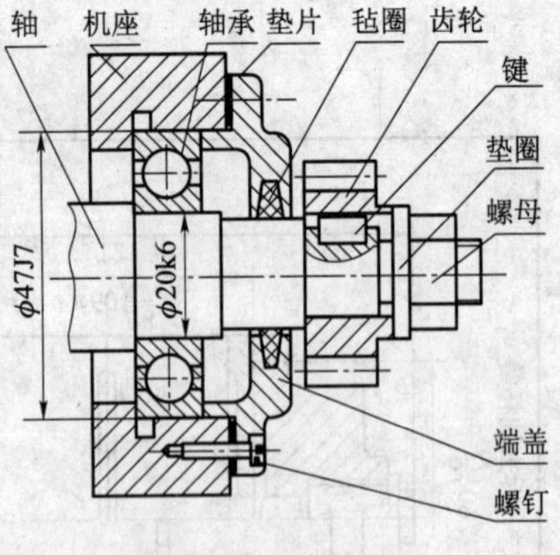

图 9－3　规定画法

（2）装配图中剖面符号的画法

装配图中相邻两个金属零件的剖面线，必须以不同方向或不同的间隔画出，如图 9－3 所示。要特别注意的是，在装配图中，所有剖视图、剖面图中同一零件的剖面线方向、间隔须完全一致。另外，在装配图中，宽度小于或等于 2mm 的窄剖面区域，可全部涂黑表示，如图 9－3 中的垫片。

（3）在装配图中，对于紧固件及轴、球、手柄、键、连杆等实心零件，若沿纵向剖切且剖切平面通过其对称平面或轴线时，这些零件均按不剖绘制。如需表明零件的凹槽、键槽、销孔等结构，可用局部剖视表示。如图 9－3 中的轴、螺钉和键均按不剖绘制。为表示轴和齿轮间的键连接关系，采用局部剖视。

二、特殊画法和简化画法

1. 特殊画法

（1）拆卸画法（或沿零件结合面的剖切画法）

在装配图的某一视图中，为表达一些重要零件的内、外部形状，可假想拆去一个或几个零件后绘制该视图。如图 9－4 所示的滑动轴承装配图中，俯视图的右半部即是拆去轴承盖、螺栓等零件后画出的。

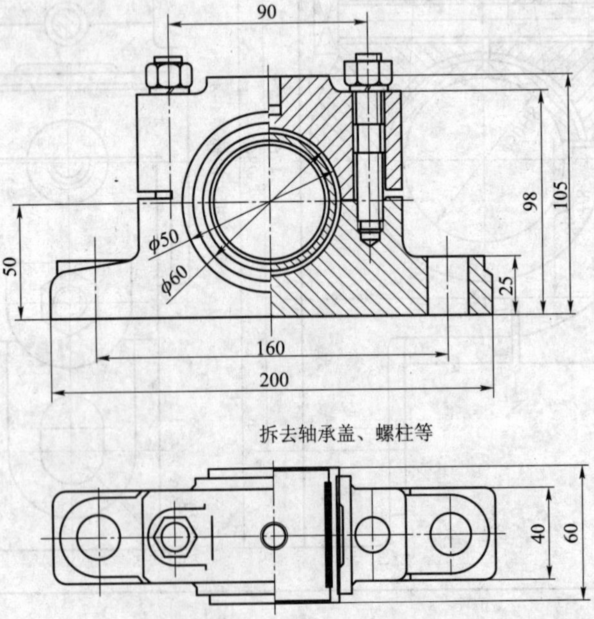

图 9－4　滑动轴承装配图

图 9-5 转子油泵的右视图采用的是沿零件结合面剖切画法。

(2) 假想画法

在装配图中，为了表达与本部件有在装配关系但又不属于本部件的相邻零、部件时，可用双点划线画出相邻零、部件的部分轮廓。如图 9-5 中的主视图，与转子油泵相邻的零件即是用双点划线画出的。

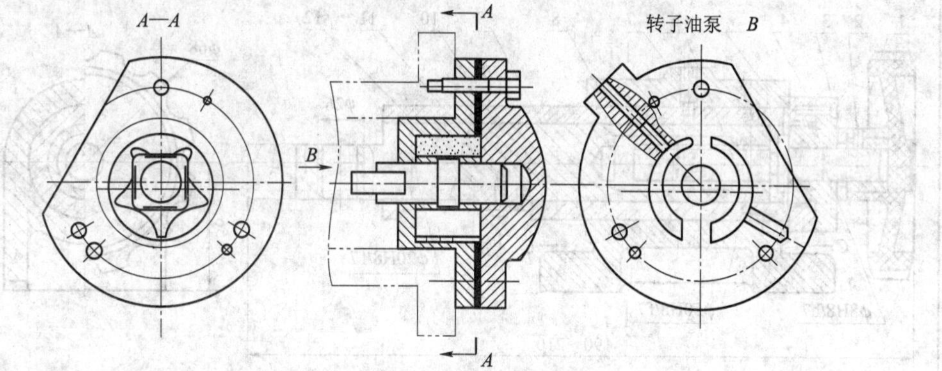

图 9-5 转子油泵

在装配图中，当需要表达运动零件的运动范围或极限位置时，也可用双点划线画出该零件在极限位置处的轮廓。如图 9-2 中导杆 10 的运动极限位置。

(3) 单独表达某个零件的画法

在装配图中，当某个零件的主要结构在其他视图中未能表示清楚，而该零件的形状对部件的工作原理和装配关系的理解起着十分重要的作用时，可单独画出该零件的某一视图，如图 9-5 转子油泵的 *B* 向视图。注意，这种表达方式要在所画视图上方注出该零件及其视图的名称。

2. 简化画法

(1) 在装配图中，若干相同的零、部件组，可详细地画出一组，其余只需用点划线表示其位置即可，如图 9-3 中的螺钉连接。

(2) 在装配图中，零件的工艺结构，如倒角、圆角、退刀槽、拔模斜度、滚花等均可不画，如图 9-3 中的轴。

(3) 在装配图中，对薄的垫片等不易画出的零件可将其涂黑。

子模块三　装配图中的尺寸标注与零、部件编号与明细栏

学习与训练要点

✧ 掌握装配图的尺寸标注；
✧ 了解零、部件编号；
✧ 了解标题栏及明细栏。

一、尺寸标注

由于装配图主要是用来表达零、部件的装配关系的，所以在装配图中不需要注出每个零件的全部尺寸，而只需注出一些必要的尺寸。这些尺寸按其作用不同，可分为以下五类：

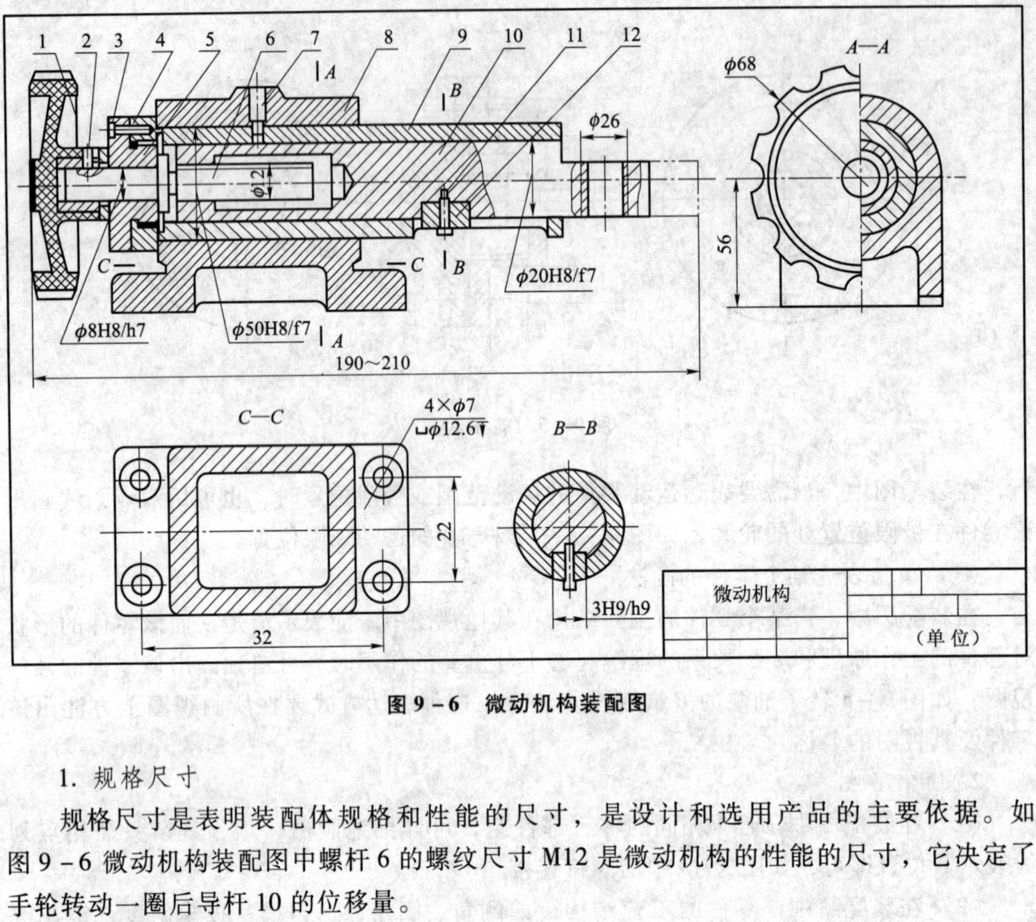

图 9－6　微动机构装配图

1. 规格尺寸

规格尺寸是表明装配体规格和性能的尺寸，是设计和选用产品的主要依据。如图 9－6 微动机构装配图中螺杆 6 的螺纹尺寸 M12 是微动机构的性能的尺寸，它决定了手轮转动一圈后导杆 10 的位移量。

2. 装配尺寸

装配尺寸包括零件间有配合关系的配合尺寸以及零件间相对位置尺寸，如图 9－6 微动机构装配图中 Φ20H8/f7，Φ30H8/k7，ΦH8/h7 的配合尺寸。

3. 安装尺寸

安装尺寸是机器或部件安装到基座或其他工作位置时所需的尺寸，如图 9－6 微动机构装配图中的 22、32、4×ΦT 孔所表示的安装尺寸。

4. 外形尺寸

外形尺寸是指反映装配体总长、总宽、总高的外形轮廓尺寸，如图 9－6 微动机构装配图中的 190～210、56、Φ68。

5. 其他重要尺寸

是指在设计过程中经过计算而确定的尺寸和主要零件的主要尺寸以及在装配或使用

中必须说明的尺寸。如图 9－6 微动机构装配图中的尺寸 190～210，它不仅表示了微动机构的总长，而且表示了运动零件导杆 10 的运动范围。非标准零件上的螺纹标记，如图9－6 微动机构装配图中的 M12、M16 在配图中要注明。

以上五类尺寸并非装配图中每张装配图上都需全部标注，有时同一个尺寸，可同时兼有几种含义。所以装配图上的尺寸标注要根据具体的装配体情况来确定。

二、装配图中零、部件序号及其编排方法（GB/T4458. 2—1984）

1. 一般规定

（1）装配图中所有的零、部件都必须编写序号；

（2）装配图中一个部件可以只编写一个序号；同一装配图中相同的零、部件只编写一次；

（3）装配图中零、部件序号要与明细栏中的序号一致。

2. 序号的编排方法

（1）装配图中编写零、部件序号的常用方法有三种，如图 9－7 所示。

（2）同一装配图中编写零、部件序号的形式应一致。

（3）指引线应自所指部分的可见轮廓引出，并在末端画一圆点。如所指部分轮廓内不便画圆点时，可在指引线末端画一箭头，并指向该部分的轮廓，如图 9－8 所示。

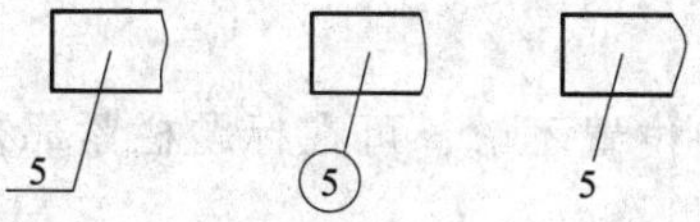

图 9－7　序号的编写方式

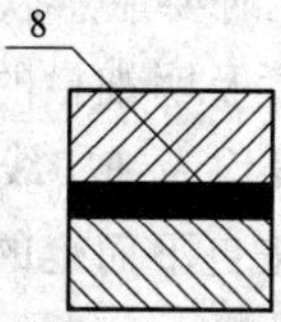

图 9－8　指引线画法

（4）指引线可画成折线，但只可曲折一次。

（5）一组紧固件以及装配关系清楚的零件组，可以采用公共指引线，如图 9－9 所示。

（6）零件的序号应沿水平或垂直方向按顺时针或逆时针方向排列，序号间隔应尽可能相等。如图 9－6 微动机构装配图中所示。

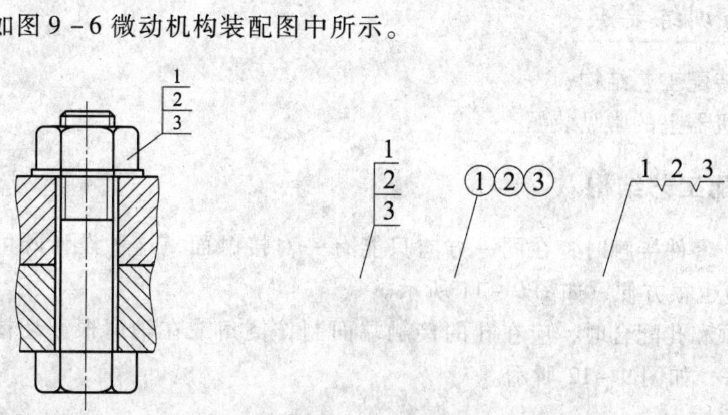

图 9－9　公共指引线

三、标题栏及明细栏

标题栏（GB/T10609.1—1989）的确定、明细栏（GB/T10609.2—1989）的绘制，如图 9 – 10 所示。

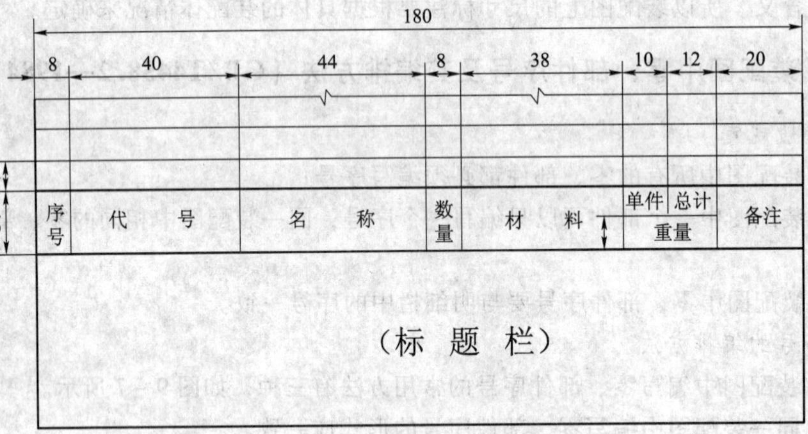

图 9 – 10　标题栏

填写明细栏时要注意以下问题：

（1）标题栏及明细栏的分界线是粗实线，明细栏的外框竖线是粗实线，明细栏的横线和内部竖线均为细实线；

（2）序号按自下而上的顺序填写，如向上延伸位置不够，可在标题栏紧靠左边自下而上延续；

（3）备注栏可填写该项的附加说明或其他有关的内容。

子模块四　常见的装配工艺结构

学习与训练要点

✧ 了解装配工艺结构；

✧ 了解机器上的常见装置。

一、装配工艺结构

（1）两个零件接触时，在同一方向只能有一对接触面，这种设计既可满足装配要求，同时制造也很方便，如图 9 – 11 所示。

（2）轴颈和孔配合时，应在孔的接触端面制作倒角或在轴肩根部切槽，以保证零件间接触良好，如图 9 – 12 所示。

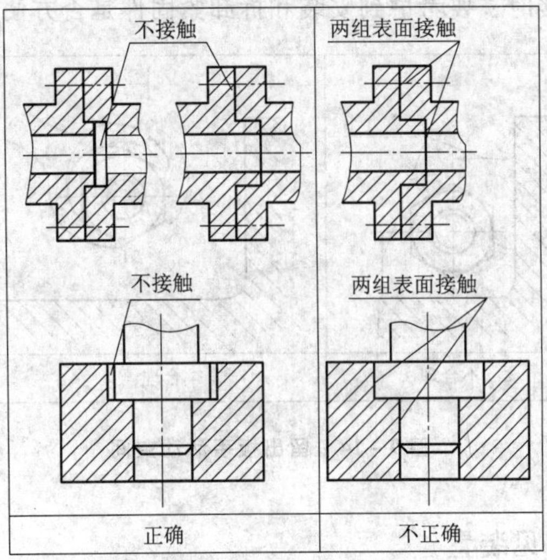

图 9 – 11　两零件间的接触面

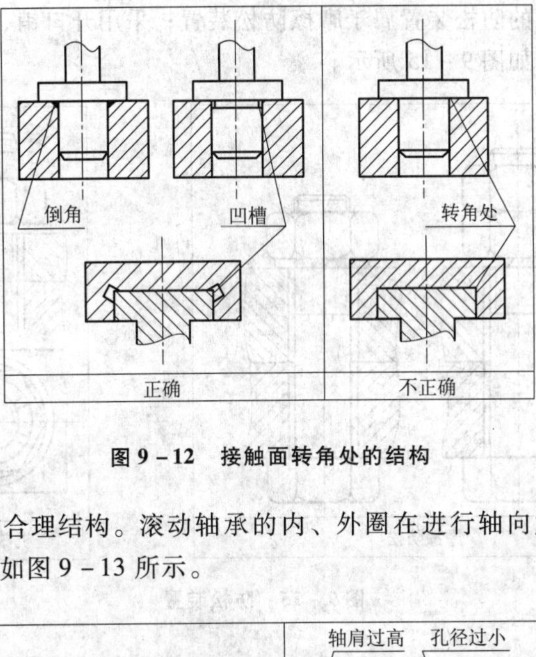

图 9 – 12　接触面转角处的结构

（3）便于装拆的合理结构。滚动轴承的内、外圈在进行轴向定位设计时，必须要考虑到拆卸的方便，如图 9 – 13 所示。

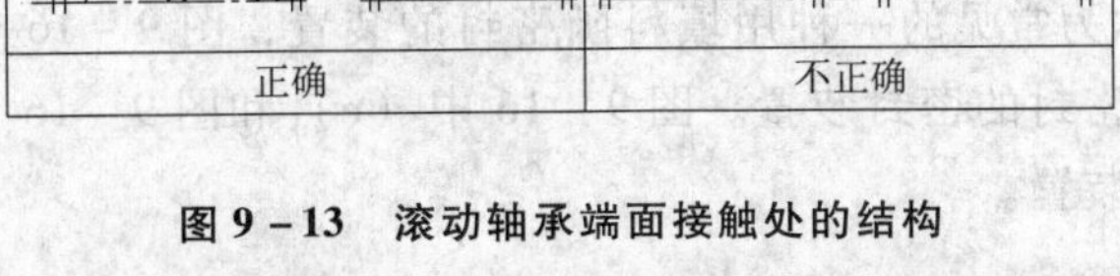

图 9 – 13　滚动轴承端面接触处的结构

用螺纹紧固件连接时，要考虑到安装和拆卸紧固件是否方便，如图 9－14 所示。

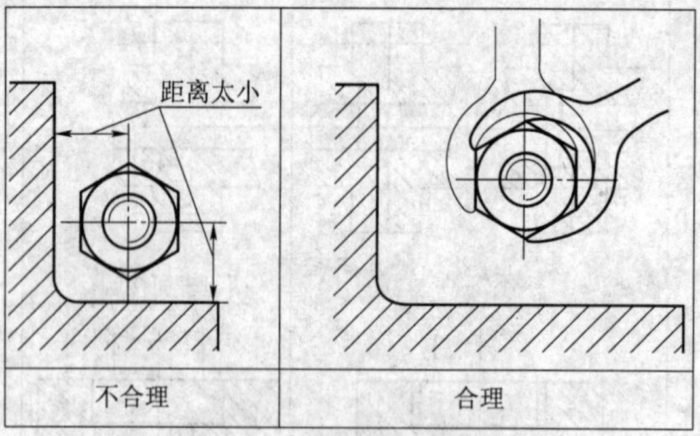

图 9－14　留出扳手活动空间

二、机器上的常见装置

1. 螺纹防松装置

螺纹联接的防松装置，按防松的原理不同，可分为摩擦防松与机械防松两种。如采用双螺母、弹簧垫圈的防松装置属于摩擦防松装置；采用开口销、止动垫圈的防松装置属于机械防松装置，如图 9－15 所示。

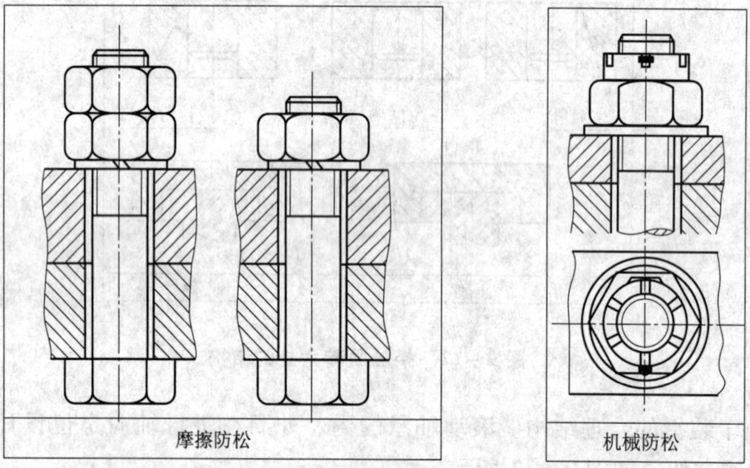

图 9－15　防松装置

2. 密封装置

密封装置是为了防止机器中油的外溢或阀门、管路中气体、液体的泄漏，通常采用的密封装置如图 9－16 所示。其中在油泵、阀门等部件中常采用填料函密封装置，图 9－16 中（a）所示为常见的一种用填料函密封的装置，图 9－16 中（b）是管道中的管子接口处用垫片密封的密封装置。图 9－16 中（c）和图 9－16 中（d）表示的是滚动轴承的常用密封装置。

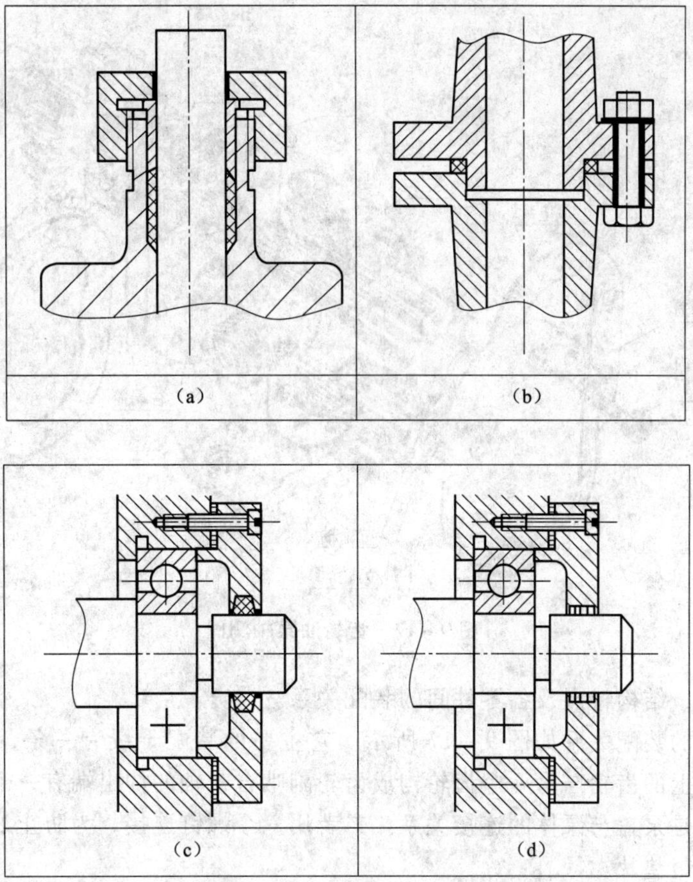

图 9－16　密封装置（续）

(a) 填料函密封；(b) 垫片密封；(c) 毡圈式密封；(d) 油沟式密封

子模块五　部件测绘和装配图画法

学习与训练要点

✧ 了解部件测绘；
✧ 了解装配图的画法。

一、部件测绘

对已有的部件（或机器）进行测量，并画出其装配图和零件图的过程称为部件（或机器）测绘。下面以齿轮油泵为例（如图 9－17 所示）来说明部件测绘的方法和步骤。

(1) 分析、了解部件工作原理及结构

在测绘开始前，首先要对部件的结构进行分析，参阅有关技术资料，了解部件的用

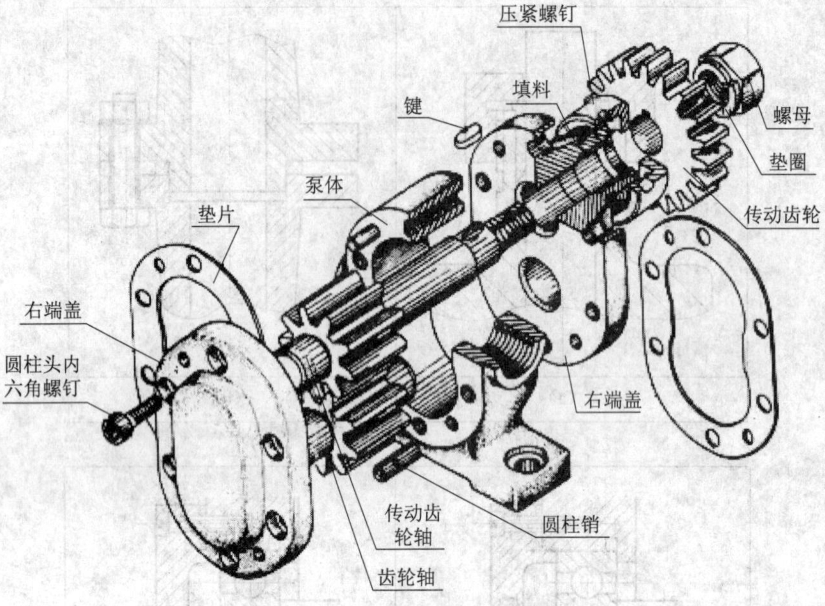

图 9－17　齿轮油泵轴测图

途、工作原理、结构特点及各零件间的装配关系。

齿轮油泵的装配关系如图 9－17 所示。它主要的装配干线有一条，即主动齿轮和轴。装在该轴上的齿轮与另一个齿轮构成齿轮副啮合，轴的伸出端有一个密封装置。另一个装配关系是泵盖与泵体的连接关系。二者用六个螺钉连接，为防止油的泄漏，泵盖与泵体间有密封垫片。

（2）零、部件拆卸和画装配示意图

装配示意图是用来表示部件中各零件的相互位置和装配关系的示意性图样，是重新装配部件和画装配图的参考依据。

装配示意图是用简单的线条和符号示意性地画出部件图样，如图 9－18 所示。画图时应采用国家标准《机构运动简图符号》（GB/T 4460—1984）中所规定的符号，可参见有关技术标准。

在初步了解部件工作原理及结构的基础上，要按照主要装配关系和装配干线依次拆卸各零件，通过对各零件的作用和结构的仔细分析，进一步了解各零件间的装配关系。要特别注意零件间的配合关系，弄清其配合性质。拆卸时为了避免零件的丢失与混乱，一方面要妥善保管零件，另一方面可对各零件进行编号，并分清标准件与非标准件，作出相应的记录。标准件只要在测量尺寸后查阅标准，核对并写出规定标记，不必画零件草图和零件图。

（3）画零件草图

部件中所有的非标准件均要画零件草图。按照在零件图模块所学习的零件草图的绘制方法，我们可以画出齿轮油泵的所有零件的零件草图。图 9－19 是根据泵盖的零件草图绘制的零件图。

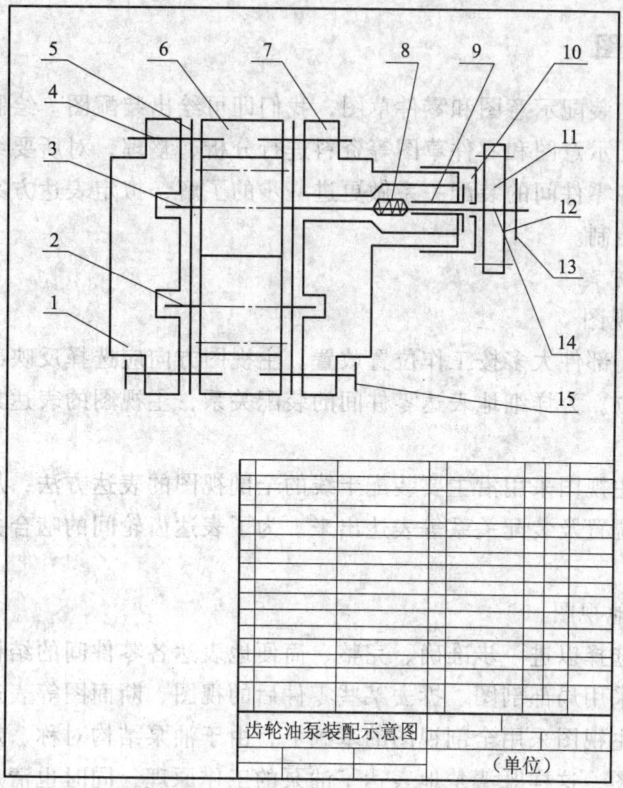

图 9－18 齿轮油泵的装配示意图

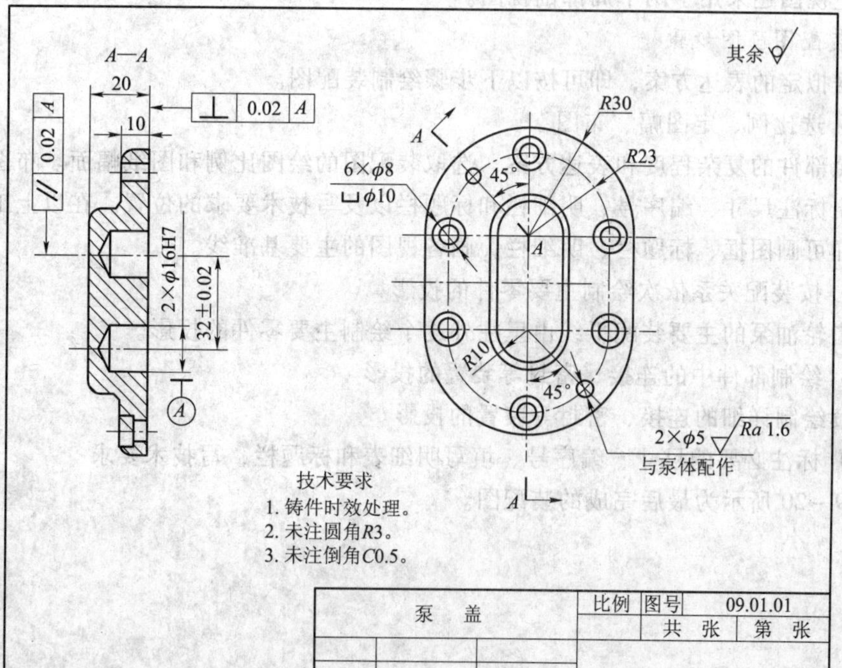

图 9－19 泵盖零件图

二、画装配图

根据绘制好的装配示意图和零件草图，我们即可绘出装配图。绘制装配图前，我们要将绘制好的装配示意图和零件草图等资料进行分析、整理，对所要绘制部件的工作原理、结构特点及各零件间的装配关系做更进一步的了解，拟定表达方案和绘图步骤，最后完成装配图的绘制。

1. 拟定表达方案

（1）选择主视图

画装配图时，部件大多按工作位置放置。主视图方向应选择反映部件主要装配关系及工作原理的方位。为详细地表达零件间的装配关系，主视图的表达方法多采用剖视的方法。

齿轮油泵的主视图采用沿主要装配干线的全剖视图的表达方法，从而将齿轮油泵中主要零件的相互位置及装配关系等表达出来。为了表达齿轮间的啮合关系，又采用了两个局部剖视图。

（2）选择其他视图

其他视图的选择以进一步准确、完整、简便地表达各零件间的结构形状及装配关系为原则，因此多采用局部剖图、拆去某些零件后的视图、断面图等表达方法。

齿轮油泵在主视图采用全剖视图的基础上，由于油泵结构对称，左视图采用沿结合面剖切的半剖视图，这样既清楚地表达了油泵的工作原理，同时也清楚地表明了连接泵盖和泵体的螺钉的分布情况及泵盖和泵体的内外结构。另外，为表达吸油口及安装孔的形状，左视图还采用了两个局部剖视图。

2. 装配图画图步骤

根据拟定的表达方案，即可按以下步骤绘制装配图。

（1）选比例、定图幅、布图

按照部件的复杂程度和表达方案，选取装配图的绘图比例和图纸幅面。布图时，要注意留出标注尺寸、编序号、明细栏和标题栏以及写技术要求的位置。在以上工作准备好后，即可画图框、标题栏、明细栏，画各视图的主要基准线。

（2）按装配关系依次绘制主要零件的投影

按齿轮油泵的主要装配干线由里往外逐个绘制主要零件的投影。

（3）绘制部件中的连接、密封等装置的投影

继续绘制详细的连接、密封等装置的投影。

（4）标注必要的尺寸、编序号、填写明细表和标题栏，写技术要求

图 9－20 所示为最后完成的装配图。

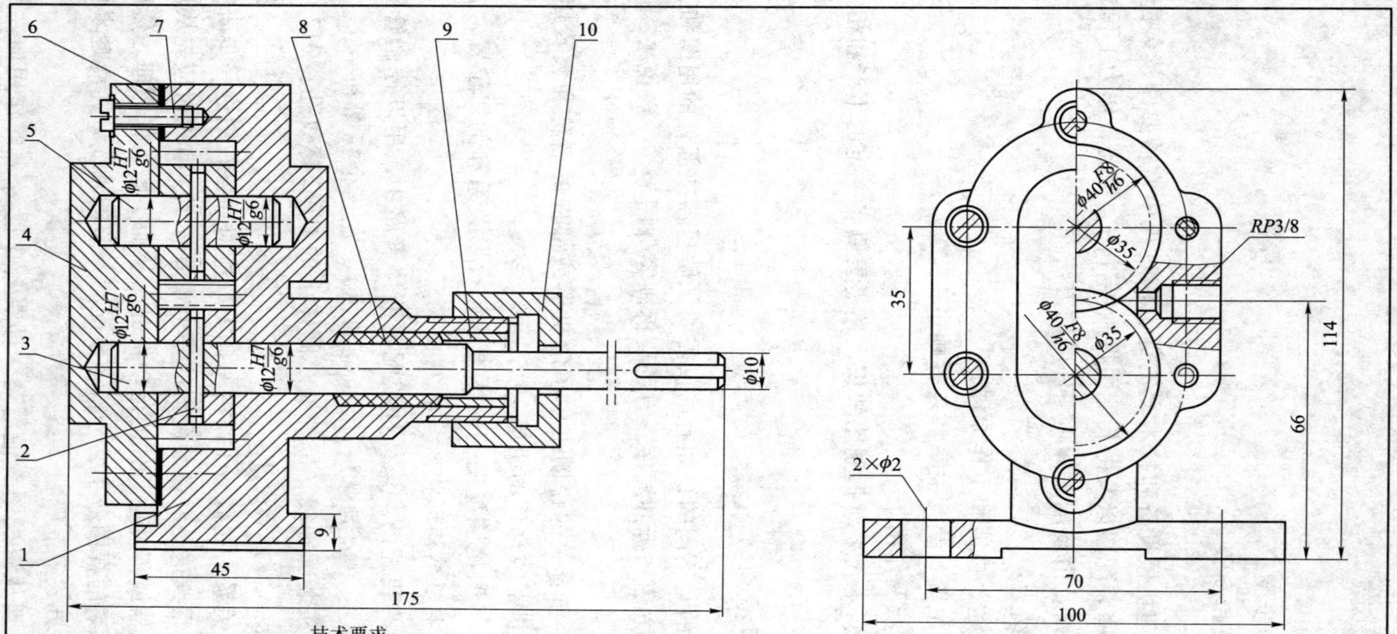

技术要求

1. 齿轮啮合面应占全长的2/3以上；
2. 在490 335Pa油压下实验，不得渗油。

序号	代号	名称	数量	材料	备注
10		压紧螺母	1	45	
9		压盖	1	45	
8		填料	1	石棉绳	
7		螺钉M6×16	6		GB/T 65—2000
6		垫片	1	红纸板	
5		传动齿轮轴	1	45	
4		泵盖	1	*HT*200	
3		齿轮轴7	1	45	
2		圆柱销 $\phi4\times28$	2	45	GB/T 119.2—2000
1		泵体	1	*HT*200	

设计		（日期）		（校名）
校核				
审核			比例 1:1	齿轮油泵装配示意图
班级	学号		共 张 第 张	（图样代号）

图 9－20　装配图

子模块六　读装配图和拆画零件图

学习与训练要点

✧ 掌握读装配图的方法和步骤；
✧ 了解拆画零件图的方法和步骤。

在生产、维修和使用、管理机械设备和技术交流等工作过程中常需要阅读装配图，在设计过程中也经常要参阅一些装配图以及由装配图拆画零件图，因此，作为工程界的从业人员，必须掌握读装配图以及由装配图拆画零件图的方法。

读装配图的基本要求可归纳为：

（1）了解部件的名称、用途、性能和工作原理；

（2）弄清各零件间的相对位置、装配关系和装拆顺序；

（3）弄懂各零件的结构形状及作用。

读装配图要达到上述要求，不仅要掌握制图知识，还需要具备一定的生产和相关专业知识。

一、读装配图的方法和步骤

不同的工作岗位看图的目的是不同的，如有的仅需要了解机器或部件的用图和工作原理；有的要了解零件的链接方法和拆卸顺序；有的要拆画零件图等、一般说来，应按以下方法和步骤读装配图：

（1）概括了解　从标题栏和有关的说明书中了解机器或部件的名称和大致用途；从明细栏和图号中的编号了解机器或部件的组成。

（2）对视图进行初步分析　明确装配图的表达方法、投影关系和剖切位置，并结合标注的尺寸，想象出零件的主要结构形状。

例如，图 9－21 所示为阀的装配图。该部件装配在液体管路中，用以控制管路的“通”和“不通”。该图采用了主（全剖视）、俯（全剖视）、左三个视图和一个“B”向局部视图的表达方法。有一条装配轴线，部件通过阀体上的 G1/2 螺纹孔。Ø12 的螺纹孔和管接头上的 G3/4 螺孔装入液体管路中。

（3）分析工作原理和装配关系　在概括了解的基础上，应对照各视图进一步研究机器或部件的工作原理、装配关系，这是看懂装配图的一个重要环节。看图时应先从反映工作原理的视图入手，分析机器或部件中零件的运动情况，从而了解工作原理。然后再根据投影规律，从反映装配关系的视图着手，分析各装配图条装配轴线，弄清楚零件相互间的配合要求、定位和连接方式等。

图 9－21 所示阀的工作原理从主视图看最清楚。即当杆 1 受外力的作用向左移动时，钢球 4 压缩弹簧 5，阀门被打开，当去掉外力时钢球在弹簧作用下将阀门关闭。旋塞 7 可以调整弹簧作用力的大小。

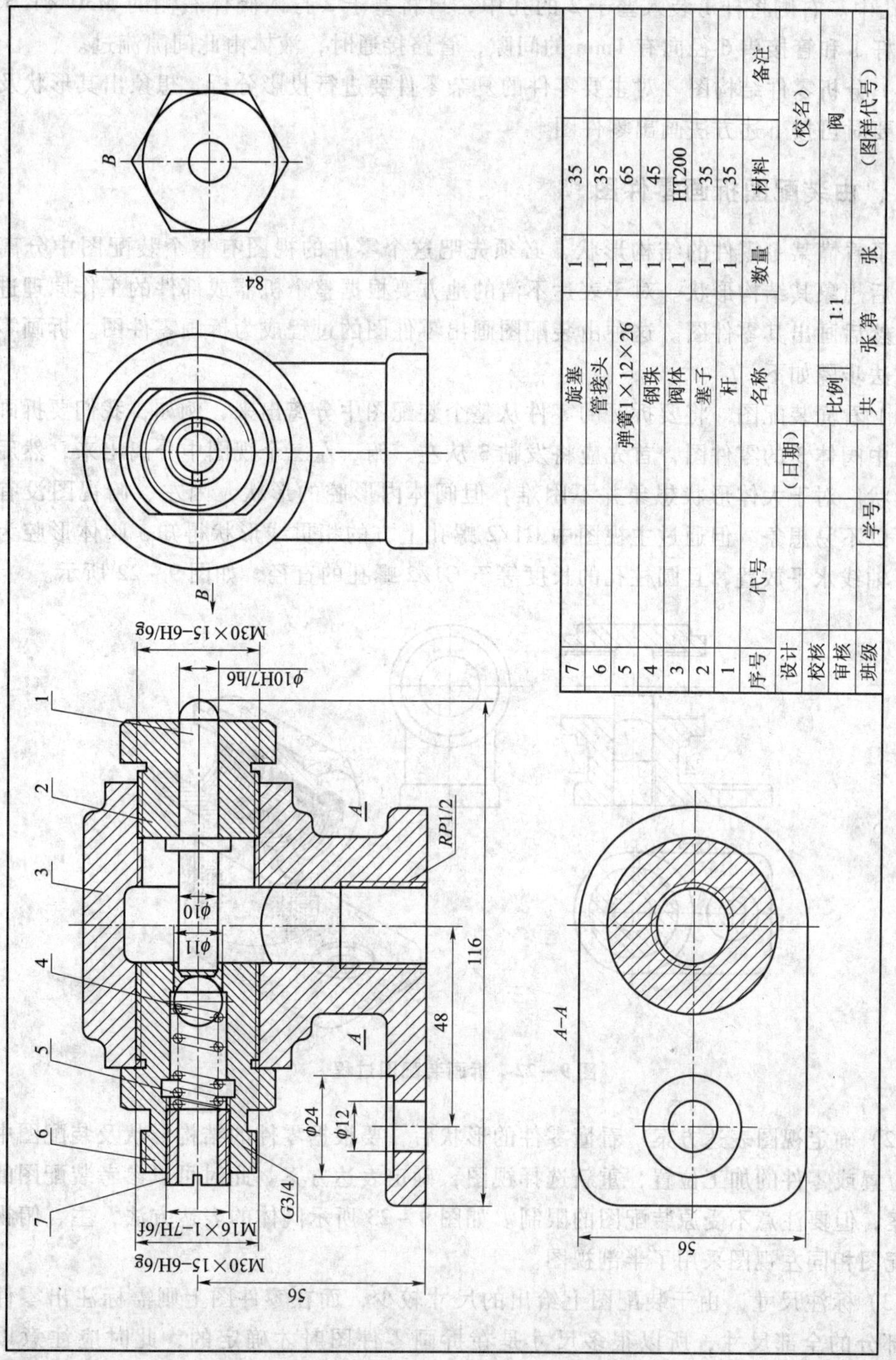

1
2
3
4
5
6
7
M30×15−6H/6g
φ10H7/h6
φ10
φ11
M16×1−7H/6f
M30×15−6H/6g
G3/4
φ24
φ12
48
116
56
RP1/2
A
A
A-A
56
84
B
B
7 旋塞 1 35
6 管接头 1 35
5 弹簧1×12×26 1 65
4 钢珠 1 45
3 阀体 1 HT200
2 塞子 1 35
1 杆 1 35
序号 代号 名称 数量 材料 备注
设计 (日期) (校名)
校核
审核 比例 1:1 阀
班级 学号 共 张 第 张 (图样代号)

图 9－21　阀装配图

阀的装配关系也从主视图看最清楚。左侧钢球将弹簧 4、弹簧 5 依次装入管接头 6 中，然后将旋塞 7 拧入管接头，调整好弹簧的压力，再将管接头拧入阀体左侧的 M30 × 1.5 螺孔中。右侧将杆 1 装入塞子 2 的孔中，再将塞子 2 拧入阀体右侧的 M30 × 1.5 螺孔中。杆 1 和管接头 6 径向有 1mm 的间隙，管路接通时，液体由此间隙流过。

(4) 分析零件结构图　对主要零件的复杂零件要进行投影分析，想象出其形状及结构，必要时可按下述方法画出零件图。

二、由装配图拆画零件图

为了看懂某一零件的结构形状，必须先吧这个零件的视图有整个装配图中分离出来，然后想象其结构形状。对于表达不清的地方要根据整个机器或部件的工作原理进行补充，然后画出其零件图。这种由装配图画出零件图的过程成为拆画零件图。拆画零件图的方法步骤如下：

(1) 看懂装配图　将要拆开的零件从整个装配图中分离出来，例如，我们要拆画阀装配图中阀体 3 的零件图，首先应将发帖 3 从左、俯、左三个视图中分离出来，然后想象其形状。对于大体形状想象并不困难，但阀体内形腔的形状，因左、俯视图没有表达，所以不易想象。但通过主视图中 G1/2 螺孔上方的相贯线形状得知，阀体形腔为圆柱形，轴线水平放置，且圆柱孔的长度等于 G1/2 螺孔的直径，如图 9 - 22 所示。

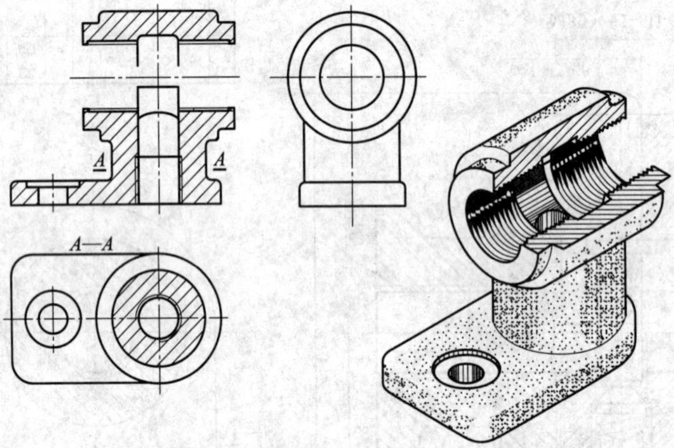

图 9 - 22　拆画装配图过程

(2) 确定视图表达方案　看懂零件的形状后，要根据零件的结构形状及装配图中的工作位置或零件的加工位置，重新选择视图，确定表达方案。此时可以参考装配图的表达方案，但要注意不受原装配图的限制。如图 9 - 23 所示阀体的表达方法，主、俯视图和装配图相同左视图采用了半剖视图。

(3) 标注尺寸　由于装配图上给出的尺寸较少，而在零件图上则需标注出零件各组成部分的全部尺寸，所以很多尺寸是在拆画零件图时才确定的，此时应注意以下几点：

① 凡是在装配图上给出的尺寸，在零件图上可直接注出。

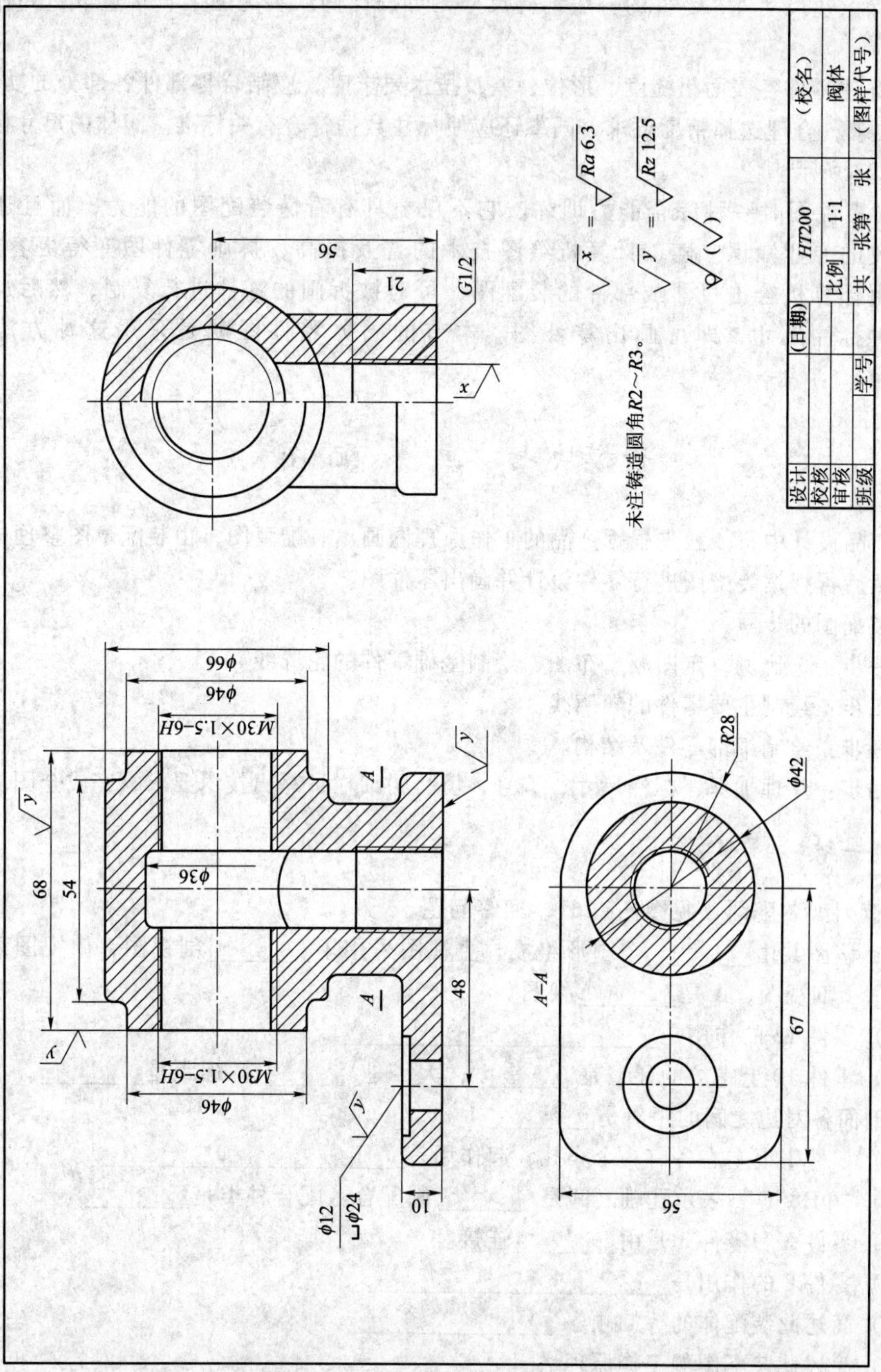
φ66
φ46
M30×1.5-6H
φ36
68
54
48
A
A
y
φ46
M30×1.5-6H
φ12
⌴φ24
10
56
21
G1/2
x
A-A
R28
φ42
67
56
未注铸造圆角R2~R3。
x = Ra 6.3
y = Rz 12.5
(√)
设计
校核
审核
班级
(日期)
学号
比例
1:1
共　张第　张
HT200
阀体
(校名)
(图样代号)

图 9-23　阀体零件

② 某些设计时的尺寸（如齿轮啮合的中心距）及查阅标准手册而确定的尺寸（如键槽等尺寸）。应按计算所得的数据及查表值准确标注，不得圆整。

③ 除上述尺寸外，零件的一般结构尺寸，可按比例从装配图上直接量取，并作适当圆整。

④ 标注零件各表面粗糙度、形位公差及技术要求时，应结合零部件各部分的功能、作用及要求，合理选择精度要求，同事还应使标注数据符合有关标准。阀体的尺寸标注如图 9 - 23 所示。

拆画零件图时一种综合能力训练。它不仅要具有看懂装配图的能力，而且还应具备有关的专业知识。随着计算机绘图技术的普及提高，拆画零件图变得更容易。如果已由计算机绘出机器或部件的装配图，可对被拆画的零件进行复制，然后加以整理，并标注尺寸，即可画出零件图。本节的阀体零件图就是采用这种方法拆画的。

子模块七　画装配图

在产品设计中，一般先根据产品的工作原理图画出装配草图，由装配草图整理成装配图，然后再根据装配图进行零件设计并画出零件图。

画装配图的步骤：

第一步：选比例、定图幅、布图、绘制基础零件的轮廓线。

第二步：绘制主要零件的轮廓线。

第三步：绘制细部零件及结构。

第四步：整理加深，标注尺寸、编号，填写明细栏，写出技术要求，完成全图。

练一练

1. 读刀架装配图（见图 9 - 26），回答问题。

（1）该图共由________个图形组成，主视图采用了________剖视图，俯视图采用了________剖视图，A 是________视图。

（2）零件 12 的作用是__________________________。

（3）零件 10 上螺纹的牙型是________，大径是________，螺距是________，该零件右端剖面各对边之间的距离是________。

（4）零件 1 上左右各有一个小孔，起作用是__________________________。

（5）“ΦH8/f7”表示孔轴之间是________制配合，配合种类是________。

（6）零件 2 和零件 3 是由________连接。

（7）零件 8 的作用是__________________________。

（8）简述此装配体的拆卸顺序__________________。

（9）简述此装配图的工作原理__________________________。

（10）此装配体的总体尺寸是________，配合尺寸有________。

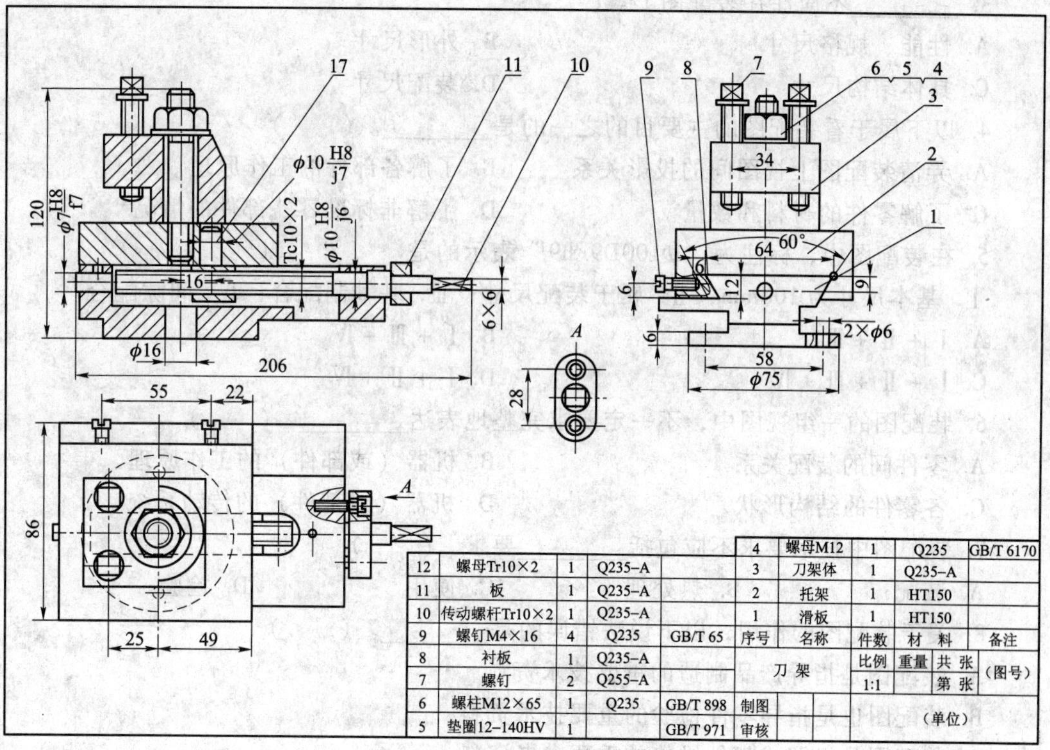

					4	螺母M12	1	Q235	GB/T 6170
12	螺母Tr10×2	1	Q235–A		3	刀架体	1	Q235–A	
11	板	1	Q235–A		2	托架	1	HT150	
10	传动螺杆Tr10×2	1	Q235–A		1	滑板	1	HT150	
9	螺钉M4×16	4	Q235	GB/T 65	序号	名称	件数	材　料	备注
8	衬板	1	Q235–A		刀　架		比例	重量	共　张　(图号)
7	螺钉	2	Q255–A				1:1		第　张
6	螺柱M12×65	1	Q235	GB/T 898	制图		(单位)		
5	垫圈12–140HV	1		GB/T 971	审核				

图 9－24　练习用图

要点回顾

1. 装配图的读图和画图是本章的重点；

2. 熟记装配图规定画法和特殊画法并能灵活运用；

3. 通过读装配图和抄画、拼画装配图以及装配体测绘等训练，能较熟练地掌握装配图的画法和部件的表达方法，提高读图和绘图能力。

思考与训练

请将正确答案填写在括号内。

1. 装配图中一般不标注________。(　　)

A. 表面粗糙度　　B. 规格尺寸　　C. 安装尺寸　　D. 外形尺寸

2. 关于装配图的画法，下列说法中错误的是________。(　　)

A. 两相邻零件的剖面线方向应相反

B. 相邻零件的非接触面之间即使间隙很小，也必须画成两条线

C. 当几个零件汇集在一起时，可采用方向一致而间距不同或间距相同而错开位置的剖面线

D. 同一零件剖面线的方向和间距在各剖视图、剖面图中应根据各图中的图线方向来确定

3. ________不应注在装配图上。(　　)

A. 性能、规格尺寸　　B. 外形尺寸

C. 具体结构尺寸　　D. 装配尺寸

4. 以下属于看装配图的主要目的之一的是________。(　　)

A. 弄清装配图上视图间的投影关系　　B. 了解各部件的工作原理

C. 了解零件的材料和数量　　D. 了解非标准零、部件的情况

5. 在装配图中，标注为“Φ100D9/h9”表示的是________。(　　)

Ⅰ. 基本尺寸为100mm；Ⅱ. 属于装配尺寸；Ⅲ. 基轴制配合；Ⅳ. 间隙配合。

A. Ⅰ+Ⅱ+Ⅲ　　B. Ⅰ+Ⅲ+Ⅳ

C. Ⅰ+Ⅱ+Ⅲ+Ⅳ　　D. Ⅰ+Ⅱ+Ⅳ

6. 装配图的一组视图中，不一定要求完整地表达________。(　　)

A. 零件间的装配关系　　B. 机器（或部件）的工作原理

C. 各零件的结构形状　　D. 机器（或部件）的传动系统

7. 装配图中技术要求不应包括________要求。(　　)

A. 装配　　B. 热处理　　C. 使用　　D. 检验

8. 关于装配图的作用，以下说法错误的是________。(　　)

A. 装配图是指导产品制造的重要技术资料

B. 装配图也是指导零件检验的重要技术资料

C. 装配图是机器或部件维修的重要参考资料

D. 装配图是零件设计的主要依据

9. 装配图中序号的指引线________画成折线。(　　)

A. 不能　　B. 可以

C. 应该　　D. 可以曲折不超过一次地

10. 关于装配图的画法，下列说法中错误的是________。(　　)

A. 两相邻零件的剖面线方向应相反

B. 相邻零件的非接触面之间即使间隙很小，也必须画成两条线

C. 当几个零件汇集在一起时，可采用方向一致而间距不同或间距相同而错开位置的剖面线

D. 同一零件剖面线的方向和间距在各剖视图、剖面图中应根据各图中的图线方向来确定

11. 装配图中，绘制直径或厚度小于________mm的孔或薄片及小间隙等，允许适当________画出。(　　)

A. 2/真实　　B. 1/夸大　　C. 2/夸大　　D. 3/缩小

12. 在装配图中，________可以简化不画。(　　)

A. 内螺纹的大径　　B. 调整垫片

C. 半圆键键顶间隙　　D. 零件的倒角

13. 装配图中，可省略不画的是________。(　　)

Ⅰ. 圆角；Ⅱ. 退刀槽；Ⅲ. 滚动轴承。

A. Ⅰ+Ⅱ　　B. Ⅰ+Ⅲ　　C. Ⅱ+Ⅲ　　D. Ⅰ+Ⅱ+Ⅲ

14. 装配图上不必标出的尺寸是________。(　　)

A. 规格尺寸和总体尺寸　　B. 装配尺寸和安装尺寸

C. 定形尺寸和定位尺寸　　D. 其他重要尺寸

下篇

机械设计基础

模块一

机械设计概论

学习与训练总目标

- 了解机械的发展史；
- 了解机械分类；
- 掌握机器与机构的区别和联系；
- 掌握构件与零件的区别和联系；
- 掌握机械设计的基本要求。

子模块一　机器的组成及其特征

学习与训练要点

- 了解机械的发展历史；
- 了解机器的组成；
- 掌握机器与机构的概念与关系；
- 掌握构件与零件的概念与关系。

一、机械的发展史

在现代生产活动和日常生活中，机械起着非常重要的作用。回顾机械发展的历史，从杠杆、斜面、滑轮到起重机、汽车、拖拉机、内燃机、缝纫机、洗衣机及机械手、机器人等，都说明机械的进步，标志着生产力的不断向前发展。因此，机械的发展程度无疑是国家工业水平的重要标志之一，对于现代工程技术人员，学习和掌握一定的机械设计基础知识是极为必需的。

机械的种类繁多，性能、用途各异，所以有必要从各类机器的共同特征出发，剖析其结构，研究其组成原理，以达到掌握、运用的目的。

二、机器的组成及其特征

任何机器都是为了实现某种功能而设计制造的。如图 1－1 所示，单缸内燃机是由活塞 1、连杆 2、曲柄 3、齿轮 4 与 5、凸轮 6、顶杆 7 以及气缸体 8 等所组成，其基本

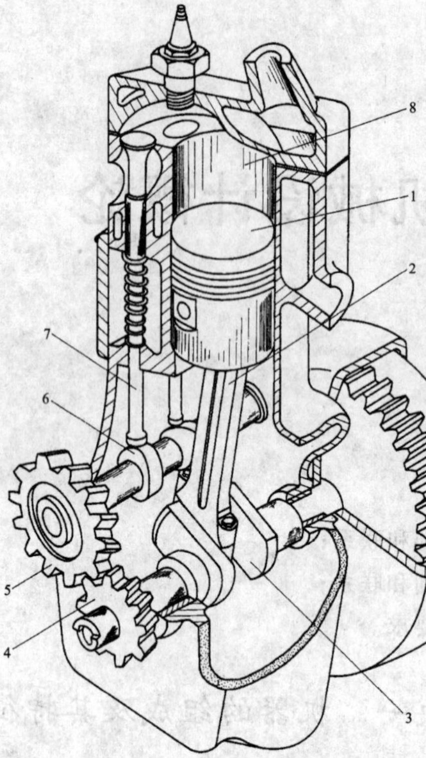

图 1－1　单缸内燃机

功能是使燃气在缸内经过进气－压缩－爆发－排气的循环过程，将燃气的热能不断地转换为机械能，从而使活塞的往复运动转换为曲柄的连续转动。为了保证曲轴连续转动，要求定时将燃气送入气缸和将废气排出气缸，这是通过进气阀和排气阀完成的，而进、排气阀的启闭则是通过齿轮、凸轮、顶杆、弹簧等各实物组合成一体，并协同运动来实现的。

又如图 1－2 所示颚式破碎机，其主体是由机架 1、偏心轴 2、动颚 3 和肋板 4 等组成。偏心轴 2 与带轮 5 固连，当电动机通过皮带驱动带轮运转时，偏心轴则绕轴 *A* 转动，使动颚作平面运动，轧碎动颚与定颚 6 之间的矿石，从而作有用的机械功。

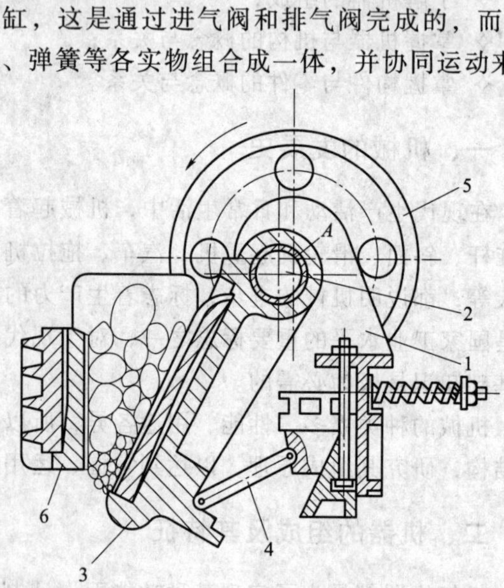

图 1－2　颚式破碎机

再如起重机、纺织机、工业机器人等，它们虽然用途、功能要求、工作原理与构造各不相同，但一般都由原动机、传动部分和执行部分所组成。而对于自动化程度较高的机械，除上述三部分外，还包括完成各种功能的操纵控制系统和信息处理、传递系统，即自动控制部分。

综上所述，机器是执行机械运动的装置，用来变换或传递能量、物料与信息，以代替或减轻人的体力和脑力劳动。

根据用途不同，机器可分为动力机器（电动机、内燃机、发电机等）、加工机器（金属切削机床、轧钢机、织布机等）、运输机器（升降机、起重机、汽车等）、信息机器（机械积分仪、计算机等）。

凡在无人直接参与的前提下，能够完成能量、物料和信息的整个变换过程的机器，即能按一定程序自动完成某些生产工艺过程的单机，称为自动机，如各种自动机床等。通过自动运输装置联接起来，且能自动完成生产过程的自动机群和控制系统的组合，则称为自动线。显然，自动机能较大地减轻人的劳动，提高劳动生产率。

只能传递运动和力的具有一定约束的物体系统称为机构。从功能上看，机构和机器的根本区别在于机构的主要功能是传递运动和力，而机器的主要功能除传递运动和力外，还能完成能量、物料和信息的变换与传递。因此，一般说来，机构是机器的重要组成部分。机器包括一个或若干个机构。但从构成和运动的观点看，机器与机构并无区别。在工程上，通常以“机械”一词作为机器与机构的总称。

机构一般由刚体组成。如果机构中除刚体外，液体或气体也参与运动的变换，则该机构相应地称为液压机构或气动机构。

各种机械中普遍使用的机构称为常用机构，如连杆机构、凸轮机构、齿轮机构和间歇运动机构等。

机构中的运动单元称为构件。所以，构件具有独立的运动特性，它是运动的单元。组成机器的不可拆卸的基本单元称为机械零件，零件则是制造的单元。构件可以是一个零件，如图 1－3（a）所示曲轴，也可由若干个相互无相对运动的零件所组成，如图 1－3（b）所示的连杆，它由连杆体 1、连杆盖 3、螺栓 2 及螺母 4 等零件所组成。

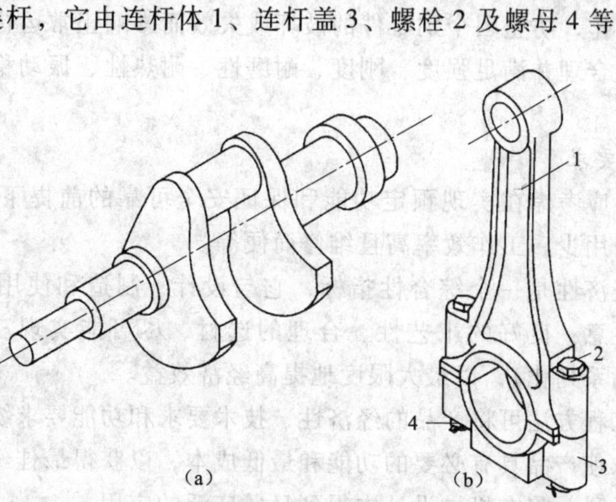

图 1－3 构件与零件

对于机器中的零件，按其功能和结构特点又可分为通用零件和专用零件。各种机械中普遍使用的零件，称为通用零件，如螺栓、齿轮、轴、弹簧等。仅在某些专门行业中才用到的零件称为专用零件，如内燃机的活塞与曲柄、汽轮机的叶片、机床的床身等。

对于一套协同工作且完成共同任务的零件组合，通常称为部件。部件亦可分为通用部件与专用部件。如减速器、滚动轴承和联轴器等属通用部件；而汽车转向器等则属于专用部件。

子模块二　机械设计的基本要求

学习与训练要点

✧ 了解机械设计的基本要求；

✧ 了解课程性质、内容和任务。

一、机械设计的基本要求

机械的类型很多，但其设计的基本要求大致相同，主要有以下几方面。

（一）预定功能的要求

功能要求是指被设计机器的功用和性能指标。

设计机器的基本出发点是实现预定的功能要求。为此，必须正确选择机器的工作原理、机构的类型和机械传动方案。

一般机器的预定功能要求包括运动性能、动力性能、基本技术指标及外形结构等方面。

（二）安全可靠与强度、寿命的要求

安全可靠是机器正常工作的必要条件。因此，设计的机器必须保证在预定的工作期限内能够可靠地工作，防止因个别零件的破坏或失效而影响正常运行。为此，应使所设计的机器零件结构合理并满足强度、刚度、耐磨性、耐热性、振动稳定性及其寿命等方面的要求。

（三）经济性要求

设计机器时，应考虑在实现预定功能和保证安全可靠的前提下尽可能做到经济合理，力求投入的费用少，工作效率高且维修简便等。

由于机器的经济性是一个综合性指标，它与设计、制造和使用等各方面有关。为此，设计者需要注意：良好的工艺性、合理的选材、尽可能实现三化（零件标准化、部件通用化、产品系列化），以最大限度地提高经济效益。

目前，价值工程方法可将产品的经济性、技术要求和功能要求统一起来，并以功能分析为中心，力求使产品具有必要的功能和最低成本，以获得最佳经济效益。价值工程这门新兴的边缘学科，将在机械设计中得到日益广泛的应用。

（四）操作使用要求

设计的机器要力求操作方便，最大限度地减少工人操作的体力和脑力消耗，改善操作者的工作环境，降低机器噪声，净化废气、废液及灰尘，使其对环境的污染和公害尽可能小。

（五）其他特殊要求

某些机器还有一些特殊要求。例如：机床应能在规定的使用期限内保持精度；经常搬动的机器（如塔式起重机、钻探机等）要便于安装、拆卸和运输；食品、医药、纺织等机械有不得污染产品的要求等。

总之，必须根据所要设计的机器的实际情况，分清应满足的各项设计要求的主、次程度，切忌简单照搬或乱提要求。

二、课程性质、内容和任务

本课程是一门技术基础课。主要讲述机械中的常用机构的工作原理、运动特点、结构特点，基本设计理论和计算方法，同时扼要地介绍国家标准和规范。通过本课程的学习，使学生具备使用、维护和改进机械设备的基本知识和分析设备事故的基本能力，并为学习有关专业机械设备课程奠定必要的基础。

要点回顾

1. 机械是机器与机构的统称；
2. 机器包含若干个机构；
3. 构件是运动的单元，零件是制造的单元，构件包含着若干个零件。

思考与训练

1. 我们身边有哪些机械？
2. 机械的种类、性能、用途各是什么？
3. 机械设计的基本要求是什么？
4. 机械设计课程的性质是什么？

模块二

平面机构的运动简图及自由度

学习与训练总目标

- 了解机构的运动特征；
- 掌握平面机构结构组成及运动副分类；
- 掌握平面机构自由度的计算；
- 掌握机构系统具有确定运动的条件。

引言

机构的主要作用之一是传递和变换运动。然而机构中的构件任意拼凑起来是不一定具有确定运动的。如图 2－1（a）所示是一个三构件的组合体，但各构件之间无相对运动，所以它不是机构。又如图 2－1（b）所示为五构件组合体，当只给定构件 1 的运动规律时，其余构件的运动并不确定。为此构件究竟应如何组合才能运动？在什么条件下才具有确定的相对运动？这对分析现有机构或创新机构是很重要的。

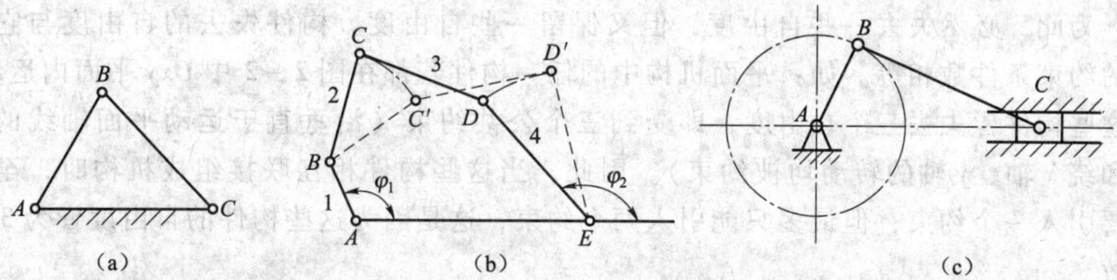

图 2－1　三、四、五构件组合体

若组成机构的所有构件都在同一平面或相互平行的平面内运动，则称该机构为平面机构，否则称为空间机构。实际机构一般由外形和结构都较复杂的构件组成。为了便于分析和研究机构，常用机构运动简图来表示，如图 2－1（c）所示为图 1－1 所示内燃机中曲柄连杆机构的机构运动简图。掌握正确绘制机构运动简图的方法是必要的。现仅讨论平面机构的情况。

子模块一　平面机构的组成

学习与训练要点

- ✧ 了解约束的概念；
- ✧ 了解构件自由度；
- ✧ 熟练掌握运动副及其分类；
- ✧ 熟练掌握运动副符号。

一、构件及其自由度

构件是机构中具有相对运动的单元体，因此它是组成机构的主要要素之一。

自由度是构件可能出现的独立运动。任何一个构件在空间自由运动时皆有六个自由度。它可表达为直角坐标系内沿着三个坐标轴的移动和绕三个坐标轴的转动。而对于一个作平面运动的构件，则只有三个自由度，如图 2－2 所示，构件 *AB* 可以在 *Oxy* 平面内绕任一点 *A* 转动，也可沿 *x* 轴或 *y* 轴方向移动。

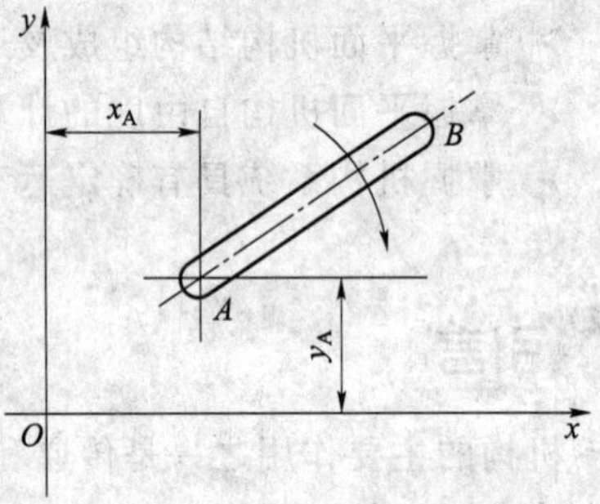

图 2－2　构件的自由度

二、约束与运动副

对物体运动的限制称为约束。机构中的构件由于相互联接，其独立运动受到约束。为此，必然失去一些自由度，但又保留一些自由度。构件失去的自由度与它受到的约束条件数相等。如：平面机构中的任一构件若都在图 2－2 中 *Oxy* 平面内运动，则这些构件皆失去三个自由度，即受到三个公共约束（沿垂直于运动平面轴线的移动和绕 *x* 轴、*y* 轴的转动均被约束）。因此，当这些构件相互联接组成机构时，至少又要引入一个约束，但最多只能引入两个约束，这是因为这些构件的自由度皆为 3 的缘故。

当构件组成机构时，每个构件都以一定的型式与其他构件相互联接，且相互联接的两构件间保留着一定的相对运动。这种使两构件直接接触而又彼此有一定的相对运动的联接称为运动副。组成运动副的两构件在相对运动中可能参加接触的点、线、面称为运动副元素。显然，运动副也是组成机构的主要要素。

三、运动副的分类

根据组成运动副两构件之间的接触特性，运动副可分为低副和高副。

（一）低副

两构件之间通过面接触形成的运动副称为低副。根据它们之间的相对运动是转动还是移动，又可分为转动副和移动副。

1. 转动副

若组成运动副的两构件之间只能绕某一轴线作相对转动，这种运动副称为转动副。由圆柱销和销孔及其两端面所构成的转动副称为铰链，如图 2－3 所示。图中有一构件（构件 1）是固定的，称为固定铰链。若没有固件固定，则称为活动铰链。

2. 移动副

若组成运动副的两构件只能沿某一轴线作相对直线移动，这种运动副称为移动副，如图 2－4 所示。活塞与气缸体所组成的运动副即为移动副。

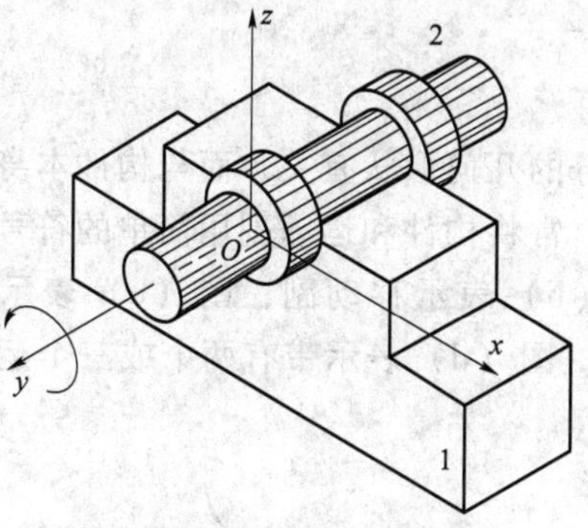

图 2－3　转动副

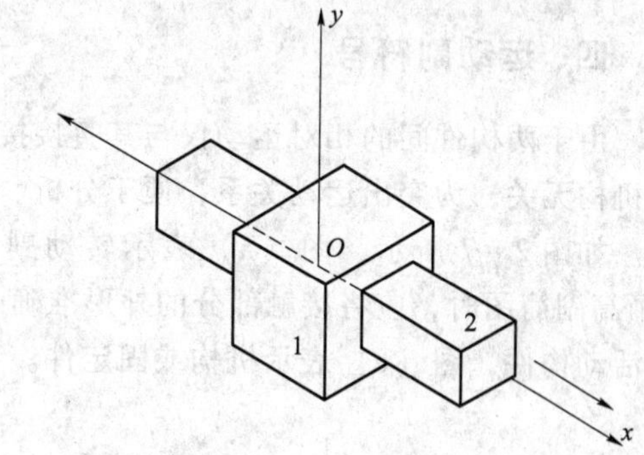

图 2－4　移动副

平面机构中的低副引入两个约束，仅保留一个自由度。

（二）高副

两构件之间通过点或线接触组成的运动副称为高副。如图 2－5 所示，凸轮 1 与从动件 2（a 图），轮齿 1 与轮齿 2（b 图）皆在其接触处分别组成高副。

在平面机构中两构件组成高副后，保留的自由度为2。如图 2－5（b）所示，轮齿 1 与轮齿 2 组成的高副中，轮齿 1 沿公法线 *nn* 方向的运动受到约束，而轮齿 1 相对于轮齿 2 则既可沿接触点 *C* 的切线 *tt* 方向移动，同时还可绕 *C* 点转动。图 2－5（a）中的尖顶从动件与凸轮组成的高副，也可如此分析。由此可知，平面机构中的高副引入一个约束，而保留两个自由度。

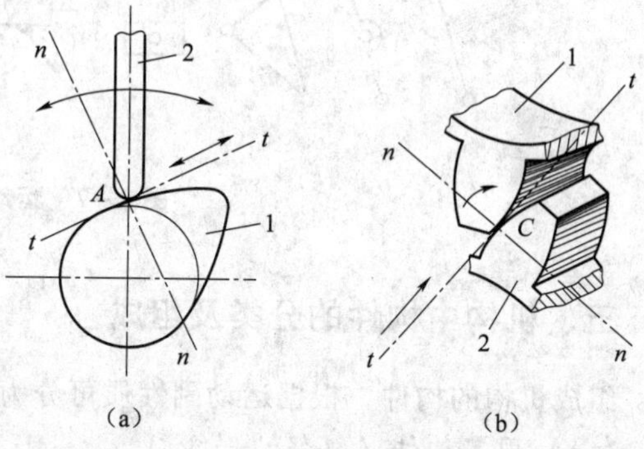

图 2－5　高副

此外，常见的运动副还有螺旋副（如图 2－6（a）所示）、球面副（如图 2－6（b）所示），它们皆属于空间运动副，即两构件间的相对运动为空间运动。

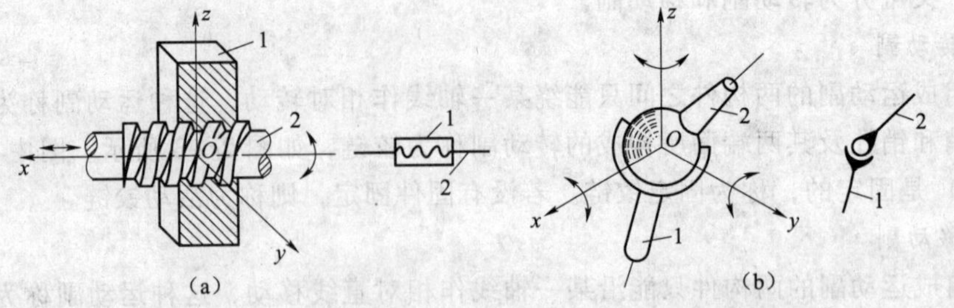

图 2－6　螺旋副与球面副

四、运动副符号

由于两构件间的相对运动仅与其直接接触部分的几何形状有关，而与构件本身的实际机构无关，为突出运动关系，便于分析、研究，常将构件和运动副用简单的符号来表示。如图 2－7 所示，图（a）表示转动副，图（b）表示移动副，图（c）表示高副（画高副简图时，应将接触部分的外形准确画出），图（d）表示带有两个或三个运动副的活动构件，图（e）表示机构或固定件。

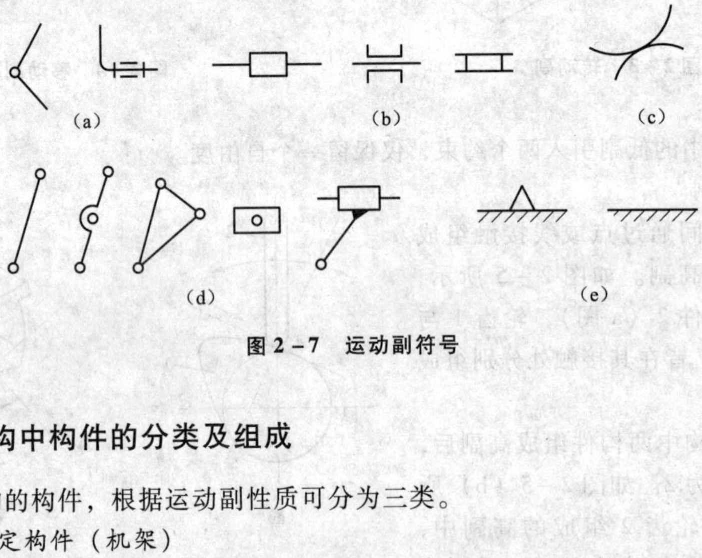

图 2－7　运动副符号

五、机构中构件的分类及组成

组成机构的构件，根据运动副性质可分为三类。

（一）固定构件（机架）

机构中固结于定参考系的构件称为固定构件。它用来支承机构中的可动构件（机构中可相对于机架运动的构件）。如图 1－1 中的汽缸体就是固定构件，它用来支承可动构件曲轴与活塞，并以它为参考坐标系来研究曲轴与活塞的运动。

（二）主动件（原动件）

机构中作用有驱动力或力矩的构件或运动规律已知的构件称为主动件或原动件。它是机构中输入运动或动力的构件，故又称为输入构件。例如图 1－1 中活塞就是主动件。

（三）从动件

机构中除了主动件以外，随着主动件的运动而运动的其余可动构件皆称为从动件。如图 1－1 中的连杆和曲轴都是从动件。

由此可知，机构可由机架、原动件及从动件系统（除机架与原动件外的所有从动件）所组成。同一机构，在不同情况下，主、从动件可不相同。如在曲柄滑块机构中的滑块与曲柄，滑块可为驱动力（矩）作用的构件；而曲柄有时也可为运动规律由外界给定的构件，因此两者在不同情况下皆有可能为主动件。但当曲轴为主动件时，连杆与活塞即为从动件。它们的运动取决于曲轴的运动规律。

子模块二　平面机构运动简图

学习与训练要点

✧ 了解什么是机构运动简图；

✧ 了解机构运动简图的绘制步骤；

✧ 基本掌握简单机构运动简图的绘制方法。

为了便于分析、研究已有的机构或设计新机构，需要首先作出能表明机构运动特征的机构运动简图。

一、机构运动简图与机构简图

由于机构的运动仅与机构中运动副的性质（低副或高副等）、运动副的数目及相对位置（转动副中心、移动副的中心线、高副接触点的位置等）、构件的数目等有关，而与构件的外形、截面尺寸、组成构件的零件数目、运动副的具体构造等因素无关。因此，可按一定的长度比例尺确定运动副的位置，并用特定的构件和运动副符号及线条绘制出图形，这种表示机构运动特征的简单图形称为机构运动简图。

机构运动简图保持了其实际机构的运动特征，它不仅简明地表达了实际机构的运动情况，且还可通过该图进行该机构的运动分析和动力分析。

实践中，有时只需要表明机构运动的传递情况和构造特征，而不要求机构的真实运动情况，因此不必严格地按比例确定机构中的各运动副的相对位置及其运动学尺寸，这样的简图称为机构简图（或称机构示意图）。在进行新机器设计时，常用机构简图进行方案比较。

二、平面机构运动简图的绘制

在绘制机构运动简图时，首先必须分析该机构的实际构造和运行情况，分清机构中的固定构件（机架）、主动件（输入构件）及从动件；然后从主动件开始，顺着运动传递路线，仔细分析各构件之间的相对运动情况；从而确定组成该机构的构件数、运动副数及性质。在此基础上按一定比例及特定的构件和运动副符号，正确绘制出机构运动简图。绘制时应撇开与运动无关的构件的复杂外形和运动副的具体构造。同时应注意，选择恰当的主动件位置进行绘制。因主动件位置选择不当，会造成图中构件相互重叠或交叉，以致使绘制图形难于辨认，不能清楚表达各构件的相互关系。

下面以图 1－1 所示内燃机为例，说明其机构运动简图的绘制方法。

由图 1－1 可知，该内燃机是由曲柄连杆机构、凸轮机构和齿轮机构等组成。其机构运动简图的绘制步骤如下：

（一）确定构件的类型和数目

1. 曲柄连杆机构

活塞 1 为主动件，连杆 2、曲轴 3 为从动件，气缸体 8 为机架。

2. 齿轮机构

与曲轴相固连的齿轮 4 为主动件，齿轮 5 为从动件，气缸体 8 为机架。

3. 凸轮机构

与齿轮 5 相固连的凸轮 6 为主动件，气阀顶杆 7 为从动件，气缸体 8 为机架。

以上组成内燃机的三个机构因其运动平面平行，故可视为一个平面机构。此机构共有 6 个构件（齿轮 4 与曲轴 3；齿轮 5 与凸轮 6 皆因分别固连，可各视为 1 个构件），其中可动构件数为 5，机架数为 1，活塞为主动件，其余为从动件。

（二）确定运动副的种类和数目

根据组成运动副构件相对运动关系可知，活塞 1 与缸体 8 组成移动副；活塞 1 与连杆 2 组成转动副；连杆 2 与曲轴 3 组成转动副；曲轴 3 与小齿轮 4 固连成一个构件，它与缸体 8 组成一个转动副；凸轮 6 与大齿轮 5 固连成一个构件，它与缸体 8 组成一个转动副；而小齿轮 4 与大齿轮 5 组成齿轮副；凸轮 6 与顶杆 7 组成凸轮副；它们皆为高副。顶杆 7 与缸体 8 为移动副。所以内燃机主体机构共有 8 个运动副，其中移动副 2 个，转动副 4 个，高副 2 个。

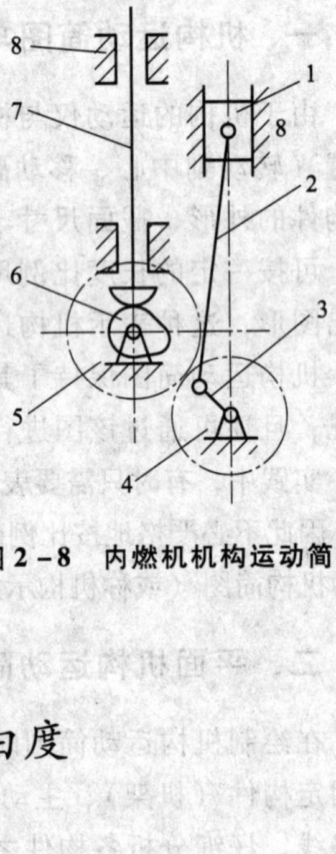

图 2－8　内燃机机构运动简图

（三）合理选择视图

因整个主体机构为平面机构，故取连杆运动平面为视图平面。

（四）选定比例尺，绘制机构行动简图

三个机构皆选定相同比例尺，然后以相应构件和运动副符号绘出机构运动简图，如图 2－8 所示。

在机构简图绘制完成后，还应注意对较复杂的机构需要校核其机构的自由度，以判定它是否具有确定的相对运动和所绘制的简图是否正确。

子模块三　平面机构的自由度

学习与训练要点

- ✧ 了解平面机构自由度的概念；
- ✧ 熟练掌握机构自由度的计算；
- ✧ 掌握识别复合铰链、局部自由度、虚约束的方法；
- ✧ 熟练掌握机构具有确定运动的条件。

若要判定几个构件通过运动副相联接起来的构件系统是否为机构，就必须研究平面机构自由度的计算。

一、平面机构的自由度

平面机构的自由度就是该机构中各构件相对于机架所具有的独立运动的数目。

平面机构自由度与组成机构的构件数目、运动副的数目及运动副的性质有关。如图 2-9 所示，图（a）中有三个构件，图（b）中有四个构件，它们皆用转动副联接，但因二者的构件数与运动副数不同，则两构件系统的自由度不同。显然，图（a）所示的构件系统不能动，而图（b）所示的构件系统有一个自由度。又如图 2-10 所示两个系统皆为三构件系统，但图（a）中有三个转动副，图（b）中有两个转动副及一个高副，则图（a）、(b）所示构件系统的自由度也不相同。图（a）所示构件系统的自由度为 0，不能动；图（b）所示构件系统的自由度为 1，表明能运动。这是因为图（a）所示构件系统中全为低副，而图（b）中有一个高副，其运动副性质不相同，因而对运动的约束数不相同。

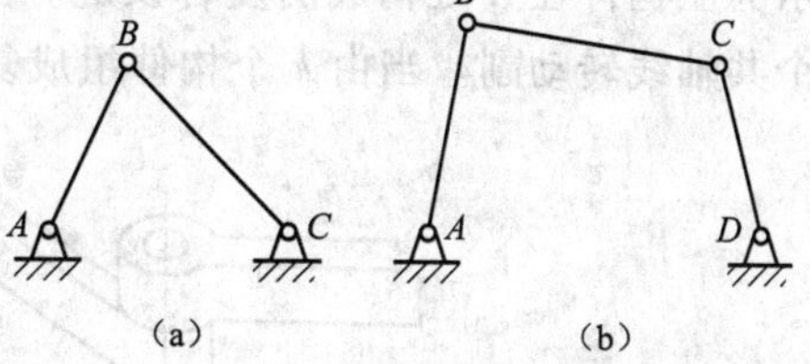

图 2-9　构件数对机构自由度的影响

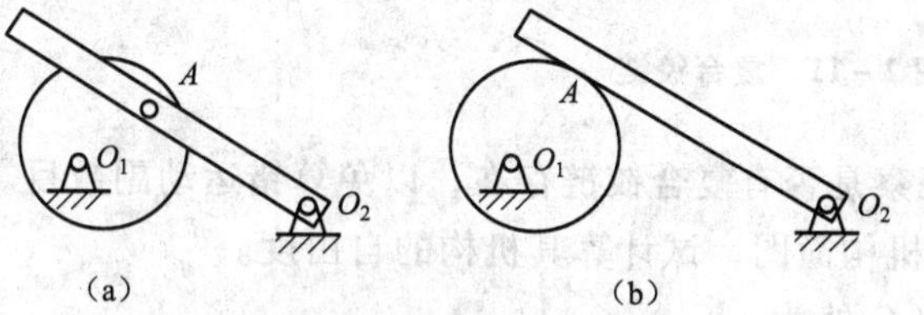

图 2-10　运动副性质对机构自由度的影响

可见，在平面机构中每个平面低副（转动副、移动副等）引入两个约束，使构件失去两个自由度，保留一个自由度；而每个平面高副（齿轮副、凸轮副等）引入一个约束，使构件失去一个自由度，保留两个自由度。

如果一个平面机构中包含有 n 个可动构件（机架为参考坐标系，相对固定而不计其中）；P_L 个低副和 P_H 个高副。则这些可动构件在未用运动副联接之前，其自由度总数应为 $3n$。当用 P_L 个低副与 P_H 个高副联接成机构之后，全部运动副所引入的约束总数为 $2P_L+P_H$。因此可动构件的自由度总数减去运动副引入的约束总数，就是该机构中各个构件相对机架独立运动的数目，即为该机构的自由度，以 F 表示，则有：

$$F=3n-2P_L-P_H$$

上式就是计算平面机构自由度的公式。由此可见，机构的自由度必须大于零，机构才能够运动。如果自由度等于零，就不是机构了。

例 1　试计算如图 2-8 所示内燃机机构的自由度。

解：图中曲轴 4 与齿轮 5、齿轮 6 与凸轮 7 皆固连在一起，故可分别视为一构件。因此可知：$n=5$，$P_L=6$（两个运动副，四个转动副），$P_H=2$。所以，该机构的自由度

$$F=3n-2P_L-P_H=3\times5-2\times6-2=1$$

二、计算机构自由度时应注意的事项

计算平面机构自由度时，应注意以下几点：

(一) 复合铰链

两个以上构件组成两个或更多个共轴线的转动副，即为复合铰链。如图 2-11 (a) 所示为三构件在 A 处构成的复合铰链。由其侧视图 2-11 (b) 可知，此三构件共组成两个共轴线转动副。当由 k 个构件组成复合铰链时，则应当组成 $k-1$ 个共轴线转动副。

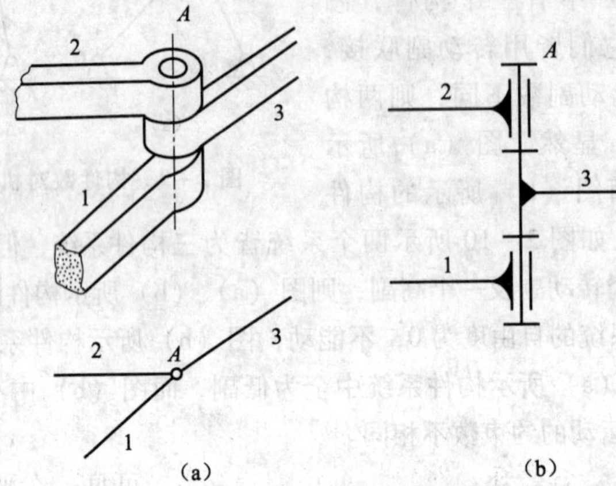

图 2-11　复合铰链

在计算机构自由度时，应仔细观察是否有复合铰链存在，以免算错运动副数目。

例 2　如图 2-12 所示为一摆筛机构简图，试计算其机构的自由度。

解：该机构中，$n=5$，$P_L=7$（C 处为复合铰链），$P_H=0$。所以，该机构的自由度

$$F=3n-2P_L-P_H=3\times5-2\times7=1$$

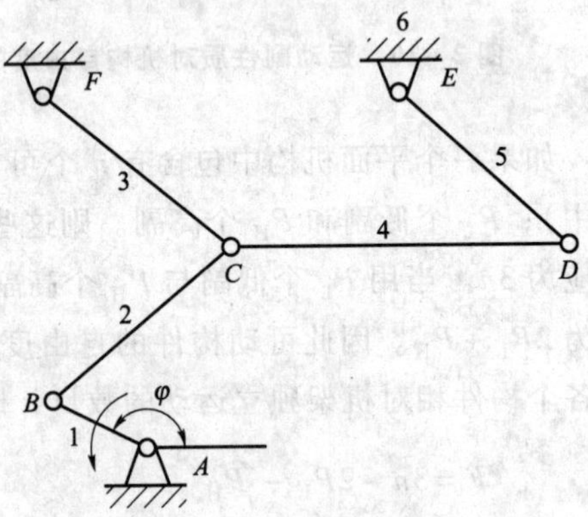

图 2-12　摆筛机构

(二) 局部自由度

机构中不影响其输出与输入运动关系的个别构件的独立运动自由度，称为机构的局部自由度，在计算机构自由度时，可预先排除。如图 2-13 (a) 所示平面凸轮机构中，为减少高副接触处的磨损，在从动件上安装一个滚子 3，使其与凸轮轮廓线滚动接触。显然，滚子绕其自身轴线的转动与否并不影响凸轮与从动件间的相对运动，因此滚子绕其自身轴线的转动为机构的局部自由度。在计算机构的自由度时应预先将转动副 C 除去不计，或如图 2-13 (b) 所示，设想将滚子 3 与从动件 2 固连在一起作为一个构件来考虑。此时该机构中，$n=2$，$P_L=2$，$P_H=1$。其机构的自由度

$$F=3n-2P_L-P_H=3\times2-2\times2-1=1$$

公式计算出凸轮机构只有一个自由度，是符合实际情况的。

（三）虚约束

在机构中与其他约束重复而不起限制运动作用的约束称虚约束。在计算机构自由度时应当除去不计。

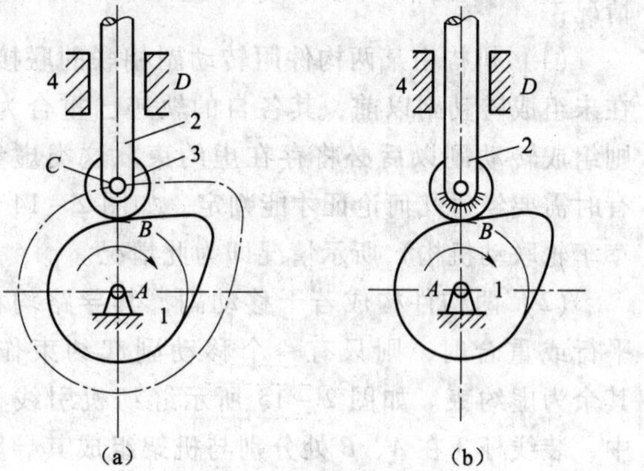

图 2－13　局部自由度

如图 2－14 所示为机车车轮联动机构。在机构运动简图（b）中，$L_{AB}=L_{CD}=L_{EF}$，$L_{BC}=L_{AD}$，$L_{DF}=L_{CE}$。在此机构中，$n=4$，$P_L=6$，$P_H=0$。其机构的自由度

$$F=3n-2P_L-P_H=3\times4-2\times6=0$$

这表明该机构不能运动，这显然与实际情况不符。进一步分析可知，机构中的运动轨迹有重叠现象。因为如果去掉构件 4（转动副 E、F 也不再存在），当主动件 1 转动时，构件 2 上 E 点的轨迹自然是以 F 点为圆心，以 L_{AB}（或 L_{CD}）为半径的圆弧。因此构件 4 及转动副 E、F 是否存在，对整个机构的运动并无影响。也就是说，机构中加入构件 4 及转动副 E、F 后，虽然使机构增加了一个约束，但此约束并不起限制机构运动的作用，所以是虚约束。因此，在计算机构自由度时应除去构件 4 和转动副 E、F。此时机构中 $n=3$，$P_L=4$，$P_H=0$，则

$$F=3n-2P_L-P_H=3\times3-2\times4=1$$

该结果与实际情况相符。

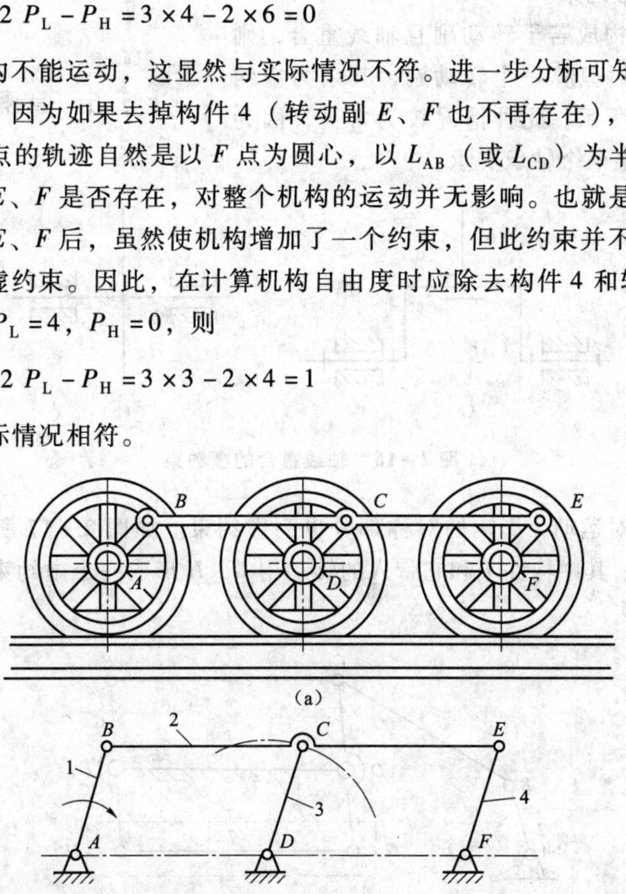

图 2－14　机车车轮联动机构

由此可知，当机构中存在虚约束时，其消除办法是将含有虚约束的构件及其组成的

运动副去掉。平面机构中的虚约束常发生在以下情况：

（1）机构中某两构件用转动副相联的联接点，在未组成转动副以前，其各自的轨迹已重合为一，则组成转动副以后必将存在虚约束。这类虚约束有时需要经过几何论证才能判定。如图 2-14（机车车轮联动机构）所示情况即为此情况。

（2）两构件构成若干移动副，其导路均相互平行或重合时，则只有一个移动副起约束作用，其余为虚约束。如图 2-15 所示缝纫机引线机构中，装线杆 3 在 A、B 处分别与机架组成其导路重合的两移动副，计算机构自由度时只能算一个移动副，另一个为虚约束。

（3）两构件构成若干转动副且轴线重合，则计算机构自由度时只算一个转动副，其余为虚约束，如图 2-16 所示。此种情况较为常见，因为轴类零件一般皆由两个轴承支承。

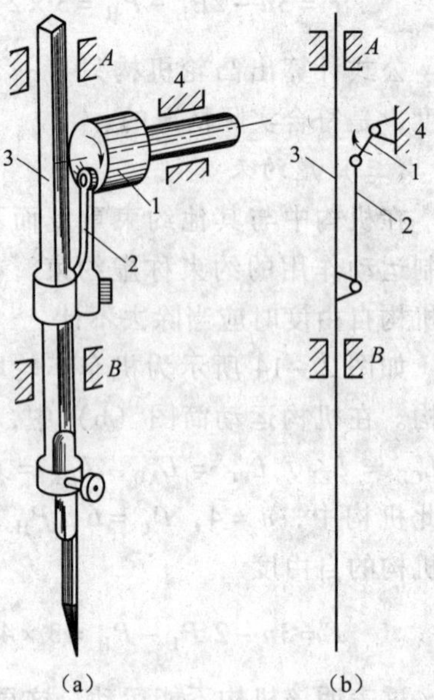

图 2-15　导路重合的虚约束

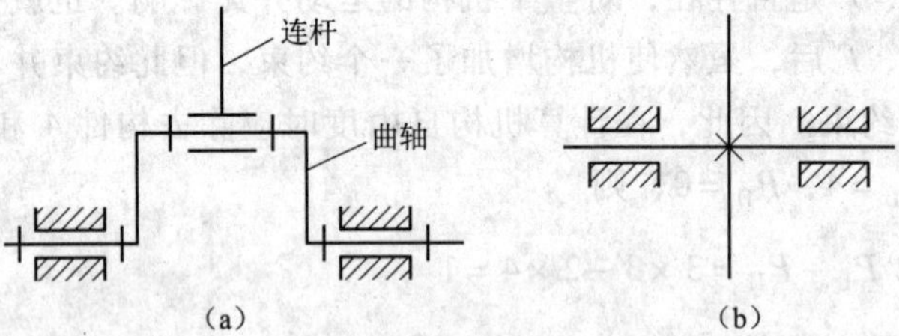

图 2-16　轴线重合的虚约束

（4）机构中对运动无影响的对称部分也为虚约束。如图 2-17 所示为联合收割机的双层清筛机构，其中构件 7 和它带入的转动副 G、H 形成一个虚约束，计算机构自由度时应将它们除去。

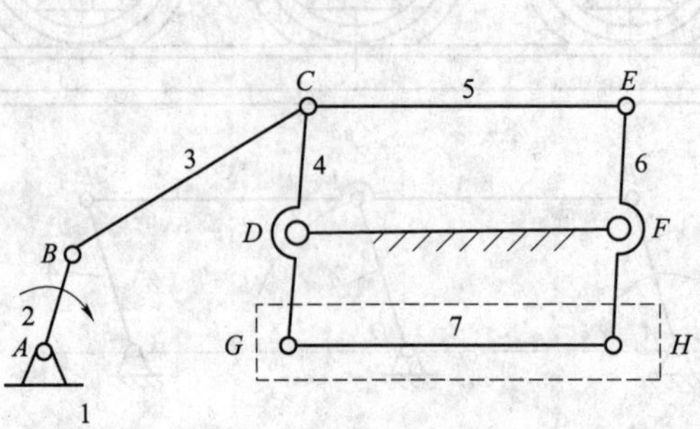

图 2-17　对称结构的虚约束

综上，在计算平面机构自由度时，必须考虑是否存在复合铰链，并应将局部自由度和虚约束除去不计，才能得到正确结果。

应当注意，对于虚约束，从机构的运动观点看是多余的，但从增强机构刚度、改善机构受力状况等方面看却是必需的。同时，机构中的虚约束是在一些特定的几何条件下引入的，如果这些几何条件不能满足，虚约束将会转化为有效约束，从而改变机构的自由度。因此，机构引入虚约束后，其制造与装配精度要求更高。

虚约束发生的情况较复杂，上述为几种常见情况。一般不符合上述情况者，不要轻易判定为虚约束，以免造成计算错误。

例3　试计算如图2－18所示发动机配气机构的自由度。

解：此机构中，G、F 为导路重合的两移动副，其中一个是虚约束；P 处的滚子为局部自由度。除去虚约束及局部自由度后，该机构中：$n=6$，$P_L=8$，$P_H=1$，其自由度为

$$F=3n-2P_L-P_H=3\times6-2\times8-1=1$$

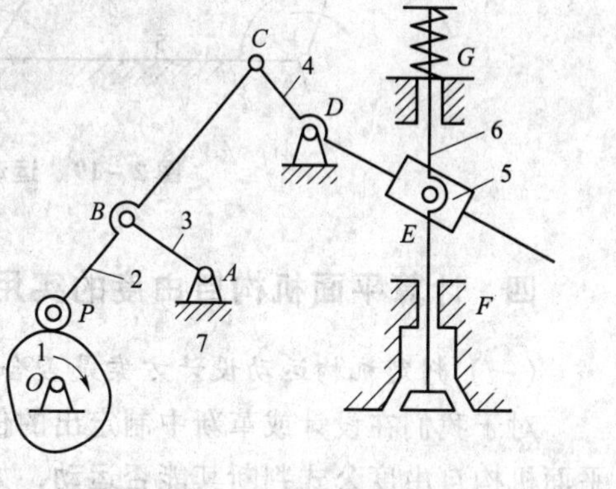

图2－18　发动机配气机构

三、构件系统具有确定运动的条件

通过机构自由度计算可知，构件的组合能否成为机构，其必要条件为 $F>0$。而成为机构的充分条件是必须具有确定的相对运动。满足什么条件才能具有确定的相对运动呢？

由前述可知，机构的自由度是机构中各构件相对机架所具有的独立运动的个数。而从动件是不能独立运动的，只有主动件的运动是外界给定的，能够独立运动。因此，要使各构件之间具有确定的相对运动，必须使主动件数等于机构的自由度。所以，构件系统成为机构的充分必要条件是：构件系统的自由度必须大于零，且主动件数与其自由度必须相等。

如图2－12所示摆筛机构是一个六杆机构，这个机构的自由度为1，回转杆1为主动件，参变数 φ 代表构件1的独立运动。因此每给定一个 φ 的数值，从动件2、3、4、5便有一个确定的相应位置。机构的自由度数为1，与主动件数相等，所以它有确定的相对运动。

如果给此机构两个主动件（构件1和构件3），那么既要求构件2处于主动件1所要确定的位置，同时又要随构件3的运动规律而运动，显然是不可能的。由此可见，如果机构的主动件数大于自由度，势必使机构卡死或导致运动副及构件的损坏，不能成为机构。

如果机构的主动件数少于自由度，就会出现运动不确定情况。如图2－19所示五杆件系统，$F=3\times4-2\times5-0=2$，若只给定一个主动件（如杆1），则当它处于 φ_1 时，构件2、3、4既可为实线所示位置，也可为虚线所处位置，因此其运动是不确定的，同

样不能成为机构。

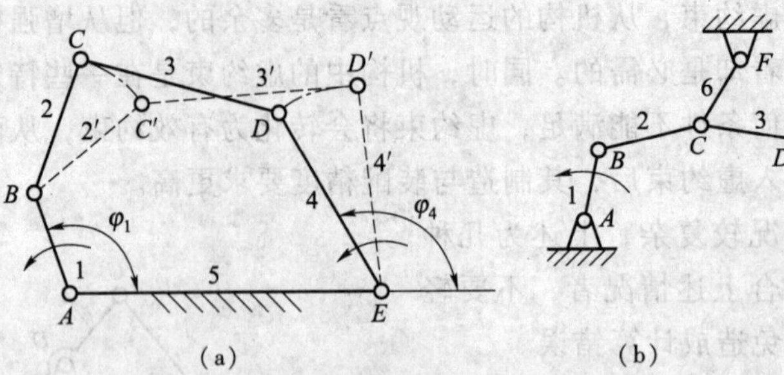

图 2-19 运动不确定与确定的情况

四、计算平面机构自由度的实用意义

(一) 判定机构运动设计方案是否合理

对于我们在设计或革新中制定出的任何平面机构或其组合的运动设计方案，皆可用平面机构自由度公式判断其能否运动，如果能够运动（$F>0$），则应根据计算所得的自由度来检验主动件的选择是否合理，主动件的数目是否正确，从而判断是否具有运动的确定性，进而得出其运动设计方案是否合理的结论。

(二) 改进不合理的运动设计方案，使之具有确定的相对运动

(1) 如果设计方案的机构自由度 $F=0$，而设计要求机构具有一个自由度时，一般可在该机构中适当位置，用增加一构件带一平面低副的方法来解决。如图 2-20（a）所示为一简易冲床设计方案简图，经过计算，机构的自由度 $F=0$，设计不合理。这时，可在冲头 4 与构件 3 联接处 C 增加一滑块及一移动副即可解决，如图 2-20（b）所示。改进后，机构的自由度 $F=1$，其原因在于增加一构件有三个自由度，但增加一移动副引入两个约束，因此实际上增加了一个自由度，从而改变了原来不能运动的状况，使设计方案合理。

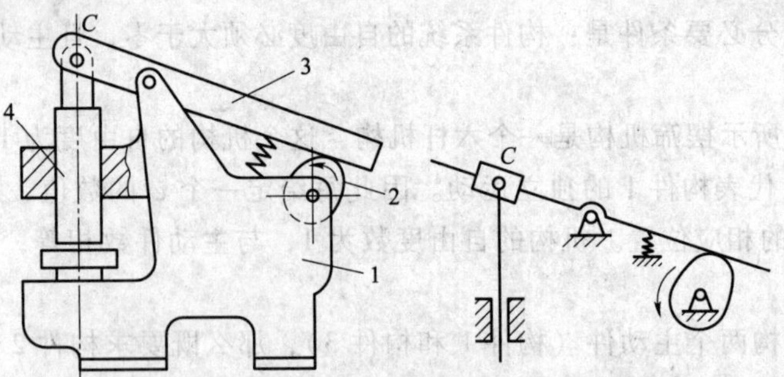

图 2-20 简易冲床

(2) 对于设计方案中运动不确定的构件系统，可采用增加约束或主动件的方法使其运动确定，成为机构。为增加约束，一般可在其适当位置，增加一个带有两平面低副的构件。这是因为一个构件有三个自由度，两平面低副引入四个约束，因此可使构件系

统增加一个约束，减少一个自由度。用此办法，总可以达到自由度等于主动件数的目的，从而使其具有确定的相对运动。如图 2－19（a）所示，五构件系统的 $F=2$，仅当构件 1 为主动件时，运动不确定。一般可在转动副 C 处增加一杆 6 构成复合铰链，其另一端与机架铰接，如图 2－19（b）所示。此时 $F=1$，从而使其具有确定的相对运动。也可增加主动件，将杆 4 定为主动件，使主动件数为 2，同样可达到使其具有确定相对运动的目的。

（三）判定测绘的机构运动简图是否正确

可通过计算测绘机构的自由度与实际机构主动件数是否相等，来判断其运动的确定性与测绘的机构运动简图的正确性。

要点回顾

1. 首选要搞清楚机构、运动副、自由度与约束及机构具有确定运动的条件等基本概念。

2. 机构运动简图可用于机构的运动分析和动力分析，而且机械设计之初也首先是设计机械的机构运动简图，能正确阅读机构运动简图是本专业人员的基本技能。要搞清运动传递路线、分析构件数、运动副以及运动副所在的位置。

3. 平面机构的自由度分析和计算也是本章学习的重点。复合铰链、局部自由度和虚约束的判断是正确计算自由度的关键。

思考与训练

请将正确答案写在括号内。

1. 机构中的运动副若为低副，指的是________。（　　）

A. 回转副和齿轮副　　B. 移动副和凸轮副

C. 回转副和移动副　　D. 齿轮副和凸轮副

2. 机构中的运动副若为高副，指的是________。（　　）

A. 回转副和齿轮副　　B. 移动副和齿轮副

C. 回转副和移动副　　D. 齿轮副和凸轮副

模 块 三

平面连杆机构

学习与训练总目标

➢ 了解平面连杆机构的运动特点及应用；
➢ 掌握铰链四杆机构的基本形式及演化形式；
➢ 掌握平面四杆机构的基本特性。

子模块一　概　　述

学习与训练要点

✧ 了解平面连杆机构的特点及应用；
✧ 掌握平面连杆机构的基本概念。

一、有关的几个基本概念

构件间只有低副连接的机构称为连杆机构（亦称低副机构）。

所有构件均作平行于某一平面的平面运动的连杆机构，则称为平面连杆机构。

由前文讲解可知，三构件用转动副连接起来，不能成为机构。故含转动副的平面低副机构由四杆或四杆以上所组成。

具有四个构件（包括机架）的低副机构称为四杆机构。

构件间用四个转动副相连得平面四杆机构，则称为铰链四杆机构。

连杆机构中的构件称为杆。一般连杆机构以其所含的杆的数目而命名。工程中应用最广泛的是平面四杆机构。很多平面多杆机构是在其基础上添加一些杆件系统构成。所以本章主要讨论平面四杆机构。

二、平面连杆机构的特点及应用

平面连杆机构具有以下特点：

（1）由于连杆机构的构件间用低副连接，接触表面为平面或圆柱面，因而压强小，便于润滑，磨损较小，寿命较长，适用传递较大动力；

（2）连杆机构易于制造，能获得较高的运动精度；

(3) 由于构件多为杆状，能作成较长的杆，可用作实现远距离的操纵控制；

(4) 连杆机构也能实现比较复杂的运动，故常用来实现某些预定的运动规律和已给定的轨迹。但当要求从动件精确实现运动规律时，设计计算繁复，且往往难于实现。

由于连杆机构具有上述特点，所以该机构是最常用的基本机构之一。它广泛应用于各种机械、仪表中，如内燃机、锻压机、空气压缩机及牛头刨床中的主要运动的执行机构；雷达天线俯仰角的调整机构，如图 3－1 所示；摄影车上的升降机构，如图 3－2 所示；摇头风扇传动机构，如图 3－3 所示；以及缝纫机、颚式破碎机、拖拉机、液压舵机、回转式油泵等机器设备中的传动、操纵机构等都采用连杆机构。

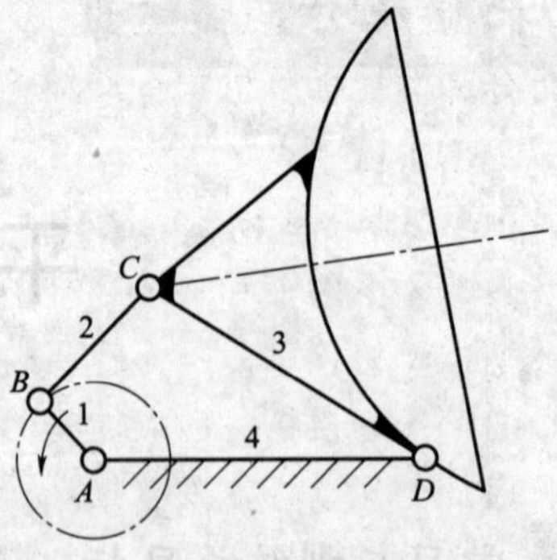

图 3－1　雷达天线俯仰角调整机构

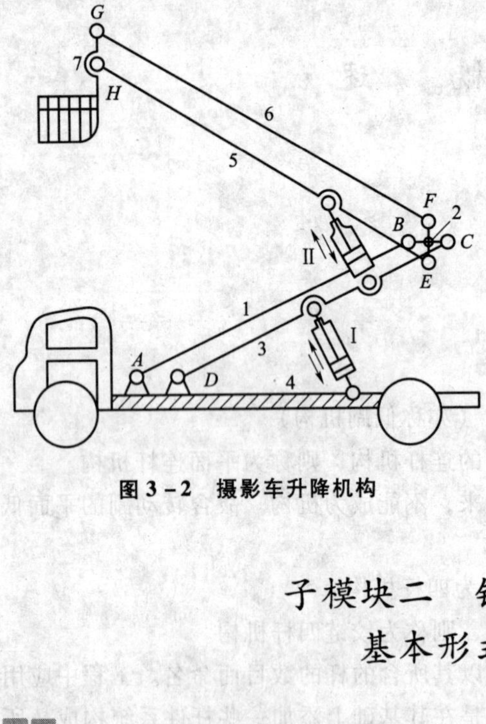

图 3－2　摄影车升降机构

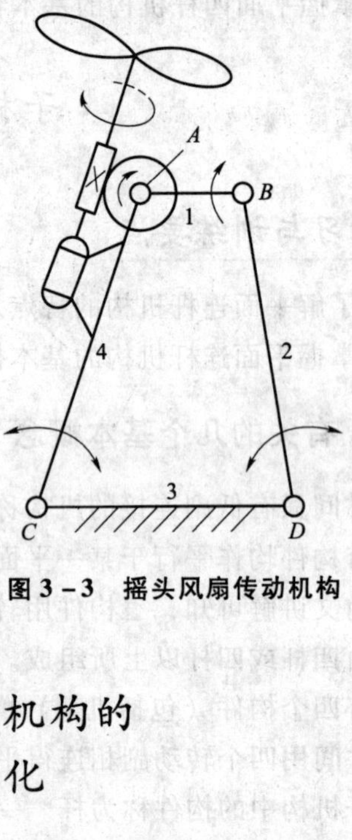

图 3－3　摇头风扇传动机构

子模块二　铰链四杆机构的基本形式及其演化

学习与训练要点

✧ 了解铰链四杆机构的应用；

✧ 掌握铰链四杆机构的基本形式及演化形式。

一、铰链四杆机构的基本型式

如图 3－4 所示的铰链四杆机构中，杆 4 固定不动，称为机架；不直接与机架相连的杆 2 称为连杆，与机架运动副连接的杆 1 和杆 3 称为连架杆，能作整周转动的连架杆称为曲柄，仅能在某一角度摆动的连架杆称为摇杆。根据连架杆运动形式的不同，铰链四杆机构又可分为曲柄摇杆机构、双曲柄机构、双摇杆机构三种基本型式。

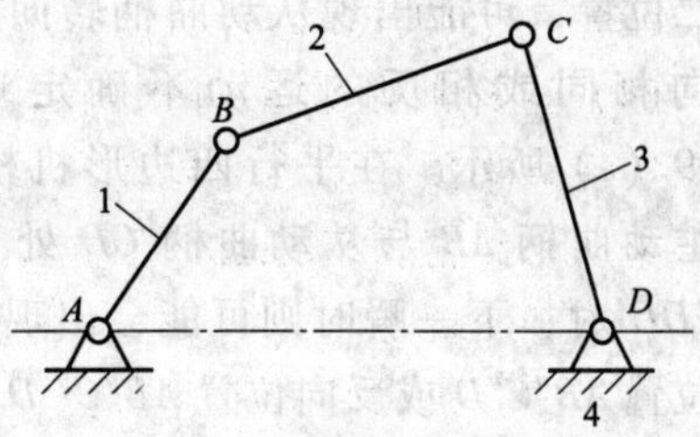

图 3－4 铰链四杆机构

(一) 曲柄摇杆机构

具有一个曲柄和一个摇杆的铰链四杆机构称为曲柄摇杆机构。

曲柄摇杆机构一般以曲柄为主动件作等速转动，摇杆为从动件作往复摆动，如图 3－1 所示的雷达天线俯仰角调整机构。也有以摇杆为主动件，曲柄为从动件的情况，如图 3－5 所示的脚踏砂轮机机构。

(二) 双曲柄机构

具有两个曲柄的铰链四杆机构称为双曲柄机构。在双曲柄机构中，通常主动曲柄作等速转动，从动曲柄作变速转动。

如图 3－6 所示，惯性筛中的四杆机构 *ABCD* 为一双曲柄机构。当主动曲柄 1 等速转动，从动曲柄 3 作变速转动时，通过杆 5 带动滑块 6 上的筛子，使其具有所需的加速度，从而使筛子的颗粒物料因惯性作用而达到分筛的目的。

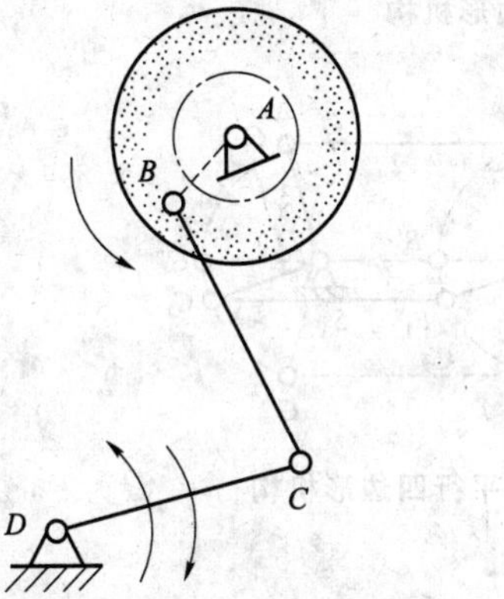

图 3－5 脚踏砂轮机机构

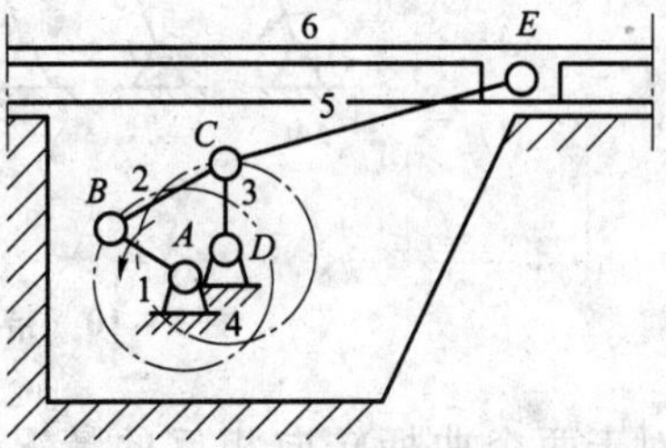

图 3－6 惯性筛机构

在双曲柄机构中，若连杆与机构的长度相等，且两曲柄的转向相同、长度也相等时，则称为平行四边形机构，如图 3－7 所示。由于这种机构两曲柄的角速度始终保持相等，且连杆始终作平动，故应用较广泛。如图 3－8 所示天平机构，能保证天平盘 1、2 始终处于水平位置。又如图 3－2 所示的摄影车升降机构，其升降高度的变化采用两组平行四边形机构来实现，且利用连杆 7 始终作平动这一特点，可使与连杆固连一体的座椅始终保持水平位置，以保证摄影人员安全可靠地摄影。

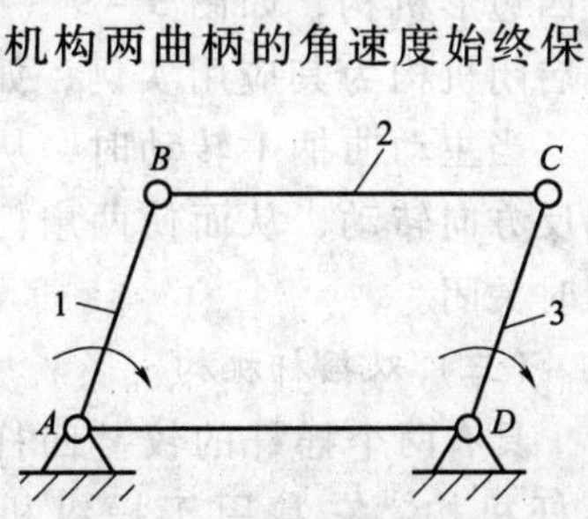

图 3－7 平行四边形机构

在平行四边形机构中，当主动曲柄转动一周时，将出现两次与从动曲柄、连杆及机架共线的情况。在此二位置，可能出现从动曲柄转向与主动曲柄转向相同或相反的运动不确定现象，如图3－9（a）所示。在平行四边形机构 $ABCD$ 中，当主动曲柄 AB 与从动曲柄 CD 处于共线位置 $AB'DC'$ 时，下一瞬时则可能会出现机构位于同相位置 $AB''C''D$ 或反向位置 $AB''C'''D$ 的情况。为克服其运动不确定现象，除利用从动件本身或其上的飞轮惯性导向外，还可采用辅助曲柄（如图3－10（a）所示）或错列机构（如图3－10（b）所示）等措施解决。

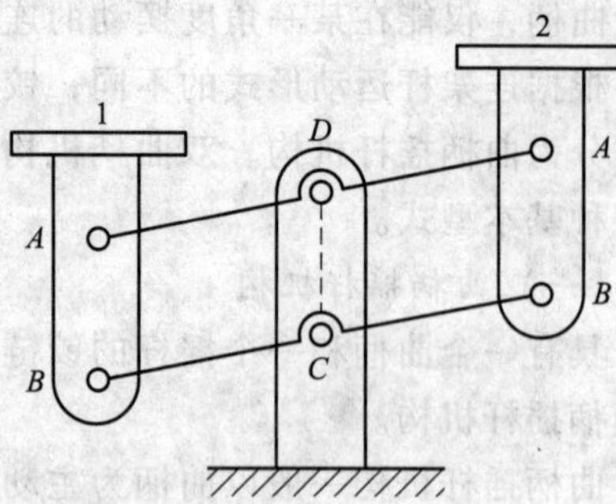

图3－8　天平机构

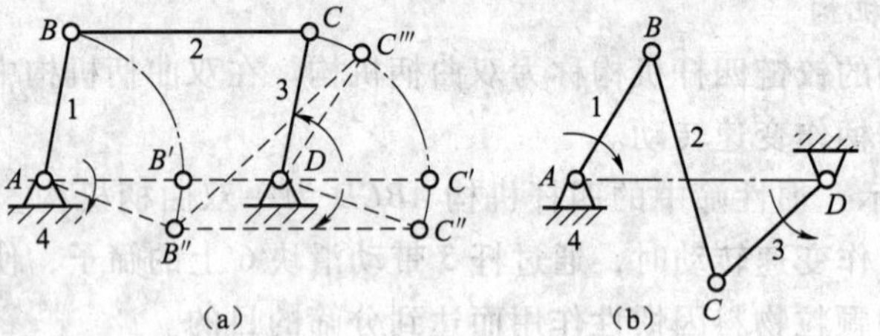

图3－9　平行四边形机构

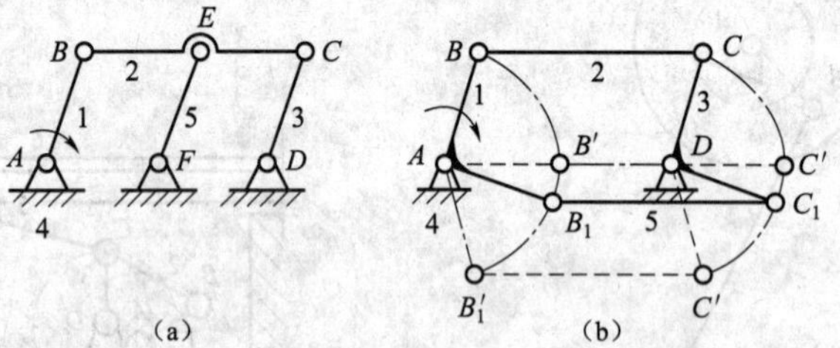

图3－10　带有辅助构件的平行四边形机构

对于两个曲柄转向相反的情况，即连杆与机架的长度相等，两个曲柄长度相等组成转向相反的双曲柄机构，则称为逆平行四边形机构，如图3－9（b）所示。车门启闭机构为其应用实例，如图3－11所示。当主动曲柄1转动时，从动曲柄3作相反方向转动，从而使两扇门同时开启或同时关闭。

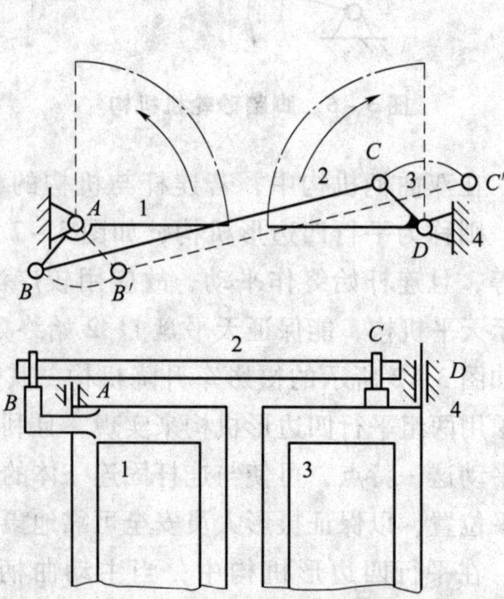

图3－11　车门启闭机构

（三）双摇杆机构

具有两个摇杆的铰链四杆机构称为双摇杆机构。它常用于操纵机构、仪表机构等。

如图3－12所示为港口起重机的变幅机

构。当连杆 CD 摆动时，连杆 BC 上悬挂重物的 M 点作近似水平直线运动，从而避免了重物平移时因不必要的升降而发生事故。

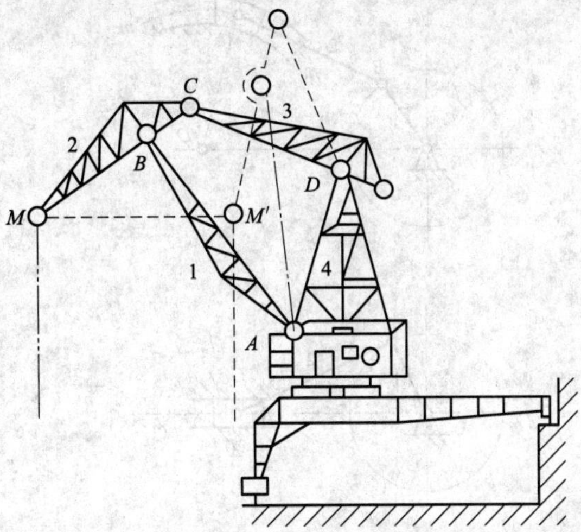

图 3-12 港口起重机变幅机构

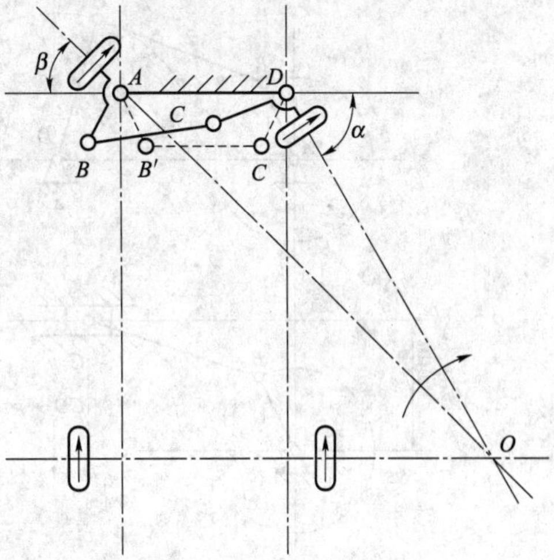

图 3-13 车辆前轮转向机构

在双摇杆机构中若两摇杆长度相等，则称为等腰梯形机构。如图 3-13 所示的汽车、拖拉机前轮转向机构，当汽车或拖拉机转弯时，为了保证轮胎与地面之间为纯滚动，以减轻轮胎磨损，希望两前轮转动轴线与后轮转动轴线交于一点 O（O 为瞬时回转中心）。为达到这一要求，显然在转弯时右前轮摆角 α 应大于左前轮摆角 β。采用等腰梯形机构操纵前轮转向，即可实现上述要求。

二、铰链四杆机构的演化

在实际机械中，平面连杆机构的型式是多种多样的，但其中绝大多数是在铰链四杆机构的基础上发展和演化而成。一般可通过以下途径演化：

（一）转动副转化成移动副

1. 铰链四杆机构中一个转动副转化为移动副

如图 3-14（a）所示的曲柄摇杆机构中，摇杆 3 上 C 点的轨迹是以 D 为圆心，杆 3 的长度 L_3 为半径的圆弧 $\widehat{mm}$。如将转动副 D 的半径扩大，使其半径等于 L_3，并在机架上按 C 点的近似轨迹 $\widehat{mm}$ 作成一弧形槽，摇杆 3 作成与弧形槽相配的弧形块，如图 3-14（b）所示。此时，虽然转动副 D 的外形改变，但机构的运动特性并没改变。若将弧形槽的半径增至无穷长，则转动副 D 的中心移至无穷远处，弧形槽变为直槽，转动副 D 则转化为移动副，构件 3 由摇杆变成了滑块，于是曲柄摇杆机构就演化为曲柄滑块机构，如图 3-14（c）所示。此时移动方位线 mm 不通过曲柄回转中心，故称为偏置曲柄滑块机构。曲柄转动中心至其移动方位线 mm 的垂直距离称为偏距 e，当移动方位线 mm 通过曲柄转动中心 A 时（即 $e=0$），则称为对心曲柄滑块机构，如图3-14（d）所示。

曲柄滑块机构广泛应用于内燃机、空压机及冲床等机械设备中。

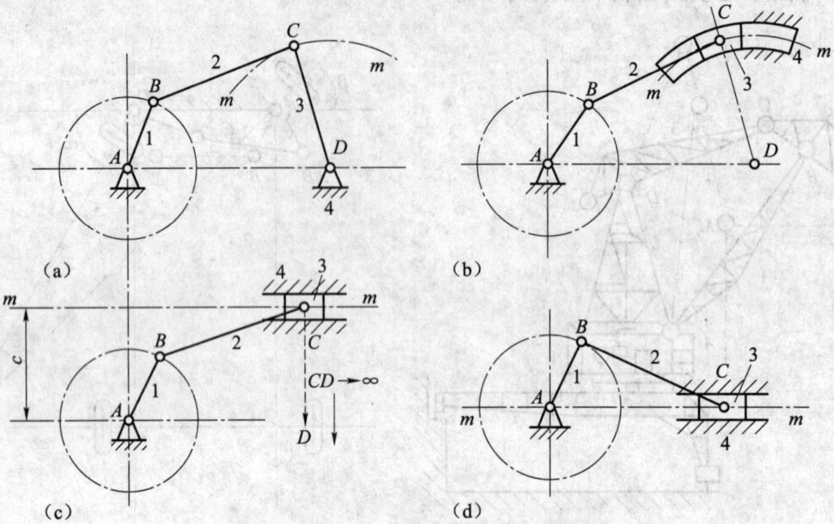

图 3-14　曲柄摇杆机构转化为曲柄滑块机构

当滑块为主动件时，滑块的往复运动可转变为曲柄的连续转动，如船舶柴油机、蒸汽机等。当曲柄为主动件时，滑块则作往复直线运动，如空压机等。

2. 铰链四杆机构中二个转动副转化为移动副

铰链四杆机构中一个转动副如何转化为移动副，上面已作了研究。同理可知，如图 3-15 所示的曲柄滑块机构中，将转动副 B 扩大，如图（a）所示的曲柄滑块机构，可等效为如图（b）所示的机构。若将圆弧槽 mm 的半径逐渐增加至无穷长时，则图（b）所示的机构就演化为图（c）所示的机构。此时连杆 2 转化为沿直线 mm 移动的滑块 2；转动副 C 则变成移动副，滑块 3 转化为移动导杆。曲柄滑块机构便演化为具有两个移动副的四杆机构，此机构称为曲柄移动导杆机构，是含有两个移动副四杆机构的基本型式之一。

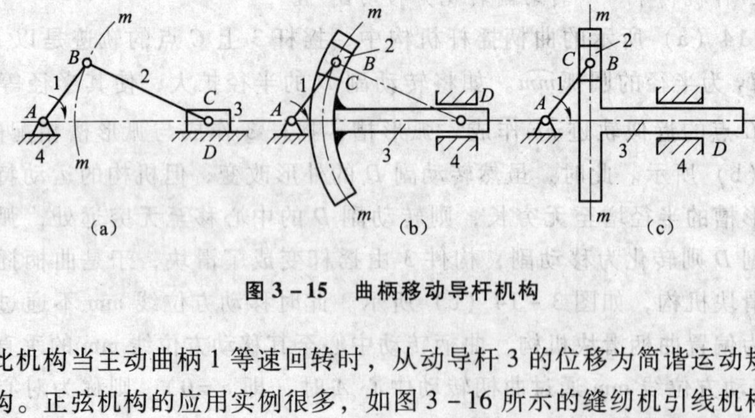

图 3-15　曲柄移动导杆机构

由于此机构当主动曲柄 1 等速回转时，从动导杆 3 的位移为简谐运动规律，故又称为正弦机构。正弦机构的应用实例很多，如图 3-16 所示的缝纫机引线机构。

（二）取不同构件为机架

当以铰链四杆机构中的曲柄摇杆机构、含有一个移动副中的曲柄滑块机构以及含有两个移动副四杆机构中的正弦机构为基础时，通过分别选取此三种机构中的不同构件为机架，则可获得相应的各种派生的四杆机构，如表 3－1 所示。注意，表中所示摆动导杆滑块机构除外，它为含两个移动副的四杆机构的另一种基本型式，此种型式的特点是两个移动副不相邻。

在表 3－1 中有阴影线者为选取机架的构件，对于铰链四杆机构中曲柄摇杆机构如何选不同构件为机架而形成双曲柄、双摇杆机构的情况，在后面研究曲柄存在条件时再做详述。

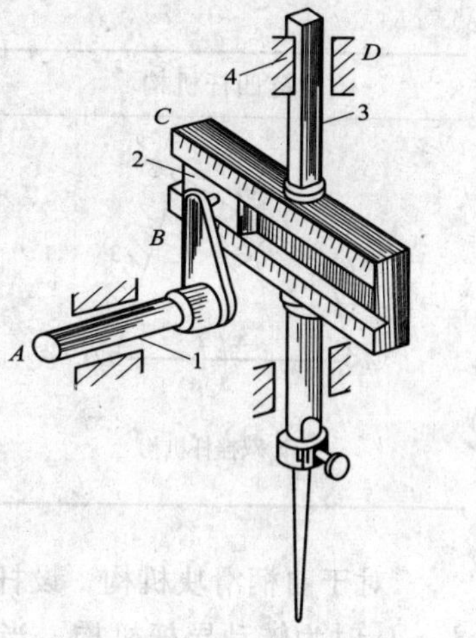

图 3－16　正弦机构的应用

表 3－1　　　　四杆机构取不同构件为机架的派生型式

铰链四杆机构	含有一个移动副的四杆机构	含有两个移动副的四杆机构
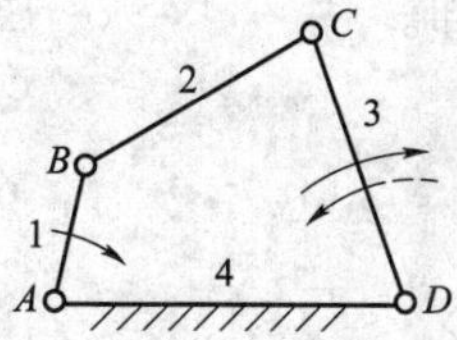 （a）曲柄摇杆机构	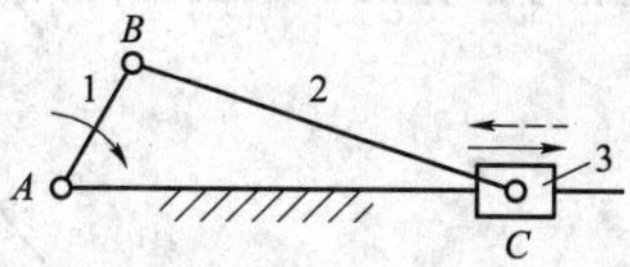 （e）曲柄（摇杆）滑块机构	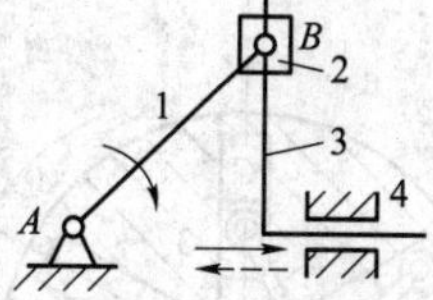 （i）曲柄移动导杆机构
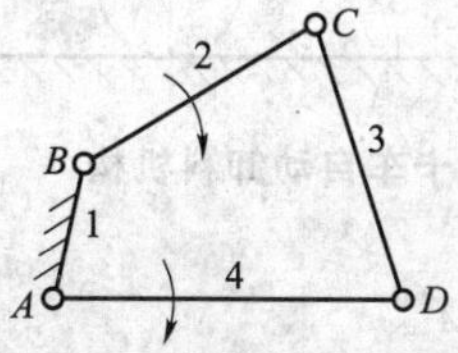 （b）双曲柄机构	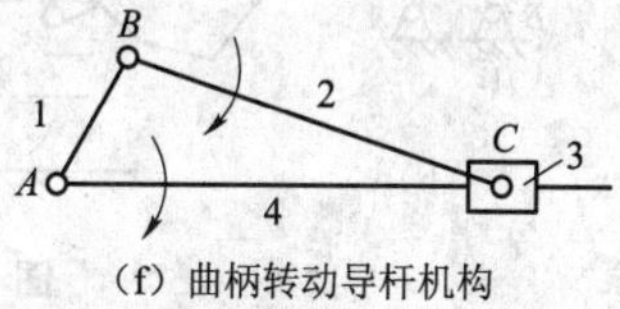 （f）曲柄转动导杆机构 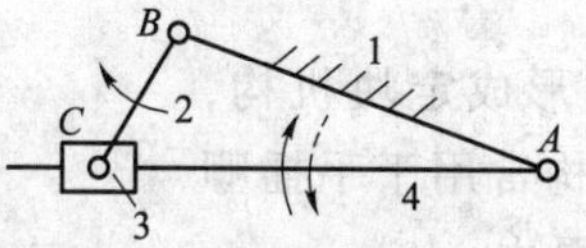 （f′）曲柄摆动导杆机构	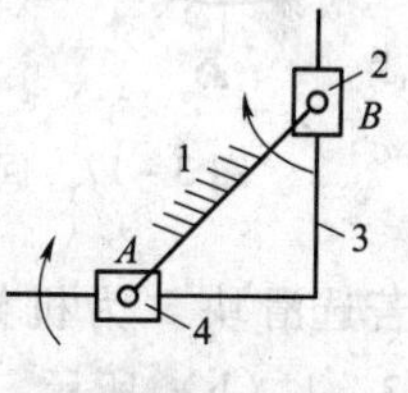 （j）双转块机构
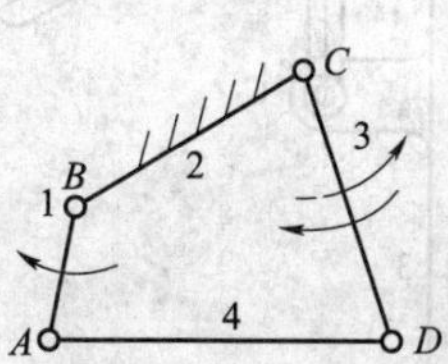 （c）曲柄摇杆机构	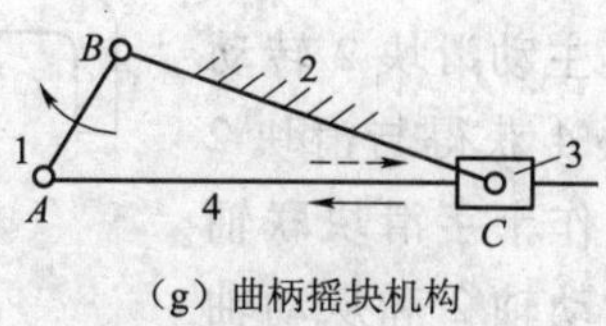 （g）曲柄摇块机构	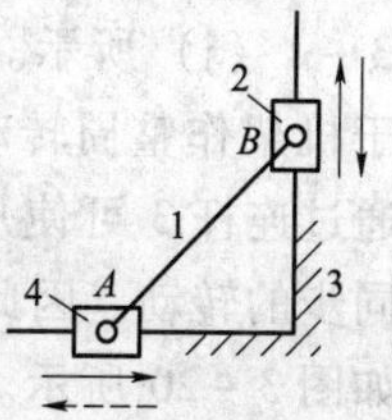 （k）双滑块机构

续表

铰链四杆机构	含有一个移动副的四杆机构	含有两个移动副的四杆机构
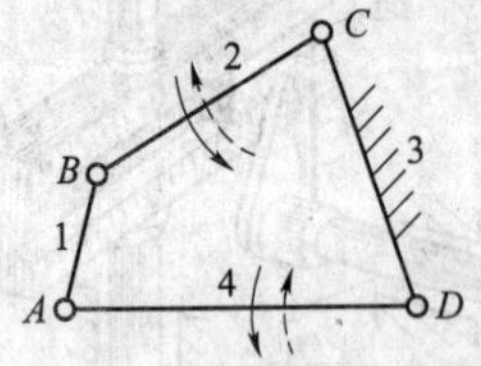 (d) 双摇杆机构	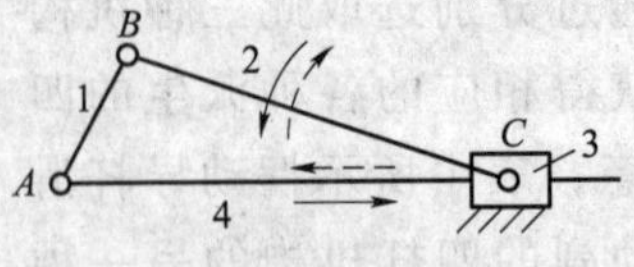 (h) 定块机构	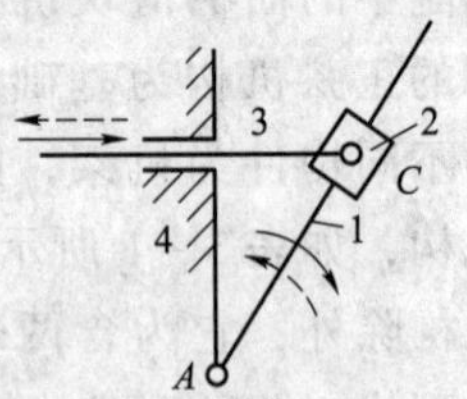 (l) 摆动导杆滑块机构

对于曲柄滑块机构，设杆 1，2，4 的长度分别为 l_1，l_2，l_3，若选杆 1 为机架，当 $l_2 > l_1$ 时为转动导杆机构；当 $l_2 < l_1$ 时为摆动导杆机构，如表中（f）图与（f'）图所示。导杆机构广泛应用于回转式油泵（如图 3 – 17 所示）以及牛头刨床、插床等机器中。若选杆 2 为机架，则形成曲柄摇块机构，简称摇块机构，如表 3 – 1（g）所示。这种机构广泛应用于摆缸式原动机、液压传动及插齿机中。如图 3 – 18 所示为卡车自动卸料机构，当高压油进入油缸 3 中时，将使卡车上的物料自动倾卸。

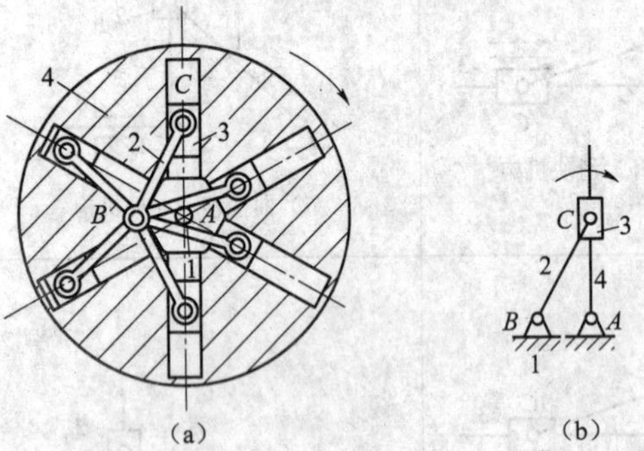

图 3 – 17　回转式油泵

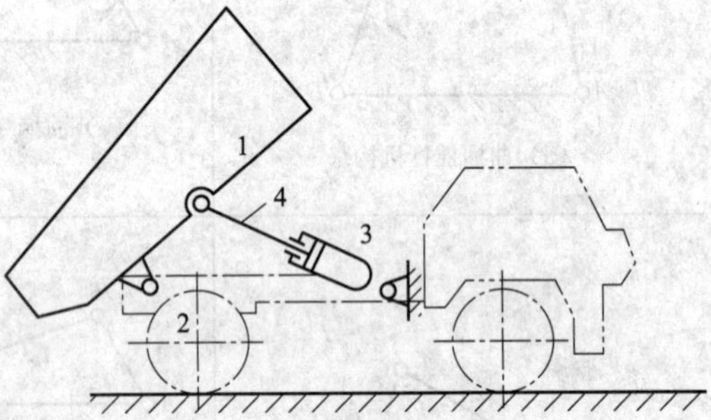

图 3 – 18　卡车自动卸料机构

若选滑块 3 为机架时，则形成定块机构，如表 3 – 1（h）所示。这种机构常用于手摇唧筒（如图 3 – 19 所示）和抽油泵中。

在含有两个移动副的曲柄移动导杆机构中，若选用杆 1 为机架，则可形成双转块机构，如表 3 – 1（j）所示。此种机构的两滑块均能相对于机架作整周转动，当其主动滑块 2 转动时，通过连杆 3 可使从动滑块 4 获得与滑块 2 完全同步的转动。因此它可用作十字滑块联轴节，如图 3 – 20 所示。当其主动轴 2 和从动轴 4 的轴线不重合时，仍可保证两轴转速同步。

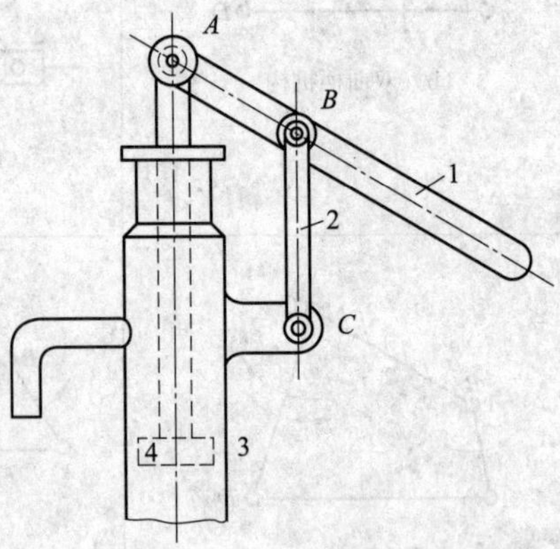

图 3 – 19　手摇唧筒

若选构件 3 为机架，则可形成双滑块机构，如表 3-1（k）所示。一般两滑块移动方向相互垂直，其连杆 AB（或其延长线）上的任一点 M 的轨迹必为椭圆，故常用作椭圆仪，如图 3-21 所示。

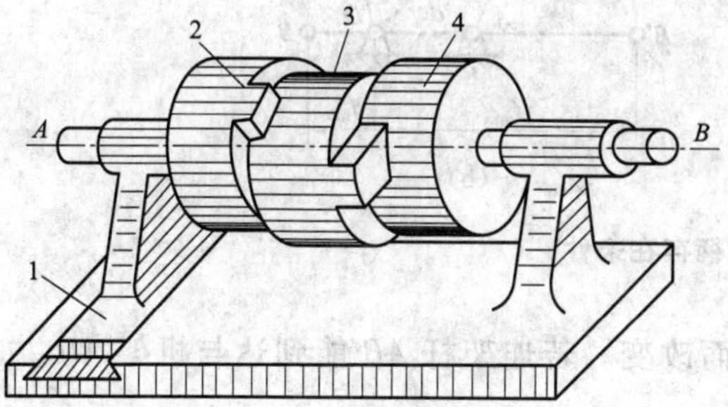

图 3-20　双转块机构

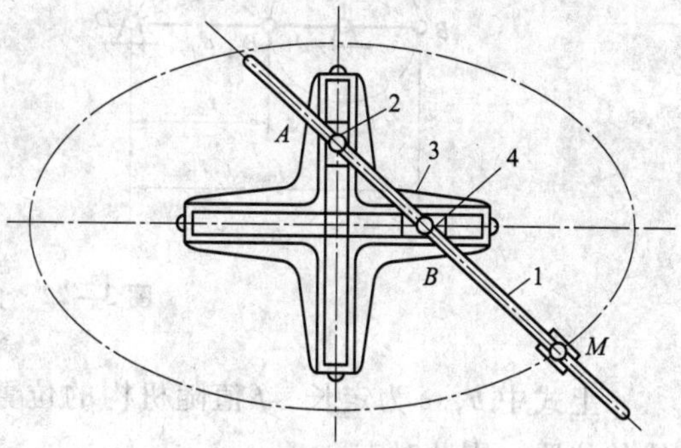

图 3-21　双滑块机构

可见，平面四杆机构的派生型式虽然很多，但从它们之间的内在联系来看，其基本的型式仍为曲柄摇杆机构。其他派生型式皆可视为在其基础上通过上述不同途径演化而成。

子模块三　平面四杆机构的基本特性

学习与训练要点

- ✧ 了解铰链四杆机构有无曲柄的几何条件；
- ✧ 掌握铰链四杆机构曲柄存在的条件及其推论；
- ✧ 掌握连杆机构具有急回特性的条件；
- ✧ 掌握压力角、传动角的概念；
- ✧ 掌握死点位置的概念。

一、铰链四杆机构存在曲柄的条件

铰链四杆机构三种基本型式的区别主要取决于机构内是否存在曲柄。而机构中有无曲柄又与各构件间的相对尺寸有关，为此需要分析曲柄存在的条件。

如图 3-22 所示的铰链四杆机构 $ABCD$ 中，a，b，c，d 分别代表各杆长度。现分析连架杆 AB 成为曲柄的条件。

（一）设 $a<d$

如图 3-22（a）所示，$ABCD$ 为该机构的某个一般位置。作转动副 B 及 D 的中心连线 BD，其长度为 f。根据平面几何知识，$\triangle BCD$ 各边长之间应具有下列关系：

$$b+c\geqslant f$$
$$|b-c|\leqslant f$$

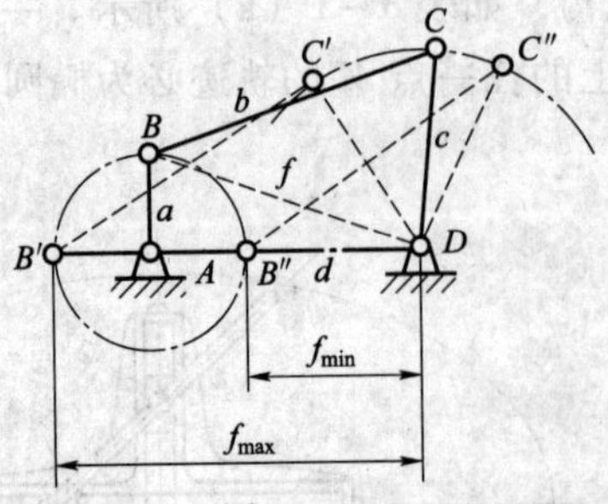

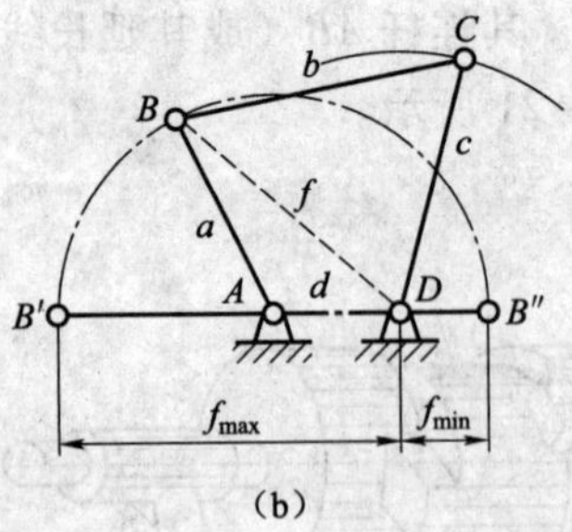

图 3－22　曲柄存在条件

上式中 b，c 为定长，f 值随机构的位置而改变。若连架杆 AB 能到达与机架 AD 共线的位置，则此时有：

$f = f_{max} = a + d$（机构在 $AB'C'D$ 位置）

$f = f_{min} = d - a$（机构在 $AB''C''D$ 位置）

显然，如果 f 为在 f_{max} 与 f_{min} 之间的值，则 $\triangle BCD$ 就能在机构的任何位置成立，即说明 AB 杆能作整周回转，因此 AB 杆成为曲柄。此时：

$b + c \geqslant f_{max} = a + d$

$b - c \leqslant f_{min} = d - a$（$b > c$ 时）

$c - b \leqslant f_{min} = d - a$（$c > b$ 时）

将上式移项整理得：

$a + d \leqslant b + c$

$a + b \leqslant c + d$

$a + c \leqslant b + d$

将上式两两相加化简得：

$a \leqslant c$，$a \leqslant b$，$a \leqslant d$

（二）设 $a > d$

如图 3－22（b）所示，该机构在某一般位置时，各杆长度间的关系与 $a < d$ 的情况相似，其区别仅在于 $f_{min} = a - d$，经类似分析可得：

$d + a \leqslant b + c$

$d + b \leqslant a + c$

$d + c \leqslant a + b$

将上式两两相加化简可得：

$d \leqslant a$，$d \leqslant b$，$d \leqslant c$

（三）设 $\boldsymbol{a=d}$

此时 $f_{\min}=0$，

$$a=d$$
$$b=c$$
$$a\leqslant b$$

由此可综合归纳出铰链四杆机构有曲柄的条件为：

（1）连架杆和机架中必有一杆为最短杆；

（2）最短杆和最长杆之和应小于或等于其他两杆长度之和。

其中条件 2 又称为格拉肖夫（Grashof）判别式。显然，不满足格拉肖夫判别式的铰链四杆机构只能为双摇杆机构。

例 1 如图 3－23 所示的铰链四杆机构 $ABCD$ 中，已知各杆长分别为 $a=30$，$b=50$，$c=40$，$d=45$，试确定该机构分别以 AD，AB，CD 和 BC 各杆为机架时，属何种机构？

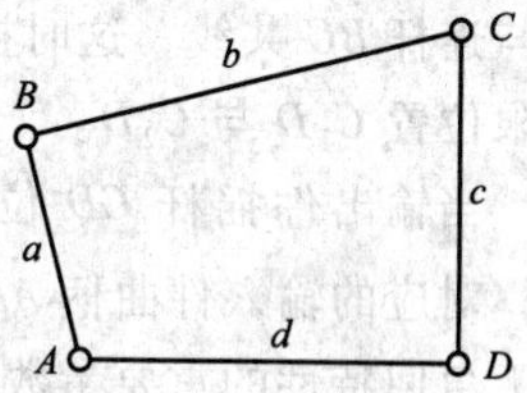

图 3－23 铰链四杆机构

解：因为 $a+b<c+d$，此机构满足格拉肖夫条件，因而可能有曲柄存在。

（1）以最短杆 AB 的相邻杆 AD 为机架

因连架杆 AB 与机架 AD 中有一最短杆 AB，故 AB 为曲柄。而另一连架杆 CD 与机架 AD 中无最短杆，故 CD 杆必为摇杆。因此该机构为曲柄摇杆机构。

（2）以最短杆 AB 的另一相邻杆 BC 为机架

此时与第 1 种情况相似，该机构仍为曲柄摇杆机构。

（3）以最短杆 AB 为机架

两连架杆 BC 和 AD 均满足曲柄存在条件（1），即 BC 杆和机架 AB；AD 杆与机架 AB 中均有最短杆 AB，故两连架杆 BC、AD 均为曲柄，该机构为双曲柄机构。

（4）以最短杆 AB 的对边杆 CD 为机架

因两连架杆 BC、AD 与机架 CD 中均无最短杆，故两连架杆均为摇杆，该机构为双摇杆机构。

由上例可得出以下两个推论：

（1）不满足格拉肖夫判别式的铰链四杆机构，任何杆为机架时皆为双摇杆机构；

（2）满足格拉肖夫判别式的铰链四杆机构，当以最短杆的相邻杆为机架时，必为曲柄摇杆机构；当以最短杆为机架时，必为双曲柄机构；当以最短杆的对面杆为机架，最短杆为连杆时，必为双摇杆机构。

根据上述推论可知，对于平行四边形机构，因为两对边分别相等，则不论哪个杆为机架，均存在两个曲柄。

总之，对于满足格拉肖夫判别式的三种铰链四杆机构，存在着内在联系，可通过取不同构件为机架而相互转化，如表 3－1 中（a）、（b）、（c）、（d）所示。

二、急回特性

某些连杆机构中，当主动件（一般为曲柄）等速转动时，从动件具有急回性质。此特性对于缩短机器非生产时间，提高生产效率是有利的。现以曲柄摇杆机构为例，分析其急回性质。

如图 3－24 所示曲柄摇杆机构中，设曲柄 AB 为输入件，摇杆 CD 为输出件，即机构中输出运动或动力的构件。当曲柄 AB 作等速回转时，摇杆 CD 作变速往复摆动。

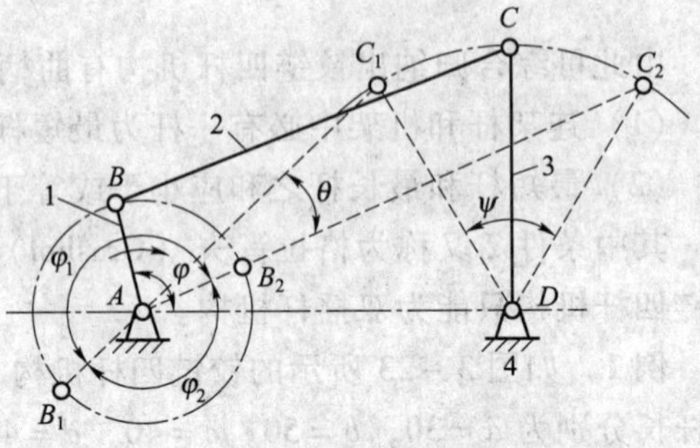

图 3－24　曲柄摇杆机构的急回特性分析

曲柄 AB 在转动一周的过程中，有两次与连杆 BC 共线，这时摇杆分别位于两极限位置 C_1D 与 C_2D。

当输出件摇杆 CD 位于两极限位置时，对应的输入件曲柄 AB 在两位置之间所夹的锐角 θ，称为极位夹角。它是标志机构有无急回特性的重要参数。机构中输出构件在两极限位置间的移动距离或摆动角度称为行程。

当曲柄以等速顺时针从 AB_1 转到 AB_2 位置时，转过角度 $\varphi_1=180°+\theta$，摇杆 C_1D 摆至 C_2D，摆过工作行程 ψ 角，所需时间为 t_1，C 点的平均速度为 $v_1=\widehat{C_1C_2}/t_1$。当曲柄继续转过 $\psi_2=180°-\theta$ 时，摇杆由 C_2D 摆回到 C_1D，摆过的空回行程仍为 ψ 角，所需时间为 t_2，C 点的平均速度为 $v_2=\widehat{C_1C_2}/t_2$。因为曲柄等速转动，φ_1 大于 φ_2，所以 t_1 大于 t_2，则 $v_2>v_1$。由此可见，输入件曲柄 AB 作等速转动时，作往复运动的输出件 CD 摇杆在空回行程中的平均速度大于工作行程的平均速度，这一性质称为连杆机构的急回特性。

机构急回特性的相对程度，用行程速度变化系数 K 来表示，即为在急回运动机构中，输入件作等速旋转时，作往复运动的输出件在空回行程中的平均速度与工作行程中的平均速度之比值。由此可知

$$K=\frac{v_2}{v_1}=\frac{\widehat{C_1C_2}/t_2}{\widehat{C_1C_2}/t_1}=\frac{t_1}{t_2}=\frac{\phi_1}{\phi_2}=\frac{180°+\theta}{180°-\theta}$$

即：$\theta=180°\dfrac{K-1}{K+1}$

由上式可知，机构的急回速度取决于极位夹角 θ 的大小。θ 角越大，K 值越大，机构的急回程度也越高，但从另一方面看，机构运动的平稳性就越差。因此在设计机构时，应根据其工作要求，恰当选择 K 值，在一般机械中 $1\leqslant K\leqslant 2$。

综上，连杆机构输出件具有急回特性的条件为：

（1）输入件为等速整周转动；

(2) 输出件往复运动；

(3) 极位夹角 $\theta>0°$。

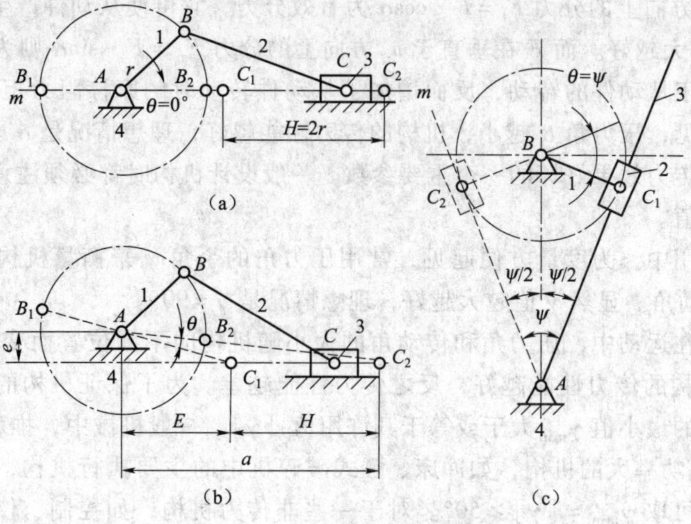

图 3-25 机构急回特性分析

如图 3-25（a）所示，对于对心曲柄滑块机构，因 $\theta=0°$，故无急回特性。而对于偏置曲柄滑块机构，如图 3-25（b）所示，因极位夹角 $\theta\neq0°$，故具有急回特性。又如图 3-25（c）所示的导杆机构，因 $\theta=\psi$，不可能出现 $\theta=0°$的情况，所以恒具有急回特性，故这种机构常用作牛头刨床等机床的驱动机构。

三、压力角与传动角

在生产实际中往往要求连杆机构不仅能实现预期的运动规律，而且希望传力性能良好（运动轻便、效率较高）。因此需要讨论机构的传力特性。

如图 3-26 所示曲柄摇杆机构，若忽略各杆的惯性力和运动副中的摩擦力，则连杆可视为二力构件。当主动件为曲柄时，连杆给摇杆的作用力为 F，其作用线一定与连杆共线。力 F 作用点 C 的绝对速度 v_c 的方向与 CD 杆垂直。

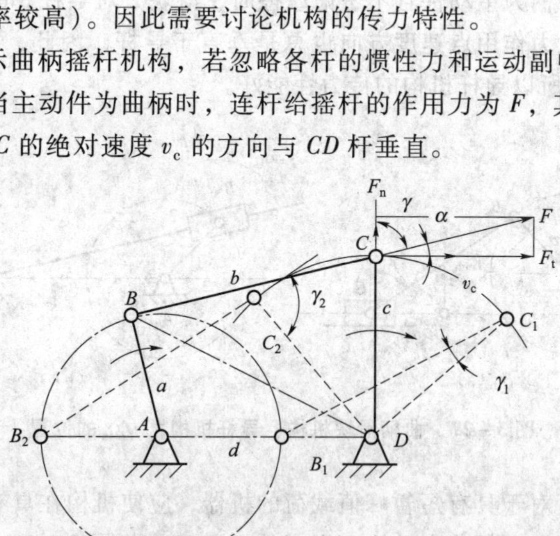

图 3-26 曲柄摇杆机构的压力角与传动角

作用力 F 与速度 v_c 之间所夹的锐角 α 称为压力角。即在不计摩擦力、惯性力和重力时，从动件上某点所受作用力的方向与其速度方向间所夹的锐角，称为机构的压力角。F 力在 v_c 方向上的分力 $F_t = F \cdot \cos\alpha$ 为有效分力，它可使从动件产生有效的回转力矩，显然 F_t 越大越好。而 F 在垂直于 v_c 方向上的分力 $F_n = F \cdot \sin\alpha$ 则为有害分力，因为它不仅无助于从动件的转动，反而增加了从动件转动时的摩擦阻力矩，因此希望 F_n 越小越好。可见，压力角 α 越小，机构的传力性能越好，理想情况是 $\alpha = 0°$，所以压力角是反映机构传力效果好坏的一个重要参数。一般设计机构时都必须注意控制最大压力角不超过许用值。

在实际应用中，为度量方便起见，常用压力角的余角 γ 来衡量机构传力性能的好坏，γ 称为传动角。显然 γ 值越大越好，理想情况是 $\gamma = 90°$。

由于机构在运动中，压力角和传动角的大小随机构的不同位置而变化。γ 角越大，则 α 越小，机构的传力性能越好，反之传力性能越差。为了保证机构的正常传动，通常应使传动角的最小值 γ_{min} 大于或等于其许用值 $[\gamma]$。一般机械中，推荐 $[\gamma] = 40° \sim 50°$。对于传递功率大的机构，如冲床、颚式破碎机中的主要执行机构，为使工作时得到更大效率，可取 $\gamma_{min} = [\gamma] \geq 50°$。对于一些非传力机构，如控制、仪表等机构，也可取 $[\gamma] < 40°$，但不能过小。

如图 3－26 所示的曲柄摇杆机构中，当 $\angle BCD < 90°$ 时，传动角 $\gamma = \angle BCD$；若 $\angle BCD > 90°$，则 $\gamma = 180° - \angle BCD$。因此，$B$、$D$ 两点间的距离为最小值或最大值的位置，即曲柄与机架共线的两个位置，均有可能是 γ_{min} 出现的位置，一般可通过计算或作图量取此两位置之传动角，其中的小值即为 γ_{min}。

如图 3－27（a）所示的偏置曲柄滑块机构中，当曲柄为主动件时，传动角 γ 为连杆 BC 与导路垂线的夹角。当曲柄处于垂直于导路方向位置时，可得到最小传动角 γ_{min}。对于对心曲柄滑块机构，其最小传动角 γ_{min} 也可同样确定。如图 3－27（b）所示的导杆机构中，当曲柄为主动件且不考虑摩擦时，滑块 2 对导杆 3 的作用力方向始终垂直于导杆，而导杆上力作用点速度方向也总是垂直于导杆，因此，压力角始终等于零，传动角恒等于 90°，所以导杆机构的传力性能好。

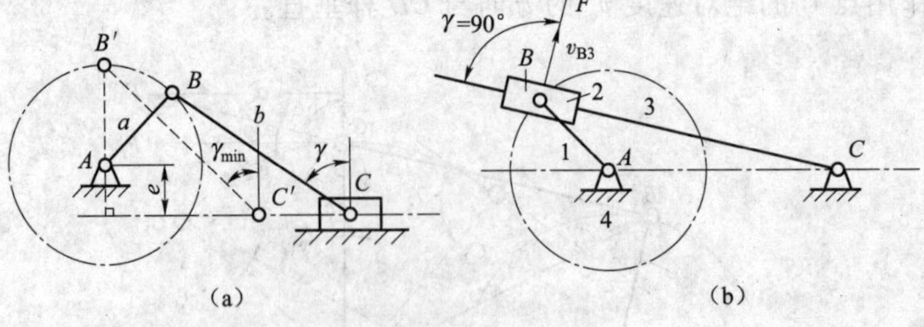

图 3－27　曲柄滑块机构、导杆机构之 γ_{min} 的位置

在实际生产中，对于具有短暂峰值载荷的机器，应使机构在具有较大传动角的瞬时位置来承担高峰载荷，以便节省动力，提高传动效率。如图 3－28 所示的冲床机构中，使冲头（滑块 C）在接近下极限位置，即 γ 角较大时开始冲压，则较为有利。

四、死点位置

在不计构件重力、惯性力和运动副中摩擦阻力的条件下，当机构处于压力角 $\alpha=90^\circ$，即传动角 $\gamma=90^\circ$的位置时，驱动力的有效分力 $F_t=0$。在此位置，无论怎样加大驱动力，均不能仅靠驱动力的作用使从动件运动。机构的这种位置被称为机构的死点。

如图 3-29 所示缝纫机踏板机构，若踏板（摇杆 CD）为主动件，曲柄 AB 为从动件，则当曲柄与连杆处于两共线位置，即图中 AB_1C_1 与 AB_2C_2 两位置时，机构的传动角 $\gamma=0^\circ$，压力角 $\alpha=90^\circ$，连杆传给从动曲柄的力 F 将通过曲柄回转中心 A，不能产生对曲柄 AB 的有效回转力矩，也就无法驱使机构运动，故此两位置均为机构的死点。

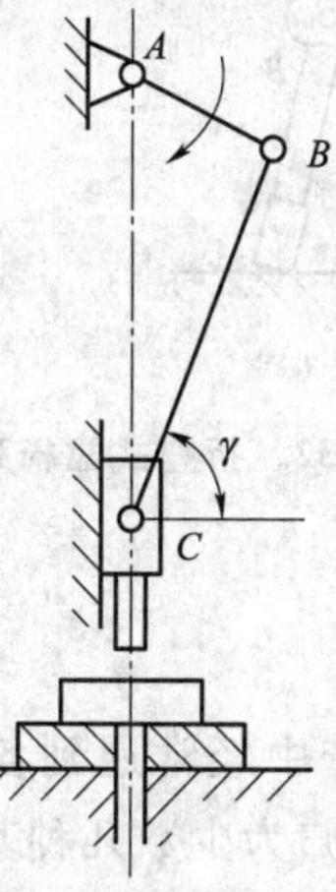

图 3-28 冲压机构

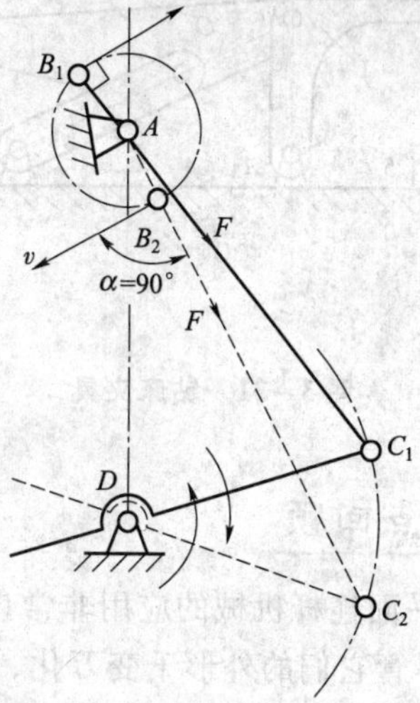

图 3-29 机构的死点位置

可见，四杆机构中是否存在死点位置，取决于从动件是否与连杆共线。对于同一机构，若选择不同的元件作为主动件，则有无死点的位置情况也不一样。例如，对于曲柄摇杆机构和曲柄滑块机构，只有当曲柄为从动件时，才可能有死点位置。

对于传动机构而言，死点的存在是不利的。采用必要的措施，可使需要连续运转的机器顺利越过死点位置。如图 3-30 所示的多缸活塞式发动机，可采用错位排列，将死点位置相互错开，从而使曲轴始终获得有效的驱动力矩。此外，通常在输出件上安装飞轮，利用其惯性顺利通过死点位置，比如缝纫机上的带轮即起到了飞轮的作用。

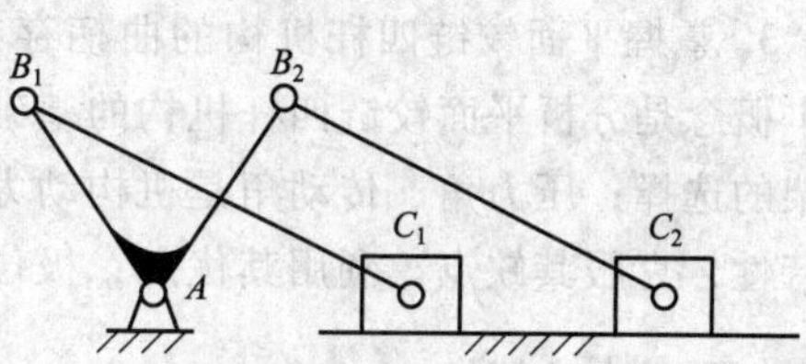

图 3-30 错列机构

另一方面，在工程实践中也可利用机构的死点来实现一些特定的控制要求。如图 3-31 所示为一钻床夹具，当工件 5 被夹紧后，BCD 三铰链在一直线上，这时工件经杆 1、杆 2 传给杆 3 的力，通过杆 3 的转动中心 D，此力不能驱使杆 3 转动。故当撤去主

动外力 F 后，在工件反力 F_R 的作用下，不会使机构反转，工件仍然被可靠夹紧。

又如图 3-32（a）所示的折叠式靠椅机构，其机构简图如图 3-32（b）所示。靠背 AD 可视为机架，靠背脚 AB 可视为主动件，连杆 BC 与从动件 CD 位于同一直线上，因而机构位于死点位置，故人坐、靠在椅上，靠椅不会自动松开或合拢，始终是安全可靠的。

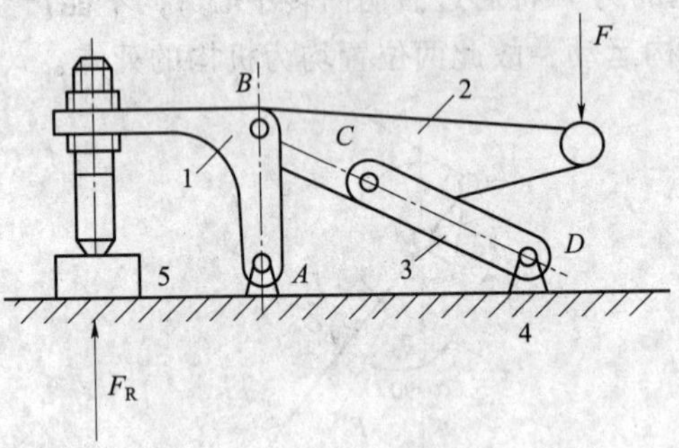

图 3-31　钻床夹具

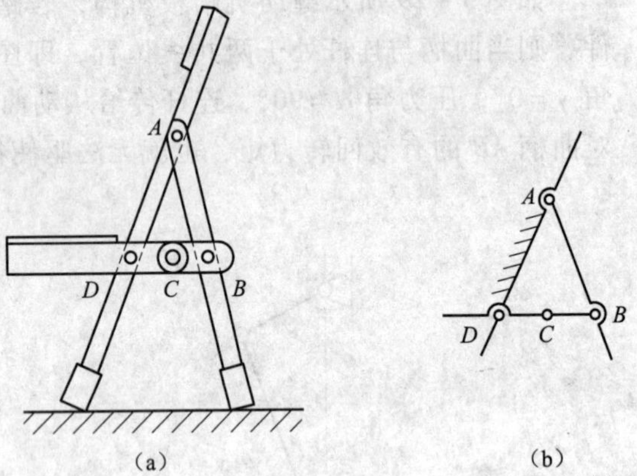

图 3-32　折叠式靠椅死点位置

要点回顾

1. 平面连杆机械的应用非常广泛，在日常生活和生产中经常遇到各种型式的连杆机构，尽管它们的外形千变万化，但经分析、演化，都可归为少数几种基本类型，所以在学习过程中，对四杆机构的基本型式及其演化这部分内容要特别注意。

2. 平面连杆机构的基本形式为平面铰链四杆机构，它有曲柄摇杆机构、双曲柄机构和双摇杆机构三种形式。平面铰链四杆机构的类型取决于组成机构的各杆长度关系和对机架的选择。将平面铰链四杆机构中的一个或两个转动副演化为移动副，就演变出新型的平面连杆机构：曲柄滑块机构、导杆机构、摆块机构和定块机构等。

3. 掌握平面铰链四杆机构的曲柄存在条件、压力角、传动角、死点、急回特性等基本概念是分析平面铰链四杆机构的基础。曲柄存在条件取决于各杆长度的相对关系和机架的选择；压力角、传动角是机构动力分析的基础，影响机构的传力性能；了解死点的特性，克服其缺点，利用其优点；极位夹角的存在反映了机构的急回运动性质。

思考与训练

请将正确答案填写在括号内。

1. 牛头刨床的进给机构中包含________机构。（　　）

A. 主动件为曲柄的曲柄摇杆　　B. 主动件为摇杆的曲柄摇杆

C. 双摇杆　　D. 双曲柄

2. 机车车轮的联动机构为________机构。（　　）

A. 曲柄摇杆　　B. 平行双曲柄　　C. 双摇杆　　D. 双曲柄

3. 汽车前轮转向机构是________机构。(　　)

A. 曲柄摇杆　　B. 曲柄滑块　　C. 双摇杆　　D. 双曲柄

4. 港口起重机的变幅机构，属于________。(　　)

A. 曲柄摇杆机构　　B. 双摇杆机构

C. 双曲柄机构　　D. 曲柄滑块机构

5. 牛头刨床中使刨刀移动的主体机构是________。(　　)

A. 以曲柄为原动件的摆动导杆机构

B. 以导杆为原动件的转动导杆机构

C. 以曲柄为原动件的曲柄滑块机构

D. 以导杆为原动件的摆动导杆机构

6. 铰链四杆机构的三种基本形式是：________机构、________机构和双摇杆机构。(　　)

A. 曲柄摇杆/曲柄滑块　　B. 曲柄摇杆/双曲柄

C. 双曲柄/双连杆　　D. 曲柄摇杆/双连杆

7. 若平面铰链四杆机构中，一个连架杆能做整周旋转，另一个连架杆只能做往复摆动，则该机构称为________。(　　)

A. 双曲柄机构　　B. 双摇杆机构

C. 曲柄摇杆机构　　D. 曲柄滑块机构

8. 曲柄摇杆机构的运动特点是能够将主动件的等速转动变为从动杆的________往复摇动。(　　)

A. 等速　　B. 不等速　　C. 等加速　　D. 等减速

9. 当铰链四杆机构的最短杆与最长杆长度之和小于或等于其余两杆长度之和，并以与最短杆相邻的杆为机架时，该铰链四杆机构为________。(　　)

A. 曲柄摇杆机构　　B. 双曲柄机构

C. 双摇杆机构　　D. 导杆机构

10. 当铰链四杆机构的最短杆与最长杆长度之和小于或等于其余两杆长度之和，并以最短杆为机架时，该铰链四杆机构为________。(　　)

A. 曲柄摇杆机构　　B. 双曲柄机构

C. 双摇杆机构　　D. 摇块机构

11. 当铰链四杆机构的最短杆与最长杆长度之和小于或等于其余两杆长度之和，并以最短杆相对的构件为机架时，该铰链四杆机构为________。(　　)

A. 曲柄摇杆机构　　B. 双曲柄机构

C. 双摇杆机构　　D. 滑块机构

12. 当铰链四杆机构的最短杆与最长杆长度之和大于其余两杆长度之和时，该铰链四杆机构为________。(　　)

A. 曲柄摇杆机构　　B. 双曲柄机构

C. 双摇杆机构　　D. 摇块机构

13. 可将往复移动转变为连续回转运动的是________机构。(　　)

A. 棘轮　　B. 曲柄滑块　　C. 偏心轮　　D. 凸轮

14. 曲柄连杆机构中，曲柄匀速转动时，活塞在________时，速度为零。(　　)

A. 上止点　　B. 冲程长度的中点

C. 下止点　　D. A + C

15. 曲柄连杆机构中，曲柄匀速转动时，活塞从上止点向下运动，活塞运动的最大速度出现在________处。(　　)

A. 曲柄转角为 90°　　B. 曲柄转角略小于 90°

C. 曲柄转角略大于 90°　　D. 曲柄转角为 180°

模块四

凸轮机构

学习与训练总目标

➢ 了解凸轮机构的运动特点及应用；
➢ 掌握凸轮机构的分类；
➢ 掌握图解法设计盘形凸轮轮廓曲线方法。

子模块一　凸轮机构的应用与分类

学习与训练要点

✧ 了解凸轮机构的应用；
✧ 掌握凸轮机构的分类。

一、凸轮机构的应用

凸轮机构广泛应用于各类机械和自动控制装置中。如图 4 - 1 所示为内燃机配气凸轮机构。当凸轮 1（主动件）匀速转动时，它的轮廓驱使阀杆 2（从动件）作往复运动，使其按预期的运动规律开启或关闭气阀（关闭时弹簧 4 起辅助作用），以控制燃气准时进入气缸或废气准时排出气缸。

如图 4 - 2 所示为单轴六角车床上的刀架进给凸轮机构。当凸轮 1 匀速转动时，它的轮廓驱使扇形齿轮推杆 2（从动件）按预定运动规律绕 O 轴转动，以推动齿条 3 移动，从而带动刀架往复移动。

凸轮，即具有某种曲线轮廓或凹槽的构件。以上两例机构均含有凸轮。含有凸轮的机构即称为凸轮机构。它通常由凸轮 1、从动件 2 和机架 3 组成。当凸轮匀速转动时，通过凸轮轮廓与从动件始终接触（高副），驱使从动件作往复移动或摆动。

凸轮机构的优点包括：只需设计适当的凸轮轮廓便可使从动件得到所需的运动规律，并且结构简单、紧凑，设计方便。凸轮机构的缺点是：凸轮轮廓与从动件之间为高副接触，易于磨损，故通常用于传力不大的控制机构。

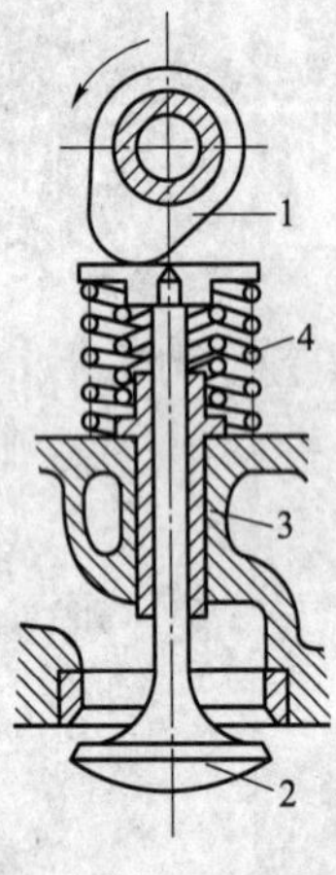

图 4－1　内燃机配气凸轮机构

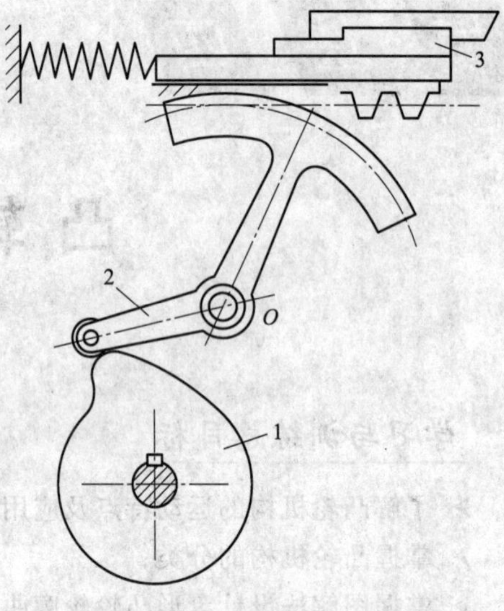

图 4－2　刀架进给凸轮机构

二、凸轮机构的分类

常用凸轮机构可按下述方法分类：

（一）按凸轮形状分类

1. 盘形凸轮

仅具有径向廓线尺寸变化并绕其轴线旋转的凸轮，被称为盘形凸轮。如图 4－1 和图 4－2 所示。盘形凸轮是凸轮的基本型式。

2. 移动凸轮

作移动的平面凸轮如图 4－3 所示。移动凸轮可看成是当转动中心趋于无穷远时的盘形凸轮演化而成。

3. 圆柱凸轮

轮廓曲线位于圆柱面上并绕其轴线旋转的凸轮，被称为圆柱凸轮，如图 4－4 所示。圆柱凸轮属于空间凸轮机构。

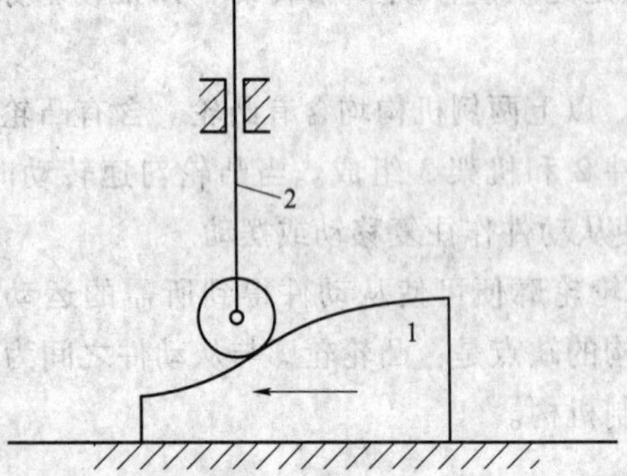

图 4－3　移动凸轮

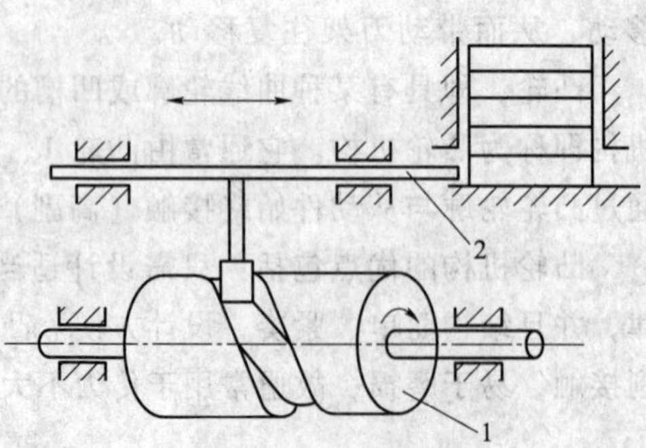

图 4－4　自动送料凸轮机构

（二）按从动件的形状分类

1. 尖顶从动件

以尖顶与凸轮轮廓接触的从动件，如图 4－5（a）所示。这种从动件结构最简单，尖顶能与任意复杂的凸轮轮廓保持接触，以实现从动件的任意运动规律。但尖顶易磨损，仅适用于作用力很小的低速凸轮机构。

2. 滚子从动件

以铰接的滚子与凸轮轮廓接触的从动件，如图 4－5（b）所示。因滚子与凸轮轮廓之间为滚动摩擦，故磨损小，可承受较大的载荷，因此应用最普遍。

3. 平底从动件

以平底与凸轮轮廓接触的从动件，如图 4－5（c）所示。若不考虑摩擦，凸轮对从动件的作用力始终垂直于平底，传动效率最高，且平底与凸轮轮廓间易形成油膜，利于润滑，故常用于高速凸轮机构。其缺点是不能用于凸轮廓线有凹曲线的凸轮机构。

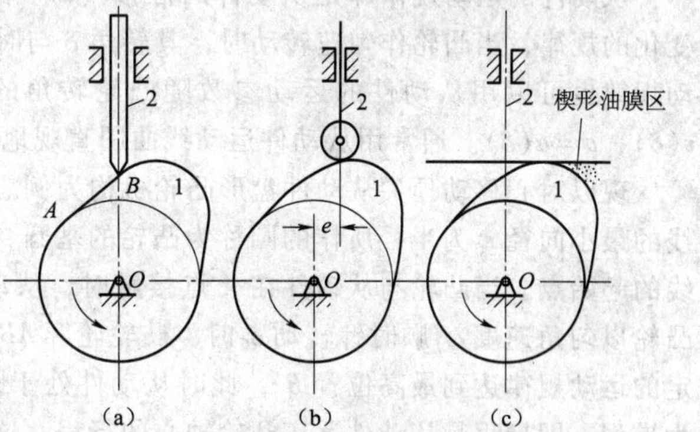

图 4－5　从动件的形状

此外，还可按从动件的运动形式分类，分为移动从动件（图 4－1、图 4－3、图 4－4、图 4－5）和摆动从动件（图 4－2）；按凸轮与从动件保持接触的方式分类，分为力封闭，如图 4－1、图 4－2、图4－3 所示；分别靠弹簧力和重力保持从动件与凸轮轮廓的接触的形封闭，如图 4－6、图4－7 所示；利用凸轮和从动件的特殊几何结构保持从动件与凸轮始终接触等。

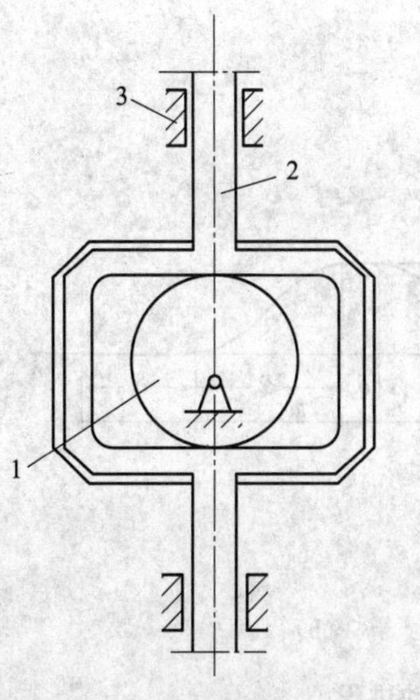

图 4－6　等宽凸轮机构

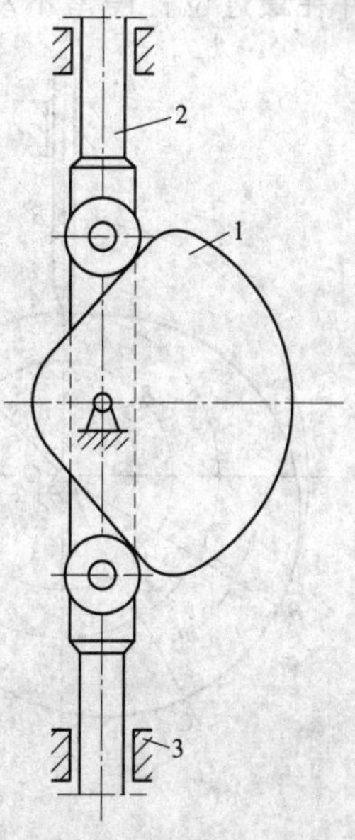

图 4－7　等径凸轮机构

子模块二 凸轮机构从动件的运动规律

学习与训练要点

✧ 了解凸轮机构从动件位移、速度、加速度曲线；

✧ 掌握凸轮机构常用的三种运动规律。

从动件的运动规律即是从动件的位移（s）、速度（v）和加速度（a）随时间（t）变化的规律，当凸轮作匀速转动时，其转角 δ 与时间 t 成正比（$\delta=\omega t$），所以从动件运动规律也可以用从动件的运动参数随凸轮转角的变化规律来表示，即 $s=s(\delta)$，$v=v(\delta)$，$a=a(\delta)$。通常用从动件运动线曲图直观地表述这些关系。

现以对心移动顶尖从动件盘形凸轮机构为例。如图 4－8（a）所示，以凸轮轮廓曲线的最小向径 r_0 为半径所作的圆称为凸轮的基圆，r_0 称为基圆半径。点 A 为凸轮轮廓曲线的起始点。当凸轮与从动件在 A 点接触时，从动件处于距凸轮轴心 O 最近位置。当凸轮以匀角速度 ω_1 顺时针转动 δ_0 时，凸轮轮廓 AB 段的向径逐渐增加，推动从动件以一定的运动规律达到最高位置 B'，此时从动件处于距凸轮轴心 O 最远位置，这个过程称为推程，即推程是从动件远离凸轮轴心的行程。这时从动件移动的距离 h 称为升程，对应的凸轮转角 δ_0 称为推程运动角。当凸轮继续转动 δ_s 时，凸轮轮廓 BC 段向径不变，此时从动件处于最远位置停留不动，相应的凸轮转角 δ_s，称为远休止角。当凸轮继续转动 δ_h 时，凸轮轮廓 CD 段的向径逐渐减小，从动件在重力或弹簧力的作用下，以一定的运动规律回到起始位置，这个过程称为回程，即回程时从动件移向凸轮轴心的行程。对应的凸轮转角 δ_h 称为回程运动角。当凸轮继续转动 δ_s' 时，凸轮轮廓 DA 段的向径不变，此时从动件在最近位置停留不动，相应的凸轮转角 δ_s' 称为近休止角。当凸轮再继续转

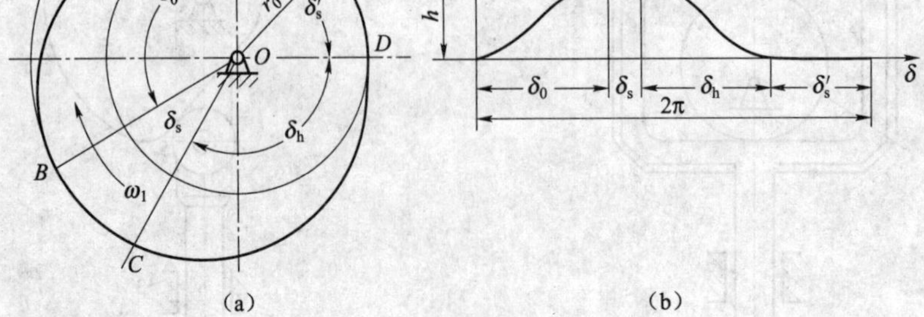

图 4－8 凸轮机构的运动过程

动时，从动件重复上述运动循环。如果以直角坐标系的纵坐标代表从动件的位移 s_2，横坐标代表凸轮的转角 δ，则可画出从动件位移 s_2 与凸轮转角 δ 之间的关系线图，如图 4－8（b）所示，通常将其简称为从动件位移曲线。根据从动件位移曲线，利用图解微分法可作出其速度曲线和加速度曲线。

可见，从动件的运动规律取决于凸轮轮廓曲线的形状，即从动件的不同运动规律要求凸轮具有不同的轮廓曲线。所以设计凸轮轮廓曲线时，首先根据工作要求选定从动件的运动规律，按从动件的位移曲线求出相应的凸轮轮廓曲线。

下面介绍几种常用的从动件运动规律。

一、等速运动规律

从动件速度为定值的运动规律称为等速运动规律。当凸轮以等角速度 ω_1 转动时，从动件在推程或回程中的速度为常数。

推程时，设凸轮推程运动角为 δ_0，从动件升程为 h，相应的推程时间为 t_0，则从动件的速度为 $v_2 = C_1 =$ 常数

位移方程：$s_2 = \int v_2 \mathrm{d}t = C_1 t + C_2$

加速度方程：$a_2 = \dfrac{\mathrm{d}v_2}{\mathrm{d}t} = 0$

初始条件为：$t = 0$，$s_2 = 0$ 时，则 $C_2 = 0$；

$t = t_0$，$s_2 = h$ 时，则 $C_1 = h/t_0$

将初始条件代入速度方程、位移方程和加速度方程得：

$$s_2 = h\frac{t}{t_0}$$

$$v_2 = \frac{h}{t_0}$$

$$a_2 = 0$$

由于凸轮转角 $\delta = \omega_1 \cdot t$，$\delta_0 = \omega_1 \cdot t_0$，代入上式，则得推程时从动件用转角 δ 表示的运动方程：

$$s_2 = \frac{h}{\delta_0}\delta$$

$$v_2 = \frac{h}{\delta_0}\omega_1$$

$$a_2 = 0$$

回程时，从动件速度为负值。回程终了，凸轮转角为 δ_h，$s = 0$，同理可推出回程时从动件的运动方程为：

$$s_2 = h\left(1 - \frac{\delta}{\delta_h}\right)$$

$$v_2 = -\frac{h}{\delta_h} \cdot \omega_1$$

$$a_2 = 0$$

图 4－9 为按上述公式作出的推程时从动件的运动线图。由图可见，从动件在推程开始和终止的瞬时，速度有突变，其加速度在理论上为无穷大（实际上，由于材料存在弹性变形，其加速度不可能达到无穷大），致使从动件在极短时间内产生很大的惯性力，因而使凸轮机构受到极大的冲击。这种从动件在某瞬时速度突变，其加速度及惯性力在理论上均趋于无穷大时所引起的冲击，称为刚性冲击。因此等速运动规律只适用于低速轻载的凸轮机构。

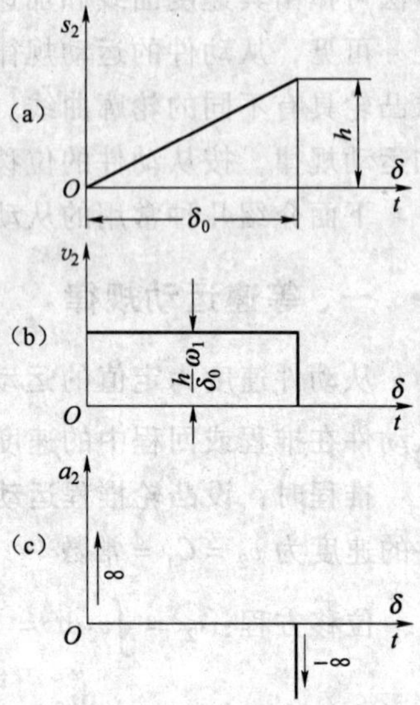

图 4－9　等速运动

（a）位移曲线；（b）速度曲线；（c）加速度曲线

二、等加速等减速运动规律

从动件在一行程的前一阶段为等加速运动、后一阶段为等减速运动，这种运动规律称为等加速等减速运动规律。如图 4－10 所示，从动件在升程 h 中，先作等加速运动，后作等减速运动，直至停止。通常等加速度和等减速度的绝对值相等。这样，由于从动件等加速段的初速度和等减速段的末速度为零，故两段升程所需的时间必相等，即凸轮转角均为 $\delta_0/2$；两段升程也必相等，即均为 $h/2$。按等速运动相同方法，可推出从动件的运动方程为

前半升程：

$$s_2 = \frac{2h}{\delta_0^2} \cdot \delta^2$$

$$v_2 = \frac{4h\omega_1}{\delta_0^2} \cdot \delta$$

$$a = \frac{4h\omega_1^2}{\delta_0^2}$$

后半升程：

$$s_2 = h - \frac{4h}{\delta_0^2}(\delta_0 - \delta)^2$$

$$v_2 = \frac{4h\omega_1}{\delta_0^2}(\delta_0 - \delta)$$

$$a = -\frac{4h\omega_1^2}{\delta_0^2}$$

图 4－10 为按上述公式作出的等加速等减速运动线图。该图的位移曲线是一凹一凸两段抛物线连接的曲线，故该运动规律又称为抛物线运动规律。等加速部分的抛物线可

按下述方法画出：由于 $s_2 = K\delta^2$ （$K = 2h/\delta_0^2$ 为比例常数）得知，若将转角 $\delta_0/2$ 分成若干等分，则位移 s_2 的比值为 1:4:9:…。如图 4－10（a）所示，在横坐标上将 $\delta_0/2$ 的线段分成若干等分（图中为 3 等分），得 1，2，3 各点，过这些点作横轴垂线。再过 O 点作任意斜线 OO'，在其上以适当的单位长度自点 O 按 1:4:9 量取对应长度，得 1，4，9 各点。连接 9，3″两点并分别过 4，1 两点作其平行线 42″和 11″，分别与 s_2 轴相交于 2″，1″，点。最后由 1″，2″，3″分别向过 1，2，3 各点的垂线投影，得 1′，2′，3′点，将这些点连成光滑曲线即为加速度段抛物线。用同样方法可得等减速段抛物线，如图 4－10（a）所示。

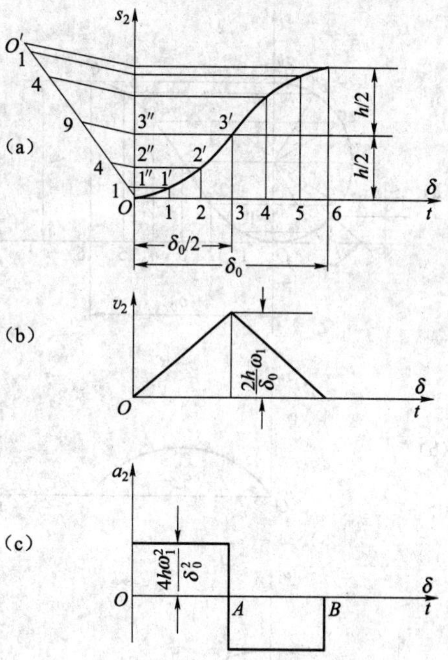

图 4－10　等加速等减速运动

（a）位移曲线；（b）速度曲线；（c）加速度曲线

由加速度线图（图 4－10（c））可知，从动件在升程始、末以及由等加速过渡到等减速的瞬时（即 O，A，B 三处），加速度出现有限值的突然变化，这将产生有限惯性力的突变，而引起冲击。这种从动件在某瞬时加速度发生有限值的突变时所引起的冲击称为柔性冲击。所以等加速等减速运动规律不适用于高速，仅用于中、低速。

三、简谐（余弦加速度）运动规律

从动件的加速度按余弦规律变化的运动规律称为简谐运动规律。质点在圆周上作匀速运动时，它在这个圆的直径上的投影所构成的运动称为简谐运动。如图 4－11（a）所示，设以从动件升程 h 为直径作一圆，显然从动件的位移方程为：

$$s_2 = \frac{h}{2}(1 - \cos\theta)$$

由图 4－11（a）可知，当 $\theta = \pi$ 时，$\delta = \delta_0$，故得 $\theta = \frac{\pi}{\delta_0} \cdot \delta$，代入上式可导出从动件推程时所作简谐运动的运动方程：

$$s_2 = \frac{h}{2}\left[1 - \cos\left(\frac{\pi}{\delta_0} \cdot \delta\right)\right]$$

$$v_2 = \frac{\pi h\omega_1}{2\delta_0} \sin\left(\frac{\pi}{\delta_0} \cdot \delta\right)$$

$$a_2 = \frac{\pi^2 h\omega_1^2}{2\delta_0^2} \cos\left(\frac{\pi}{\delta_0} \cdot \delta\right)$$

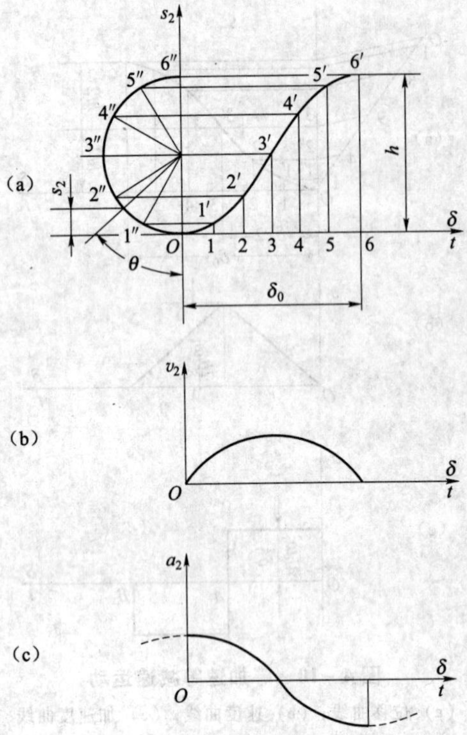

图 4－11　简谐运动

(a) 位移曲线；(b) 速度曲线；(c) 加速度曲线

图 4－11 表示按上式所作出的简谐运动规律的运动线图。由图 4－11（c）可见，从动件的加速度按余弦规律变化。

简谐运动规律位移线图作法如下：如图 4－11（a）所示，以从动件的升程 h 为直径画半圆，将此半圆和相应凸轮运动转角 δ_0 各分成相同等份（图中为 6 等分），得 1″，2″，3″，…点和 1，2，3，…点，过 1，2，3，…点作垂线 11′，22′，33′，…，然后将圆上的等分点投影到相应的垂线上得 1′，2′，3′，…点。用光滑曲线连接这些点，即得到从动件的位移线图。

由加速度线图图 4－11（c）看出，从动件在升程的始、末两处有加速度突变，产生柔性冲击。但是当从动件作无停歇的升－降－升往复运动时，将得到连续的加速度曲线（图中虚线所示），从而避免了柔性冲击，在这种情况下可用于高速传动。

在工程上，除上述几种常见运动规律外，为避免冲击，还可采用正弦加速度，高次多项式等运动规律，或者将几种曲线组合起来加以应用。

在选择从动件的运动规律时，除考虑刚性冲击与柔性冲击外，还应注意各种运动规律的最大速度 v_{max} 和最大加速度 a_{max} 的影响。v_{max} 越大，则动量 mv 越大，当大质量的从动件突然被阻止时，将出现很大的冲击力，因此大质量从动件不宜选用 v_{max} 太大的运动规律。a_{max} 越大，则惯性力越大，引起较大的动压力，对机构的强度和磨损都有较大的影响，因而对高速运动的凸轮机构，从动件的 a_{max} 不宜太大。现将几种常用运动规律的特点和适用范围列于表 4－1 中，供选择从动件运动规律时参考。

表 4－1　　常用的从动件运动规律比较

运动规律	最大速度 v_{max}	最大加速度 a_{max}	冲击性质	推荐适用范围
等速	$1.00\times\frac{h}{\delta_0}\omega_1$	∞	刚性冲击	低速、轻载
等加速等减速	$2.00\times\frac{h}{\delta_0}\omega_1$	$4.00\times\frac{h}{\delta_0^2}\omega_1^2$	柔性冲击	中速、轻载
简谐（余弦加速度）	$1.57\times\frac{h}{\delta_0}\omega_1$	$4.93\times\frac{h}{\delta_0^2}\omega_1^2$	柔性冲击	中高速、中载或重载

子模块三 用图解法设计盘形凸轮轮廓曲线

学习与训练要点

✧ 了解反转法的原理；

✧ 掌握图解法设计盘形尖顶从动件凸轮轮廓曲线的方法。

根据工作条件要求，选定了凸轮机构的型式、凸轮转向、凸轮的基圆半径和从动件的运动规律后，就可进行凸轮轮廓曲线的设计。凸轮轮廓曲线的设计有图解法和解析法。图解法简便易行、直观，但精确度较低。不过，只要细心作图，其图解的准确度是能够满足一般工程要求的。解析法精确度较高，但设计计算工作量大，可利用电子计算机运算。下文讨论图解法。

凸轮机构工作时，通常凸轮是运动的。用图解法绘制凸轮轮廓曲线时，却需要凸轮与图面相对静止。为此，我们应用“反转法”，其原理是：如图 4 - 12 所示，一对心移动尖顶从动件盘形凸轮机构。设凸轮的轮廓曲线已按预定的从动件运动规律设计出来了。当凸轮以角速度 ω_1绕轴 O 转动时，从动件的尖顶沿凸轮轮廓曲线相对其导路按预定的运动规律移动。现设想给整个凸轮机构加上一个公共角速度 $-\omega_1$，此时凸轮将不动。根据相对运动原理，凸轮和从动件之间的相对运动并未改变。这样从动件一方面随导路以角速度 $-\omega_1$绕轴 O 转动，另一方面又在导路中按预定规律作往复移动。由于从动件尖顶始终与凸轮轮廓相接触，显然，从动件在这种复合运动中，其尖顶的运动轨迹即是凸轮轮廓曲线。这种以凸轮作动参考系，按相对运动原理设计凸轮轮廓曲线的方法称为“反转法”。

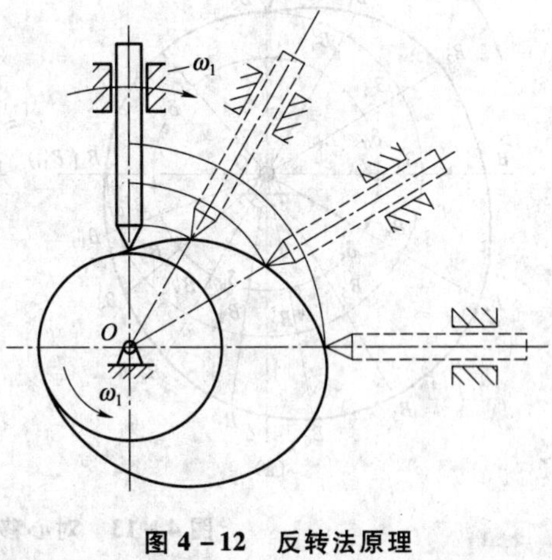

图 4 - 12 反转法原理

下面介绍应用“反转法”绘制盘形凸轮轮廓曲线的步骤。

一、对心移动尖顶从动件盘形凸轮轮廓的绘制

设凸轮机构中，凸轮以等角速度 ω_1顺时针转动，凸轮基圆半径为 r_0，从动件运动规律为：当凸轮转过推程运动角 δ_0时，从动件等速上升距离 h；凸轮转过远休止角 δ_s，从动件在最高位置停留不动；凸轮继续转过回程运动角 δ_h，从动件以等加速等减速运动下降距离 h；最后凸轮转过近休止角 δ_s'，从动件在最低位置停留不动，此时凸轮转动

一周。根据此运动规律，则凸轮轮廓曲线的绘制步骤包括：

（1）选取长度比例尺 μ_s，实际线性尺寸/图样线性尺寸和角度比例尺 μ_δ，实际角度/图样线性尺寸，作从动件位移曲线 $s_2 = s(\delta)$，如图 4－13（b）所示。

（2）将位移曲线的推程角 δ_0 和回程角 δ_h 分段等分，并通过各等分点作垂线，与位移曲线相交，即得相应凸轮各转角时从动件的位移 11′，22′……

（3）用同样比例尺 μ_s 以 O 为圆心，以 $OB_0 = r_0/\mu_s$ 为半径画基圆，如图 4－13（a）所示。此基圆与从动件导路线的交点 B_0 即为从动件尖顶的起始位置。

（4）自 OB_0 沿 ω_1 的相反方向取角度 δ_0，δ_s，δ_h，δ_s'，并将它们各分成与图 4－13（b）对应的若干等份，得 B_1'，B_2'，B_3'，…。连结 OB_1'，OB_2'，OB_3'，…，并延长各径向线，它们便是反转后从动件导路线的各个位置。

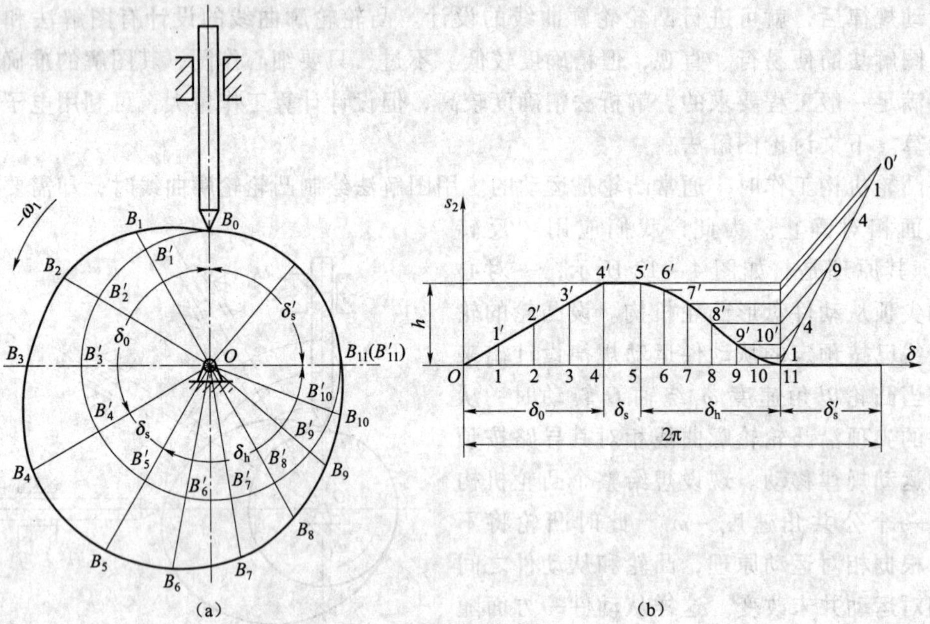

图 4－13　对心移动尖顶从动件盘形凸轮

（5）在位移曲线中量取各个位移量，并取 $B_1'B = 11'$，$B_2'B = 22'$，$B_3'B = 33'$，…，得反转后从动件尖顶的一系列位置 B_1，B_2，B_3，…。

（6）将 B_0，B_1，B_2，…连成光滑的曲线，即是所要求的凸轮轮廓曲线。

二、对心移动滚子从动件盘形凸轮轮廓曲线的绘制

滚子从动件凸轮轮廓曲线的绘制，其方法与尖顶从动件凸轮轮廓曲线的绘制基本相同，如图 4－14 所示。其不同点就是将滚子中心视为尖顶从动件的尖顶，按上述方法求出其轮廓曲线 β_0。再以 β_0 上各点为中心，以滚子半径为半径，画一系列圆，作这些圆的内包络线 β，则曲线 β 为凸轮上与从动件直接接触的轮廓，称为凸轮工作轮廓。它是使用滚子从动件时的实际轮廓曲线。而滚子从动件滚子中心相对于凸轮的运动轨迹（即曲线 β_0）则称为此凸轮的理论轮廓曲线。由以上作图过程可知，在滚子从动件盘形凸轮机构中，

以凸轮轴心为圆心，凸轮理论轮廓最小向径值为半径所作的圆，称为凸轮理论轮廓基圆。而在盘形凸轮机构中，以凸轮轴心为圆心，凸轮工作轮廓最小向径值为半径所作的圆，则称为凸轮工作轮廓基圆，图 4－14 中的 r_0 则是指凸轮理论轮廓基圆的半径。

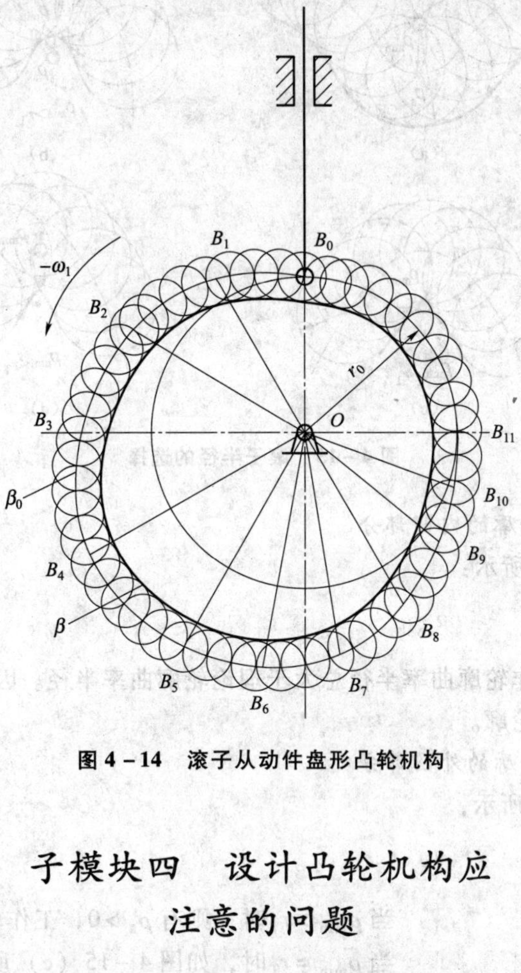

图 4－14 滚子从动件盘形凸轮机构

子模块四 设计凸轮机构应注意的问题

学习与训练要点

- ✧ 了解凸轮基圆半径的确定方法；
- ✧ 掌握压力角与作用力的关系。

设计凸轮机构时，不仅要保证从动件实现预定的运动规律，还要求传力时受力良好，结构紧凑。因此，在设计凸轮机构时应注意下述问题：

一、滚子半径的选择

滚子半径取大时，凸轮与滚子的接触应力降低，但对凸轮的实际轮廓曲线影响很大，有时甚至使从动件不能完成预定的运动规律。如图 4－15 所示，设理论轮廓上最小曲率半

径为 ρ_{min}，滚子半径为 r_T及对应的工作轮廓曲率半径 ρ_a，它们之间有如下三种关系。

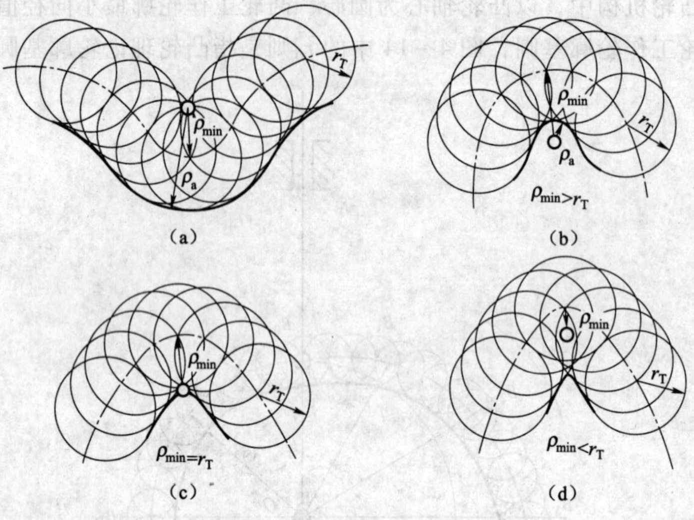

图 4－15　滚子半径的选择

（一）凸轮理论轮廓的内凹部分

如图 4－15（a）所示：

$$\rho_a = \rho_{min} + r_T$$

由上式可知，工作轮廓曲率半径总大于理论轮廓曲率半径。因而，不论选择多大的滚子，都能作出工作轮廓。

（二）凸轮理论轮廓的外凸部分

如图 4－15（b）所示，

$$\rho_a = \rho_{min} - r_T$$

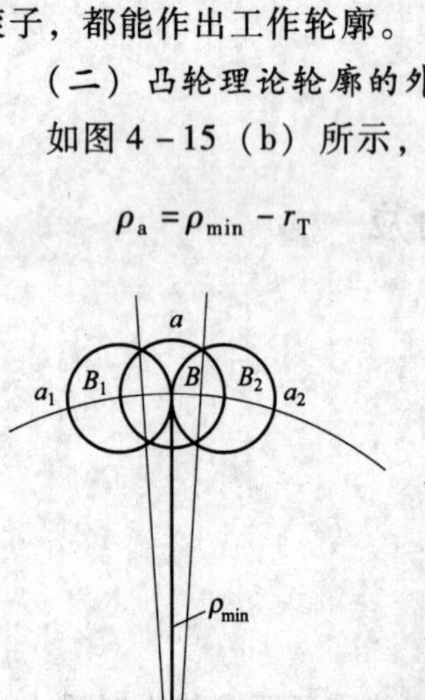

图 4－16　理论轮廓最小曲率半径的求法

当 $\rho_{min} > r_T$时，则有 $\rho_a > 0$，工作轮廓为一平滑曲线。

当 $\rho_{min} = r_T$时，如图 4－15（c）所示，此时 $\rho_a = 0$，在凸轮工作轮廓曲线上产生尖点。这种尖点极易磨损，磨损后就会改变从动件预定的运动规律。

当 $\rho_{min} < r_T$时，如图 4－15（d）所示，此时 $\rho_a < 0$，凸轮工作轮廓曲线相交，图中阴影部分的轮廓在实际加工时被切去，使这部分运动规律无法实现，这种现象称为运动失真。

由上述可知，滚子半径 r_T不宜过大，否则会产生运动失真；同时滚子半径也不宜过小，否则凸轮与滚子接触应力过大且难于装在销轴上。因此，一般推荐 $r_T \leqslant 0.8\rho_{min}$。若从结构上考虑，可使 $r_T = 0.4\, r_0$。为避免出现尖点，一般要求 $\rho_a > 3 \sim 5$mm。

理论轮廓最小曲率半径 ρ_{min} 可通过如下方法求出：在凸

轮理论轮廓上估计曲率半径最小位置取一小段曲线 B_1B_2，如图 4-16 所示，将它二等分得 B 点，然后分别以 B_1，B，B_2 为圆心，适当长度为半径作圆 a_1，a，a_2。连接 a_1，a 两圆和 a，a_2 两圆交点，将此两连线延长得交点 O，OB 长即为该处曲率半径 $\rho_{\min}$。

二、压力角的选择和检验

（一）压力角与作用力的关系

对心移动尖顶从动件盘形凸轮机构在推程任一位置的受力情况，如图 4-17 所示。凸轮在某一位置时从动件的法向力 F 与从动件上该力作用点的速度方向间所夹的锐角称为凸轮机构在该位置的压力角 α。若将 F 力分解为沿从动件运动方向的有用分力 F_t 和垂直从动件运动方向紧压导路的有害分力 F_n，其关系为：

$$F_n = F_t \tan\alpha$$

当驱动从动件的有用分力 F_t 一定时，压力角 α 越大，则有害分力 F_n 越大，凸轮机构效率越低。当 α 增大到一定程度，以致 F_n 所引起的摩擦阻力大于有用分力 F_t 时，无论凸轮对从动件的作用力多大，从动件都不能运动，这种现象称为自锁。

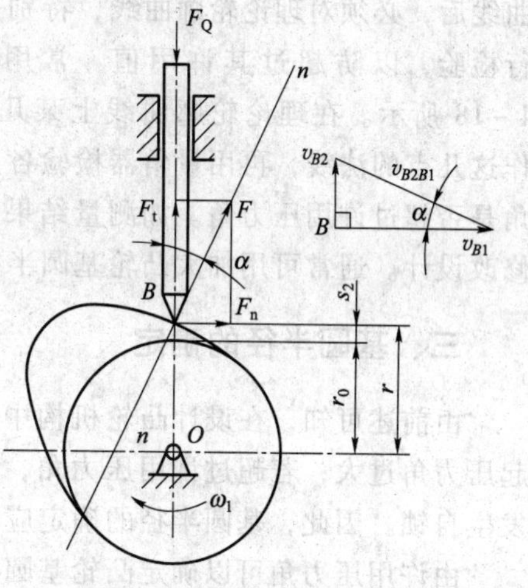

图 4-17　凸轮机构压力角

由以上分析可知：从改善受力情况，提高效率，避免自锁的观点看，压力角越小越好。

（二）压力角与机构尺寸的关系

如图 4-17 所示，设凸轮以等角速度 ω_1 顺时针转动。此时，从动件与凸轮在 B 点接触，B 点是公共点。从动件上 B 点的移动速度 $v_{B2}=v_2$。凸轮上 B 点的速度 $v_{B1}=r\cdot\omega_1$，方向垂直于 OB。而从动件上 B 点相对速度 v_{B2B1} 的方向与凸轮过 B 点的切线方向重合。根据点的复合运动之速度合成定理则可作出 B 点的速度三角形。由此可得：

$$v_2 = v_{B2} = v_{B1}\tan\alpha = r\cdot\omega_1\tan\alpha$$

$$r = \frac{v_2}{\omega_1\cdot\tan\alpha}$$

$$r = r_0 + s_2$$

$$r_0 = r - s_2 = \frac{v_2}{\omega_1\cdot\tan\alpha} - s_2$$

由上式可知，若给定从动件运动规律，则 ω_1，v_2，s_2 均为已知，压力角越大，其基圆半径越小，相应机构尺寸也越小。因此，从机构尺寸紧凑的观点看，其压力角较大为好。

（三）压力角的许用值

综上所述，在一般情况下，既要求凸轮机构有较高效率，受力情况良好，又要求其机构尺寸紧凑，即基圆半径较小，因此，压力角不能过大，也不能过小，应有一许用值，用 $[\alpha]$ 表示，且应使 $\alpha_{max} \leqslant [\alpha]$。在一般工程设计中，推荐的许用压力角为：

推程，即工作行程，移动从动件 $[\alpha]=30°$，摆动从动件 $[\alpha]=45°$。

回程：因受力较小且无自锁问题，故许用压力角可取得大些，通常 $[\alpha]=80°$。

（四）压力角的检验

凸轮轮廓曲线上各点压力角是变化的。在绘出凸轮轮廓曲线后，必须对理论轮廓曲线，特别是推程中各处压力角进行检验，以防超过其许用值。常用的简便检验方法如图 4－18 所示。在理论轮廓曲线上某几处最陡的地方取几点，作这几点的法线，再用量角器检验各点法线与向径之间的夹角是否超过许用压力角。如测量结果超过许用值，则应考虑修改设计。通常可用加大凸轮基圆半径的方法使 α_{max} 减小。

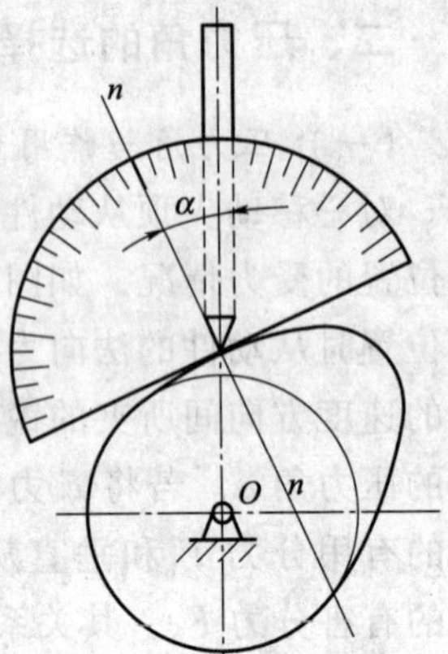

图 4－18　检验压力角

三、基圆半径的确定

由前述可知，在设计凸轮机构中，基圆半径过小，会引起压力角过大；若超过许用压力角，机构效率降低，甚至会发生自锁。因此，基圆半径的确定应考虑满足最大压力角小于许用值的要求。

由许用压力角可以确定凸轮基圆半径，但是这种方法比较繁琐。在工程上，现已制备了从动件的几种常用运动规律许用压力角和基圆半径关系的诺模图，供近似地确定凸轮基圆半径或校核凸轮机构最大压力角时使用。如图 4－19 所示为用于对心移动滚子从动件盘形凸轮机构的诺模图。

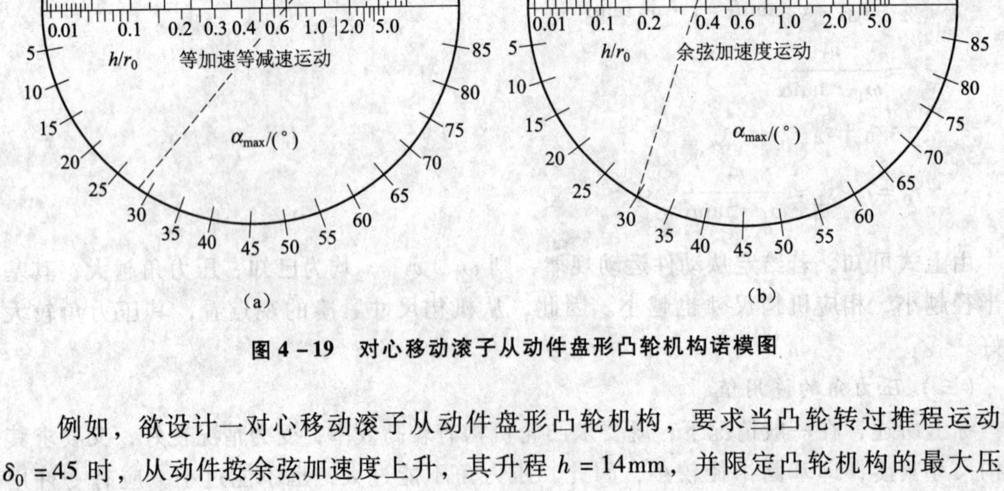

(a)　　(b)

图 4－19　对心移动滚子从动件盘形凸轮机构诺模图

例如，欲设计一对心移动滚子从动件盘形凸轮机构，要求当凸轮转过推程运动角 $\delta_0=45$ 时，从动件按余弦加速度上升，其升程 $h=14\text{mm}$，并限定凸轮机构的最大压力角等于许用压力角，即 $\alpha_{max}=30°$。

可以利用图 4－19（b）所示诺模图定出凸轮的基圆半径 r_0。操作方法是把图中 $\alpha_{max}=30°$和 $\delta_0=45°$的两点以直线相连，交余弦加速度运动规律的标尺（h/r_0线）于 0.35 处。于是，根据 $h/r_0=0.35$ 和 $h=14mm$，即可求得凸轮的基圆半径 $r_0=40mm$。

根据 $\alpha_{max}\leqslant[\alpha]$ 的条件所确定的基圆半径一般都比较小。所以在实际设计中，凸轮的基圆半径通常是根据具体的结构条件选择，一般可取凸轮的基圆直径等于或大于轴径的 1.6～2 倍。

要点回顾

1. 凸轮机构由凸轮、从动件和机架三个基本构件组成。凸轮一般作连续等速转动，从动件可作连续或间歇的往复运动或摆动。凸轮机构的种类很多，各具特色。

2. 凸轮的轮廓是由从动件运动规律决定的，因此掌握从动件常用的运动规律及其特点是十分重要的。只有某种运动规律的加速度曲线是连续变化的，这种运动规律才能避免冲击。等速运动规律在某些点的加速度在理论上为无穷大，所以有刚性冲击；而等加速等减速运动规律在某些点的加速度会出现有限值的突然变化，所以有柔性冲击。

3. 图解法绘制凸轮轮廓是按照相对运动原理来绘制凸轮的轮廓曲线的，也就是"反转法"。用"反转法"绘制凸轮轮廓主要包含三个步骤：将凸轮的转角和从动件位移线图分成对应的若干等份；用"反转法"画出反转后从动件各导路的位置；根据所分的等份量得从动件相应的位移，从而得到凸轮的轮廓曲线。

4. 在选择滚子半径时，必须保证滚子半径小于理论轮廓外凸部分的最小曲率半径；在确保运动不失真的情况下，可以适当增大滚子半径，以减小凸轮与滚子之间的接触应力。为了确保凸轮机构的运动性能，如果最大压力角超过了许用值，可以通过增加基圆半径来保证凸轮轮廓上的最大压力角不超过压力角的许用值。

思考与训练

请将正确答案写在括号内。

1. 选择以下正确的表述________。(　　)

A. 凸轮机构常用于机械的控制系统

B. 凸轮机构常用于机械的液压系统

C. 凸轮机构常用于机械的液力传动系统

D. 凸轮机构常用于一般机械设备中

2. 内燃机中控制气门启闭常采用________机构。(　　)

A. 连杆　　B. 凸轮　　C. 棘轮　　D. 槽轮

3. 通常凸轮机构不能用于________。(　　)

A. 柴油机的配气机构　　B. 燃油喷射泵

C. 起动空气分配器　　D. 变向变量油泵

4. 凸轮机构的主要优点是________。(　　)

A. 结构紧凑，加工制造容易

B. 结构简单，可以使从动件获得任意预定的运动规律

C. 传力较大

D. 不易磨损

5. 选择以下正确的表述________。(　　)

A. 圆柱凸轮可使从动件有较大的行程

B. 盘形凸轮工作时作直线往复移动，推动从动件在同一运动平面内作往复移动

C. 能与任意形状凸轮轮廓线接触而实现复杂运动规律的是滚子从动件

D. 适用于低速受力不大场合的是平底从动件

6. ________从动件常用于高速凸轮机构中。(　　)

A. 滚子　　B. 平底　　C. 尖顶　　D. 平底或尖顶

7. 凸轮机构中，________从动件可用于传递较大的动力。(　　)

A. 滚子　　B. 平底　　C. 尖顶　　D. 平底或滚子

8. 凸轮机构中，________从动件仅适用于受力不大的低速场合。(　　)

A. 滚子　　B. 平底　　C. 尖顶　　D. 尖顶或平底

9. 容易在接触面间形成楔形油膜从而减少磨损的凸轮从动件的型式是________。(　　)

A. 滚子从动件　　B. 平底从动件　　C. 尖顶从动件　　D. 任意从动件

10. 按凸轮的形状，凸轮主要分为________凸轮、移动凸轮和________凸轮。(　　)

A. 盘形/圆柱　　B. 盘形/鸡心　　C. 椭圆/圆柱　　D. 椭圆/鸡心

11. 决定凸轮机构从动件升程的是________。(　　)

A. 凸轮轮廓曲线最大半径与基圆半径之差

B. 基圆半径

C. 工作曲线半径

D. 升程角

12. 凸轮机构的压力角在工作中是变化的，在升程一定的情况下，其大小与________有关。(　　)

A. 远休止角　　B. 回程角　　C. 升程角　　D. 近休止角

13. 凸轮机构基圆半径过________会造成压力角过________，甚至会使机构发生自锁。(　　)

A. 大/小　　B. 大/大　　C. 小/大　　D. 小/小

14. 以凸轮理论轮廓曲线的最小向径为半径所作的圆称为凸轮的________。(　　)

A. 分度圆　　B. 基圆　　C. 轮廓圆　　D. 节圆

模块五

间歇运动机构

学习与训练总目标

- ➢ 了解间歇运动机构的运动特性；
- ➢ 掌握棘轮机构的分类及应用；
- ➢ 掌握槽轮机构的分类及应用。

引言

在许多机械中，常要求某些机构主动件连续运动，而从动件作周期性时动、时停的间歇运动，这种输出运动具有停歇特性的机构称为间歇运动机构。如自动机床的进给运动机构、刀架的转位机构、包装机的送进机构等。

若机构的间歇运动是单方向的，则称为步进运动机构。

间歇运动机构类型繁多，在此主要介绍棘轮机构和槽轮机构，并简单介绍不完全齿轮机构和凸轮式间歇运动机构。

子模块一　棘 轮 机 构

学习与训练要点

- ✧ 了解棘轮机构的组成及运动特性；
- ✧ 掌握棘轮机构的分类及应用。

如图 5－1 所示，棘轮机构是步进运动机构。它主要由棘轮 2、棘爪 3 和机架组成。棘轮 2 与传动轴固联，驱动棘爪 3 铰接于摇杆 1 上，摇杆 1 空套在棘轮轴上，可以绕其转动。当摇杆 1 逆时针方向摆动时，与它相联的驱动棘爪 3 插入棘轮的齿槽内，推动棘轮转过一定的角度。当摇杆顺时针方向摆动时，驱动棘爪 3 便在棘轮齿背上滑过。这时，片簧迫使制动棘爪插入棘轮的齿间，阻止棘轮顺时针方向转动，故棘轮静止。因此，当摇杆往复摆动时，棘轮作单向的间歇运动。

按照结构特点，常用的棘轮机构有齿式棘轮机构和摩擦式棘轮机构两大类。

一、齿式棘轮机构

齿式棘轮机构的棘轮外缘、内缘或端面上具有刚性的轮齿，按照其运动型式又可分为三类：单动式，双动式，可变向。

（一）单动式棘轮机构

如图 5－1 所示，这种机构的特点是摇杆 1 正向摆动时棘爪 3 驱动棘轮 2 沿同一方向转过某一角度；摇杆反向摆动时，棘轮静止。

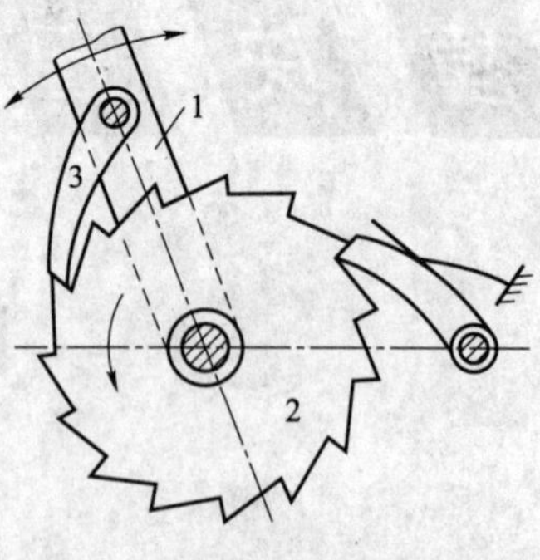

图 5－1　棘轮机构工作原理

（二）双动式棘轮机构

如图 5－2 所示，这种机构的特点是摇杆 1 往复摆动时皆能使棘轮 2 沿同一方向间歇转动。驱动棘爪 3 可制成平头的（如图 5－2（a）所示），或钩头的（如图 5－2（b）所示）。

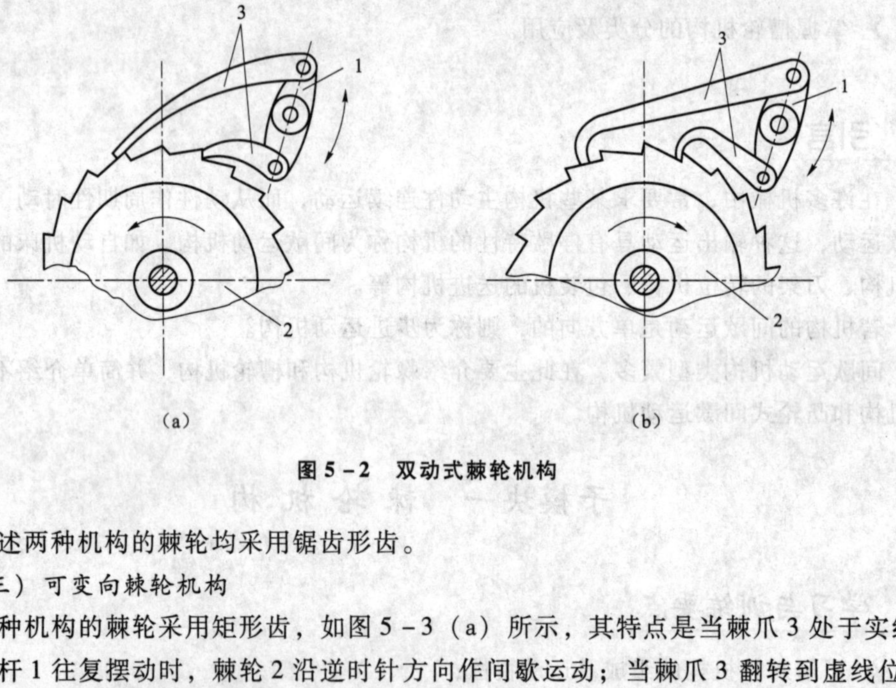

图 5－2　双动式棘轮机构

上述两种机构的棘轮均采用锯齿形齿。

（三）可变向棘轮机构

这种机构的棘轮采用矩形齿，如图 5－3（a）所示，其特点是当棘爪 3 处于实线位置，摇杆 1 往复摆动时，棘轮 2 沿逆时针方向作间歇运动；当棘爪 3 翻转到虚线位置，摇杆 1 往复摆动时，棘轮将沿顺时针方向作间歇运动。如图 5－3（b）所示为另一种可变向棘轮机构，当棘爪 2 处于图示位置往复摆动时，棘轮 1 沿逆时针方向作间歇运动；若将棘爪 2 提起，并绕其本身轴线转 180°后再插入棘轮齿中往复摆动时，棘轮便沿顺时针方向作间歇运动。

二、摩擦式棘轮机构

齿式棘轮机构的棘轮转角都是相邻两齿所夹中心角的倍数，也就是说，棘轮的转角是有极性改变的。如果需要无极性改变棘轮转角，可采用如图 5－4 所示摩擦式棘轮机构。它由摩擦轮 3 和摇杆 1 及其铰接的驱动偏心楔块 2、止动楔块 4 以及机架 5 组成。当摇杆

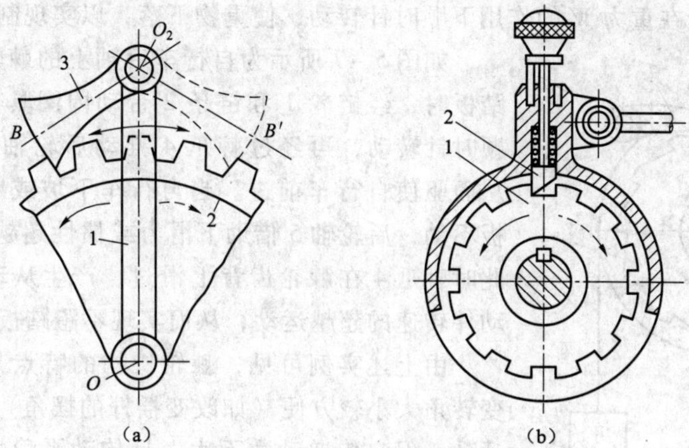

图 5-3　可变向棘轮机构

逆时针方向摆动时，通过驱动偏心楔块 2 与摩擦轮 3 之间的摩擦力，使摩擦轮沿逆时针方向运动。当摇杆顺时针方向摆动时，驱动偏心楔块 3 在摩擦轮上滑过，而止动楔块 4 与摩擦轮之间的摩擦力，促使此楔块与摩擦轮卡紧，从而使摩擦轮静止，以实现间歇运动。

棘轮机构应用广泛，现列举几个应用实例。如图 5-5 所示为牛头刨床工作台进给机构，由齿轮 1 带动与齿轮 2 同轴的销盘 3（相当曲柄）作等速转动，通过连杆 4 带动摇杆 5 往复摆动，从而使摇杆 5 上的棘爪驱动棘轮 6 作单向间歇运动。此时，与棘轮固接的丝杆 7 便带动工作台作横向进给运动。可通过调整曲柄销 *B* 的位置来改变摇杆的摆角，以达到改变棘轮转角的目的。

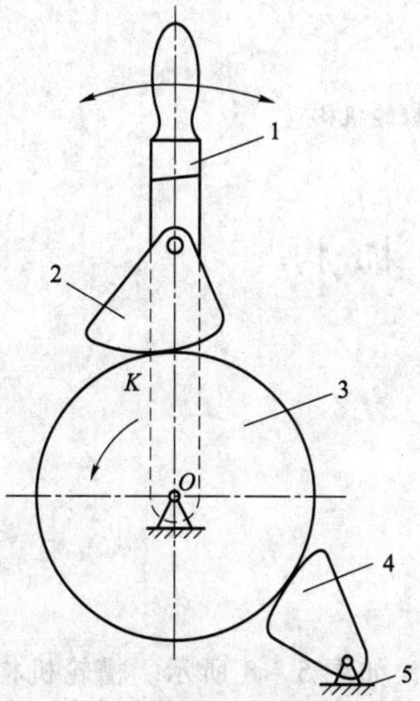

图 5-4　摩擦式棘轮机构

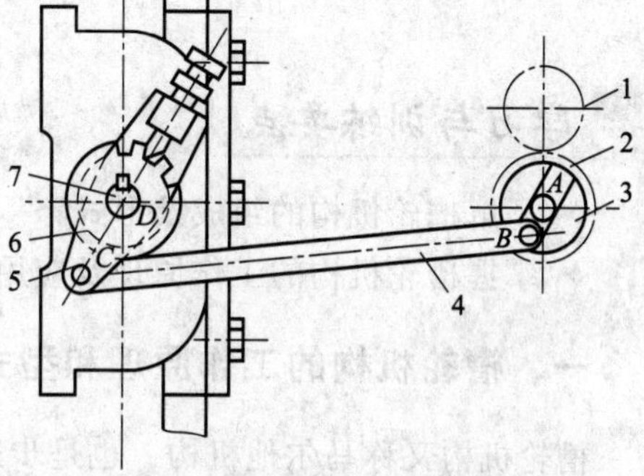

图 5-5　牛头刨床工作台进给机构

如图 5-6 所示为起重设备中的棘轮制动器。当提升重物时，棘轮逆时针转动，棘爪 2 在棘轮 1 齿背上滑过；当需使重物停在某一位置时，棘爪将及时插入棘轮的相应齿槽中，防止棘轮在重力 W 的作用下顺时针转动，使重物下落，以实现制动。

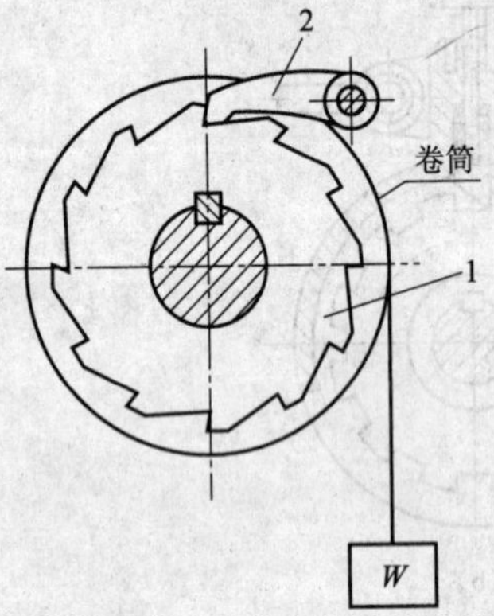

图 5－6　起重设备中的棘轮制动器

如图 5－7 所示为自行车后轴上的棘轮机构。当脚蹬踏板时，经链轮 1 和链条 2 带动内圈具有棘齿的链轮 3 顺时针转动，再经过棘爪 4 推动后轮轴 5 顺时针转动，从而驱使自行车前进。当自行车下坡或歇脚休息时，踏板不动，后轮轴 5 借助下滑力或惯性超越链轮 3 而转动，此时棘爪 4 在棘轮齿背上滑过，产生从动件转速超过主动件转速的超越运动，从而实现不蹬踏板的滑行。

由上述实例可见，棘轮机构的特点是结构简单，改变转角大小较方便（如改变摇杆的摆角），还可实现超越运动；但它传递动力不大，且传动平稳性差，因此仅适用于转速不高、转角不大的低速传动，常用来实现机械的间歇送进、分度、制动和超越等运动。

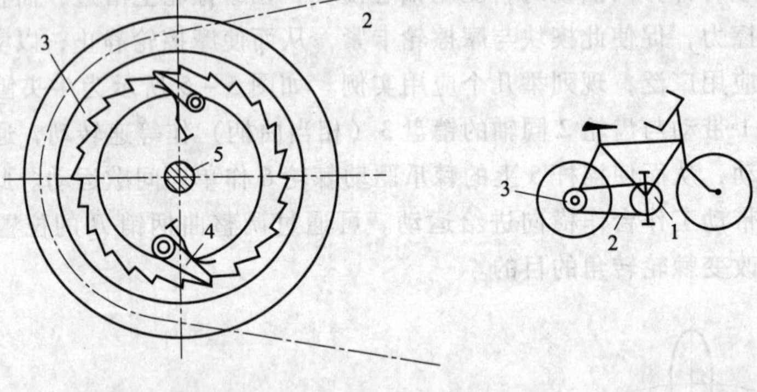

图 5－7　自行车后轴上的棘轮机构

子模块二　槽 轮 机 构

学习与训练要点

✧ 了解槽轮机构的组成及形式；
✧ 掌握槽轮机构的工作原理及应用。

一、槽轮机构的工作原理和型式

槽轮机构又称马尔他机构，也是步进运动机构，如图 5－8 所示。槽轮机构由带圆销 A 的主动拨盘 1、具有径向槽的从动槽轮 2 和机架组成。拨盘作匀速转动时，驱动槽轮作时转时停的单向间歇运动。当拨盘上圆销 A 未进入槽轮径向槽时，由于槽轮的内凹锁止弧 β 被拨盘的外凸圆弧 α 卡住，故槽轮静止。图示位置是圆销 A 刚开始进入槽轮径向槽时的情况，这时锁止弧刚被松开，因此槽轮受圆销 A 的驱动开始沿顺时针方向转动；当圆销 A 离开径向槽时，槽轮的下一个内凹锁止弧又被拨盘的外凸圆弧卡住，致使槽轮静止，直到圆销 A 再进入槽轮另一径向槽时，两者又重复上述的运动循环。

槽轮机构有两种基本型式：一种是外啮合槽轮机构，如图 5－8 所示，其拨盘 1 与槽轮 2 转向相反；另一种是内啮合槽轮机构，如图 5－9 所示，其拨盘 1 与槽轮 2 转向相同，一般常用外啮合槽轮机构。

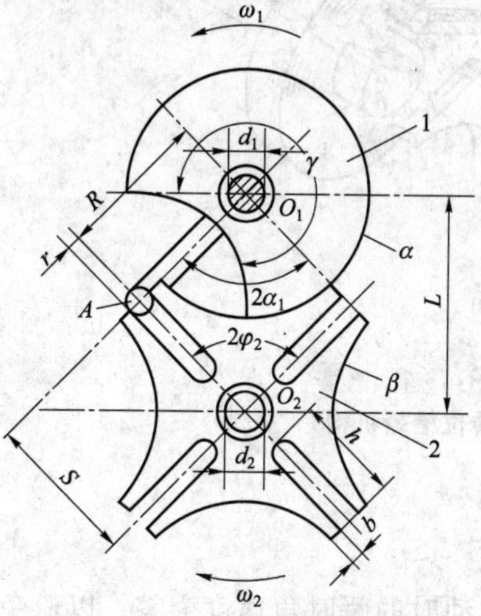

图 5－8　外啮合槽轮机构

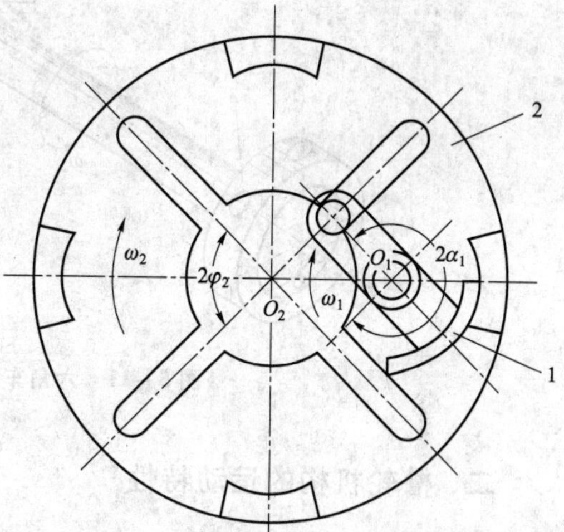

图 5－9　内啮合槽轮机构

槽轮机构的特点是结构简单、外形尺寸小、机械效率高，并且运动平稳，因此在自动机械中得到了广泛应用。如图 5－10 所示为电影放映机卷片机构，槽轮 2 具有四个径向槽，拨盘 1 上装有一个圆销 A。拨盘转 1 周，圆销 A 拨动槽轮转过 1/4 周，胶片移动一个画格，并停留一定时间（即放映一个画格）。拨盘继续转动，重复上述运动。利用人眼的视觉暂留特性，当每秒钟放映 24 幅画面时即可使人看到连续的画面。

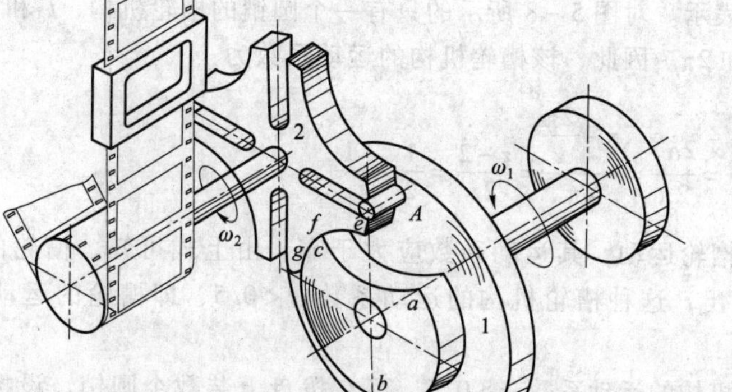

图 5－10　电影放映机卷片槽轮机构

如图 5－11 所示为六角车床刀架的转位槽轮机构，刀架 3 上可装六把刀具并与具有相应的径向槽的槽轮 2 固联，拨盘 1 上装有一个圆销 A。拨盘每转 1 周，圆销进入槽轮一次，驱使槽轮（即刀架）转 60°，从而将下一工序的刀具转换到工作位置。

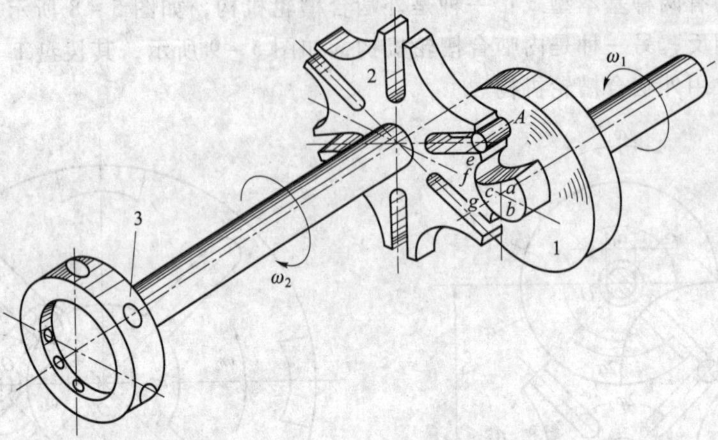

图 5-11　六角车床刀架转位槽轮机构

二、槽轮机构的运动特性

如图 5-8 所示，为使槽轮 2 在开始和终止转动时的瞬时角速度为零，以避免圆销 A 与槽轮发生撞击，圆销进入或脱出径向槽的瞬时，径向槽的中线应与圆销中心轨迹相切，即 O_2A 应与 O_1A 垂直。设 z 为均匀分布的径向槽数，当槽轮 2 转过 $2\varphi_2=2\pi/z$ 弧度时，拨盘 1 相应转过的转角为：

$$2\alpha_1=\pi-2\varphi_2=\pi-\frac{2\pi}{z}$$

在一个运动循环（拨盘转 1 周）内，槽轮的运动时间 t_d 与主动拨盘转 1 周的总时间 t 之比，称为该槽轮机构的运动系数，用 τ 表示。当拨盘匀速转动时，时间之比可以用转角的比值来表示。对图 5-8 所示的只有一个圆销的槽轮机构，t_d 和 t 对应于拨盘的转角分别为 $2\alpha_1$ 和 2π。因此，该槽轮机构的运动系数为：

$$\tau=\frac{t_d}{t}=\frac{2\alpha_1}{2\pi}=\frac{\pi-\frac{2\pi}{z}}{2\pi}=\frac{z-2}{2z}=\frac{1}{2}-\frac{1}{z}$$

为了保证槽轮运动，其运动系数应大于零。由上式可知，槽轮的径向槽数 $z\geqslant 3$。由上式还可看出，这种槽轮机构的运动系数 $\tau<0.5$，即槽轮的运动时间总小于静止时间。

欲使槽轮机构的运动系数 $\tau>0.5$，可在拨盘上装数个圆销。设拨盘上均有分布的圆销数为 k，当拨盘转一周时，槽轮将被拨动 k 次。因此槽轮运动时间为单圆销时的 k 倍，即：

$$\tau=\frac{k(z-2)}{2z}$$

运动系数 τ 应小于 1（$\tau=1$ 表示槽轮与拨盘一样作连续转动，不能实现间歇运动），即

$$\frac{k(z-2)}{2z}<1$$

由此可得

$$k<\frac{2z}{z-2}$$

由上式可知，当 $z=3$ 时，圆销的数目可为 1 至 5；当 $z=4$ 或 5 时，圆销的数目可为 1 至 3；而当 $z\geqslant6$ 时，圆销的数目可为 1 或 2。从生产效率观点看，希望槽数 z 少些为好，因为此时 τ 也相应减小，槽轮静止时间（一般为工作行程时间）增大，故可提高生产效率。但从动力特性看，希望槽数 z 适当增大为好，因为此时槽轮角速度减小，可减小振动和冲击，有利于机构正常工作。但槽数 $z>9$ 的槽轮机构比较少见。因为槽数过多，槽轮机构尺寸大，且转动时惯性力矩也增大。另外，当 $z>9$ 时，槽数虽增加，运动系数 τ 的变化却不大，故 z 常取为 4～8。

要点回顾

1. 间歇运动机构是主动件连续等速运动，从动件做周期性的时动时停的运动。

2. 平时应注意观察，了解并掌握间歇机构的特点，充实自身的机构知识。另外，与平面机构相对应的空间机构（如空间槽轮机构等）种类也十分丰富，也应了解、掌握。

思考与训练

请将正确答案写在括号内。

1. 下面能实现间歇运动的机构是________。(　　)

A. 棘轮机构　　B. 普通带传动机构

C. 普通蜗轮蜗杆机构　　D. 普通齿轮机构

2. 实现牛头刨床工作台横向进给的机构中，不包括________。(　　)

A. 凸轮机构　　B. 连杆机构　　C. 棘轮机构　　D. 螺旋传动机构

3. 棘轮机构的主要构件中，不包括________。(　　)

A. 曲柄　　B. 棘轮　　C. 棘爪　　D. 机架

4. 棘轮机构通常可将主动件的运动转化为棘轮的________。(　　)

A. 连续往复摆动　　B. 间歇单向转动　　C. 连续单向转动　　D. 间歇往复摆动

5. 棘轮机构的特点是________。(　　)

A. 棘轮每次转过的角度不可调　　B. 传递动力不大

C. 可用于高速　　D. 工作时噪音低

6. 下列不属于棘轮机构特点的是________。(　　)

A. 可用于一般机械或自动机械的进给、送料机构

B. 传动平稳性差

C. 可用于起重设备的止回机构

D. 棘轮每次转角可以很大

7. 下列不属于棘轮机构工作特点的是________。(　　)

A. 冲击振动较大　B. 常用于牛头刨床工作台的横向进给机构

C. 传递动力较大　D. 常用于起重设备的止回机构

8. 选择以下正确的表述________。(　　)

A. 在起重设备中，棘轮机构常用来阻止鼓轮反转

B. 槽轮机构常用于柴油机的气缸注油器中

C. 凸轮机构不能实现间歇运动

D. 摩擦轮传动也能用来阻止鼓轮反转

9. 选择以下不正确的表述________。(　　)

A. 一般机械的进给或送料机构也可采用棘轮机构

B. 槽轮机构在自动机械中也有着广泛的应用

C. 柴油机气缸注油器储油箱内的凸轮轴是由凸轮机构带动作间歇运动的

D. 在起重设备中，棘轮机构常用于阻止鼓轮反转

模块六

带 传 动

学习与训练总目标

- 了解带传动的特点和分类；
- 了解 V 带和 V 带轮结构标准；
- 掌握带传动的受力和应力情况；
- 掌握带传动的滑动以及带传动的传动比。

子模块一　带传动的特点和类型

学习与训练要点

- 了解带传动的特点；
- 掌握带传动的类型。

带传动由带和带轮组成的传递运动和动力的传动。所用的挠性拽引件为各种型式的传动带。按其工作原理分为摩擦型带传动和啮合型带传动。摩擦型带传动靠带与带轮接触面上的摩擦力来传递运动和动力。啮合型带传动靠带齿和带轮齿之间的啮合来实现传动。

带传动由主动轮 1、从动轮 2 和紧套在两轮上的传动带 3 组成的，如图 6－1 所示。

一、带传动的特点

带传动通过中间挠性件，即传动带，靠摩擦来传动，它具有下列特点：

（1）传动带具有良好的弹性，能缓冲和吸振，传动平稳，噪声小；

（2）过载时，带和带轮面间发生打滑，可防止其他零件损坏；

（3）带传动结构简单，制造、安装和维护均较方便；

（4）可用于中心距较大的两轴间的传动；

（5）带传动不能保证准确的传动比，对轴和轴承的压力较大，传动效率较低，带的寿命较短，传动的外廓尺寸较大。

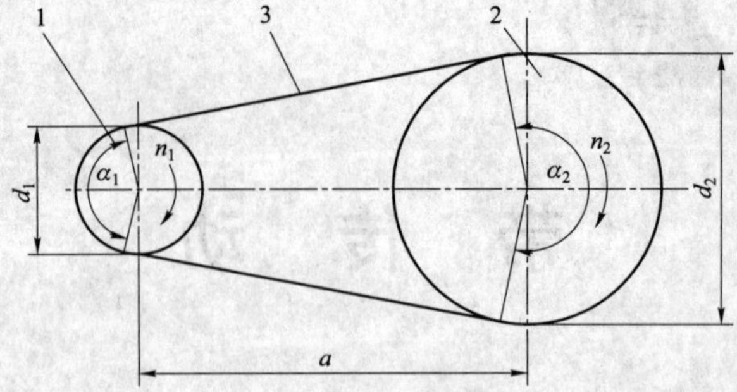

图 6-1　带传动

带传动适用于要求传动平稳、传动比不要求准确、中小功率的远距离传动。一般带传动的传递功率 $P \leqslant 50\text{kW}$，带速 $v = 5 \sim 25\text{m/s}$，高速带的带速可达 60m/s，传动比 $i \leqslant 7$。

二、带传动的类型

按传动带的截面形状不同，机械上常用的有平带、V 带、多楔带、圆带等，如图 6-2 所示等。

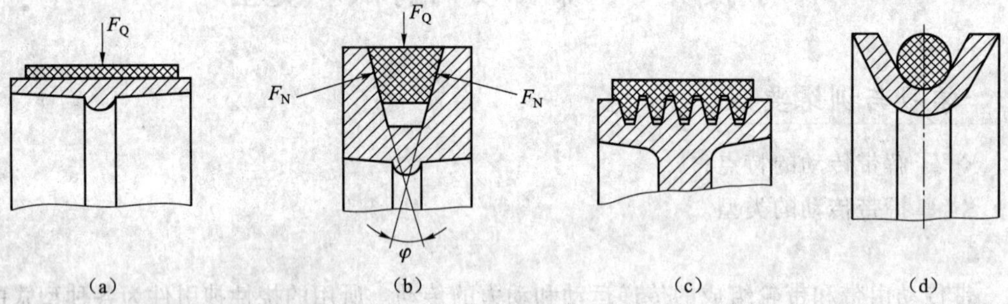

图 6-2　带的横截面形状

(a) 平带；(b) V 带；(c) 多楔带；(d) 圆带

平带的截面形状为扁平矩形，内表面为工作面。V 带的截面形状为等腰梯形，两侧面为工作表面。在同样压紧力 F_Q 作用下，平带与带轮间的极限摩擦力为 $F_Q f$，而 V 带的极限摩擦力为 $2F_N f = \dfrac{F_Q}{\sin(\varphi/2)} \cdot f = F_Q f_V$，可见 V 带的摩擦力比平带大，故传递功率也较大。显然，在传递同样功率情况下，V 带传动的结构更为紧凑。

多楔带是以平带为基体，内表面具有等距纵向楔的环形传动带。其工作面为楔的侧面。它主要用于传递功率较大而要求结构紧凑的场合。

圆带的横截面为圆形，只用于小功率传动，如缝纫机、仪器等。

此外还有同步带传动，它是具有中间挠性体的啮合型带传动，如图 6-3 所示。带的内周有一定形状的等距横向齿和带轮上相应的齿槽相啮合。同步带通常以钢丝绳或玻璃纤维绳为强力层、氯丁橡胶或聚氨酯为基体而制成。由于强力层受载后变形很小，对带的节距 p_b 影响很小，不影响齿与齿槽相啮合，故带和带轮面间无滑动，保证了准确的传动比。

同步带传动的线速度可达 50m/s，有时允许达 80m/s，传递功率可达 100kW，效率达 98%，但其制造、安装精度要求较高，造价也较高。

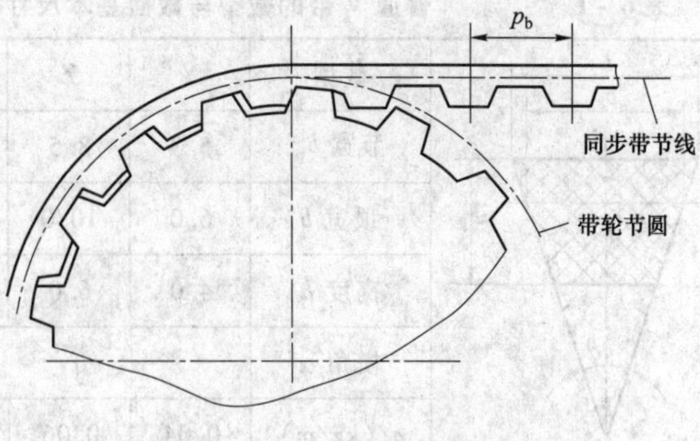

图 6－3 同步带传动

带传动主要用于两轴平行、转向相同的场合，这种传动型式称为开口传动，如图 6－1 所示。图中带与带轮接触弧所对中心角称为包角（α_1，α_2）。d_1，d_2 分别为两带轮的直径，两带轮轴线间的距离称为中心距 a。

本模块主要讨论常见机械中应用最广泛的 V 带传动。

子模块二 V 带和 V 带轮

学习与训练要点

✧ 了解 V 带和 V 带轮结构；
✧ 掌握普通 V 带的标准型号和标记。

一、V 带的结构和标准

V 带由顶胶、抗拉体、底胶和包布四部分组成，如图 6－4 所示。抗拉体有帘布芯结构和绳芯结构两种。帘布芯结构抗拉强度较高，制造方便，应用较广。Z，A，B，C 型帘布芯 V 带可无顶胶部分。绳芯结构柔性好，抗弯强度高，适用于带轮直径较小、速度较高的场合。

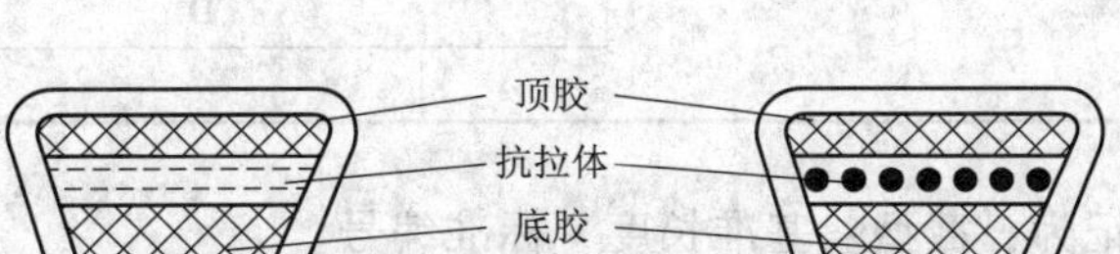

图 6－4 V 带的结构

V 带可分为普通 V 带、窄 V 带、宽 V 带、联组 V 带、齿形 V 带、大楔角 V 带等多种类型。以普通 V 带应用最广。

1. 普通 V 带

V 带制成无接头的环形。在弯曲时，带中长度和宽度均不变的一层称为中性层，其宽度 b_p 称为节宽。V 带截面高度 h 和节宽 b_p 的比值 h/b_p 称为相对高度。楔角为 40、相对高度约为 0.7 的 V 带称为普通 V 带，已标准化。按截面尺寸由小到大普通 V 带分为 Y，Z，A，B，C，D，E 七种型号，其截面尺寸见表 6－1。其中 Y 型尺寸最小，只用于传递运动。

表 6-1　　普通 V 带的截型与截面基本尺寸（摘自 GB 11544—89）　　mm

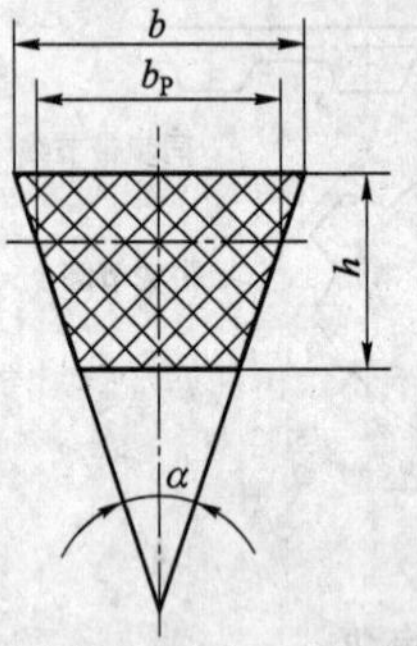

截型	Y	Z	A	B	C	D	E
节宽 b_p	5.3	8.5	11.0	14.0	19.0	27.0	32.0
顶宽 b	6.0	10.0	13.0	17.0	22.0	32.0	38.0
高度 h	4.0	6.0	8.0	11.0	14.0	19.0	25.0
楔角 α	40℃						
q/(kg/m)	0.04	0.06	0.1	0.17	0.3	0.62	0.9

V 带装在带轮上，和 b_p 相对应的带轮直径称为基准直径 d_d，见表 6-3 中图。V 带在规定的张紧力下位于带轮基准直径上的周线长度称为基准长度 L_d，它是 V 带的公称长度，用于带传动的几何计算和带的标记。普通 V 带基准长度见表 6-2。

表 6-2　　普通 V 带的基准长度（摘自 GB 11544—89）　　mm

基准长度 L_d	315 355	400 450 500	560	630 710 800	900 1 000 1 120 1 250 1 400 1 600	1 800 2 000 2 240 2 500	2 800	3 150 3 550 4 000	4 500 5 000 5 600	6 300 7 100 8 000 9 000 10 000	11 200 12 500 14 000	16 000
截型	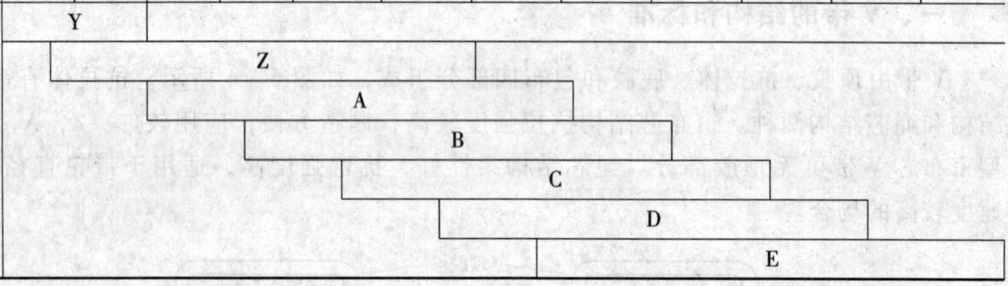											

普通 V 带的标记为：截型　基准长度　标准编号。

标记示例：B 型带，基准长度为 1 000mm，标记为：B　1 000　GB 11544—89。

2. 窄 V 带

窄 V 带是一种新型 V 带，其截面高度和节宽之比约为 0.9，结构如图 6-5 所示。抗拉体材料为高强度的涤轮绳芯，其位置稍高于普通 V 带，使中性层上移。顶面为弓形，受载后抗拉层仍处于同一平面内。两侧面为内凹曲面，当带在带轮上弯曲时，侧面变直，与带轮槽面接触良好。

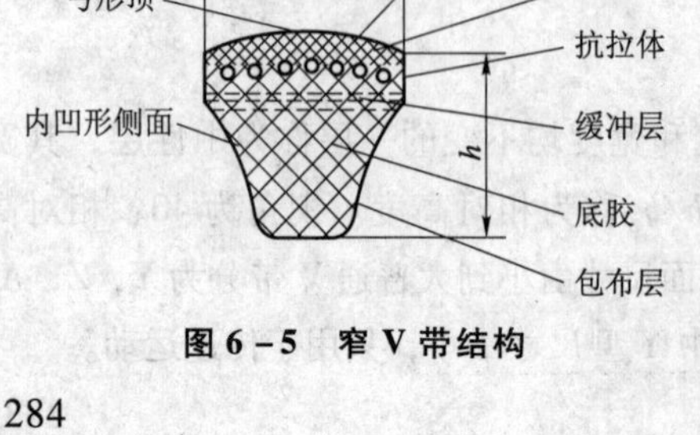

图 6-5　窄 V 带结构

在相同的工作条件下，窄 V 带的承载能力比普通 V 带高 1.5～2.5 倍，甚至更多，速度达

40 ~ 50m/s，在传递相同功率时，其结构尺寸可比普通 V 带小，使用寿命长。由于窄 V 带的这些特性，国外已普遍采用。我国对窄 V 带也制订了相应标准。

3. 活络 V 带

除上述标准 V 带外，还有一种活络 V 带，如图 6 - 6 所示。它由多片胶片搭叠后用螺钉联接而成，带长可调节。活络 V 带可代替同型号的 V 带，但因离心力较大，高速时传动平稳性差，螺钉孔削弱带的强度，使用寿命较短，故只适用于中心距不能调整的低速轻载场合。

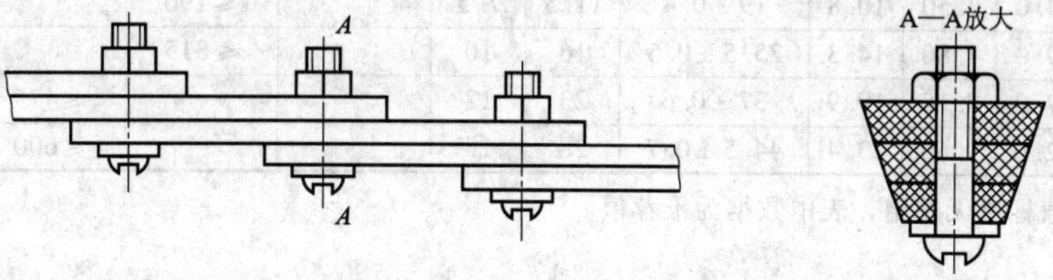

图 6 - 6 活络 V 带

二、V 带轮的材料和结构

带轮常用材料为铸铁，带速 $v<25\text{m/s}$ 时，可采用 HT150，$v=25\sim30\text{m/s}$ 时，可采用 HT200，速度更高时可采用铸钢。铝合金带轮和塑料带轮常用于小功率传动。

带轮由轮缘、轮毂和轮辐（或腹板）三部分组成。轮缘上制有槽，槽的结构尺寸和数目应与所用 V 带的型号、根数相对应。轮槽截面尺寸见表 6 - 3。表中带轮槽角 φ 规定为 32°、34°、36°和 38°，而 V 带楔角 α 为 40°，这是考虑到带在带轮上弯曲时，截面形状的变化使楔角减小，从而使带和带轮槽面接触良好。轮毂是带轮的内圈部分，它和轴相联接。连接轮缘和轮毂的中间部分成为轮辐（或腹板）。当带轮基准直径 $d_d\leqslant(2.5\sim3)\ d$（$d$ 为轴的直径）时，可采用实心带轮（S 型），见图 6 - 7（a）。$d_d\leqslant300\text{mm}$ 时，可采用腹板带轮（P 型）或孔板带轮（H 型），见图 6 - 7（b）。P 型与 H 型的区别是腹板上不开孔，所以图上未画出。$d_d>300\text{mm}$ 时，则采用椭圆轮辐带轮（E 型），见图 6 - 7（c）。各式带轮又按其轮缘与轮辐的相对位置及宽度不同而分型（详见标准 GB 10412—89）。

表 6 - 3 普通 V 带轮轮槽截面尺寸（摘自 GB/T 13575.1—92）

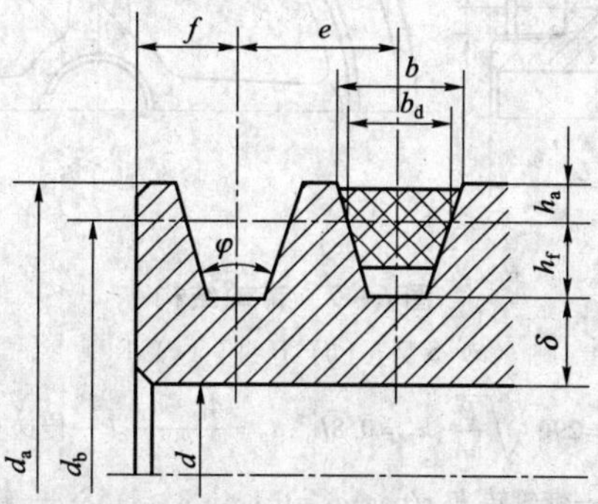

续表

槽型	b_d	h_{amin}	h_{fmin}	e	f_{min}	δ_{min}	d_d			
							与 d_d 相对应的 φ			
							$\varphi=32°$	$\varphi=34°$	$\varphi=36°$	$\varphi=38°$
Y	5.3	1.60	4.7	8 ±0.3	6	5	≤60		>60	
Z	8.5	2.00	7.0	12 ±0.3	7	5.5		≤80		>80
A	11.0	2.75	8.7	15 ±0.3	9	6		≤118		>118
B	14.0	3.50	10.8	19 ±0.4	11.5	7.5		≤190		>190
C	19.0	4.80	14.3	25.5 ±0.5	16	10		≤315		>315
D	27.0	8.10	19.9	37 ±0.6	23	12			≤475	>475
E	32.0	9.60	23.4	44.5 ±0.7	28	15			≤600	>600

注：δ 值标准无规定，表中数据为推荐值。

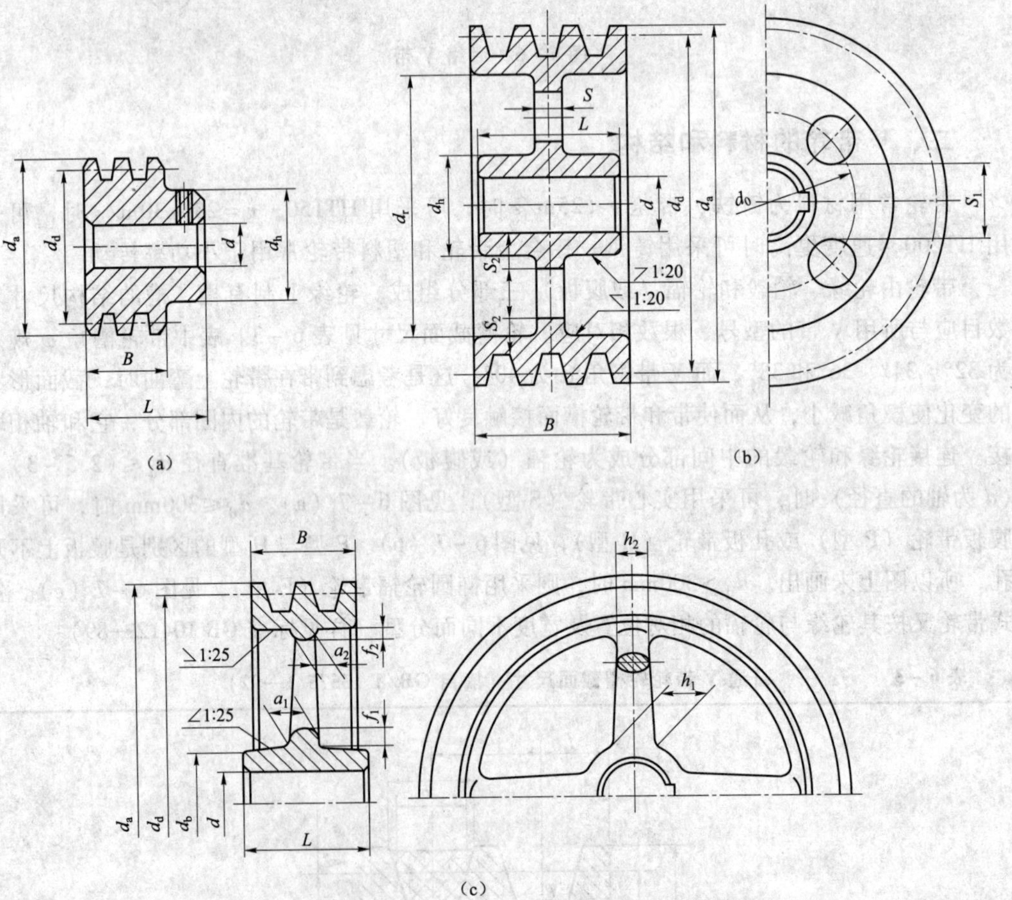

图 6－7　带轮结构

（a）S 型；（b）H 型；（c）E 型

$d_b=(1.8\sim2)d$；$h_1=290\sqrt[3]{\dfrac{P}{nA}}$；$h_2=0.8h_1$；$d_0=\dfrac{d_b+d_1}{2}$；$P$—传递功率，kW；$a_1=0.4h_1$；

$S=(0.2\sim0.3)B$；n—带轮转速，r/min；$a_2=0.8a_1$；$S_1\geqslant1.5S$；A—轮辐数；$f_1=f_2=0.2h$。

普通 V 带轮的基准直径系列见表 6－4。带轮的其他结构尺寸可参照图 6－7 所列经验公式计算。

表 6－4　普通 V 带轮的基准直径系列及其外径（摘自 GB/T 13575.1—92）

d_d	d_a						
	Y	Z	A	B	C	D	E
50	53.2	54					
56	59.2	60					
63	66.2	67					
71	74.2	75					
75	—	79	80.5				
80	83.2	84	85.5				
85	—	—	90.5				
90	93.2	94	95.5				
95	—	—	100.5				
100	103.2	104	105.5				
106	—	—	111.5				
112	115.2	116	117.5				
118	—	—	123.5	—			
125	128.2	129	130.5	132			
132		136	137.5	139			
140		144	145.5	147			
150		154	155.5	157			
160		164	165.5	167			
170		—	—	177			
180		184	185.5	187			
200		204	205.5	207	209.6		
212		—	—	—	221.6		
224		228	229.5	231	233.6		
236		—	—	—	245.6		
250		254	255.5	257	259.6		
265		—	—	—	274.6		
280		284	285.5	287	289.6		
300		—	—	—	309.6		

续表

d_d	d_a						
	Y	Z	A	B	C	D	E
315		319	320.5	322	324.6		
335		—	—	—	344.6		
355		359	360.5	362	364.6	371.2	
375		—	—	—	—	391.2	
400		404	405.5	407	409.6	416.2	
425		—	—	—	—	441.2	
450		—	455.5	457	459.6	466.2	
475		—	—	—	—	491.2	
500		504	505.5	507	509.6	516.2	519.2
530		—	—	—	—	—	549.2
560		—	565.5	567	569.6	576.2	579.2
600		—	—	607	609.6	616.2	619.2
630		634	635.5	637	639.6	646.2	649.2
670			—	—	—	—	689.2
710			715.5	717	719.6	726.2	729.2
750			—	757	759.6	766.2	
800			805.5	807	809.6	816.2	819.2
900				907	909.6	916.2	919.2
1 000				1 007	1 009.6	1 016.2	1 019.2

注：表中对应每种截型中的最小值为该截型带轮的最小基准直径 d_{dmin}；$d_a = d_d + 2h_{amin}$。

带轮标记组成如下：

名称　带轮槽型　轮槽数×基准直径　带轮结构型式代号　标准编号

标记示例：A 型槽，3 轮槽，基准直径 100mm，腹板带轮的标记为：

带轮 A　3×100　P　GB 10412—89

子模块三　带传动的受力分析和应力分析

学习与训练要点

✧ 掌握带传动受力情况；

✧ 掌握带传动应力情况。

一、带传动的受力分析和打滑

为保证带传动正常工作，传动带必须以一定的张紧力套在带轮上。所以带在工作前，两边已承受相等的拉力，称为初拉力 F_0，如图 6－8（a）所示。工作时，由于带和带轮接触面间摩擦力的作用，带绕入主动轮的一边被拉紧，称为紧边，其拉力由 F_0 增大到 F_1。带绕入从动轮的一边被放松，称为松边，其拉力由 F_0 减少为 F_2，如图 6－8（b）所示。两边的拉力之差 F 称为带传递的圆周力，也称为带传动的有效拉力。即：

$$F = F_1 - F_2$$

$$P = \frac{Fv}{1\,000}$$

式中：P 为传递的功率，kW；v 为带速，m/s；F 为圆周力，N。

在一定的初拉力 F_0 下，带与带轮面间的摩擦力之总和有一极限值，当传递的圆周力超过极限摩擦力总和时，带将沿带轮表面全面滑动，这种现象称为打滑。它使带磨损加剧，从动轮转速急剧降低，甚至停止转动，失去正常工作能力。

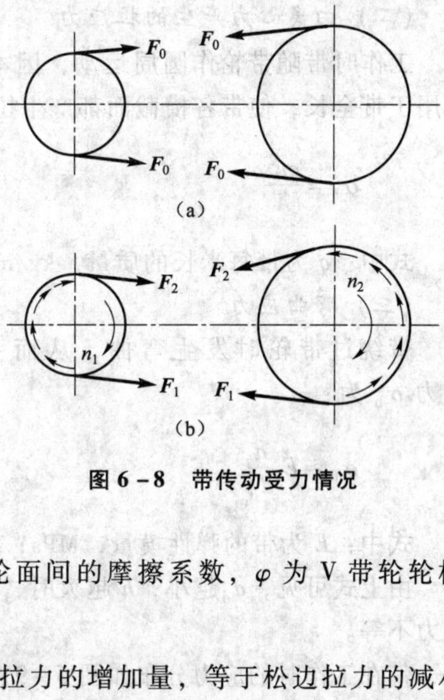

图 6－8　带传动受力情况

当 V 带即将打滑时，紧边拉力 F_1 和松边拉力 F_2 之间的关系可用柔韧体摩擦的欧拉公式表示，即

$$\frac{F_1}{F_2} = e^{f_v \alpha}$$

式中：e 为自然对数的底，e≈2.718；f_v 为当量摩擦系数，$f_v = \dfrac{f}{\sin(\varphi/2)}$（式中 f 为带与轮面间的摩擦系数，φ 为 V 带轮轮槽角）；α 为包角，rad。

若近似认为带工作时其总长不变，则带紧边拉力的增加量，等于松边拉力的减小量，即

$$F_1 - F_0 = F_0 - F_2$$

$$F_1 + F_2 = 2F_0$$

V 带传动不打滑条件下所能传递的最大圆周力为：

$$F_{max} = 2F_0 \frac{e^{f_v\alpha} - 1}{e^{f_v\alpha} + 1}$$

上式表面带的传动能力与初拉力 F_0、摩擦系数 f_v、包角 α 有关。F_0 越大，带与带轮间的正压力也越大，产生的摩擦力就大，故 F_{max} 也越大。包角增大会使带和带轮间

接触弧上摩擦力的总和增大，从而提高传递载荷的能力。

F_{max}和紧边拉力 F_1的关系为：

$$F_{max}=F_1\left(1-\frac{1}{e^{f_v\alpha}}\right)$$

二、带传动的应力分析

带传动工作时，带中应力由三部分组成：拉力产生的拉应力，离心力产生的拉应力，弯曲应力。

(一) 由拉力产生的拉应力

紧边拉应力　$\sigma_1=F_1/A$

松边拉应力　$\sigma_2=F_2/A$

式中 A 为带的横截面积，mm^2。

(二) 由离心力产生的拉应力

工作时带随带轮作圆周运动，因本身质量而产生离心力，由此引起的拉力为 qv^2，作用于带全长，使带各横截面都产生拉应力 σ_c为：

$$\sigma_c=\frac{qv^2}{A}$$

式中：q 为带每米长的质量，kg/m；v 为带速，m/s。

(三) 弯曲应力

带绕过带轮时发生弯曲，从而引起弯曲应力，由材料力学公式得 V 带弯曲应力 σ_b 为：

$$\sigma_b\approx E\frac{h}{d_d}$$

式中：E 为带的弹性模量，MPa；h 为带的高度，mm；d_d为带轮基准直径，mm。

由上式可见，d_d越小，h 越大时，带的弯曲应力就越大。带在大、小两轮上的弯曲应力不等。

带在工作时的应力分布如图 6－9 所示，各截面的应力大小由该处引出的带的法线长短表示。最大应力发生在紧边和小轮接触处，其值为：

$$\sigma_{max}=\sigma_1+\sigma_c+\sigma_{b1}$$

可见带是在变应力作用下工作的，其应力循环次数达到一定值时，将使带产生疲劳破坏。

为保证带具有足够的疲劳寿命，应满足：

$$\sigma_{max}=\sigma_1+\sigma_c+\sigma_{b1}\leqslant[\sigma]$$

式中 $[\sigma]$ 为带的许用应力。

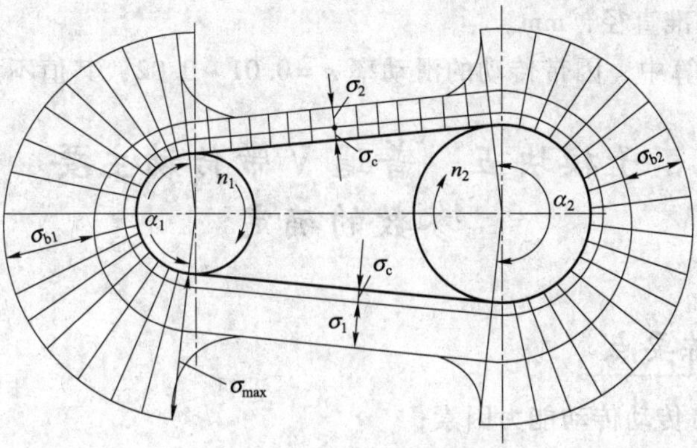

图 6-9　带的应力分布

子模块四　带传动的弹性滑动和传动比

学习与训练要点

✧ 掌握带传动弹性滑动的产生原因；
✧ 掌握带传动弹性滑动率及传动比。

传动带是弹性体，受拉力后产生弹性伸长，并随拉力大小的变化而改变。带由紧边绕过主动轮进入松边时，由于拉力的减少，其弹性伸长量也相应减少，带相对于轮向后缩了一段，因而带和带轮面间局部出现相对滑动，并使带的速度落后于主动轮的圆周速度。这种由于带的弹性变形而引起带与带轮面间的局部相对滑动称为弹性滑动。随着紧松边拉力差的增大，带的弹性滑动区域扩展至带与带轮的整个接触面时，即发生打滑。弹性滑动也存在于带与从动轮面间，但情况相反，带由松边进入紧边，拉力增加，带逐渐伸长，使带的速度超前于从动轮的圆周速度。

弹性滑动是不可避免的，因为带传动工作时，要传递圆周力，带的两边拉力必然不等，产生的弹性变形量也不同，所以必然会发生弹性打滑。而打滑是由于过载引起的，是可以避免的。

带的弹性打滑使从动轮的圆周速度 v_2 低于主动轮的圆周速度 v_1，其相对降低率用滑动率 ε 表示，即

$$\varepsilon = \frac{v_1 - v_2}{v_1} = \frac{\pi d_1 n_1 - \pi d_2 n_2}{\pi d_1 n_1}$$

由此得带传动的传动比为：

$$i = \frac{n_1}{n_2} = \frac{d_2}{d_1(1-\varepsilon)}$$

式中：n_1，n_2分别为主、从动轮的转速，r/min；d_1，d_2分别为主、从动轮的直径，

对 V 带传动则为基准直径，mm。

在一般传动计算中，因带传动的滑动率 $\varepsilon = 0.01 \sim 0.02$，其值不大，可不予考虑。

子模块五　普通 V 带传动主要参数的确定

学习与训练要点

✧ 掌握影响带传动传动能力因素；

✧ 掌握带传动速度范围及小带轮包角角度范围。

一、带轮基准直径和带速

带轮直径小，则传动结构紧凑，但弯曲应力大，使带的寿命降低。设计时，应取小带轮的基准直径 $d_{d1} \geqslant d_{dmin}$。$d_{dmin}$ 值见表 6－4。大带轮直径 $d_{d2} = id_{d1}$。d_{d1}，d_{d2} 应尽量符合表 6－4 规定的标准值。

带速计算公式如下：

$$v = \frac{\pi d_{d1} n_1}{60 \times 1\,000}$$

式中：v 的单位为 m/s，d_{d1} 的单位为 mm，n_1 的单位为 r/min。

带速太高使离心力增大，且单位时间内带绕过带轮的次数增多，会降低传动带的工作寿命。带速太低，当传递功率一定时，传递的圆周力增大，使带的根数过多。一般应使 v 在 5～25m/s 范围内。

二、中心距和带长

传动中心距小，结构紧凑，但带短，使绕转次数增多，从而降低带的寿命，同时使包角减小，导致传动能力降低。中心距过大，不仅使传动结构尺寸增大，当带速较高时，还会引起带的颤动。设计时，应按具体情况参考下式初步确定中心距 a_0。

$$0.7(d_{d1} + d_{d2}) \leqslant a_0 \leqslant 2(d_{d1} + d_{d2})$$

带长 L 可通过带传动的几何关系（参见图 6－1）求得：

$$L = 2a + 1.57(d_{d1} + d_{d2}) + \frac{(d_{d2} - d_{d1})^2}{4a}$$

根据初定的中心距 a_0 计算出带长 L_0，由表 6－2 中取接近的基准长度 L_d，再按下述近似公式计算实际中心距 a：

$$a \approx a_0 + \frac{L_d - L_0}{2}$$

考虑安装、调整、补偿初拉力的需要，中心距应留出 $\pm 0.03L_d$ 的调整余量。

三、小轮包角

$$\alpha_1 = 180° - \frac{d_{d2} - d_{d1}}{a} \times 57.3°$$

一般应使 $\alpha_1 \geq 120°$，若不满足此条件，可增大中心距或减小两轮直径差。

四、初拉力

适当的初拉力是保证带传动正常工作的重要因素，初拉力过小易发生打滑，初拉力过大带的寿命降低，且对轴和轴承的压力增大。

单根 V 带合适的初拉力 F_0，可按下式计算：

$$F_0 = \frac{500P_c}{zv}\left(\frac{2.5}{K_a} - 1\right) + qv^2$$

式中：q 为 V 带每米长的质量，kg/m，见表 6－1。其他符合含义同前。

子模块六　带传动的张紧和维护

学习与训练要点

✧ 了解带传动的张紧方法；
✧ 掌握带传动的安装和维护。

一、带传动的张紧

带传动工作一定时间后，带因产生塑性变形而松弛，使初拉力减小，为使其能正常工作，必须重新张紧。

常采用调整中心距的张紧方法，把装有带轮的电动机安装在滑道上，如图 6－10（a）所示；或摆动底座上，如图 6－10（b）所示，通过调整螺钉或调整螺母，即可达到张紧的目的。当中心距不能调整时，可采用张紧轮装置，如图 6－10（c）所示。为使 V 带只受单向弯曲，张紧轮应安置在带的内侧，且靠近大轮处，以免小轮包角减小太多。

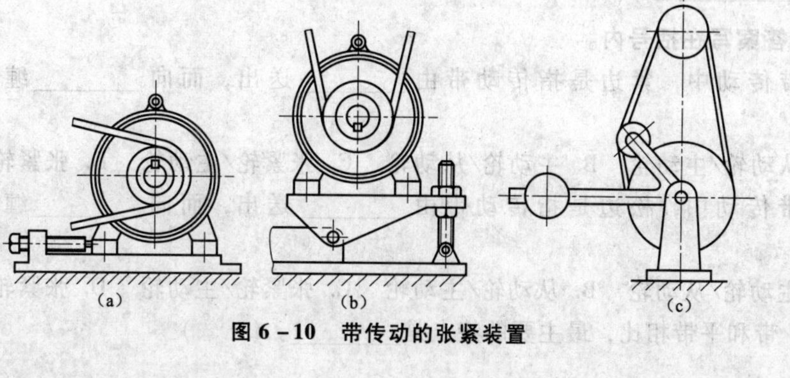

图 6－10　带传动的张紧装置

二、带传动的安装和维护

(1) 选用V带时要注意截型和长度。截型应和带轮轮槽尺寸相符合。使用多根V带时，为避免各根带的载荷分布不匀，其长度的最大允许差值应符合规定（带长最大允差应遵循 GB/T 13575.1—92）。使用中应定期检查，如发现中V带出现疲劳撕裂现象时，应及时更换全部V带。新旧不同的V带不能同时使用。

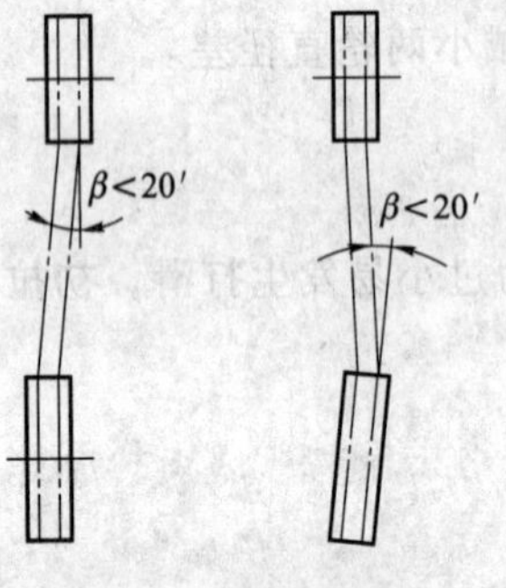

图 6－11　带轮安装位置

(2) 安装时，两带轮的轴线应平行。两轮相对应的V型槽的对称平面应重合，误差不得超过20′，如图 6－11 所示。

(3) 带的工作温度不应超过60℃。带不宜与油、酸、碱等腐蚀性物质接触。

(4) 带传动应加防护罩。

(5) 装拆时不要硬撬，应先缩小其中心距，然后再装拆胶带。安装时应按规定的初拉力张紧胶带。

要点回顾

1. 带传动根据工作原理可分为摩擦型带传动和啮合型带传动两种。摩擦型带传动应用最广，布置形式多为开口布置。

2. 摩擦型带传动在工作前已有一定的初拉力，工作时靠带与带轮间的摩擦力工作，带的两边形成松边和紧边，两边的拉力差是带传递的有效圆周力，最大有效圆周力可以通过柔韧体摩擦的欧拉公式计算出来。

3. 带的工作应力为交变应力，由带拉力产生的拉应力 σ_1、离心力产生的拉应力 σ_c 和带在带轮上环绕而产生的弯曲应力 σ_b 三部分组成。为避免 σ_c 过大，应限制最大带速，为避免 σ_b 过大，应限制小带轮的最小直径。

4. 带传动的失效形式是打滑和带的疲劳损坏。

5. 带传动的打滑和弹性滑动是两个截然不同的概念。打滑是可以避免的，弹性滑动是不可避免的。弹性滑动造成从动轮圆周速度降低。

思考与训练

请将正确答案写在括号内。

1. 带传动中，紧边是指传动带由________送出，而向________缠绕的一边。(　　)

A. 从动轮/主动轮　B. 主动轮/从动轮　C. 张紧轮/主动轮　D. 张紧轮/从动轮

2. 带传动中，松边是指传动带由________送出，而向________缠绕的一边。(　　)

A. 主动轮/从动轮　B. 从动轮/主动轮　C. 张紧轮/主动轮　D. 张紧轮/从动轮

3. V带和平带相比，最主要的特点是________。(　　)

A. 传动效率高　　B. 传动能力强　　C. 传动比准确　　D. 圆周速度高

4. 在轮机专业领域中应用最广的带传动是________传动。(　　)

A. 平带　　B. V 带　　C. 多楔带　　D. 同步齿形带

5. 下列带传动中，传动比最准确的是________。(　　)

A. 同步齿形带传动　　B. 多楔带传动

C. V 带传动　　D. 平带传动

6. 下列带传动中，在相同条件下传动能力最强的是________。(　　)

A. V 带传动　　B. 圆皮带传动　　C. 平皮带传动　　D. 多楔带传动

7. 作为标准件生产且带长为标准值的是________。(　　)

A. V 带　　B. 平皮带　　C. 圆皮带　　D. A + B

8. 带传动主要依靠________来传递运动和动力。(　　)

A. 带和两带轮接触面间的正压力　　B. 带和两带轮接触面间的摩擦力

C. 带的张紧力　　D. 带的紧边拉力

9. 设初拉力为 F_0，紧边拉力为 F_1，松边拉力为 F_2，带的有效拉力为 F；正确的表达式为________。(　　)

A. $F = F_1 - F_2$　　B. $F = F_1 + F_2$　　C. $F_1 + F_2 = 2F$　　D. $F_1 - F_0 = F$

10. 带传动工作时，从动带轮上发生的弹性滑动，造成________。(　　)

A. 带速大于轮速　　B. 轮速大于带速

C. 原动机功率过大　　D. 冲击负荷

11. 弹性滑动发生在________上，是________。(　　)

A. 从动轮/带速 > 轮速　　B. 主动轮/带速 > 轮速

C. 从动轮/轮速 > 带速　　D. 主动轮/轮速 = 带速

12. 带传动正常工作时，从动轮的实际转速________其理论转速。(　　)

A. 等于　　B. 大于　　C. 小于　　D. 小于等于

13. 下列带传动中产生弹性滑动的原因中不正确的是________。(　　)

A. 由于紧边拉力和松边拉力不同　　B. 由于胶带弹性变形的变化

C. 由于两轮直径的不同　　D. 由于紧边拉应力和松边拉应力不同

14. 带传动不能保证精确的传动比是由于________。(　　)

A. 带在带轮上打滑　　B. 带容易变形和磨损

C. 带的材料不符合虎克定律　　D. 带的弹性滑动

15. 减速带传动中，带的最大应力发生在________处。(　　)

A. 进入主动轮　　B. 退出主动轮　　C. 进入从动轮　　D. 退出从动轮

模块七

摩擦轮传动

学习与训练总目标

- 了解摩擦轮传动类型；
- 掌握摩擦轮传动的工作原理；
- 掌握摩擦轮传动的特点；
- 掌握摩擦轮传动的三种滑动。

子模块一　摩擦轮传动概述

学习与训练要点

- 了解摩擦轮传动的工作原理；
- 掌握摩擦轮传动的特点类型及应用。

一、摩擦轮传动的工作原理

如图 7－1 所示为最简单的摩擦轮传动，由两个相互压紧的圆柱摩擦轮组成。当传动装置正常工作时，主动轮 1 借用摩擦力的作用带动从动轮 2 转动，即依靠两轮间的摩擦力来传递动力和运动，并使传动基本上保持固定的传动比。设 N 为两轮接触面间的法向压力，f 为轮面间材料的摩擦因数，则传动在接触面间的最大摩擦力为 f_N，正常工作时，其值应大于或等于带动从动轮所需的圆周力 F_t，即

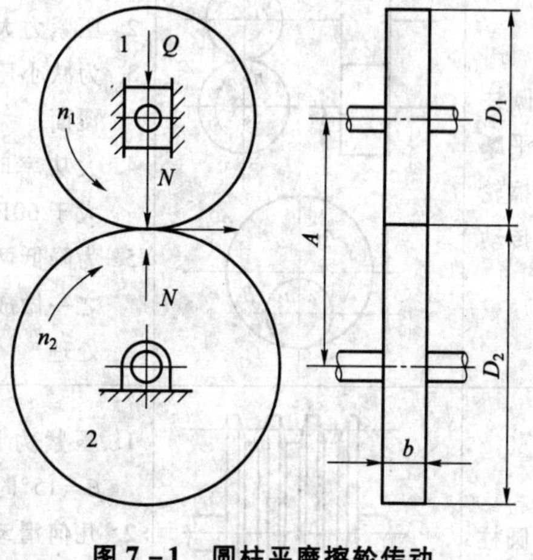

图 7－1　圆柱平摩擦轮传动

$$f_N \geq F_t$$

如果 $f_N < F_t$，主动轮就带不动从动轮回转，并将在从动轮的轮面上打滑，使传动失效。

二、摩擦轮传动的特点

摩擦轮传动是依靠摩擦轮面间的摩擦力来传递的，因此摩擦轮传动具有以下特点：

（1）由于摩擦轮没有轮齿，因此结构简单，并且无啮合冲击，传动平稳，噪声小；

（2）过载时发生打滑，能防止重要零件的损坏；

（3）能无级改变传动比，从而实现无级调速；

（4）不能保持准确的传动比；

（5）效率低，轴和轴承上受力较大，不宜传递大功率和大转矩；

（6）干摩擦时磨损快、寿命低。

摩擦轮传动的适用范围一般为：传动功率 $P \leqslant 20\text{kW}$；圆周速度 $v \leqslant 25\text{m/s}$；传动比 $i \leqslant 7$；效率 $\eta = 0.85 \sim 0.90$；最高转速 $n \leqslant 1\ 000\text{r/min}$。

三、摩擦轮传动的类型

摩擦轮传动大体分为传动比基本固定和传动比可变两种类型。传动比基本固定的摩擦轮传动有圆柱平摩擦轮传动、圆柱槽摩擦轮传动和圆锥摩擦轮传动三种形式。前两种用于两平行轴之间的传动，后一种用于两相交轴之间的传动。传动比可变的摩擦轮传动有端面摩擦轮传动。

端面摩擦轮传动有圆柱－圆盘式和圆锥－圆盘式。如表 7－1 所示的端面摩擦轮传动，设圆盘为主动轮，并以一定的转速回转，则从动轮的转速可随着圆柱（圆锥）在圆盘上的位置不同而改变。这种从动轮转速可以调节的摩擦轮传动称为摩擦轮无级变速传动。

各类摩擦轮传动的类型、特点及应用见表 7－1。

表 7－1　　摩擦轮传动的类型、特点和应用

名称	简图	特点	应用
圆柱平摩擦轮传动	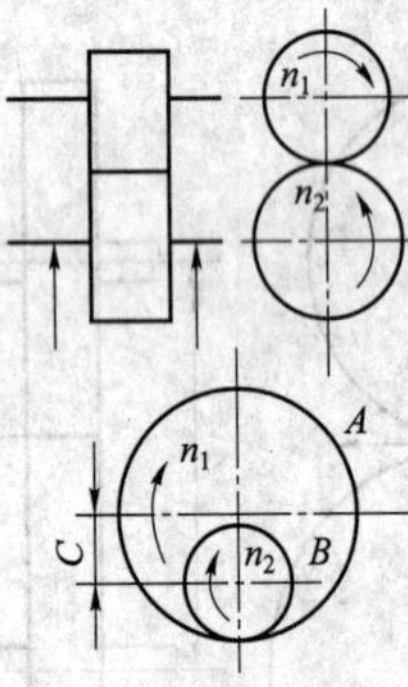	1. 结构简单，制造方便 2. 压紧力大，宜用于小功率传动 3. 为减小压紧力，轮面之一可用非金属作覆面 4. 大功率时，用淬硬钢，如 GCr15，硬度大于 60HRC，采用自动压紧卸载环 5. 为降低两轴线的平行度要求，可将轮面之一做成鼓形，轴系刚性差时也应如此处理	用于小功率，如回转滚筒驱动、仪表调节装置等
圆柱槽摩擦轮传动	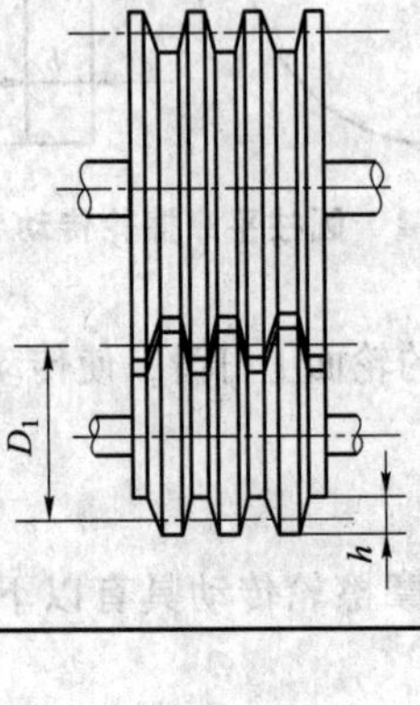	1. 压紧力比圆柱摩擦轮传动小，当槽角 $\beta = 15°$ 时，压紧力约为圆柱摩擦轮的 0.3 2. 几何滑动较大，易发热和磨损，应限制沟槽高度 $h = (0.04 \sim 0.05)D_1 < 5 \sim 15\text{mm}$ 3. 加工与安装要求较高 4. 传动比随载荷和压紧力的变化在一定范围内变动	用于绞车驱动装置等

续表

名称	简　图	特　点	应　用
圆锥摩擦轮传动	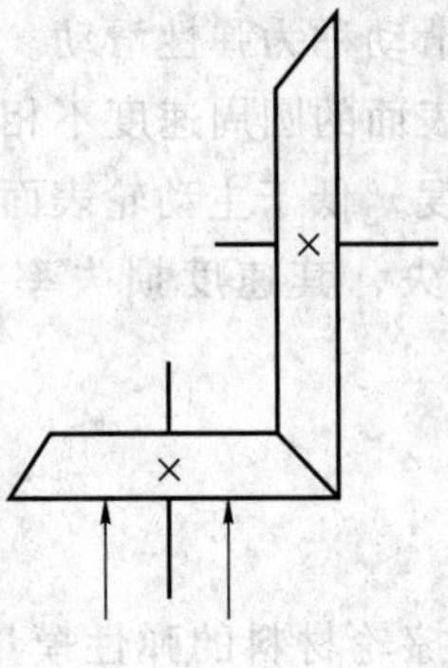	1. 结构简单，制造方便 2. 设计与安装时，应保证轴线的相对位置正确，锥顶重合，否则几何滑动大，磨损严重 3. 应在小轮处加压紧力	常用于大功率摩擦压力机
端面摩擦轮传动	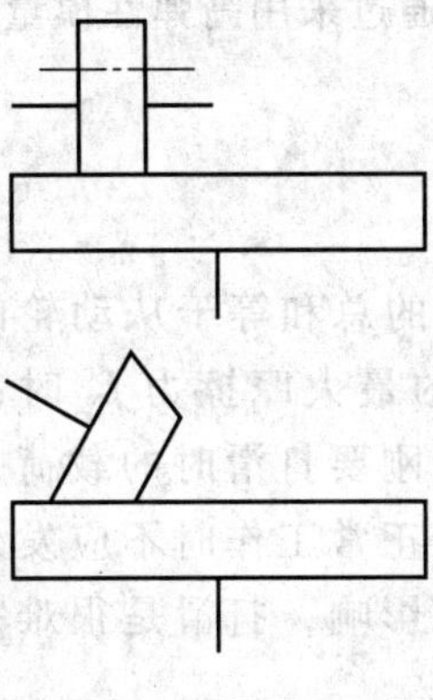	1. 结构简单，制造方便 2. 压紧力大，几何滑动大，易发热和磨损 3. 将小轮做成鼓形，可减小几何滑动，但降低安装精度 4. 轴向移动时，小轮可实现正、反向无级变速，但应避免在大轮中心附近运转 5. 要注意大轮的刚性，并控制两轴线的垂直度	用于摩擦压力机等

子模块二　摩擦轮传动中的滑动

学习与训练要点

✧ 掌握摩擦轮传动中的弹性滑动及速度损失情况；
✧ 掌握摩擦轮传动的打滑现象；
✧ 掌握槽摩擦轮传动的几何滑动。

摩擦轮传动时，两个摩擦轮的接触面间可能产生弹性滑动、打滑和几何滑动。

一、弹性滑动

摩擦轮压紧后，在两轮接触处因材料的弹性变形被压出一小平面，该小平面被称为接触面，如图 7－2 所示。当传递动力时，该平面上受到摩擦力的作用，从而使主动轮 1 表面上任一微小块在通过接触区的过程中由压缩逐渐变为拉伸（进入接触区时受压、离开接触区时受拉）；相反，从动轮 2 表面上对应微块则由拉伸变为压缩

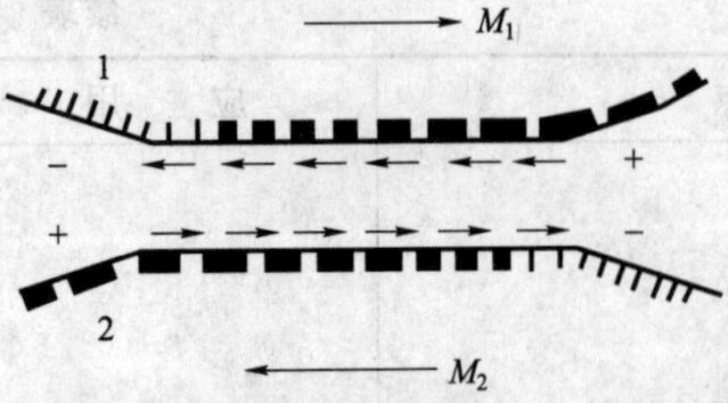

图 7-2　弹性滑动

（进入接触区时受拉、离开接触区时受压）。因此两摩擦轮的表层都要产生不同情况的切向弹性变形，彼此之间产生相对滑动。这种由于材料弹性变形而产生的相对滑动称为弹性滑动。由于弹性滑动的影响，两轮表面的圆周速度不相等，即从动轮表面的圆周速度 v_2 低于主动轮表面的圆周速度 v_1，造成速度损失，其速度损失率（或称滑动率）为：

$$\varepsilon = \frac{v_1 - v_2}{v_1} \times 100\%$$

弹性滑动在产生速度损失的同时，还导致功率损失。摩擦轮材料的弹性模量越低，速度损失及功率损失越大。弹性滑动是不可避免的，但可以通过采用高弹性模量材料制造轮面的方式予以减轻。

二、打滑

摩擦轮传动正常工作时，两轮接触面上各微小摩擦力的总和等于从动轮的圆周阻力。当从动轮的圆周阻力增大到超过接触区所能产生的最大摩擦力 f_N 时，全部接触区表面将发生显著的相对滑动，这种现象称为打滑。刚要打滑时的载荷是传动的极限载荷。打滑会使轮面的磨损加剧而降低工作寿命，正常工作时不应发生打滑现象。但当机器起动或变速的短暂时间内，由于惯性力的影响，打滑是很难完全避免的。

三、几何滑动

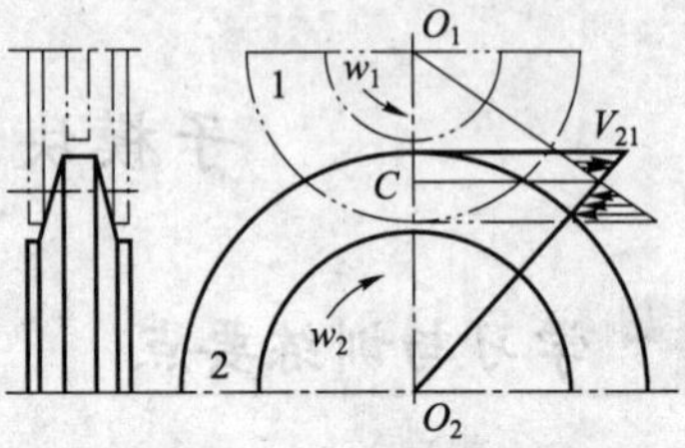

图 7-3　几何滑动

摩擦轮传动时，由于传动的几何关系所引起的滑动称为几何滑动。以槽摩擦轮传动为例，在不打滑的情况下，两轮沿接触长度上各点的速度如图 7-3 所示，速度与转动半径成正比。

由图 7-3 中速度分布可知，两轮接触长度上只有 C 点的表面速度相等，其他各点都有不同程度的速度差，因而两轮间就要产生相对滑动。这种相对滑动，称为几何滑动。不发生几何滑动的 C 点称为节点。通过节点的摩擦轮直径称为节圆直径。在传动中，由于节点位置会随工作阻力矩的大小变化而改变，节圆直径也相应改变，所以存在几何滑动的摩擦轮传动的传动比大小随阻力矩变化而变化。

几何滑动是由传动装置本身的结构所引起的。几何滑动存在于圆柱槽摩擦轮传动、端面摩擦轮传动及两顶点不重合的圆锥摩擦轮传动中，圆柱平摩擦轮传动与锥顶交于一点的圆锥摩擦轮传动则没有几何滑动。几何滑动的存在不仅影响传动比的准确性，而且会加剧轮面磨损，降低效率。

子模块三　摩擦轮传动的传动比、压紧力和效率

学习与训练要点

✧ 了解摩擦轮传动的传动比；
✧ 掌握摩擦轮传动压紧力计算方法；
✧ 掌握摩擦轮传动的功率损失情况。

一、摩擦轮传动的传动比

设主动摩擦轮转速为 n_1，从动摩擦轮转速为 n_2，则两轮转速之比称为传动比，用 i 表示，即

$$i = \frac{n_1}{n_2}$$

如不考虑滑动，则主动轮和从动轮接触点的速度相同（圆柱平摩擦轮），所以传动比为：

$$i = \frac{n_1}{n_2} = \frac{D_2}{D_1}$$

式中：D_1为主动摩擦轮直径，D_2为从动摩擦轮直径。

如考虑滑动，则摩擦轮传动的实际传动比为：

$$i = \frac{n_1}{n_2} = \frac{D_2}{(1-\varepsilon)D_1}$$

通常滑动率小，一般计算传动比时可忽略不计。

二、摩擦轮传动的压紧力

为防止打滑，两摩擦轮之间必须有足够的法向压力 N。法向压力 N 是由对摩擦轮所施加的外力 Q 产生的，外力 Q 称为压紧力。

法向压力可根据驱动从动轮所需的工作圆周力来求得，考虑载荷的不稳定性和保证传动的可靠性，F_t用 kF_t表示，k 为载荷系数。则圆柱平摩擦轮传动的压紧力为：

$$Q = N = \frac{kF_t}{f}$$

式中：f 为摩擦因数，k 为载荷系数，一般传动载荷系数 $k = 1.25 \sim 1.5$，对于仪器传动则 $k = 2 \sim 3$。

圆柱槽摩擦轮的压紧力 Q 与法向压力 N 的关系如图 7－4 所示。

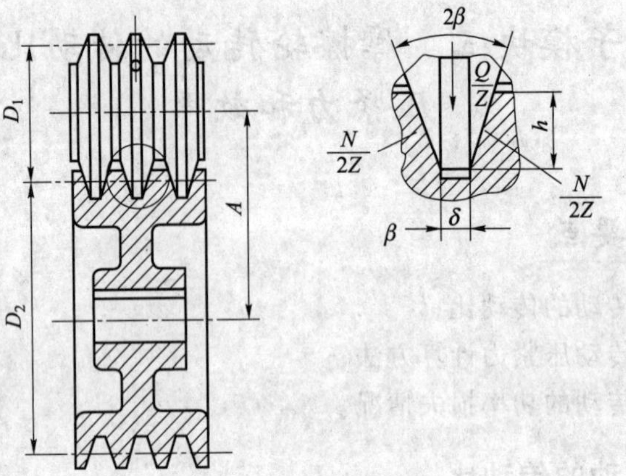

图 7－4　圆柱槽摩擦轮传动

$h \leqslant 0.04D_1$；$\delta = 3\text{mm}$（钢）；$\delta = 5\text{mm}$（铸铁）；$\beta = 12° \sim 18°$；Z—槽数

如以单槽计算，则压紧力为：

$$Q = N\sin\beta = \frac{kF_t}{f \times \sin\beta}$$

从图 7－4 及上式可得出以下结论：

（1）圆柱平摩擦轮传动所需的压紧力数倍于圆周力 F_t，若取 $k = 1.25$，$f = 0.2$，则 $Q = 6F_t$。因此，圆柱平摩擦轮传动所传递功率不宜过大。

（2）圆柱槽摩擦轮传动所需的压紧力比圆柱平摩擦轮传动小得多，若取 $\beta = 15°$，在相同条件下，$Q_{槽} \approx 0.25\,Q_{平}$。$\beta$ 角减小，压紧力下降。但是，当 $\beta < \arctan f$ 时，两轮在卸去压紧力后仍将互相楔紧，需借外力才能使两轮分离。因此 β 角常取 $12° \sim 18°$。由于圆柱槽摩擦轮有较大的几何滑动，故只适用于低速传动。

三、摩擦轮传动的效率

摩擦轮传动的功率损失主要包括滚动摩擦损失、弹性滑动损失和轴承损失三部分。对于有几何滑动的摩擦轮传动，还有接触面上的几何滑动损失。因此，摩擦轮传动的效率较低。摩擦轮传动中的功率损失将全部转变为热量。

要提高摩擦轮传动的效率，可以从材料选择和结构设计两方面来考虑。选用弹性模量大、轮面硬度高的材料时，可使接触面间的损失降低，但同时会因摩擦因数小而需增大压紧力，致使轴承损失增加。选用摩擦因数大的材料，虽能使压紧力降低而减少轴承损失，但往往会使接触面间的摩擦损失增加。在结构设计方面，采用直径大的摩擦轮，可以减小压紧力和提高传动效率。

通常，当要求结构紧凑、传动效率较高时，两轮应选用淬硬钢，即合金渗碳钢、滚动轴承钢、工具钢、弹簧钢等。使用淬硬钢组合时，必须保证高的制造精度和安装精度。淬硬钢通常在油中工作，这时功率因数较小，需要较大的压紧力。若传动中要求噪声小、压紧力小时，可以采用铸铁或钢与非金属材料（夹布胶木、石棉、橡胶等）相配。由于其摩擦因数较大，故压紧力可小些。此外，对制造精度和表面粗糙度的要求也较低。但是由于非金属材料的弹性模量小，所以传动效率较低。

要点回顾

1. 摩擦轮传动依靠两轮间的摩擦力来传递动力和运动，在接触面间的最大摩擦力为 f_N，正常工作时，其值应大于或等于带动从动轮所需的圆周力。

2. 摩擦轮传动有圆柱平摩擦轮传动、圆柱槽摩擦轮传动和圆锥摩擦轮传动三种形式。前两种用于两平行轴之间的传动，后一种用于两相交轴之间的传动。传动比可变的摩擦轮传动有端面摩擦轮传动。

3. 由于材料弹性变形而产生的相对滑动称为弹性滑动，弹性滑动是不可避免的。由于弹性滑动的影响，两轮表面的圆周速度不相等，即从动轮表面的圆周速度 v_2 低于主动轮表面的圆周速度 v_1。

4. 几何滑动是由传动装置本身的结构所引起的。几何滑动的存在，不仅影响传动比的准确性，而且会加剧轮面磨损，降低效率。

5. 摩擦轮传动的功率损失主要包括滚动摩擦损失、弹性滑动损失和轴承损失三部分。摩擦轮传动中的功率损失全部转变为热量。

思考与训练

请将正确答案写在括号内。

1. 设 N 为两摩擦轮接触面间的法向压力，f 为轮面的摩擦系数，F 为从动轮的工作圆周力；为保证传动正常须满足________。(　　)

A. $f_N \geqslant F$　　B. $f_N \leqslant F$　　C. $f_N < F$　　D. $f_N \ngtr F$

2. 圆柱 - 圆盘式摩擦无级变速传动通过改变________来实现无级变速。(　　)

A. 圆盘半径　　B. 圆柱半径

C. 圆柱在圆盘上的位置　　D. 摩擦面间的压紧力

3. 关于圆柱槽摩擦轮传动，下面说法中不正确的是________。(　　)

A. 两轮在整个接触长度上，只有节点处表面速度相等

B. 节点位置不随传递扭矩的大小改变而改变

C. 传动比不可能为常数

D. 几何滑动与磨损速度有关

4. 在正常工作时，两摩擦轮表面速度________。(　　)

A. 相等　　B. 主动轮落后于从动轮

C. 从动轮落后于主动轮　　D. 不一定

5. 在________传动中存在几何滑动。(　　)

A. 圆柱平摩擦轮　　B. 圆柱槽摩擦轮

C. 圆柱 - 圆盘式摩擦无级变速　　D. 锥顶交于一点的圆锥摩擦轮

6. 摩擦轮传动工作时，接触面间可能不会出现________。(　　)

A. 弹性滑动　　B. 几何滑动　　C. 打滑　　D. B + C

7. 摩擦轮传动中，两轮接触区上受到________作用，在________表面上发生的变形是由压缩逐渐变为拉伸。（ ）

A. 摩擦力/主动轮　　B. 切向正压力/主动轮

C. 摩擦力/从动轮　　D. 切向压紧力/主动轮

8. 摩擦轮传动中，两轮接触区上受到________作用，在________表面上发生的变形是由拉伸逐渐变为压缩。（ ）

A. 摩擦力/从动轮　　B. 切向正压力/从动轮

C. 摩擦力/主动轮　　D. 切向压紧力/主动轮

9. 摩擦轮传动中，两轮接触区上受到摩擦力作用，在________表面上发生的变形是由压缩逐渐变为拉伸，而在________表面上发生的变形是由拉伸逐渐变为压缩。（ ）

A. 从动轮/主动轮　　B. 介轮/主动轮　　C. 主动轮/从动轮　　D. 张紧轮/主动轮

10. 圆柱平摩擦轮传动中，可能不会出现________。（ ）

A. 几何滑动　　B. 打滑　　C. 弹性滑动　　D. A + B

11. 摩擦轮传动中的弹性滑动一般不会造成________。（ ）

A. 速度损失　　B. 功率损失　　C. 传动比不准确　　D. 轮面严重磨损

12. 在圆柱槽摩擦轮传动中，可能不会出现________现象。（ ）

A. 打滑　　B. 几何滑动　　C. 弹性滑动　　D. A + B

13. 几何滑动发生在________传动中。（ ）

A. 圆柱平摩擦轮　　B. 圆锥摩擦轮

C. 圆柱摩擦轮与圆盘　　D. 圆柱槽摩擦轮

14. 摩擦轮传动在两轮表面通过接触区的过程中，摩擦力使________。（ ）

A. 主动轮表面始终受压

B. 从动轮表面始终受压

C. 主动轮表面先受压后受拉，从动轮表面则反之

D. 从动轮表面先受压后受拉，主动轮表面则反之

15. 在________传动中，节点位置随着传递扭矩的大小而________，节圆直径也________，故其传动比________。（ ）

A. 圆柱槽摩擦轮/改变/改变/变化　　B. 圆柱平摩擦轮/改变/改变/变化

C. 圆柱槽摩擦轮/不变/不变/不变化　　D. 圆锥摩擦轮/不变/不变/不变化

模块八

链 传 动

学习与训练总目标

➢ 了解链传动的类型；
➢ 了解链传动的特点和应用；
➢ 掌握滚子链和链轮的结构及运动特性；
➢ 掌握链传动的张紧和润滑。

子模块一　链传动的类型特点和应用

学习与训练要点

✧ 了解链传动的类型特点；
✧ 掌握链传动的结构组成。

一、链传动的结构和类型

链传动机构由主动链轮 1、从动链轮 2 和套在链轮上的链条 3 组成，如图 8－1 所示。它依靠链节和链轮齿的啮合来传递运动和动力。

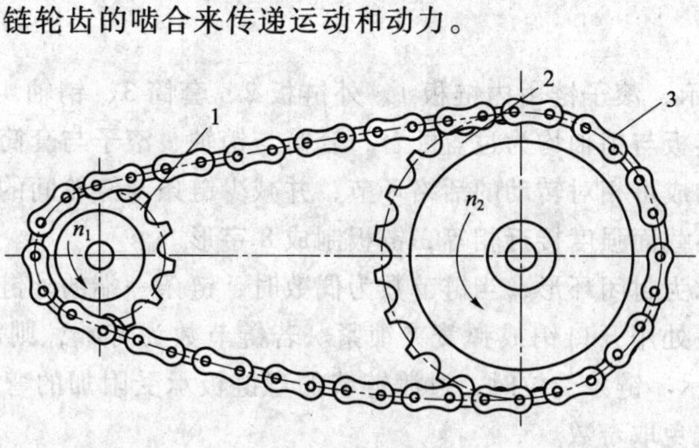

图 8－1　链传动

机械中传递动力的传动链主要有滚子链（如图 8－1 所示）和齿形链（如图 8－2 所示）。齿形链是由许多齿形链板用铰链联接而成，它运转较平稳，噪声小，但重量

图 8－2 齿形链

大，成本较高，多用于高速传动，链速可达 40m/s。

二、链传动的特点和应用

链传动为具有中间挠性件的啮合传动，中心距适用范围较大。与带传动相比，链传动能得到准确的平均传动比，张紧力小，故对轴的压力小，结构较紧凑，可在高温、油污、潮湿等环境恶劣情况下工作；但其传动平稳性差，工作时有噪声，且制造成本较高。链传动适用于两平行轴间中心距较大的低速传动。

目前链传动的应用范围为：传递功率 $P \leqslant 100$kW；传动比 $i \leqslant 8$；中心距 $a \leqslant 6$m；链速 $v \leqslant 15$m/s；传动效率约为 0.95～0.98。

子模块二　滚子链和链轮

学习与训练要点

✧ 了解滚子链轮的结构；

✧ 掌握滚子链的结构组成及标记。

一、滚子链

如图 8－3 所示，滚子链由内链板 1、外链板 2、套筒 3、销轴 4、滚子 5 组成。内链板与套筒、外链板与销轴均为过盈配合，套筒与销轴、滚子与套筒均为间隙配合；这样使内外链节间构成可相对转动的活络环节，并减少链条与链轮间的摩擦和磨损。为减轻重量和使链板各截面强度接近相等，链板制成 8 字形。

滚子链使用时为封闭环形，当链节数为偶数时，链条一端的外链板正好与另一端的内链板相联，接头处用开口销或弹簧夹锁紧。若链节数为奇数，则需采用过渡链节联接，如图 8－4 所示。链条受拉时，过渡链节的弯链板承受附加的弯矩作用，所以设计时链节数应尽量避免取奇数。

链条相邻两滚子中心间的距离称为节距，用 p 表示，它是链的重要参数。

滚子链已标准化，分 A，B 两个系列。A 级链用于重载、高速和重要场合，B 级链用于一般传动。其主要参数和尺寸见表 8－1。从表中数据可见，链的节距越大，链的尺寸也越大，其承载能力也越高。

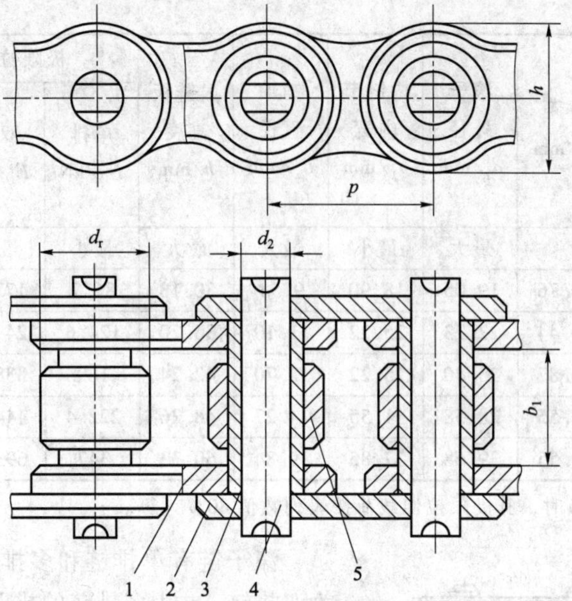

图 8－3　滚子链

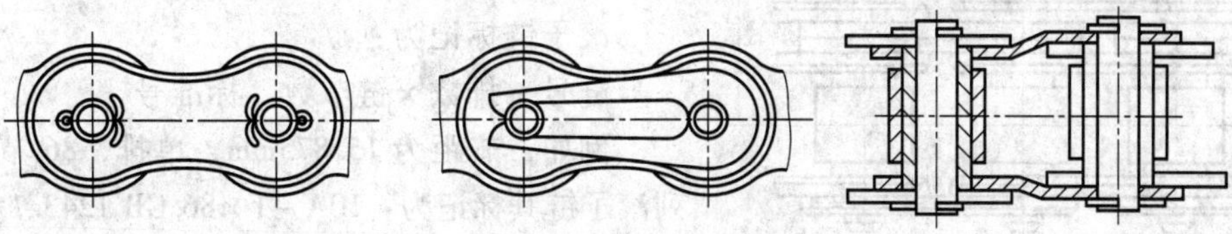

图 8－4　滚子链接头型式

表 8－1　　滚子链的主要尺寸和参数（摘自 GB 1243.1—83）

链号	节距 p/mm	排距 p_t/mm	滚子外径 d_r/mm	内链节内宽 b_1/mm	销轴直径 d_z/mm	内链板高度 h/mm	极限拉伸载荷 单排 F_Q/kN	极限拉伸载荷 双排 F_Q/kN	极限拉伸载荷 三排 F_Q/kN	单排重量 q/(kg/m)
			最大	最小	最大	最大	最小	最小	最小	≈
05B	8.00	5.64	5.00	3.00	2.31	7.11	4.4	7.8	11.1	0.18
06B	9.525	10.24	6.35	5.72	3.28	8.26	8.9	16.9	24.9	0.40
08A	12.70	14.38	7.95	7.85	3.96	12.07	13.8	27.6	41.4	0.60
08B	12.70	13.92	8.51	7.75	4.45	11.81	17.8	31.1	44.5	0.70
10A	15.875	18.11	10.16	9.40	5.08	15.09	21.8	43.6	65.4	1.00
12A	19.05	22.78	11.91	12.57	5.94	18.08	31.1	62.3	93.4	1.50
16A	25.40	29.29	15.88	15.75	7.92	24.13	55.6	111.2	166.8	2.60

续表

链号	节距 p/mm	排距 p_t/mm	滚子外径 d_r/mm	内链节内宽 b_1/mm	销轴直径 d_z/mm	内链板高度 h/mm	极限拉伸载荷 单排 F_Q/kN	极限拉伸载荷 双排 F_Q/kN	极限拉伸载荷 三排 F_Q/kN	单排重量 q/(kg/m)
			最大	最小	最大	最大	最小	最小	最小	≈
20A	31.75	35.76	19.05	18.90	9.53	30.18	86.7	173.5	260.2	3.80
24A	38.10	45.44	22.23	25.22	11.10	36.20	124.6	249.1	373.7	5.60
28A	44.45	48.87	25.40	25.22	12.70	42.24	169	338.1	507.1	7.50
32A	50.80	58.55	28.58	31.55	14.27	48.26	222.4	444.8	667.2	10.10
40A	63.50	71.55	39.68	37.85	19.84	60.33	347	693.9	1 040.9	16.10

注：使用过渡链节时，其极限拉伸载荷按表列数值80%计算。

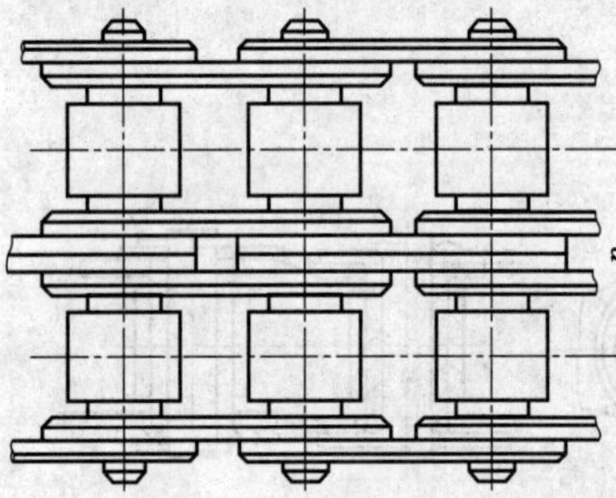

图 8-5　双排链

滚子链有单排链和多排链，如图 8-5 所示为双排链。p_t为多排链的排距。多排链用于较大功率传动，由于制造和装配误差，各排受载不易均匀，所以实用上一般不超过四排。

滚子链标记为：

链号-排数×链节数　标准号

例如，节距为 15.875mm，单排，86 节 A 系列滚子链其标记为：10A-1×86 GB 1243.1—83。

链条各元件的材料为经热处理的碳素钢或合金钢，具体牌号及热处理后的硬度值参见有关标准。

二、链轮

链轮的齿形应保证链节平稳、顺利地进入和退出啮合，受力良好，不易脱链，并便于加工。国家标准 GB 1244—85 规定链轮端面齿廓可在最大和最小的齿槽形状之间，如图 8-6（a）所示，这使轮齿齿廓曲线设计有很大的灵活性。常用的齿形有双圆弧齿形

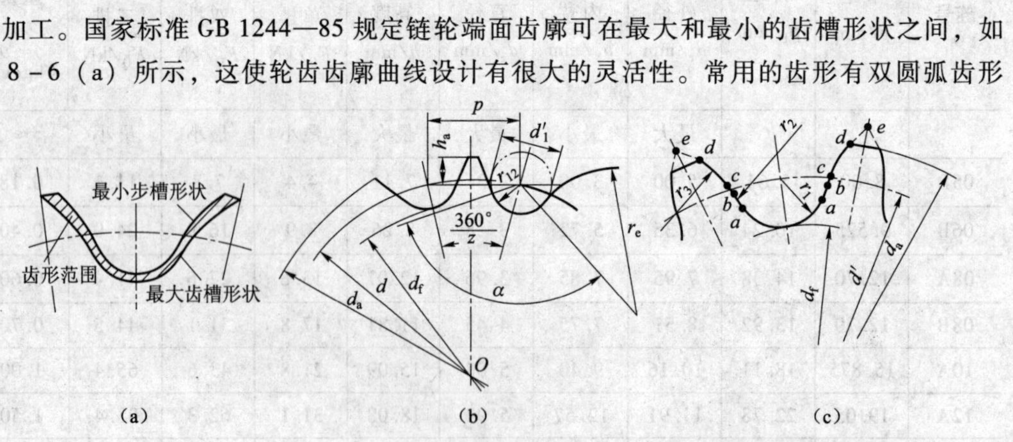

图 8-6　链轮端面齿形

和三圆弧－直线齿形。前者齿形简单，其齿廓由两段光滑相连的圆弧组成，如图 8－6b 所示。齿槽尺寸的计算公式见表 8－2。三圆弧－直线齿形，如图 8－6c 所示，可用标准刀具切制。当采用此齿形时，零件工作图上不必画出端面齿形，只需注明链轮的基本参数和主要尺寸，并注明“齿形按 3R GB 1244—85 规定制造”即可。

表 8－2　滚子链链轮的齿槽尺寸计算公式

名　称	代号	计算公式	
		最小齿槽形状	最大齿槽形状
齿面圆弧半径/mm	r_e	$r_{emin}=0.008d_1'(z^2+180)$	$r_{emax}=0.12d_1'(z+2)$
齿沟圆弧半径/mm	r_i	$r_{imax}=0.505d_1'+0.069\sqrt[3]{d_1'}$	$r_{imax}=0.505d_1'$
齿沟角/(°)	α	$a_{min}=120°-\frac{90°}{z}$	$\alpha_{max}=140°-\frac{90°}{z}$

链轮的基本参数是相配链条的节距 p、滚子外径 d_1、排距 p_t 及齿数 z。链轮的主要尺寸及计算公式见表 8－3，其中分度圆是指链轮上被链条标准节距等分的圆。

表 8－3　滚子链链轮主要尺寸及计算公式（摘自 GB 1244—85）

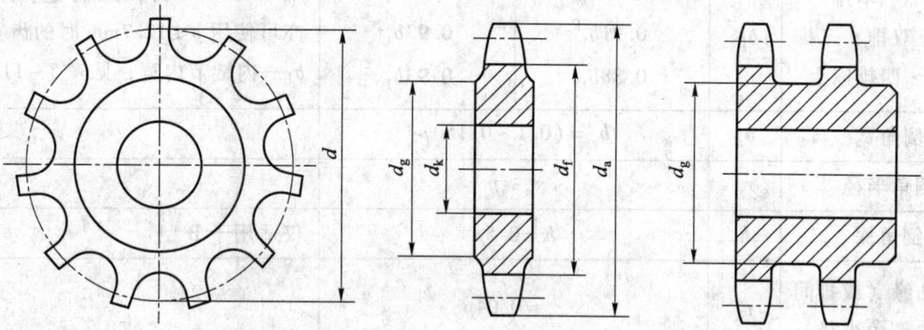

名称	代号	计算公式	备　注
分度圆直径	d	$d=p/\sin\left(\frac{180°}{z}\right)$	
齿顶圆直径	d_a	$d_{amax}=d+1.25p-d_1$ $d_{amin}=d+\left(1-\frac{1.6}{z}\right)p-d_1$	可在 d_{amax}、d_{amin} 范围内任意选取，但选用 d_{amax} 时，应考虑采用展成法加工，有发生顶切的可能性
分度圆弦齿高	h_a	$h_{amax}=\left(0.625+\frac{0.8}{z}\right)p-0.5d_1$ $h_{amin}=0.5(p-d_1)$	h_a 是为简化放大齿形图的绘制而引入的辅助尺寸 h_{amax} 相当于 d_{amax}，h_{amin} 相当于 d_{amin}
齿根圆直径	d_f	$d_f=d-d'$	
齿侧凸缘（或排间槽）直径	d_g	$d_g\leqslant p\cos\left(\frac{180°}{z}\right)-1.04h_2-0.76\text{mm}$	h_2－内链板高度

注：d_a、d_g 值取整数，其他尺寸精确到 0.01mm。

链轮的轴向齿廓两侧制成圆弧形，便于链条进入和退出链轮，轴向齿廓应符合 GB 1244—85 的规定，如图 8－7 和表 8－4 所示。

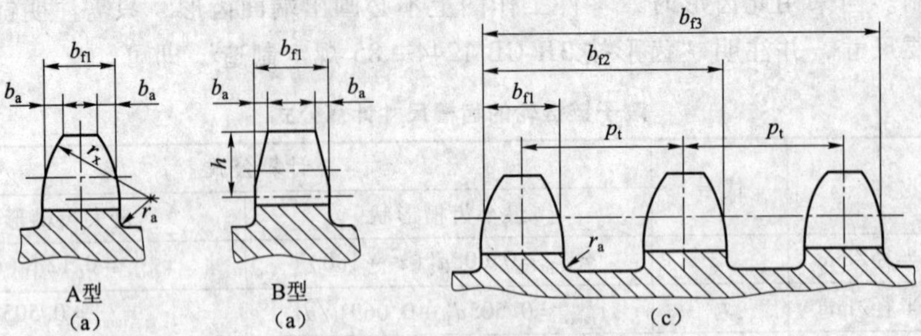

图 8－7　链轮轴向齿廓

表 8－4　　滚子链链轮轴向齿廓尺寸（摘自 GB 1244—85）

名称		代号	计算公式		备注
			$p \leqslant 12.7$mm	$p > 12.7$mm	
齿宽	单排	b_{f1}	$0.93b_1$	$0.95b_1$	$p > 12.7$mm 时，经制造厂同意，亦可使用 $p \leqslant 12.7$mm 时的齿宽。b_1—内链节内宽，见表 5－11
	双排、三排		$0.91b_1$	$0.93b_1$	
	四排以上		$0.88b_1$	$0.93b_1$	
倒角宽		b_a	$b_a = (0.1 \sim 0.15)p$		
倒角半径		r_x	$r_x \geqslant p$		
倒角深		h	$h = 0.5p$		仅适用于 B 型
齿侧凸缘（或排间槽）圆角半径		r_a	$r_a \approx 0.04p$		
链轮齿总宽		b_{fn}	$b_{fn} = (n-1)p_t + b_{f1n}$ − 排数		

链轮的材料应保证轮齿具有足够的耐磨性和强度，常用材料有碳钢（如 45，50，ZG310－570）、灰铸铁（如 HT200），重要的链轮可采用合金钢（如 40Cr，35SiMn），齿面要经热处理。小链轮的啮合次数比大链轮多，故其材料应优于大链轮。

图 8－8 所示为链轮几种常用结构。小直径的链轮制成整体实心式结构，如图

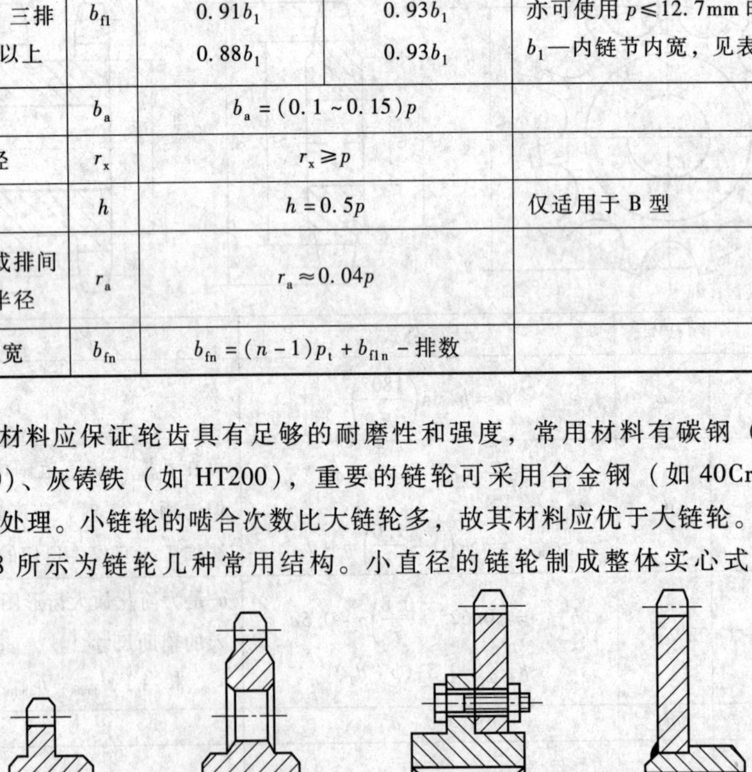

图 8－8　链轮结构

8－8（a）所示；中等直径的链轮多采用孔板式，如图 8－8（b）所示；大直径的链轮常采用组合式，齿圈与轮芯可用不同材料制成，用螺栓联接，如图 8－8（c）所示；或焊接成一体，如图 8－8（d）所示，采用螺栓联接方式当齿圈磨损后，便于更换。

子模块三　链传动的运动特性

学习与训练要点

✧ 了解滚子链平均传动比计算；
✧ 掌握滚子链传动的多边形效应。

链传动由刚性链节组成的链条绕在两链轮上，相当于两个多边形轮子间的带传动，如图 8－9 所示。链条节距 p 和链轮齿数 z 分别为多边形的边长和边数。设 z_1，z_2 分别为两轮齿数；n_1，n_2 为两链轮转速，r/min；则链的平均速度为：

$$v=\frac{z_1pn_1}{60\times 1\ 000}=\frac{z_2pn_2}{60\times 1\ 000}$$

式中：v 的单位为 m/s，p 的单位为 mm，n_2 的单位为 r/min。

由上式得链传动的平均传动比为：

$$i_{12}=\frac{n_1}{n_2}=\frac{z_1}{z_2}=C$$

式中：C 为常数。

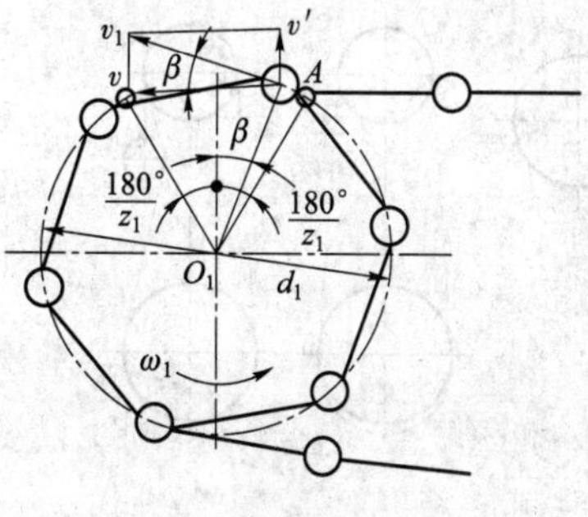

图 8－9　链传动的速度分析

但应注意，链的瞬时速度和链传动的瞬时传动比皆是变化的。如图 8－9 所示为铰链 A 进入啮合时的瞬时位置，为便于分析，设链条的紧边在传动时始终处于水平位置，主动轮以角速度 ω_1 回转，其圆周速度 $v_1=d_1\omega_1/2$，它在沿链条前进方向的分速度即为链速 v，其值为：

$$v=v_1\cos\beta=\frac{d_1\omega_1}{2}\cos\beta$$

式中：β 为销轴 A 的圆周速度 v_1 与水平线的夹角。它的变化范围为 $\pm 180°/z_1$，当 $\beta=0°$时，链速最大，$v_{\max}=d_1\omega_1/2$；$\beta=\pm 180°/z_1$时，链速最小，$v_{\min}=\frac{d_1\omega_1}{2}\cos\left(\frac{180°}{z_1}\right)$。

可见，即使 ω_1 为常数，链瞬时速度也是周期性变化的。这种由于多边形啮合传动而引起传动速度不均匀性，称为多边形效应。当链轮齿数多，β 的变化范围小时，多边形效应减弱。

由于链速的变化使链产生加速度，从动轮产生角加速度，引起动载荷。

同时，链在垂直方向的分速度 $v' = v_1 \sin\beta = d_1\omega_1 \sin\beta/2$ 也作周期性变化，引起链条上下抖动。另外，链节进入链轮的瞬间，以一定相对速度相啮合，使链轮齿受到冲击。

所以，链传动工作时，不可避免地要产生振动冲击和动载荷。因此，链传动不宜用在高速级，且当链速 v 一定时，采用较多链齿和较小链节距，这对减少冲击、动载是有利的。

子模块四　链传动的布置、张紧和润滑

学习与训练要点

- ✧ 了解链传动的布置及润滑；
- ✧ 掌握链传动的张紧方法。

一、链传动的布置

链传动两轮轴线应平行，两轮端面应共面。两链轮轴线连线为水平布置，如图 8-10（a）所示，或倾斜布置，如图 8-10（b）所示。两种布置方式均应使紧边在上，松边在下，以防松边下垂量增大后，链条和链轮卡死。倾斜布置时，应使倾角 φ 小于 45°。当传动作铅垂布置时，如图 8-10（c）所示，链下垂量增大后，下链轮与链的啮合齿数减少，使传动能力降低，此时可调整中心距或采用张紧装置。

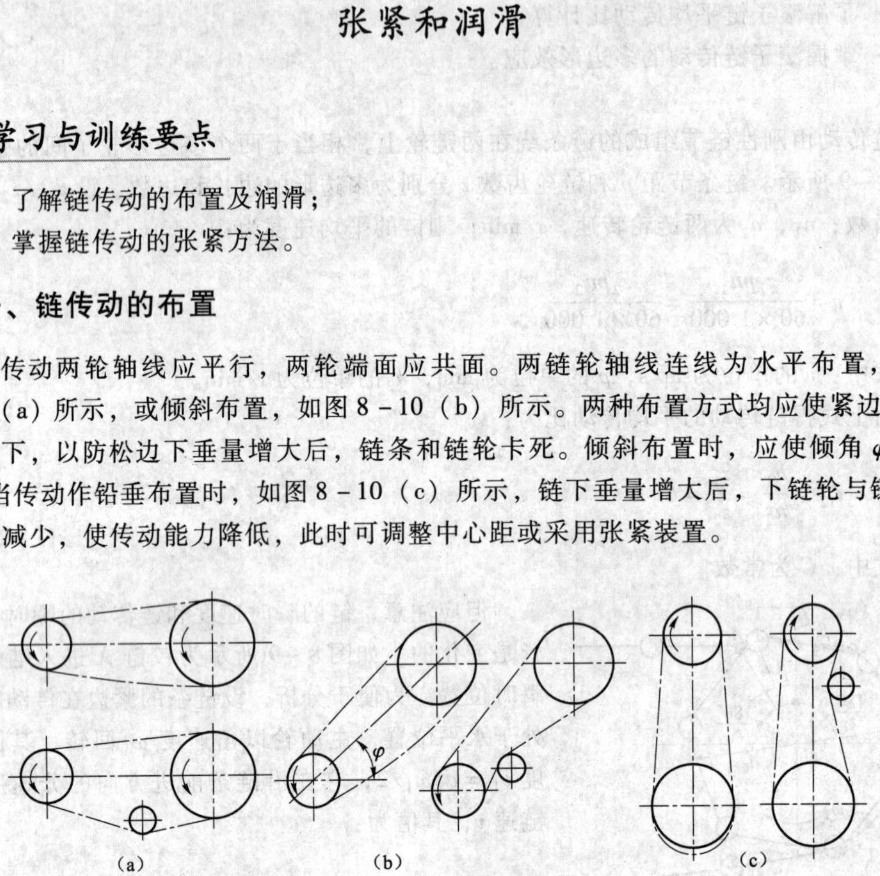

图 8-10　链传动的布置

二、链传动的张紧

链传动靠链条和链轮的啮合传递动力，不需要很大的张紧力。链传动张紧的目的，主要是为了避免垂度过大引起啮合不良。一般链传动设计成可调整的中心距，通过调整中心距来张紧链条；也可采用张紧轮，如图 8-10 所示，张紧轮可设置在松边链条的外侧或内侧。

由于链传动的张紧力不大，所以对轴的压力 F_Q 也不大，一般取 $F_Q = (1.2 \sim 1.3)F$。

式中：F 为圆周力，即链的工作拉力。有冲击和振动时取大值。

三、链传动的润滑

良好的润滑能减少链条铰链的磨损，延长使用寿命。因此，润滑对链传动是必不可少的。如图 8－11 所示为几种常见的润滑方法。

图 8－11（a）为用油刷或油壶人工定期润滑；

图 8－11（b）为滴油润滑，用油杯通过油管将油滴入松边链条元件各摩擦面间；

图 8－11（c）为链浸入油池的油浴润滑；

图 8－11（d）为飞溅润滑，由甩油轮将油甩起进行润滑；

图 8－11（e）为压力润滑，润滑油由油泵经油管喷在链条上，循环的润滑油还可起冷却作用。

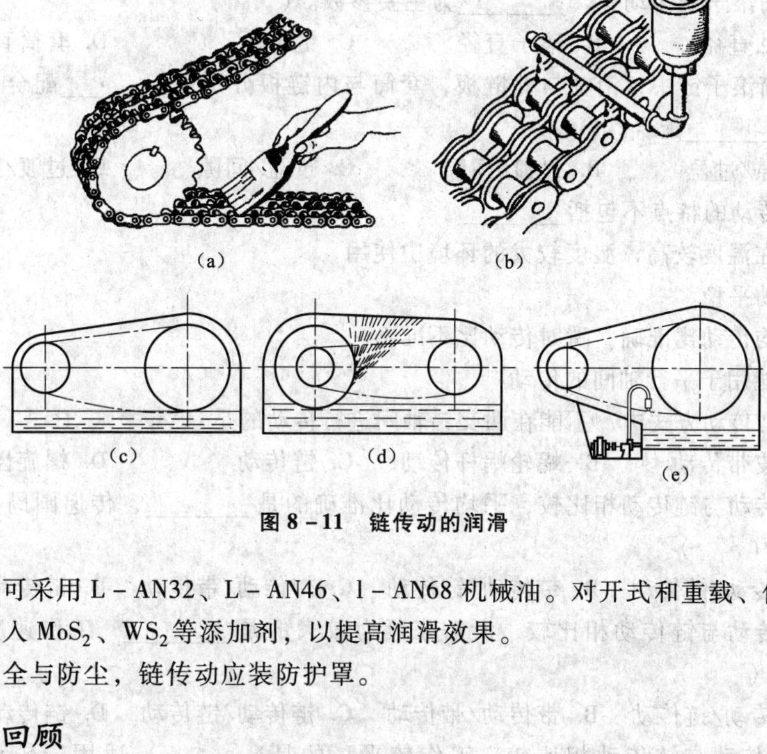

图 8－11　链传动的润滑

润滑油可采用 L－AN32、L－AN46、l－AN68 机械油。对开式和重载、低速链传动应在油中加入 MoS_2、WS_2 等添加剂，以提高润滑效果。

为了安全与防尘，链传动应装防护罩。

要点回顾

1. 链传动是具有中间挠性件的啮合传动，兼有带传动和齿轮传动的特点。常用的是滚子传动链。滚子传动链已标准化，其最重要的参数是链节距，链节距越大，链的各部分尺寸也越大，承载能力也越高。为避免使用过渡链节，链节数一般取偶数。

2. 多边形效应是链传动的固有特性，链节距越大，链轮齿数越少，链轮转速越高，多边形效应就越严重。由于多边形效应，链传动不宜用于有运动平稳性要求和转速高的场合。

3. 链传动张紧的主要目的是避免链条垂度过大时产生啮合不良和链条的振动现象，

同时可增加链条和链轮的啮合包角，常用的张紧方法有调整中心距和用张紧装置两种。链传动的润滑方式应根据链速和链节距选择润滑方式。

思考与训练

请将正确答案写在括号内。

1. 下列传动方式中，只能用于平行轴间传动的是________。(　　)

A. 齿轮传动　　B. 蜗杆传动　　C. 链传动　　D. 摩擦轮传动

2. 能在比较恶劣的工作环境下工作的传动机构是________。(　　)

A. 链传动　　B. 皮带传动　　C. 齿轮传动　　D. 蜗轮蜗杆传动

3. 普通套筒滚子链不能用于高速传动是由其________的特点所决定的。(　　)

A. 平均传动比不恒定　　B. 机构体积太大

C. 瞬时传动比不恒定　　D. 主、从动轮间中心距太大

4. 套筒滚子链传动中，________为主要参数。(　　)

A. 销轴直径　　B. 滚子直径　　C. 链节距　　D. 套筒直径

5. 套筒滚子链中，销轴与外链板，套筒与内链板分别用________配合固定，滚子与套筒为________配合。(　　)

A. 间隙/过盈　　B. 过渡/间隙　　C. 过盈/间隙　　D. 过渡/过盈

6. 链传动的特点不包括________。(　　)

A. 能在温度较高，湿度较大的环境中使用

B. 传动平稳

C. 平均传动比准确，瞬时传动比不准确

D. 只能用于平行轴间的传动

7. 下列传动方式中，不能在两交错轴间进行传动的是________。(　　)

A. 平皮带传动　　B. 蜗轮蜗杆传动　　C. 链传动　　D. 螺旋齿轮传动

8. 带传动与链传动相比较，平均传动比准确的是________，传递圆周力较大的是________。(　　)

A. 链传动/链传动　　B. 带传动/链传动　　C. 带传动/带传动　　D. 链传动/带传动

9. 带传动与链传动相比较，所需张紧力较大的是________，工作速度较高的是________。(　　)

A. 带传动/链传动　　B. 带传动/带传动　　C. 链传动/链传动　　D. 链传动/带传动

10. 带传动与链传动相比较，工作较平稳的是________，适用于较高温度的是________。(　　)

A. 带传动/链传动　　B. 带传动/带传动　　C. 链传动/链传动　　D. 链传动/带传动

11. 在船舶机械中，链传动可用于________传动机构中。(　　)

A. 鼓风机　　B. 水泵　　C. 主机凸轮轴　　D. 制冷压缩机

12. 链传动中传动链的铰链磨损使链节距变________，容易引起________，失去工作能力。(　　)

A. 短/噪音　　B. 短/脱链　　C. 长/断链　　D. 长/脱链

13. 链传动中，链轮的损坏主要是由于________。(　　)

A. 齿的磨损　　B. 断齿　　C. 链轮破裂　　D. 链轮变形

14. 平均传动比准确，瞬时传动比不准确的传动是________。(　　)

A. 带传动　　B. 链传动　　C. 齿轮传动　　D. 蜗杆传动

15. 链轮转速越________，链节距越________，链轮齿数越________，工作时的动载荷将会越大。(　　)

A. 高/大/多　　B. 高/小/多　　C. 低/大/少　　D. 高/大/少

模块九

齿轮传动

学习与训练总目标

- 了解对齿轮传动的基本要求；
- 掌握齿轮传动的类型及渐开线的性质；
- 掌握渐开线齿轮正确啮合及连续啮合的条件；
- 掌握齿轮的失效形式。

子模块一　齿轮传动的类型和对它的基本要求

学习与训练要点

- 了解对齿轮传动的基本要求；
- 掌握齿轮传动的类型。

一、齿轮传动的类型

齿轮传动是机械传动中最主要的一类传动，它历史悠久、形式多样，广泛用于传递任意两轴或多轴间的运动和动力。它的主要特点是：瞬时传动比恒定；传动效率高；寿命长；结构紧凑。但由于它的制造和安装精度要求较高，故制造工艺复杂，成本较高。

按照一对齿轮轴线的相互位置及轮齿齿线相对于齿轮母线的方向，齿轮传动可分类为如图 9－1 所示的几种类型。

（一）平面齿轮传动，即两轴平行的齿轮传动

因两齿轮的轴线互相平行，所以两轮的相对运动为平面运动。平面齿轮传动又可分为以下 3 类：

1. 直齿圆柱齿轮传动

直齿圆柱齿轮的轮齿方向与其轴线平行。它又可分为外啮合齿轮传动、内啮合齿轮传动和齿轮齿条传动。如图 9－1（a）、（b）和（c）所示。

2. 平行轴斜齿圆柱齿轮传动

平行轴斜齿圆柱齿轮的轮齿方向相对其轴线倾斜了一个角度，如图 9－1（d）所

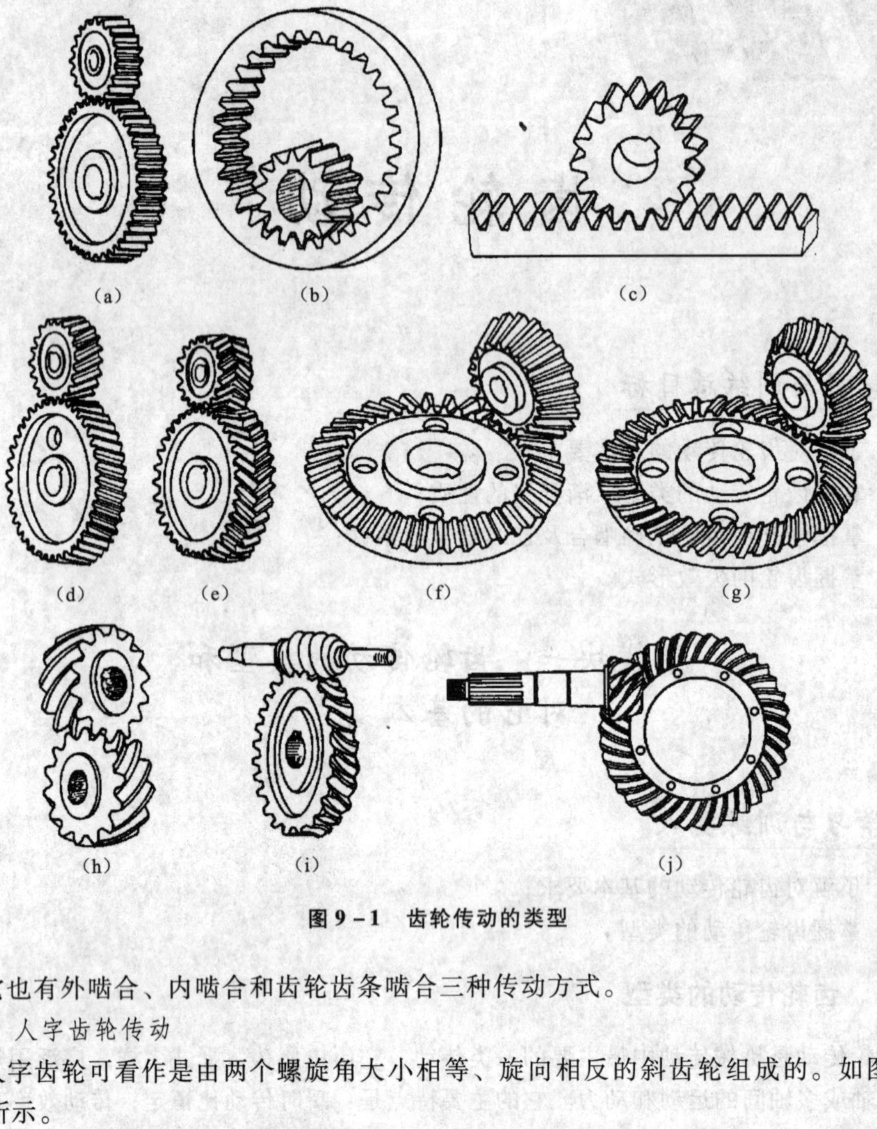

图 9－1　齿轮传动的类型

示。它也有外啮合、内啮合和齿轮齿条啮合三种传动方式。

3. 人字齿轮传动

人字齿轮可看作是由两个螺旋角大小相等、旋向相反的斜齿轮组成的。如图 9－1（e）所示。

（二）空间齿轮传动，即两轴不平行的齿轮传动

因两齿轮的轴线不平行，故两轮的相对运动为空间运动。空间齿轮传动又可分为以下 4 种：

1. 圆锥齿轮传动

两圆锥齿轮的轴线是相交的。圆锥齿轮的轮齿分布在截圆锥体的表面上，按轮齿方向的不同可分为直齿圆锥齿轮（如图 9－1（f）所示）和曲齿圆锥齿轮（如图 9－1（g）所示）。

2. 交错轴斜齿轮传动

这种齿轮传动的两轴线是互相交错的，如图 9－1（h）所示，单个齿轮为一斜齿轮。

3. 蜗杆传动

蜗杆传动中的蜗杆轴线与蜗轮轴线是相互垂直交错的，如图 9－1（i）所示。

4. 准双曲面齿轮传动

准双曲面齿轮传动的两轴线互相垂直交错，如图 9-1（j）所示。

齿轮传动的类型虽然很多，但最简单、最基本的是直齿圆柱齿轮传动，其应用也最为广泛。

按照轮齿齿廓曲线的不同，齿轮又可分为渐开线齿轮、圆弧齿轮及摆线齿轮等。因渐开线齿轮的制造及安装均较方便，故其应用最为广泛。

按齿轮的工作条件不同，齿轮传动又可分为开式传动（齿轮完全外露）、半开式传动（有防护罩，有时大齿轮可部分浸入油池中）和闭式传动（齿轮完全密闭于刚性箱体内）。开式传动工作条件差，齿轮易磨损，故宜用于低速传动；闭式传动润滑及防护条件好，多用于重要场合。

二、对齿轮传动的基本要求

齿轮常用于传递运动和动力，故对其提出两个基本要求。

（一）传动准确、平稳

齿轮在传动过程中的瞬时角速度比（ω_1/ω_2）应恒定不变，以免产生动载荷、冲击、振动和噪声。这与齿轮的齿廓形状和制造、安装精度等因素有关。

（二）承载能力强

齿轮在传动过程中应有足够的强度、刚度并能传递较大的动力，在使用寿命内不发生断齿、点蚀和过度磨损等现象。这与齿轮的尺寸、材料和热处理工艺等因素有关。

子模块二　齿廓啮合基本定律

学习与训练要点

✧ 了解对齿轮传动的基本要求；
✧ 掌握齿廓啮合基本定律。

对齿轮传动的基本要求之一，就是两齿轮的瞬时角速度比，又称传动比，即 $i_{12}=\omega_1/\omega_2$，必须恒定。否则当主动轮以等角速度 ω_1 转动时，从动轮的角速度 ω_2 为变量，这样将会产生角加速度，进而产生惯性力矩，不仅影响机器的寿命，而且还会引起机器的振动并产生噪声，影响其工作精度。因此必须研究齿廓曲线与传动比的关系，即齿廓啮合基本定律。

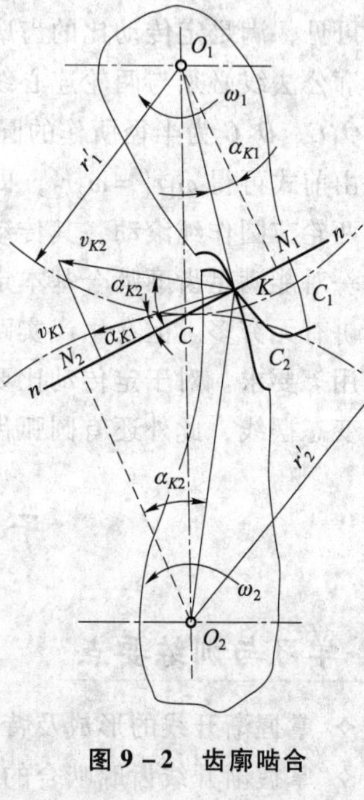

图 9-2　齿廓啮合

如图 9-2 所示为一对相互啮合的齿轮，主动齿廓 C_1 与从动齿廓 C_2 在 K 点接触。若两轮的角速度分别为 ω_1 和 ω_2，则两齿廓在 K 点的线速度分别为 v_{K1} 和 v_{K2}。

过 K 点作齿廓 C_1 和 C_2 的公法线 nn，为保证两齿廓连续传动，即彼此不发生分离及互相嵌入，则必须使两齿廓在公法线方向上无相对运动，即 v_{K1} 和 v_{K2} 在 nn 方向上的分速度应相等，即

$$v_{K1}\cos\alpha_{K1} = v_{K2}\cos\alpha_{K2}$$

或

$$\omega_1 O_1 K\cos\alpha_{K1} = \omega_2 O_2 K\cos\alpha_{K2}$$

由此可得两轮的传动比为

$$i_{12} = \frac{\omega_1}{\omega_2} = \frac{O_2 K\cos\alpha_{K2}}{O_1 K\cos\alpha_{K1}}$$

过两轮心 O_1、O_2 分别作公法线 nn 的垂线，交 nn 于 N_1 及 N_2 点。由几何关系 $O_1N_1 = O_1K\cos\alpha_{K1}$；$O_2N_2 = O_2K\cos\alpha_{K2}$。又因 $\Delta O_1CN_1 \sim \Delta O_2CN_2$，所以两齿轮的传动比又可写为

$$i_{12} = \frac{\omega_1}{\omega_2} = \frac{O_2N_2}{O_1N_1} = \frac{O_2C}{O_1C}$$

上式说明，互相啮合传动的一对齿轮，在任一瞬时的传动比等于该瞬时两轮连心线被其啮合齿廓接触点的公法线所分割的两线段长度的反比。这一规律称为齿廓啮合基本定律。

齿廓啮合基本定律表明：齿廓曲线的形状决定接触点处齿廓公法线的方向，进而决定公法线与连心线交点的位置，从而影响传动比的大小。欲使一对齿轮的瞬时传动比恒定不变，即要求 $\frac{O_2C}{O_1C}=$ 常数，因连心线 O_1O_2 为定长，则 C 点必须为连心线上一定点。由此可见，满足定传动比的齿廓形状必须符合：不论两齿廓在哪一点接触，过接触点的两齿廓公法线必须与两轮连心线交于一定点。该定点 C 称为节点，分别以 O_1、O_2 为圆心，O_1C、O_2C 为半径所作的圆称为两轮的节圆，节圆半径分别以 r_1' 和 r_2' 表示。

由前式可得 $\omega_1 r_1' = \omega_2 r_2'$，即两轮节圆的圆周速度相等。由此可知，一对齿轮传动可视为两轮节圆作纯滚动，其传动比等于两轮节圆半径的反比。

一对能满足齿廓啮合基本定律的齿廓曲线称为共轭齿廓。作为共轭齿廓曲线，从理论上讲有无穷多。但在生产实践中，除考虑传动比要求外，还要考虑设计、制造、安装和使用等要求。对于定传动比要求的齿轮，目前最常用的齿廓曲线是渐开线，其次是摆线或变态摆线，此外还有圆弧齿廓等。下面介绍渐开线齿廓。

子模块三　渐开线齿廓

学习与训练要点

✧ 掌握渐开线的形成及特性；
✧ 掌握渐开线齿廓啮合的特点。

一、渐开线的形成及其特性

当一直线在圆周上作纯滚动时，该直线上任一点的轨迹称为该圆的渐开线，这个圆称为渐开线的基圆，该直线称为渐开线的发生线，如图 9－3（a）所示。渐开线齿轮的轮齿齿廓就是由同一基圆上产生的两条反向且对称的渐开线组成的。

由渐开线形成的过程可知，渐开线具有以下性质（如图 9－3（b）所示）：

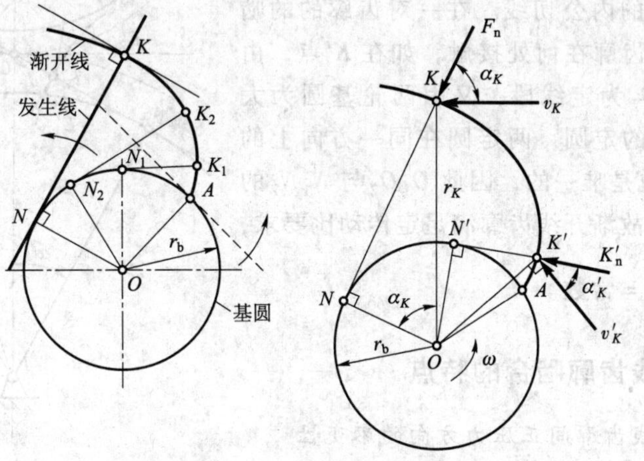

（a）　　（b）

图 9－3　渐开线的形成及特性

（1）发生线沿基圆滚过的长度等于基圆上被滚过的弧长，即 $NK=\widehat{NA}$。

（2）因发生线 NK 沿基圆作纯滚动，故它与基圆的切点 N 即为渐开线上 K 点的曲率中心，线段 NK 是渐开线上 K 点的曲率半径，也是渐开线上 K 点的法线。由此可见，渐开线上任一点的法线均与其基圆相切，切于基圆的直线必为渐开线上一点的法线。

（3）如图 9－3（b）所示，渐开线上 K 点的法线，即为其受另一齿轮作用的正压力 F_n 的方向线，与该点速度 v_K 的方向线所夹之锐角 α_K 称为渐开线齿廓在 K 点的压力角。$\angle NOK$ 在数值上等于压力角。

故
$$\cos\alpha_K=\frac{ON}{OK}=\frac{r_b}{r_K}$$

式中：r_b 为渐开线的基圆半径，r_K 为渐开线上 K 点的向径。

由上式可知，渐开线上各点的压力角大小不等，离基圆越远的点的压力角越大。当 $r_K=r_b$ 时 $\alpha_K=0$，即渐开线在基圆上的压力角等于零度。

（4）渐开线的形状取决于基圆的大小。如图 9－4 所示，基圆越小，渐开线越弯曲；基圆越大，渐开线越平直。当基圆半径为无穷大时，其渐开线将成为一条直线。齿条的渐开线齿廓就是这种直线齿廓。

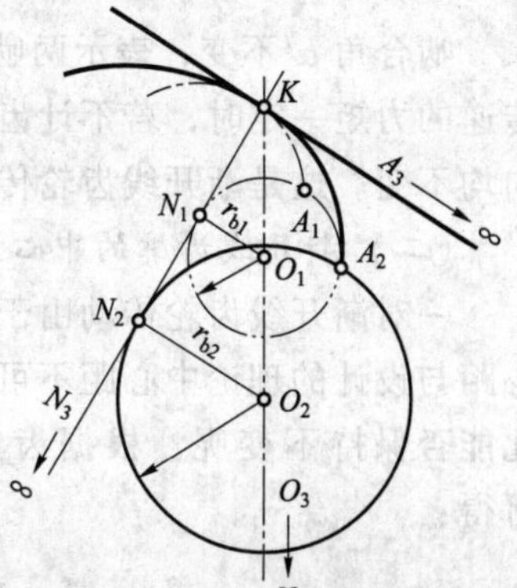

图 9－4　渐开线形状与基圆大小的关系

（5）因渐开线是从基圆开始向外展开的，所以基圆内无渐开线。

二、渐开线齿廓满足定传动比要求

一对互相啮合的渐开线齿廓 E_1 和 E_2 在任意点 K 接触，如图 9－5 所示，过 K 点作两齿廓的公法线 N_1N_2，由渐开线的性质（2）可知，此公法线必为在两轮基圆的内公切线。在一对齿廓的的啮合过程中，无论齿廓在何处接触，如在 K' 点，由于其连心线 O_1O_2 为定线段；又因两轮基圆为大小、位置均不变的定圆，两定圆在同一方向上的内公切线 N_1N_2 也是唯一的，因此 O_1O_2 与 N_1N_2 的交点 C 为定点。故渐开线齿廓满足定传动比要求，即 $i_{12}=\dfrac{\omega_1}{\omega_2}=\dfrac{O_2C}{O_1C}=$ 常数。

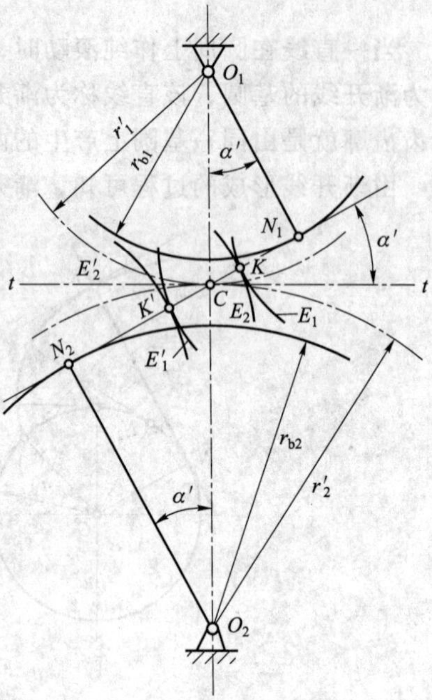

图 9－5　渐开线齿廓的啮合

三、渐开线齿廓啮合的特点

（一）渐开线齿廓间正压力方向的不变性

如前述，一对渐开线齿廓无论在何位置接触，过接触点的齿廓公法线都是同一条直线－两轮基圆的内公切线 N_1N_2。这说明，在啮合过程中两齿廓的啮合点都在直线 N_1N_2 上。因此直线 N_1N_2 是两齿廓啮合点的轨迹，称为渐开线齿廓的啮合线。

过节点 C 作两轮节圆的公法线 tt，它与啮合线 N_1N_2 所夹的锐角称为啮合角。从图 9－5 可知，渐开线齿廓在传动过程中啮合角的大小不变且恒等于两轮节圆上的压力角，即

$$\cos\alpha'=\frac{r_{b1}}{r'_1}=\frac{r_{b2}}{r'_2}$$

啮合角 α' 不变，表示两啮合齿廓间的正压力方向不变，始终沿 N_1N_2 方向。当齿轮传递的力矩一定时，若不计齿廓间的摩擦，则齿轮之间、轴与轴承之间压力的大小和方向均不变。这是渐开线齿轮传动的一大优点。

（二）渐开线齿廓的中心距可分性

一对渐开线齿轮传动由于制造、安装、受力变形及轴承磨损等原因，两轮的实际中心距与设计的理论中心距不可避免地会略有误差。在这种情况下，这对齿轮传动的传动比能否保持不变呢？根据齿廓啮合基本定律，并由图 9－5 中的 $\Delta O_1CN_1\sim\Delta O_2CN_2$ 可得：

$$i_{12}=\frac{\omega_1}{\omega_2}=\frac{r'_2}{r'_1}=\frac{r_{b2}}{r_{b1}}$$

当两齿轮制成后，其基圆便已确定。由上式可知，当中心距略有改变时，不会影响

两轮的传动比。渐开线齿廓啮合传动的这一特性称为中心距可分性。这是渐开线齿廓啮合的又一大优点，具有很大的实用价值。

子模块四　渐开线标准直齿圆柱齿轮的主要参数和几何尺寸

学习与训练要点

- ✧ 了解渐开线标准直齿圆柱齿轮的主要参数；
- ✧ 了解径节制齿轮；
- ✧ 掌握渐开线标准直齿圆柱齿轮的几何尺寸的计算方法。

一、直齿圆柱齿轮各部分的名称及主要参数

如图 9－6 所示为直齿圆柱齿轮的一部分，图（a）为外齿轮，图（b）为内齿轮。在齿轮整个圆周上均匀分布的轮齿总数称为齿数，用 z 表示。轮齿两侧具有互相对称的齿廓。在圆柱齿轮上，齿顶圆柱面与端平面的交线称为齿顶圆，其直径和半径分别用 d_a 和 r_a 表示；齿根圆柱面和端平面的交线称为齿根圆，其直径和半径分别用 d_f 和 r_f 表示。齿轮上相邻两齿之间的空间称为齿槽。在任意半径 r_K 的圆周上，一个齿两侧齿廓间的弧长称为该圆上的齿厚，用 s_K 表示；齿槽两侧齿廓间的弧长称为该圆上的齿槽宽，用 e_K 表示；相邻两齿同侧齿廓间的弧长称为该圆上的齿距，用 p_K 表示。所以在同一圆周上：

$$p_K = s_K + e_K$$

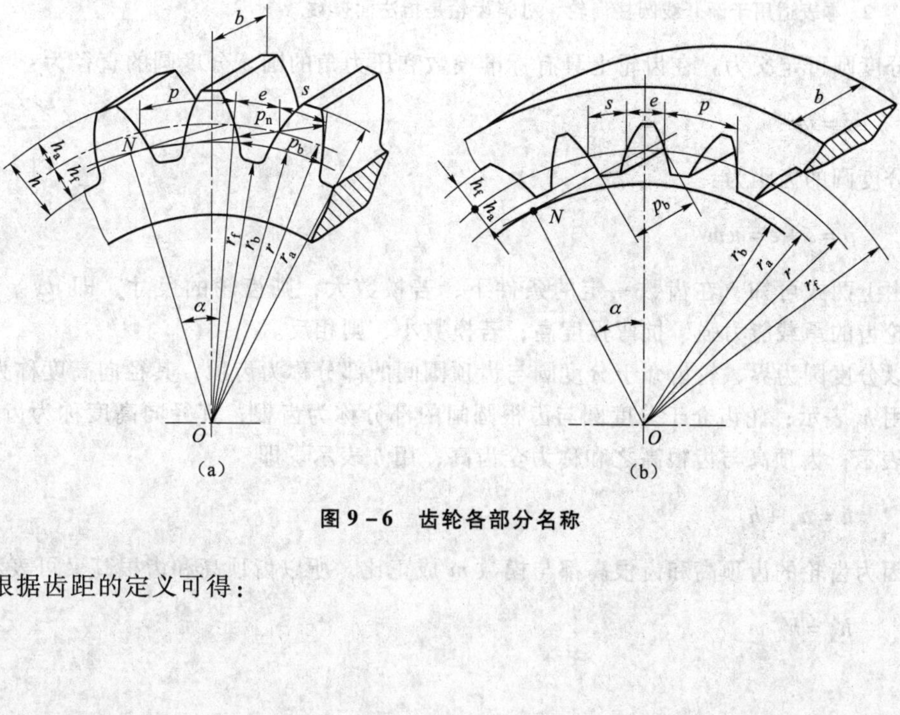

图 9－6　齿轮各部分名称

根据齿距的定义可得：

$p_K z = \pi d_K$ 或 $d_K = \frac{p_K}{\pi} z$

上式中的比值 $\frac{p_K}{\pi}$ 包含无理数 π，在不同直径的圆周上 $\frac{p_K}{\pi}$ 的值不相同，且齿廓各点的压力角也不相同，这都给计算、制造和测量带来不便。因此，人为地把齿轮某一圆周上的比值 $\frac{p_K}{\pi}$ 规定为标准值（整数或有理数），并使该圆上的压力角也为标准值，这个圆称为分度圆。分度圆的直径和半径分别用 d 和 r 表示。分度圆上的压力角简称为压力角，用 α 表示，我国规定标准压力角为 20°。分度圆上的比值 $\frac{p_K}{\pi}$ 称为模数，用 m 表示，即 $\frac{p}{\pi} = m$，单位为 mm，其中 p 为分度圆上的齿距。我国规定的标准模数系列见表 9－1。

表 9－1　　标准模数系列（GB 1357—87）　　mm

第一系列	0.1	0.12	0.15	0.2	0.25	0.3	0.4	0.5	0.6	0.8
	1	1.25	1.5	2	2.5	3	4	5	6	8
	10	12	16	20	25	32	40	50		
第二系列	0.35	0.7	0.9	1.75	2.25	2.75	(3.25)	3.5	(3.75)	4.5
	5.5	(6.5)	7	9	(11)	14	18	22	28	36
	45									

注：1. 选用模数时应优先采用第一系列，其次是第二系列，括号内的模数尽可能不用。
2. 本表适用于渐开线圆柱齿轮，对斜齿轮是指法面模数。

分度圆可定义为：在齿轮上具有标准模数和压力角的圆。分度圆的直径为：

$$d = mz$$

分度圆的齿距为：

$$p = s + e = \pi m$$

由上两式可知，在齿数一定的条件下，若模数大，则齿轮的尺寸，即 d、p、s 等大，轮齿的承载能力强，抗弯强度高；若模数小，则相反。

以分度圆为界，轮齿介于分度圆与齿顶圆间的部分称为齿顶，其径向高度称为齿顶高，用 h_a 表示；轮齿介于分度圆与齿根圆间的部分称为齿根，其径向高度称为齿根高，用 h_f 表示；齿顶高与齿根高之和称为全齿高，用 h 表示。即

$$h = h_a + h_f$$

因为齿轮的齿顶高和齿根高都与模数 m 成正比，所以齿顶高和齿根高又可表示为：

$$h_a = h_a^* m$$

$$h_f = (h_a^* + c^*)m$$

式中：h_a^* 和 c^* 分别称为齿顶高系数和顶隙系数。我国规定，这两个系数的标准值为：当 $m \geqslant 1$ 时，$h_a^* = 1$，$c^* = 0.25$；当 $0.1 < m < 1$ 时，$h_a^* = 1$，$c^* \geqslant 0.35$。顶隙为

$$c = c^* m$$

顶隙是当一对齿轮啮合时，一齿轮齿顶与另一齿轮齿根间的径向距离。它不仅可避免传动时轮齿互相顶撞，而且有利于储存润滑油。

当齿轮的模数 m、压力角 α、齿顶高系数 h_a^*、顶隙系数 c^* 均为标准值，且分度圆上齿厚 s 等于齿槽宽 e 时，这种齿轮便被称为标准齿轮。

二、标准直齿圆柱齿轮几何尺寸的计算

标准直齿圆柱齿轮几何尺寸的计算公式列于表 9－2 中。

表 9－2　　标准直齿圆柱齿轮几何尺寸的计算公式

名称	符号	公　式
模数	m	根据齿轮轮齿的强度计算后取标准值确定
压力角	α	$\alpha = 20°$
分度圆直径	d	$d_1 = mz_1$；$d_2 = mz_2$
基圆直径	d_b	$d_{b1} = d_1\cos\alpha$；$d_{b2} = d_2\cos\alpha$
齿顶高	h_a	$h_a = h_a^* m$
齿根高	h_f	$h_f = (h_a^* + c^*)m$
全齿高	h	$h = (2h_a^* + c^*)m$
顶隙	c	$c = c^* m$
齿顶圆直径	d_a	$d_{a1} = d_1 + 2h_a = m(z_1 + 2h_a^*)$ $d_{a2} = d_1 \pm 2h_a = m(z_2 + 2h_a^*)$
齿根圆直径	d_f	$d_{f1} = d_1 - 2h_f = m(z_1 - 2h_a^* - 2c^*)$ $d_{f2} = d_2 \mp 2h_f = m(z_2 \mp 2h_a^* \mp 2c^*)$
齿距	p	$p = \pi m$
齿厚	s	$s = \frac{1}{2}\pi m$
齿槽宽	e	$e = \frac{1}{2}\pi m$
基圆齿距	p_b	$p_b = \pi m\cos\alpha$
标准中心距	a	$a = \frac{1}{2}(d_1 \pm d_2) = \frac{1}{2}m(z_2 \pm z_1)$

注：同一式中有上、下运算符号者，上面符号用于外啮合或外齿轮，下面符号用于内啮合或内齿轮。

其中，基圆直径的计算公式可推导如下：

$$r=\frac{r_b}{\cos\alpha}$$

则

$$r_b=r\cos\alpha$$

所以

$$d_b=d\cos\alpha=mz\cos\alpha$$

图 9-6 中，在齿轮相邻两齿同侧齿廓间沿公法线所量得的距离 p_n 称为齿轮的法向齿距。根据渐开线的性质（1）可知，它与基圆齿距 p_n 相等，将二者均用 p_n 表示，则

$$p_b=\frac{\pi d_b}{z}=\pi m\cos\alpha=p\cos\alpha$$

三、标准直齿圆柱齿轮的公法线长度

在检验齿轮的制造精度时，常需测量齿轮的公法线长度，用以控制轮齿齿侧间隙公差。在齿轮上跨过若干齿数 K 所量得的渐开线间的法线距离，称为齿轮的公法线长度。

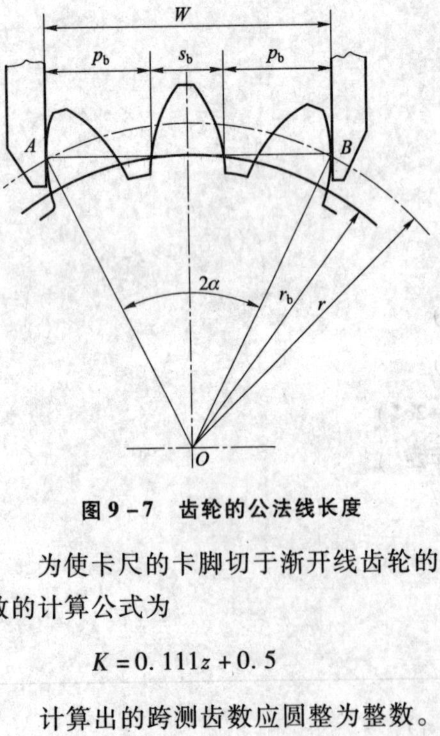

图 9-7　齿轮的公法线长度

标准直齿圆柱齿轮的公法线长度常用游标卡尺或公法线千分尺的两个卡脚卡住 K 个轮齿进行测量。如图 9-7 所示，为卡住三个轮齿，并使卡尺的两卡脚与两条反向渐开线相切，则两点的连线 AB 之长称为两渐开线切点处的公法线长度，用 W 表示。由图可知，$W=(3-1)p_b+s_b$，当卡脚卡住 K 个齿时，$W=(K-1)p_b+s_b$，由此可推导出计算公法线长度的公式：

$$W_K=m\cos\alpha[(K-0.5)\pi+z(\tan\alpha-\alpha)]$$

式中，m 为模数；α 为压力角；z 为齿数；K 为跨测齿数。当 $\alpha=20°$ 时，

$$W_K=m[2.952\,1(K-0.5)+0.014z]$$

为使卡尺的卡脚切于渐开线齿轮的分度圆附近，以保证测量准确，可推导出跨测齿数的计算公式为

$$K=0.111z+0.5$$

计算出的跨测齿数应圆整为整数。W 和 K 的值也可直接从机械设计手册中查得。

四、径节制齿轮

采用英制单位的英、美等国家，齿轮不采用模数制而采用径节制。用径节作为计算

齿轮几何尺寸的基本参数。径节为齿数与分度圆直径之比，即

$$p=\frac{z}{d}$$

式中，分度圆直径 d 的单位为英寸（in），p 的单位为英寸$^{-1}$（in^{-1}）。故径节为每英寸的分度圆直径占有的齿数。

因为分度圆直径 $d=mz$，又因 1in = 25.4mm，所以

$$m=\frac{25.4}{p}$$

式中：m 的单位为 mm，p 的单位为 in^{-1}。

例如，有一径节 $p=5(in^{-1})$ 的英制齿轮，换算其模数为 $m=\frac{25.4}{p}=5.08mm$，即它近似相当于模数为 5mm 的公制齿轮。

子模块五 渐开线齿轮的啮合传动

学习与训练要点

✧ 掌握渐开线齿轮的正确啮合条件；
✧ 掌握渐开线齿轮连续传动的条件；
✧ 掌握齿轮传动的无侧隙啮合条件。

一、一对渐开线齿轮的正确啮合条件

一对渐开线齿轮传动时，由于两轮齿廓的啮合点是沿啮合线 N_1N_2 移动的，因此如图 9－8 所示，当前一对轮齿在 K 点啮合而后一对轮齿同时在 K' 点啮合时，为保证两对齿廓均在啮合线上相切接触，则必须使两齿轮的法向齿距相等。即

$$p_{b1}=p_{b2}$$

因 $p_b=\pi m\cos\alpha$，将其代入上式可得：

$$m_1\cos\alpha_1=m_2\cos\alpha_2$$

由于齿轮的模数 m 和压力角 α 都已标准化，所以要满足上式应使

$$m_1=m_2=m$$

$$\alpha_1=\alpha_2=\alpha$$

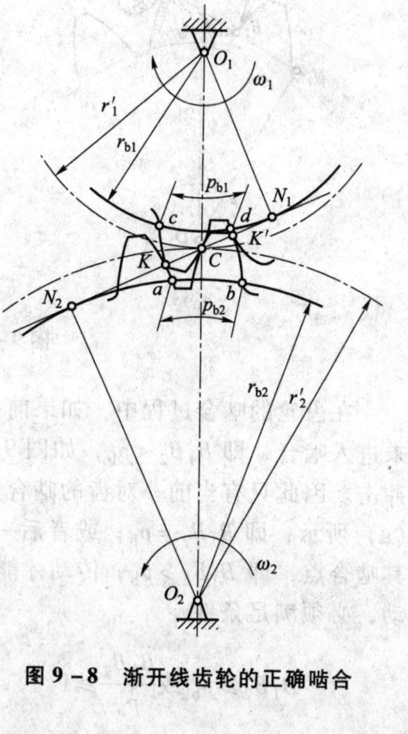

图 9－8 渐开线齿轮的正确啮合

即一对渐开线直齿圆柱齿轮正确啮合的条件

是：两轮的模数和压力角应分别相等。

由此可推出，一对齿轮的传动比公式可写为：

$$i_{12}=\frac{\omega_1}{\omega_2}=\frac{d_2'}{d_1'}=\frac{d_{b2}}{d_{b1}}=\frac{d_2}{d_1}=\frac{z_2}{z_1}$$

二、渐开线齿轮连续传动的条件

一对齿轮传动除满足正确啮合条件外，还必须保证传动是连续的，即应保证当前一对轮齿脱离啮合时，后一对轮齿能及时进入啮合。为此需研究两轮轮齿的啮合过程。

如图 9－9（a）所示，齿轮传动中，设轮 1、2 分别为主、从动轮。当两轮开始啮合时，主动轮的齿根与从动轮的齿顶相接触，接触点为从动轮的齿顶圆与啮合线 N_1N_2 的交点 B_2，称为啮合起始点。随着两轮的转动，啮合点从 B_2 沿啮合线移动。当移至主动轮齿顶与从动轮齿根接触时，两轮齿即将脱离啮合，因此主动轮的齿顶圆与啮合线 N_1N_2 的交点 B_1 称为啮合终止点。线段 B_1B_2 为啮合点的实际轨迹，称为实际啮合线。如将两轮的齿顶圆加大，则 B_2、B_1 点分别趋近于两基圆和啮合线的切点 N_1、N_2。但由于基圆内无渐开线，所以线段 N_1N_2 是理论上最长的啮合线段，称为理论啮合线。N_1、N_2 称为极限啮合点。

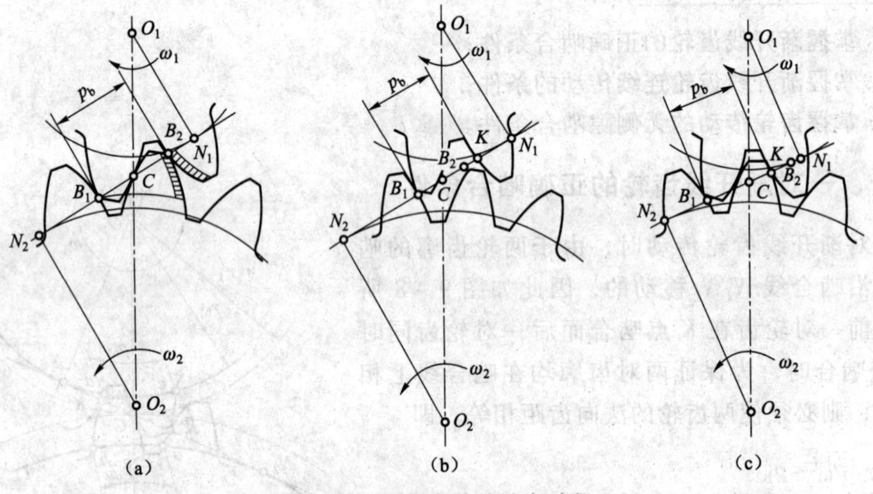

图 9－9　齿轮传动的啮合过程

在齿轮的啮合过程中，如果前一对齿的啮合点到达 B_1 点即将分离时，后一对齿尚未进入啮合，即 $B_1B_2<p_b$，如图 9－9（b）所示，则传动不连续，并因惯性发生齿间冲击。因此只有当前一对齿的啮合点到达 B_1 时，后一对齿开始在 B_2 点啮合，如图 9－9（a）所示，即 $B_1B_2=p_b$；或者后一对齿早已进入啮合，如图 9－9（c）所示，K 点为其啮合点，即 $B_1B_2>p_b$，传动才能连续进行。所以，为保证一对齿轮能平稳地连续传动，必须满足条件：

$$B_1B_2\geqslant p_b \text{ 或 } \frac{B_1B_2}{p_b}\geqslant 1$$

实际啮合线 B_1B_2 与基圆齿距 p_b 的比值称为齿轮传动的重合度，用 ε 表示。故渐开线齿轮连续传动的条件为

$$\varepsilon = \frac{B_1B_2}{p_b} \geqslant 1$$

重合度的计算公式：

$$\varepsilon = \frac{1}{2\pi}[z_1(\tan\alpha_{a1} - \tan\alpha') + z_2(\tan\alpha_{a2} - \tan\alpha')]$$

式中：α_a 为齿廓渐开线在齿顶圆上的压力角，$\cos\alpha_a = \frac{r_b}{r_a} = \frac{r\cos\alpha}{r + h_a} = \frac{z\cos\alpha}{z + 2h_a^*}$；$\alpha'$ 为啮合角。

重合度 ε 的大小与模数 m 无关，而与 z_1、z_2、h_a^*、α 和 α' 的大小有关。对标准齿轮传动，ε 随两轮齿数的增多而增大。渐开线齿条可认为是齿数无穷多的圆柱齿轮，即可认为基圆无穷大。根据齿条与齿轮的啮合情况，可推得直齿轮重合度的最大值为

$$\varepsilon_{\max} = \frac{4h_a^*}{\pi\sin 2\alpha}$$

当 $h_a^* = 1$、$\alpha = 20°$ 时，$\varepsilon_{\max} = 1.981$，即直齿圆柱齿轮传动的重合度不大于 2，亦即在实际啮合线 B_2B_1 上不会始终保持两对齿同时啮合。如图 9－10 所示的齿轮传动，$\varepsilon = 1.3$，即 $B_1B_2 = 1.3p_b$，表示当前一对齿在 B_1 点脱离啮合时，后一对齿已在实际啮合线上啮合了 $0.3p_b$ 的长度，如图 9－10 中 EB_2 段；而若后一对齿在 B_2 点开始啮合时，前一对齿尚未脱离啮合，还需在实际啮合线上再啮合 $0.3p_b$ 的长度，如图 9－10 中 B_1D 段，因此实际啮合线上的 EB_2 和 B_1D 两段因各有一对齿同时啮合而被称为双齿啮合区，其长度为 $0.3p_b$。而在节点 C 附近的 DE 段范围内仅有一对齿在啮合，称为单齿啮合区，其长度为 $0.7p_b$。

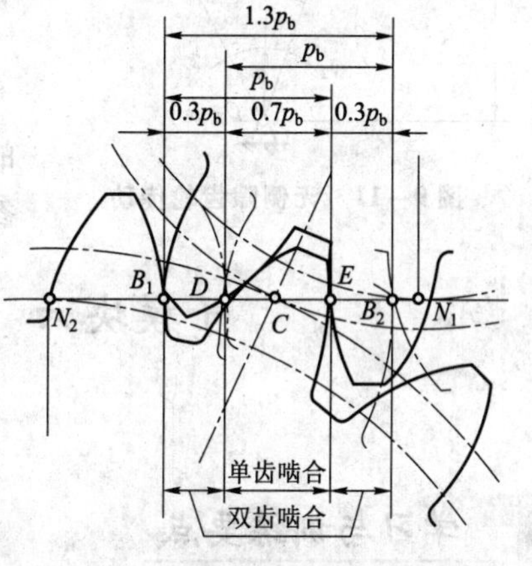

图 9－10　重合度为 1.3 时齿轮的啮合传动

从理论上讲，重合度 $\varepsilon = 1$ 就能保证齿轮联系传动。但考虑到齿轮的制造和安装误差，为确保齿轮连续传动，应使重合度大于 1。在实用中重合度应大于或至少等于许用值 $[\varepsilon]$，即 $\varepsilon \geqslant [\varepsilon]$，$[\varepsilon]$ 值见表 9－3。

表 9－3　推荐的 ε 许用值 $[\varepsilon]$

应用场合	一般机器制造业	汽车、拖拉机工业	金属切削机床
$[\varepsilon]$	1.4	1.1～1.2	1.3

三、齿轮传动的无侧隙啮合条件及标准中心距

一对啮合传动的齿轮，一轮节圆上的齿槽宽与另一轮节圆上的齿厚之差称为齿侧间隙。在机械传动中，为避免反向空程，减少冲击和噪声，要求按照齿侧间隙等于零的理想情况计算齿轮的名义尺寸。实际上，考虑轮齿膨胀、润滑和安装的需要，轮齿间存在的微小齿侧间隙由制造公差予以控制。实现这种无侧隙啮合应满足的条件是：一齿轮的节圆齿厚必须等于另一齿轮的节圆齿槽宽，即 $s_1' = e_2'$；$s_2' = e_1'$。

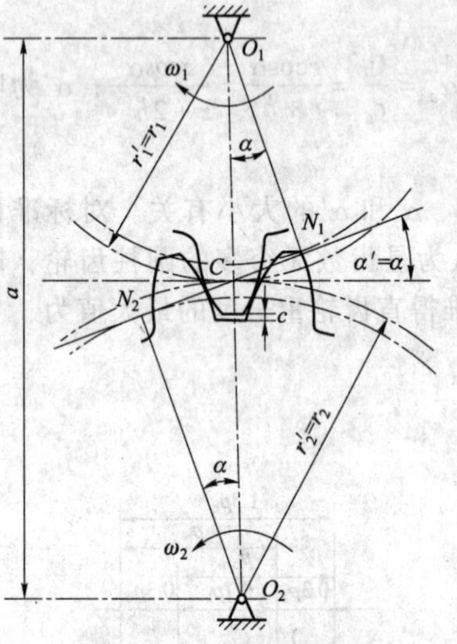

图 9-11　无侧隙齿轮传动

对于标准齿轮，由于其分度圆上的齿厚等于齿槽宽，所以一对标准齿轮啮合传动时自然满足 $s_1 = e_1 = s_2 = e_2 = \frac{1}{2}\pi m$。如使标准齿轮的分度圆相切成为节圆，如图 9-11 所示，分度圆与节圆重合，即可实现无侧隙啮合。通常把一对齿轮分度圆相切时的中心距称为标准中心距，用 a 表示。齿轮实际安装的中心距用 a' 表示，当 $a' = a$ 时，称齿轮的安装为标准安装。这时啮合角 α' 等于齿轮压力角 α。标准中心距为

$$a = a' = r_1' + r_2' = r_1 + r_2 = \frac{m}{2}(z_1 + z_2)$$

必须注意，分度圆和压力角是单个齿轮所具有的参数，而节圆和啮合角是一对齿轮啮合时才有的参数，所以单个齿轮无节圆和啮合角。

子模块六　轮齿的失效和润滑及齿轮的材料

学习与训练要点

- ✧ 掌握轮齿的五种失效形式；
- ✧ 掌握齿轮传动的润滑方式。

一、轮齿的失效形式

齿轮传动是由轮齿来传递运动和动力的，轮齿失效使齿轮丧失了工作能力，故在使用期限内防止轮齿失效是齿轮设计的依据。齿轮轮齿的失效形式，主要有以下五种：

（一）轮齿折断

轮齿折断常在齿根部位发生。因为轮齿受载时，齿根部位产生的弯曲应力最大，而且齿根处会引起应力集中，当轮齿脱离啮合后，弯曲应力为零。轮齿在变化的弯曲应力反复作用下，当应力值超过齿轮材料的弯曲疲劳极限时，轮齿根部就会产生疲劳裂纹，裂纹不断扩展致使轮齿疲劳折断，如图 9-12（a）所示。齿宽较大的齿轮，由于制造、安装

的误差，使其局部受载过大，也可能使轮齿局部折断，如图 9－12（b）所示。另外，齿轮工作时，若轮齿短时过载或受过大的冲击载荷，致使轮齿突然折断，称为过载折断。

为防止轮齿过早折断，可采用适当的工艺措施，适当增大齿根部位过渡圆角；提高齿面加工精度；采用齿面强化措施（如喷丸）和增大轴及支承的刚度等，以降低应力集中，消除产生疲劳裂纹的因素。

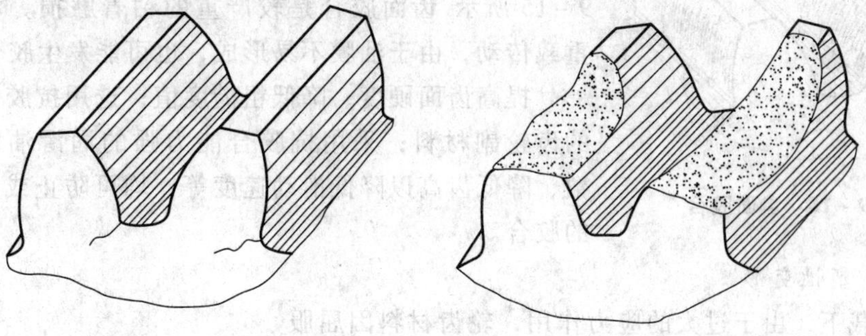

(a)　　　　　　(b)

图 9－12　轮齿的裂断

（二）齿面点蚀

齿轮传动中两轮齿受载时，由于齿面的弹性变形，形成微小的接触面积，在其接触表层上产生很大应力，此应力称为接触应力。当齿面脱离接触后，接触应力为零。轮齿在变化的接触应力反复作用下，当应力值超过齿轮材料的接触疲劳极限时，齿面表层就会产生不规则的细微疲劳裂纹，裂纹扩展，致使齿面表层的金属微粒剥落，形成齿面麻点（或麻坑），这种现象称为疲劳点蚀，又称点蚀，如图 9－13 所示。

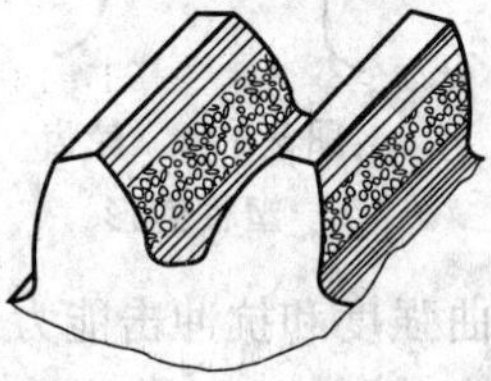

图 9－13　齿面点蚀

点蚀是润滑良好的闭式软齿面（硬度≤350HBS）齿轮传动中常见的失效形式。它首先出现在靠近节线的齿根表面上，然后再向其他部位扩展。从相对意义上说，靠近节线处的齿根表面抵抗点蚀的能力最差。为防止齿面发生疲劳点蚀，可采用一些措施如：提高齿面硬度，降低表面粗糙度；增大润滑油粘度；使用正变位齿轮传动等。

对于开式齿轮传动，由于齿面磨损较快，点蚀未形成之前就已被磨掉，因而一般不会发生点蚀破坏。

（三）齿面磨损

齿面磨损常在开式齿轮传动中发生。当灰尘、砂粒、金属屑等杂质落入齿槽内，两轮齿啮合受载时，这些杂质便成为磨料，使齿面产生磨粒磨损，造成齿侧间隙不断加大，甚至齿廓渐开线明显失真，如图 9－14 所示，从而导致齿轮传动失效。

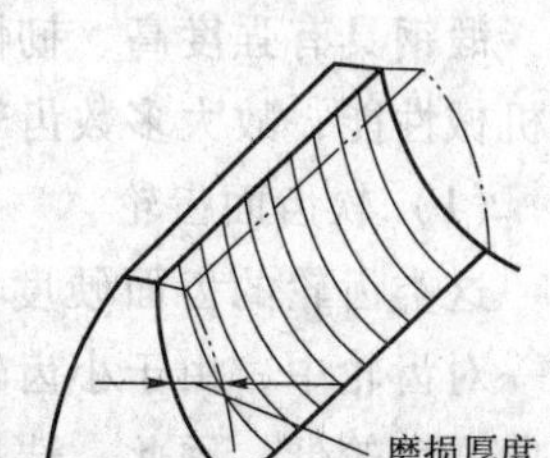

图 9－14　齿面的磨损

减小齿面粗糙度值、保持良好的润滑、采用闭式传动等措施，可以减轻或防止齿面磨损。

（四）齿面胶合

在高速重载的齿轮传动中，常因啮合处的高压接触使温升过高，破坏了齿面的润滑油膜，造成润滑失效，致使两齿轮齿面金属直接接触，以致局部金属粘结在一起。随着传动过程的继续，较硬金属齿面将较软的金属表层沿滑动方向撕划出沟槽，这种现象称为齿面胶合，如图9－15所示。齿面胶合是较严重的粘着磨损。对于低速重载传动，由于油膜不易形成，也可能发生胶合失效。

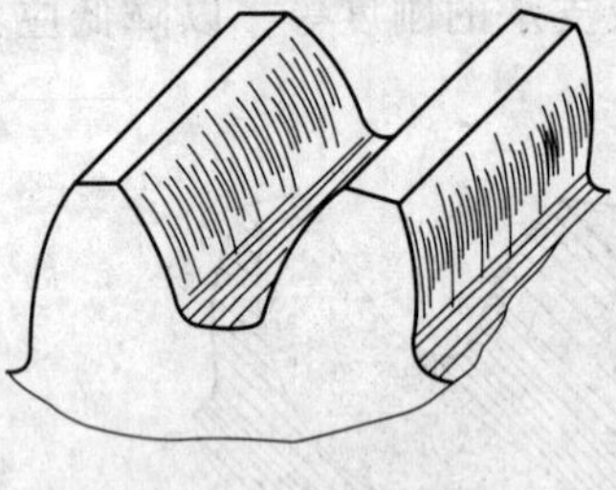

图9－15 齿面胶合

提高齿面硬度、降低粗糙度值；选用抗胶合性能好的齿轮副材料；采用抗胶合能力强的润滑油；减小模数、降低齿高以降低滑动速度等，均可防止或减轻轮齿的胶合。

（五）塑性变形

在重载下，由于过大的应力作用，轮齿材料因屈服产生塑性流动而形成齿面或齿体的塑性变形。一般多发生于较软的轮齿上。如图9－16所示为齿体的塑性变形，轮齿歪斜。

为减轻或防止轮齿塑性变形，应提高材料硬度。

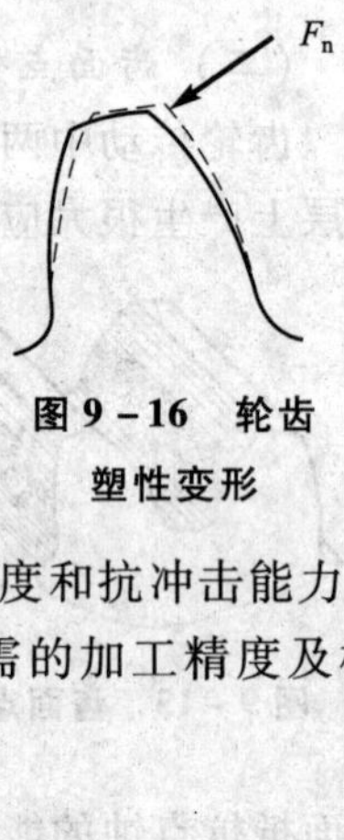

图9－16 轮齿塑性变形

二、齿轮的材料

（一）对齿轮材料的基本要求

为使齿轮在使用期内不发生失效，且有足够长的使用寿命，在选择齿轮的材料时，应使齿轮具有以下的基本性能：

（1）轮齿表层应有较高的硬度和良好的耐磨性能；

（2）轮齿芯部应有足够的强度和韧性，使齿根具有良好的弯曲强度和抗冲击能力；

（3）应有良好的加工工艺性能及热处理性能，使之易于达到所需的加工精度及机械性能的要求。

（二）齿轮的常用材料及热处理

常用的齿轮材料有锻钢、铸钢、铸铁。在某些情况下，也选用工程塑料等非金属材料。

1. 锻钢

锻钢具有强度高、韧性好、便于制造等特点，且可通过各种热处理方法来改善其某些机械性能，故大多数齿轮都用锻钢制造。齿轮按其齿面硬度不同分为以下两类：

（1）软齿面齿轮

这类齿轮的齿面硬度≤350HBS。它常用优质中碳钢制成，并经调质或正火处理。在一对齿轮中，由于小齿轮轮齿受载循环次数多于大齿轮的轮齿，且小齿轮齿根较薄，弯曲强度较低，因此，选择材料及热处理时，应使小齿轮齿面硬度比大齿轮的齿面硬度高25～50HBS。

（2）硬齿面齿轮

这类齿轮的齿面硬度＞350HBS。它常用优质中碳钢或中碳合金钢制成，并经表面淬火处理。若用优质低碳钢或低碳合金钢制造，可经渗碳淬火处理。经热处理后，其齿面硬度一般为45～65HRC。

2. 铸钢

铸钢常用于不便锻造的大直径齿轮，通常直径大于400～600mm。可用铸造方法制成铸钢齿坯，由于铸钢晶粒较粗，故需进行正火处理。

上述几种钢的热处理中，调质处理后的齿轮可提高其机械强度和韧性。正火处理可以消除内应力、细化晶粒和改善切削性能。表面淬火和渗碳淬火后，能提高轮齿的齿面硬度，使齿面接触强度高、耐磨性能好，而芯部仍具有良好的韧性。钢制齿轮一般用于载荷较高的重要齿轮传动中。

3. 铸铁

普通灰铸铁的抗弯强度、抗冲击和耐磨性能较差，但铸造时浇铸容易、加工方便、成本较低，故铸铁齿轮一般仅用于低速、轻载、冲击小的不重要的齿轮传动中。由于铸铁性能较脆，为了避免载荷集中造成齿端局部裂断，所以铸铁齿轮的齿宽应取得小些。

球墨铸铁的机械性能和抗冲击能力比灰铸铁高。高强度球墨铸铁可以代替铸钢铸造大直径的齿轮坯。

齿轮常用材料的机械性能及应用范围见表9－4。

表9－4　齿轮的常用材料及其机械性能

材料	牌号	热处理	硬度	强度极限 σ_B/MPa	屈服极限 σ_s/MPa	应用范围
优质碳素钢	45	正火	169～217HBS	580	290	低速轻载
		调质	217～255HBS	650	360	低速中载
		表面淬火	40～50HRC	750	450	高速重或低速重载，冲击很小
	50	正火	180～220HBS	620	320	低速轻载
合金钢	40Cr	调质 表面淬火	240～260HBS 48～55HRC	700 900	550 650	中速中载 高速中载 无强烈冲击
	42SiMn	调质 表面淬火	217～269HBS 45～55HRC	750	470	高速中载 无强烈冲击
	20Cr	渗碳淬火	56～62HRC	650	400	高速中载 承受冲击
	20CrMnTi	渗碳淬火	56～62HRC	1 100	850	
铸钢	ZG310～570	正火 表面淬火	160～210HBS 40～50HRC	570	320	中速、中载、 大直径
	ZG340～640	正火 调质	170～230HBS 240～270HBS	650 700	350 380	

续表

材料	牌号	热处理	硬度	强度极限 σ_B/MPa	屈服极限 σ_s/MPa	应用范围
球墨铸铁	QT600 - 2 QT500 - 5	正火	220 ~ 280HBS 147 ~ 241HBS	600 500		低中速轻载、有小的冲击
灰铸铁	HT200 HT300	人工时效（低温退火）	170 ~ 230HBS 187 ~ 235HBS	200 300		低速轻载、冲击很小

三、齿轮的润滑

齿轮传动时对齿轮进行润滑，可以减少磨损和发热，还可以防锈和降低噪声，对防止和延缓轮齿失效，改善齿轮传动的工作状况起着重要作用。

（一）润滑方式

对于闭式齿轮传动的润滑，一般根据齿轮的圆周速度确定润滑方式。

1. 浸油润滑

当齿轮的圆周速度 $v < 12\text{m/s}$ 时，通常将大齿轮浸入油池中进行润滑，如图 9 - 17（a）所示。浸入油中的深度约为一个齿高，但不应小于 10mm，浸入过深则增大了齿轮的运动阻力并使油温升高。在多级齿轮传动中，可采用带油轮将油带到未浸入油池内的轮齿齿面上，如图 9 - 17（b）所示，并同时将油甩到齿轮箱壁面上散热，使油温下降。

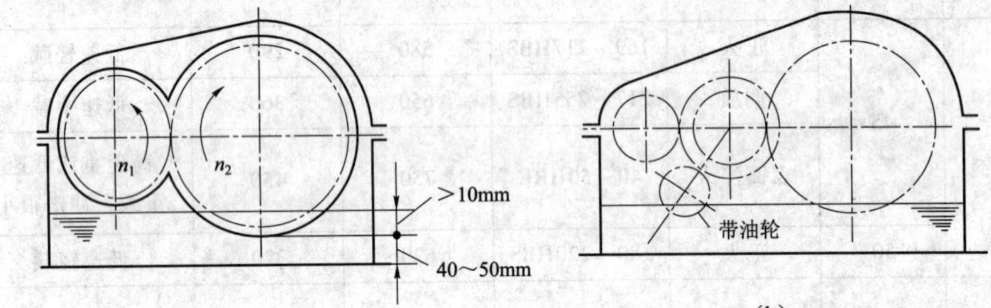

图 9 - 17　浸油润滑

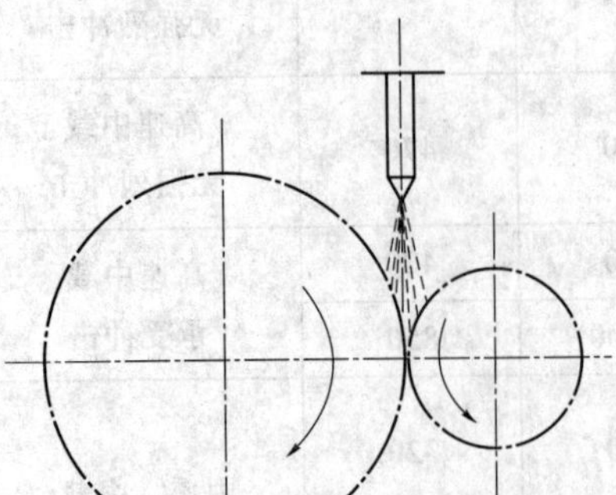

图 9 - 18　喷油润滑

2. 喷油润滑

当齿轮的圆周速度 $v > 12\text{m/s}$ 时，由于圆周速度大，齿轮搅油剧烈，且因离心力较大，会使沾附在齿廓面上的油被甩掉，因此不宜采用浸油润滑，可采用喷油润滑，即用油泵将具有一定压力的油经喷油嘴喷到啮合的齿面上，如图 9 - 18 所示。

对于开式齿轮传动的润滑，由于速度较低，通常采用人工定期加油润滑。

（二）润滑油的选择

齿轮传动润滑油的选择可由表 9 - 5，根据齿轮材料和圆周速度查得运动粘度值，并由选定的粘度再确定润滑油的牌号。

表 9－5　　齿轮传动润滑油粘度荐用值

齿轮材料	强度极限 σ_b/MPa	圆周速度 v/(m/s)						
		<0.5	0.5～1	1～2.5	2.5～5	5～12.5	12.5～25	>25
		运动粘度 ν/cSt（40℃）						
塑料、青铜、铸铁	—	350	220	150	100	80	55	—
钢	450～1 000	500	350	220	150	100	80	55
钢	1 000～1 250	500	500	350	220	150	100	80
渗碳或表面淬火钢	1 250～1 580	900	500	500	350	220	150	100

注：1. 多级齿轮传动按各级所选润滑油粘度平均值来确定；

2. 对于 σ_b >800MPa 的镍铬钢制齿轮，不渗碳的，润滑油粘度取高一档的数值。

要点回顾

1. 齿轮传动的最基本要求之一是其瞬时角速度比必须保持恒定。通过分析一对齿轮的传动关系导出了齿廓啮合基本定律，同时引出了共轭齿廓、节点和节圆等基本概念。

2. 渐开线的形成决定了渐开线的性质，由于渐开线齿廓具有众多的优点，所以渐开线齿轮是目前使用最广的齿轮。

3. 渐开线齿轮的各部分的名称、符号和计算公式等由标准规定，不宜随意改动；标准齿轮采用标准压力角、标准模数、标准齿顶高系数和径向间隙系数。

4. 渐开线直齿圆柱齿轮正确啮合条件是模数相等、压力角相等。

思考与训练

请将正确答案写在括号内。

1. 传动比保持恒定的是________机构。(　　)

A. 皮带传动　　B. 链传动　　C. 齿轮传动　　D. 凸轮

2. 下列传动方式中，具有瞬时恒定传动比的是________。(　　)

A. 带传动　　B. 链传动　　C. 齿轮传动　　D. 摩擦轮传动

3. 渐开线的形状取决于________的大小。(　　)

A. 基圆　　B. 分度圆　　C. 节圆　　D. 模数

4. 法向齿距等于________。(　　)

A. 基圆齿距　　B. 齿根圆齿距　　C. 齿顶圆齿距　　D. 分度圆齿距

5. 若基圆直径一定，则渐开线越接近于基圆，其曲率半径________，而曲率________。(　　)

A. 越大/越小　　B. 越小/越大　　C. 越大/越大　　D. 越小/越小

6. 一直线在一圆上作纯滚动，该直线上任意一点的轨迹为________，该圆称为

________。(　　)

A. 渐开线/基圆　　B. 发生线/分度圆　　C. 渐开线/分度圆　　D. 发生线/基圆

7. 一对渐开线标准直齿圆柱齿轮传动，若模数为5mm，齿数分别为20和40，则下列错误的是________。(　　)

A. 中心距为150mm　　B. 全齿高为11.25mm

C. 大齿轮分度圆直径为200mm　　D. 小齿轮齿顶高较小

8. 标准渐开线齿轮分度圆以内的齿廓压力角________。(　　)

A. >20°　　B. =20°　　C. <20°　　D. =常数

9. 渐开线齿廓上压力角为零的点在________上。(　　)

A. 基圆　　B. 分度圆　　C. 节圆　　D. 齿根圆

10. 正常齿制标准直齿圆柱齿轮的齿根高等于________个模数。(　　)

A. 1　　B. 1.25　　C. 1.5　　D. 2

11. 下面说法中正确的是________。(　　)

A. 模数越大，齿轮就越大　　B. 模数越大，压力角就越大

C. 模数越大，轮齿就越大　　D. 模数越大，分度圆就越大

12. 一对互相啮合的渐开线标准直齿圆柱齿轮，其________尺寸不一定相等。(　　)

A. 齿距　　B. 齿顶高　　C. 分度圆　　D. 全齿高

13. 一对直齿圆柱齿轮要实现正确啮合，其________和________必须分别相等。(　　)

A. 模数/压力角　　B. 模数/齿数

C. 模数/分度圆直径　　D. 分度圆直径/压力角

14. 一对啮合齿廓的开始点是________；终止点是________。(　　)

A. 从动轮齿顶圆与啮合线的交点/主动轮齿顶圆与啮合线的交点

B. 主动轮齿顶圆与啮合线的交点/从动轮齿顶圆与啮合线的交点

C. 从动轮齿根圆与啮合线的交点/主动轮齿顶圆与啮合线的交点

D. 从动轮齿顶圆与啮合线的交点/主动轮齿根圆与啮合线的交点

15. 高速重载且散热条件不良的闭式齿轮传动，其最可能出现的失效形式是________。(　　)

A. 轮齿折断　　B. 齿面磨粒磨损　　C. 齿面塑性变形　　D. 齿面胶合

模块十

蜗杆传动

学习与训练总目标

- 了解蜗杆传动类型；
- 掌握阿基米德蜗杆传动的特点和主要参数；
- 掌握蜗杆传动的失效形式和材料以及润滑。

子模块一　蜗杆传动的类型和特点

学习与训练要点

- 了解蜗杆传动的类型；
- 掌握蜗杆传动的特点。

蜗杆传动如图 10－1 所示，主要由蜗杆和蜗轮组成。一般以蜗杆为主动件，用于传递交错轴向的回转运动和动力，通常两轴交错角 Σ 为 90°。蜗杆传动在机床、起重及矿山机械、仪器仪表等工业领域中应用广泛。

蜗杆类似于螺杆，亦可看成是齿数很少的宽斜齿轮，有左旋和右旋之分。除特殊要求之外，均应采用右旋蜗杆。蜗轮可以看成是一个具有凹形轮缘的斜齿轮，如图 10－2 所

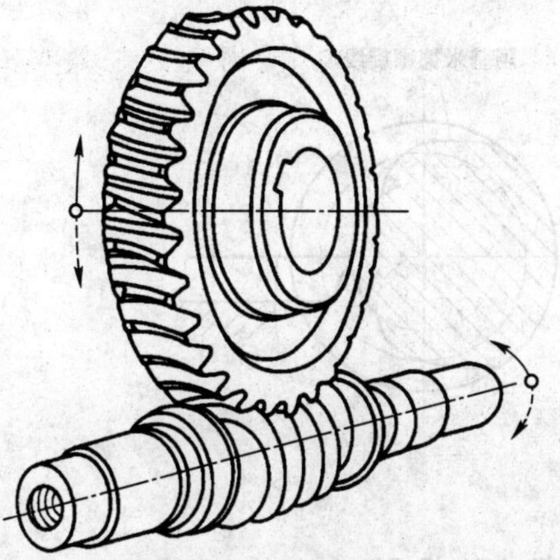

图 10－1　蜗杆传动

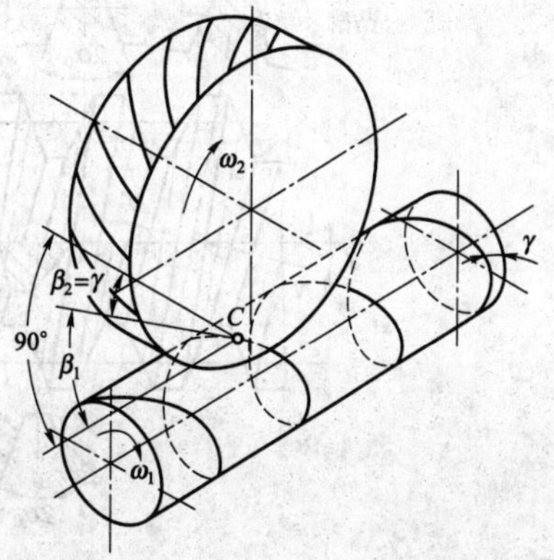

图 10－2　圆柱蜗杆传动的啮合

示。由于蜗杆与蜗轮轴线的投影正交，蜗轮相当于一个不完整的螺母包在蜗杆上，从侧面看其啮合相当于螺旋副，因而蜗杆导程角 γ 和蜗轮螺旋角 β_2 必须相等，旋向相同，即 $\beta_2=\gamma$。

蜗杆传动具有结构紧凑、传动比大、传动平稳以及在一定条件下，即蜗杆导程角小于齿面间的当量摩擦角时，可以实现自锁等优点，所以应用颇为广泛。

蜗杆传动在传递动力时，$i=10\sim80$；分度传动时，i 可达 1 000。蜗杆传动的不足之处在于，传动效率低，常需耗用有色金属等。蜗杆传动通常用于减速装置，但也有个别机器采用蜗杆传动组成增速装置。

随着机器功率的不断提高，近年来陆续出现了多种新型的蜗杆传动，蜗杆传动效率低的缺点正在逐步改善。

根据蜗杆形状的不同，蜗杆传动可以分为 3 类：圆柱蜗杆传动，如图 10－3（a）所示；环面蜗杆传动，如图 10－3（b）所示；锥蜗杆传动，如图 10－3（c）所示。

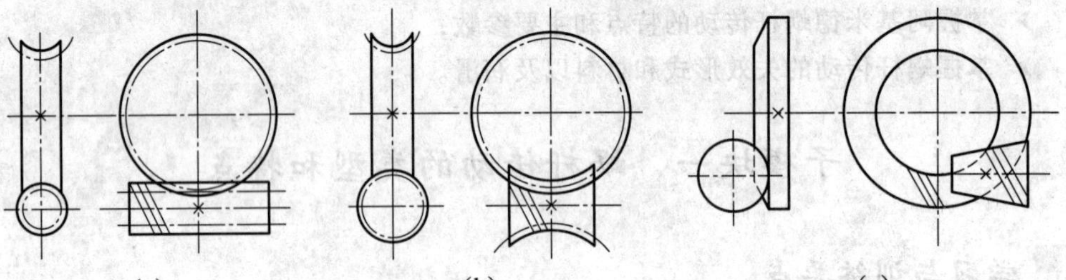

图 10－3　蜗杆传动的类型

圆柱蜗杆传动包括普通圆柱蜗杆传动和圆弧圆柱蜗杆传动两类。

普通圆柱蜗杆的齿面，除 ZK 型蜗杆外，一般是在车床上用直线刀刃的车刀车制。根据车刀安装位置的不同，所加工出的蜗杆齿面在不同截面中的齿廓曲线也不同。根据不同的齿廓曲线，普通圆柱蜗杆可分为阿基米德蜗杆（ZA 蜗杆）、渐开线蜗杆（ZI 蜗杆）、法向直廓蜗杆（ZN 蜗杆）和锥面包络蜗杆（ZK 蜗杆）等四种。GB 10085—88 推荐采用 ZI 和 ZK 蜗杆。

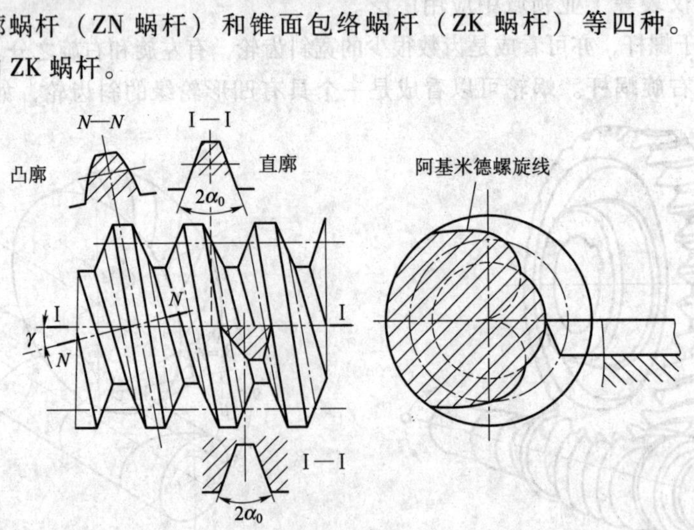

图 10－4　阿基米德蜗杆（ZA 蜗杆）

阿基米德蜗杆（ZA 蜗杆）如图 10－4 所示，这种蜗杆在垂直于蜗杆轴线的平面，即端面上齿廓为阿基米德螺旋线；在包含轴线的平面上，即轴向的齿廓为直线。其齿形角 $\alpha_0=20°$。车削时如同车削梯形螺纹，安装刀具时，切削刃的顶面必须通过蜗杆的轴线。这种蜗杆磨削困难，当导程角 γ 较大时加工不便。

渐开线蜗杆（ZI 蜗杆）的端面齿廓为渐开线，如图 10－5 所示，所以它相当于一个小齿轮，齿数等于蜗杆头数，及大螺旋角的渐开线圆柱斜齿轮。ZI 蜗杆可用两把直线刀刃的车刀在车床上车削加工。这种蜗杆可以在专用机床上磨削，适用于大功率和高速传动。

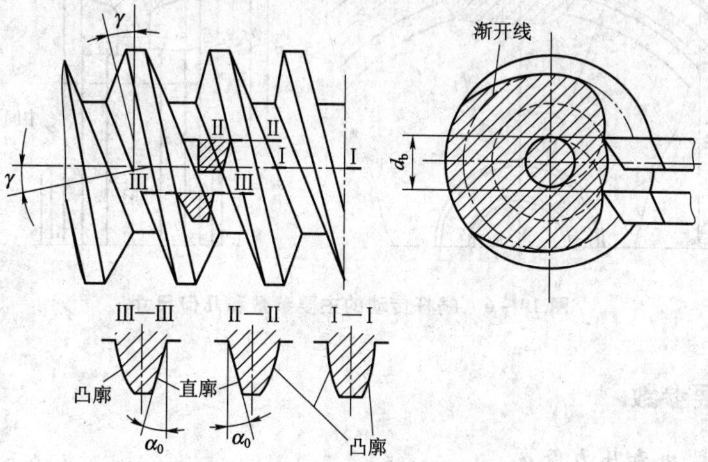

图 10－5　渐开线蜗杆（ZI 蜗杆）

与蜗杆配对的蜗轮齿廓，则完全随蜗杆的齿廓而异。蜗轮一般是在滚齿机上用滚刀加工的。为了保证蜗杆和蜗轮正确啮合，滚刀齿廓应与蜗杆齿廓一致，滚切时的中心距也应与蜗杆传动的中心距相同。

下面仅讨论轴交错角 $\Sigma=90°$时的阿基米德蜗杆传动。

子模块二　蜗杆传动的主要参数和几何尺寸

学习与训练要点

✧ 掌握阿基米德蜗杆传动正确啮合条件；
✧ 掌握蜗杆传动的传动比、导程角、蜗杆直径系数的计算方法。

如图 10－6 所示，蜗杆轴线与蜗轮轴线的公垂线称为连心线。圆柱蜗杆轴线和连心线构成的平面称为中间平面。在中间平面内，蜗杆齿廓与齿条相同，两侧边为直线。根据啮合原理，与之相啮合的蜗轮在中间平面内的齿廓是渐开线。所以在中间平面内蜗轮与蜗杆的啮合就相当于渐开线齿轮与齿条的啮合。规定蜗杆传动的设计计算都以中间平面参数及其几何尺寸关系为准。

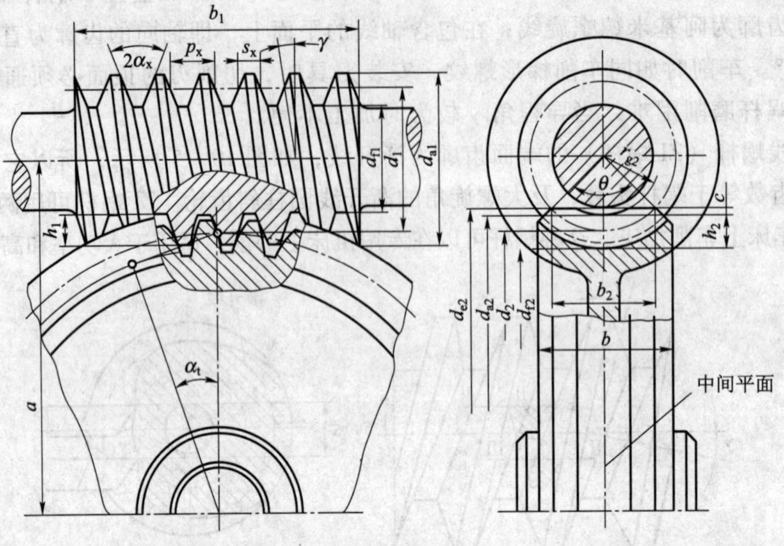

图 10－6　蜗杆传动的主要参数和几何尺寸

一、主要参数

（一）模数 m 和压力角 α

蜗杆与蜗轮相啮合时，蜗杆的轴向齿距 $p_x = \pi m_{x1}$，应与蜗轮端面分度圆齿距 $p_t = \pi m_{t2}$ 相等。因而，蜗杆的轴向模数 m_{x1} 应与蜗轮的端面模数 m_{t2} 相等，即：

$$m_{x1} = m_{t2} = m$$

模数 m 的标准值，见表 10－1。

表 10－1　　蜗杆基本参数（$\Sigma = 90°$）（摘自 GB 10085—88）

模数 m/mm	分度圆直径 d_1/mm	蜗杆头数 z_1	直径系数 q	$m^2 d_1$/mm^3
1	18	1	18.000	18
1.25	20	1	16.000	31.25
	22.4	1	17.920	35
1.6	20	1，2，4	12.500	51.2
	28	1	17.500	71.68
2	（18）	1，2，4	9.000	72
	22.4	1，2，4，6	11.200	89.6
	（28）	1，2，4	14.000	112
	35.5	1	17.750	142

续表

模数 m/mm	分度圆直径 d_1/mm	蜗杆头数 z_1	直径系数 q	m^2d_1/mm^3
2.5	(22.4)	1，2，4	8.960	140
	28	1，2，4，6	11.200	175
	(35.5)	1，2，4	14.200	221.9
	45	1	18.000	281
3.15	(28)	1，2，4	8.889	278
	35.5	1，2，4，6	11.27	352
	45	1，2，4	14.286	447.5
	56	1	17.778	556
4	(31.5)	1，2，4	7.875	504
	40	1，2，4，6	10.000	640
	(50)	1，2，4	12.500	800
	71	1	17.750	1 136
5	(40)	1，2，4	8.000	1 000
	50	1，2，4，6	10.000	1 250
	(63)	1，2，4	12.600	1 575
	90	1	18.000	2 250
6.3	(50)	1，2，4	7.936	1 985
	63	1，2，4，6	10.000	2 500
	(80)	1，2，4	12.698	3 175
	112	1	17.778	4 445
8	(63)	1，2，4	7.875	4 032
	80	1，2，4，6	10.000	5 376
	(100)	1，2，4	12.500	6 400
	140	1	17.500	8 960
10	(71)	1，2，4	7.100	7 100
	90	1，2，4，6	9.000	9 000
	(112)	1，2，4	11.200	11 200
	160	1	16.000	16 000

续表

模数 m/mm	分度圆直径 d_1/mm	蜗杆头数 z_1	直径系数 q	m^2d_1/mm^3
12.5	(90)	1，2，4	7.200	14 062
	112	1，2，4	8.960	17 500
	(140)	1，2，4	11.200	21 875
	200	1	16.000	31 250
16	(112)	1，2，4	7.000	28 672
	140	1，2，4	8.750	35 840
	(180)	1，2，4	11.250	46 080
	250	1	15.625	64 000
20	(140)	1，2，4	7.000	56 000
	160	1，2，4	8.000	64 000
	(224)	1，2，4	11.200	89 600
	315	1	15.750	126 000
25	(180)	1，2，4	7.200	112 500
	200	1，2，4	8.000	125 000
	(280)	1，2，4	11.200	175 000
	400	1	16.000	250 000

注：1. 表中模数均为第一系列，$m<1$mm 的未列入，$m>25$mm 的还有 31.5、40mm 两种。属于第二系列的模数有 1.5、3、3.5、4.5、5.5、6、7、12、14mm。

2. 表中蜗杆分度圆直径 d_1 均属第一系列，$d_1<18$mm 的未列入，此外还有 355mm。属于第二系列的有：30，38，48，53，60，67，75，85，95，106，118，132，144，170，190，300mm。

3. 模数和分度圆直径均应优先选用第一系列，括号中的数字尽可能不采用。

蜗杆轴向压力角 α_{X1} 等于蜗轮端面压力角 α_{t2}，均为标准压力角，即：$\alpha_{X1}=\alpha_{t2}=\alpha=20°$。

综上所述，阿基米德蜗杆传动的正确啮合条件为：

$$m_{X1}=m_{t2}=m$$
$$\alpha_{X1}=\alpha_{t2}=\alpha$$
$$\beta_2=\gamma$$

（二）传动比 i、蜗杆头数 z_1 和蜗轮齿数 z_2

蜗杆传动的传动比 i 为主动蜗杆（蜗轮）角速度与从动蜗轮（蜗杆）角速度之比值，通常蜗杆为主动件，得：

$$i=\frac{\omega_1}{\omega_2}=\frac{n_1}{n_2}$$

式中：n_1 和 n_2 分别为蜗杆和蜗轮的转速，r/min。

在蜗杆传动中，蜗杆每分钟转过的齿数应等于蜗轮每分钟转过的齿数，即

$$z_1 n_1 = z_2 n_2$$

故

$$i = \frac{n_1}{n_2} = \frac{z_2}{z_1}$$

但应注意，蜗杆传动比 i 不等于蜗轮和蜗杆两分度圆直径之比。

蜗杆头数 z_1，即螺旋线数目，通常为 $z_1 = 1$，2，4，6。当要求自锁和大传动比时，$z_1 = 1$，但传动效率较低。若传递动力，为提高传动效率，常取 $z_1 = 2$，4，6。

蜗轮齿数 $z_2 = i \cdot z_1$，传递动力时，为保证传动平稳性，z_2应不小于28，通常取 $z_2 = 32 \sim 63$，如 z_2过大，蜗杆跨度会增大，刚度则相应减小，这样会影响蜗杆传动的啮合精度，所以 z_2一般不大于100。z_1、z_2根据传动比 i，参考表10－2选取。

表10－2　蜗杆头数 z_1、蜗轮齿数 z_2推荐值

传动比 $i = z_2/z_1$	5～8	7～16	15～32	30～83
蜗杆头数 z_1	6	4	2	1
蜗轮齿数 z_2	30～48	28～64	30～64	30～83

（三）蜗杆导程角 γ

按照螺纹形成原理，如图10－7所示，蜗杆分度圆柱上的导程角 γ 为：

$$\tan\gamma = \frac{z_1 p_{x1}}{\pi d_1} = \frac{z_1 m}{d_1}$$

蜗杆传动的效率与导程角有关，导程角大，传动效率高；导程角小，传动效率低。当传递动力时，要求效率高，常取 $\gamma = 15° \sim 30°$，此时应采用多头蜗杆。若蜗杆传动要求具有反传动自锁性能时，常取 $\gamma \leq 3°30'$的单头蜗杆。

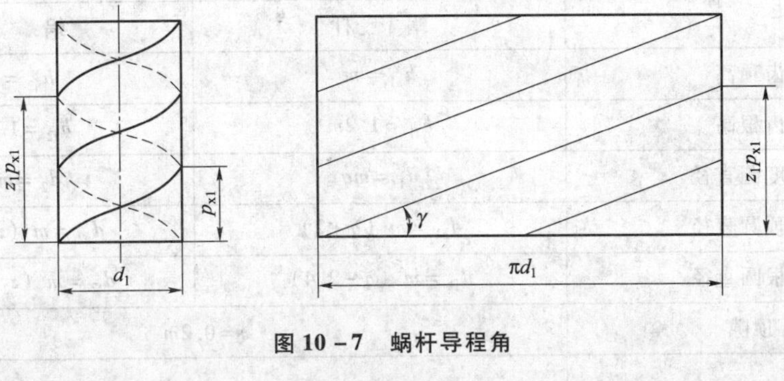

图10－7　蜗杆导程角

（四）蜗杆分度圆直径 d_1、蜗杆直径系数 q

加工蜗轮时，为了保证蜗杆传动的线接触，必须采用与其相啮合的蜗杆尺寸相同的

滚刀。滚刀与蜗杆的差别在于，滚刀的外径略大，以便切出径向间隙。由于滚刀分度圆直径 d_1 不仅与模数 m 有关，而且与头数 z_1 和导程角 γ 有关。加工同一模数的蜗轮，要求准备多把蜗轮滚刀，这给刀具的制造带来困难，也不经济。为了限制蜗轮滚刀数量，规定蜗杆分度圆直径 d_1 为标准值，见表 10－1。即对应于每一标准模数 m，规定了一定数量的蜗杆分度圆直径 d_1，并把 d_1 与 m 的比值称为蜗杆直径系数 q。即

$$q=\frac{d_1}{m}$$

$$\tan\gamma=\frac{z_1}{q}$$

$$d_1=qm$$

q 值见表 10－1，由于 q 是 d_1 与 m 的比值，故不一定是整数。

当 m 一定时，q 或 d_1 越小，导程角 γ 越大，传动效率越高，但蜗杆的强度和刚度降低。因此，在蜗杆轴刚度允许的情况下，设计蜗杆传动时，要求传动效率高时 q 选小值；强度和刚度大时 q 选大值。

（五）中心距 a

标准蜗杆传动，其中心距计算式为：

$$a=\frac{d_1+d_2}{2}=\frac{m}{2}(q+z_2)$$

二、蜗杆传动的几何尺寸

设计蜗杆传动时，一般是先根据传动的功用和传动比要求，选择蜗杆头数 z_1 和涡轮齿数 z_2，然后再根据强度计算模数 m 和蜗杆分度圆直径 d_1。当上述主要参数确定后，可按表 10－3 计算蜗杆、蜗轮的几何尺寸。

表 10－3　圆柱蜗杆传动的几何尺寸计算

名　称	计算公式	
	蜗　杆	蜗　轮
齿顶高	$h_{a1}=m$	$h_{a2}=m$
齿根高	$h_{f1}=1.2m$	$h_{f2}=1.2m$
分度圆直径	$d_1=mq$	$d_2=mz_2$
齿顶圆直径	$d_{a1}=m(q+2)$	$d_{a2}=m(z_2+2)$
齿根圆直径	$d_{f1}=m(q-2.4)$	$d_{f2}=m(z_2-2.4)$
顶隙	$c=0.2m$	
蜗杆轴向齿距 蜗轮端面齿距	$p_{x1}=p_{t2}=\pi m$	

续表

名　称	计算公式	
	蜗　杆	蜗　轮
蜗杆分度圆柱的导程角	$\gamma = \arctan \frac{z_1}{q}$	
蜗轮分度圆柱螺旋角		$\beta = \gamma$
中心距	$a = \frac{m}{2}(q + z_2)$	
蜗杆螺纹部分长度	$z_1 = 1$、2，$b_1 \geqslant (11 + 0.06z_2)\ m$ $z_2 = 4$，$b_1 \geqslant (12.5 + 0.09z_2)\ m$	
蜗轮咽喉母圆半径		$r_{g2} = a - \frac{1}{2}d_{a2}$
蜗轮最大外圆直径		$z_1 = 1$，$d_{e2} \leqslant d_{a2} + 2m$ $z_1 = 2$，$d_{e2} \leqslant d_{a2} + 1.5m$ $z_1 = 4$，$d_{e2} \leqslant d_{a2} + m$
蜗轮轮缘宽度		$z_1 = 1$、2，$b_2 \leqslant 0.75d_{a1}$ $z_1 = 4$，$b_2 \leqslant 0.67d_{a1}$
蜗轮轮齿包角		$\theta = 2\arcsin\left(\frac{b_2}{d_1}\right)$ 一般动力传动 $\theta = 70° \sim 90°$ 高速动力传动 $\theta = 90° \sim 130°$ 分度传动 $\theta = 45° \sim 60°$

子模块三　蜗杆传动的失效形式、材料和结构

学习与训练要点

✧ 了解蜗杆传动齿面间相对滑动速度；

✧ 掌握蜗杆传动失效的主要形式。

一、齿面间滑动速度 v_s

如图 10－8 所示为轴交角 $\Sigma = 90°$的蜗杆传动，在轮齿节点 C 处，蜗杆的圆周速度 v_1和蜗轮的圆周速度 v_2也呈 90°夹角，所以蜗杆与蜗轮啮合传动时，齿廓间沿蜗杆齿面螺旋线方向有较大的滑动速度 v_s，其大小为：

$$v_s = \sqrt{v_1^2 + v_2^2} = \frac{v_1}{\cos\gamma}$$

滑动速度的大小，对齿面的润滑情况、齿面失效形式、发热以及传动效率都有很大影响。

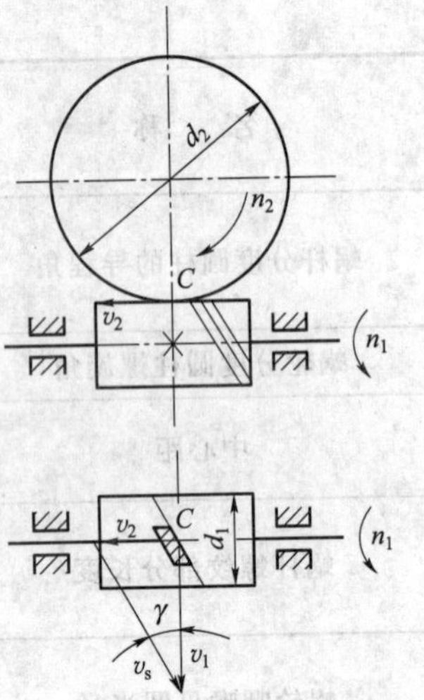

图 10－8　蜗杆传动滑动速度

二、轮齿失效形式和计算准则

蜗杆传动轮齿的失效形式和齿轮传动轮齿的失效形式基本相同，有胶合、磨损、疲劳点蚀和轮齿折断等。但蜗杆传动轮齿的胶合与磨损要比齿轮传动严重得多，这是由于蜗杆传动轮齿齿面间滑动速度较大，温升高，效率低，在润滑及散热不良时，闭式传动极易出现胶合。开式传动及润滑油不清洁的闭式传动，轮齿磨损速度很快。所以轮齿表面产生胶合、磨损、疲劳点蚀是蜗杆传动的主要失效形式。

由于蜗杆齿是连续的螺旋齿，且蜗杆材料比蜗轮强度高，因此失效总出现在蜗轮轮齿上，所以只对蜗轮轮齿作强度计算。对闭式蜗杆传动的蜗轮轮齿仍按齿面接触疲劳强度设计，按齿根弯曲疲劳强度校核，并进行热平衡验算；对开式蜗杆传动，只按齿根弯曲疲劳强度设计。由于蜗杆常与轴制成一体，设计时，可按一般轴对蜗杆强度进行验算，必要时还应进行刚度验算。

三、蜗杆蜗轮常用材料

考虑到蜗杆传动的特点，蜗杆和蜗轮的材料不但要有一定的强度，而且要有良好的减摩性、耐磨性和抗胶合的能力。因此常采用青铜作蜗轮齿圈，与淬硬磨削的钢制蜗杆相配。

蜗杆常用材料为碳素钢和合金钢，要求齿面光洁并且硬度较高。一般蜗杆可采用45、40等碳素钢，调质处理，硬度为220～250HBS。对高速重载的蜗杆，常用20Cr、20CrMnTi，渗碳淬火到56～62HRC；或40Cr、38SiMnMo，表面淬火到45～55HRC，并应磨削。

蜗轮常用材料为青铜或铸铁。铸造锡青铜，如ZCuSn10P1、ZCuSn5Pb5Zn5，抗胶合、耐磨性能好，易切削加工，但价格贵，一般用于高速 $v<25\text{m/s}$ 的重要场合。铝铁青铜，如ZCuAl10Fe3，具有足够强度，耐冲击，价格也低，但切削性能和抗胶合性能较差，故不适合高速，常用于 $v_s \leqslant 6\text{m/s}$ 的场合。灰铸铁主要用于低速、轻载的场合。

四、蜗杆、蜗轮的结构

蜗杆通常与轴做成一体，称为蜗杆轴，如图10－9所示。

铸铁蜗轮或直径小的青铜蜗轮可做成整体式，如图10－10（a）所示。

直径大的蜗轮，为了节约贵重的有色金属，常采用组合式结构，即齿圈用有色金属制造，而轮芯用钢或铸铁制成。组合形式有三种：

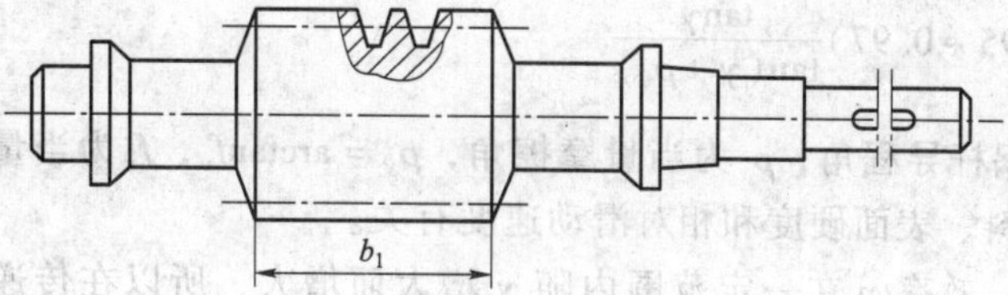

图 10－9 蜗杆轴

（1）齿圈压配式，其齿圈和轮芯用过盈联接，如图 10－10（b）所示。为使其工作可靠，在接合面圆周上装上 4～8 个直径为 1.2～1.5mm 的螺钉。为了便于钻孔，应将螺孔中心线向材料较硬的一边偏移 2～3mm。此结构用于尺寸不大且工作温度变化小的场合。

（2）螺栓联接式，其齿圈与轮芯用铰制孔螺栓联接，如图 10－10（c）所示。由于装拆方便，常用于尺寸较大或磨损后需要更换蜗轮齿圈的场合。

（3）浇铸式，在铸铁轮芯上浇铸出青铜齿圈，如图 10－10（d）所示。该型式仅用于成批生产的蜗轮。齿圈最小厚度 $c=2m$，但不小于 10mm。

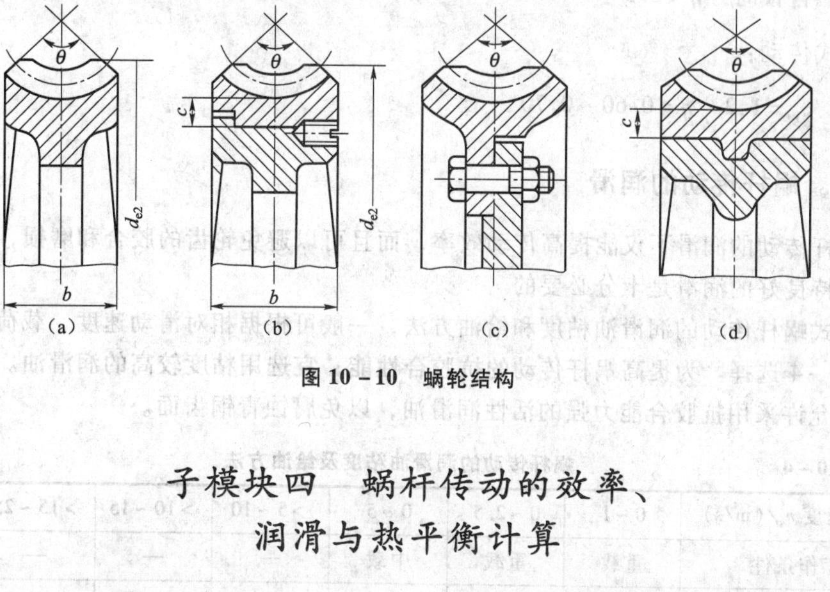

图 10－10 蜗轮结构

子模块四 蜗杆传动的效率、润滑与热平衡计算

学习与训练要点

✧ 掌握蜗杆传动的传动效率；
✧ 掌握蜗杆传动的润滑方式。

一、蜗杆传动的效率

闭式蜗杆传动的总效率通常包括三部分：考虑轮齿啮合齿面间摩擦损失时的效率；考虑浸油零件搅动润滑油时的溅油损耗效率和考虑轴承摩擦损失时的效率。其中主要是考虑轮齿齿面摩擦损失的效率，其大小可近似地用螺旋传动的效率公式计算。后两项功率损失不大，其效率一般为 0.95～0.97，因此当蜗杆为主动件时，蜗杆传动的总效率为：

$$\eta=(0.95\sim0.97)\frac{\tan\gamma}{\tan(\gamma+\rho_v)}$$

式中：γ 为蜗杆导程角；ρ_v为当量摩擦角，$\rho_v=\arctan f_v$，f_v为当量摩擦系数，主要与蜗杆传动的材料、表面硬度和相对滑动速度有关。

由上式可知，效率 η 在一定范围内随 γ 增大而增大，所以在传递动力中多采用多头蜗杆。但 γ 过大会增加制造难度，且 $\gamma>27$ 后效率随 γ 增大提高很少，因此一般 $\gamma\leqslant27$。

当 $\gamma\leqslant\rho_v$时，蜗杆传动具有反传动自锁性，但效率很低。

在初步估算中，蜗杆传动的总效率可取下列近似数值：

闭式传动：

$z_1=1\quad\eta=0.65\sim0.75$

$z_1=2\quad\eta=0.75\sim0.82$

$z_1=4,6\quad\eta=0.82\sim0.92$

自锁时　$\eta<0.5$

开式传动：

$z_1=1,2\quad\eta=0.60\sim0.70$

二、蜗杆传动的润滑

蜗杆传动的润滑不仅能提高传动效率，而且可以避免轮齿的胶合和磨损，所以蜗杆传动保持良好的润滑是十分必要的。

闭式蜗杆传动的润滑油粘度和给油方法，一般可根据相对滑动速度、载荷类型等参考表 10－4 选择。为提高蜗杆传动的抗胶合性能，宜选用粘度较高的润滑油。对青铜蜗轮，不允许采用抗胶合能力强的活性润滑油，以免腐蚀青铜齿面。

表 10－4　　蜗杆传动的润滑油粘度及给油方法

<table>
<tr><td>滑动速度 v_s/(m/s)</td><td>0～1</td><td>0～2.5</td><td>0～5</td><td>>5～10</td><td>>10～15</td><td>>15～25</td><td>>25</td></tr>
<tr><td>工作条件</td><td>重载</td><td>重载</td><td>中载</td><td>—</td><td>—</td><td>—</td><td>—</td></tr>
<tr><td>粘度 ν/cSt（40℃）</td><td>900</td><td>500</td><td>350</td><td>220</td><td>150</td><td>100</td><td>80</td></tr>
<tr><td rowspan="2">给油方法</td><td colspan="3" rowspan="2">油池润滑</td><td rowspan="2">油池润滑或喷油润滑</td><td colspan="3">压力喷油润滑及其压力（MPa）</td></tr>
<tr><td>0.7</td><td>2</td><td>3</td></tr>
</table>

三、蜗杆传动的热平衡计算

由于蜗杆传动效率较低，发热量大，在闭式蜗杆传动中，如果散热条件不好，会引起润滑不良而产生齿面胶合。因而对闭式蜗杆传动应进行热平衡计算。

蜗杆传动转化为热量所消耗的功率 P_s为：

$$P_s = 1\,000(1-\eta)P_1$$

经箱体散发热量的相当功率 P_c 为

$$P_c = k_s A(t_1 - t_0)$$

达到平衡时，$P_s = P_c$，可得到热平衡时润滑油的工作温度 t_1 的计算公式：

$$t_1 = \frac{1\,000(1-\eta)P_1}{k_s A} + t_0 \leqslant [t_1]$$

式中，P_1 为蜗杆传动输入功率，kW；k_s 为散热系数，根据箱体周围通风条件，一般取 $k_s = 10 \sim 17$ [W/m² · ℃)]；自然通风良好地方取大值，反之取小值；η 为传动效率；A 为散热面积，m²，指箱体外壁与空气接触而内壁被油飞溅到的箱壳面积。对于箱体的散热片，其散热面积按 50% 计算；t_0 为周围空气温度,℃；通常取 $t_0 = 20$℃；t_1 为热平衡时润滑油的工作温度,℃；[t_1] 为齿面间润滑油许可的工作温度，通常取 [t_1] = 70℃ ~90℃。

如果工作温度 t_1 超过许可温度 [t_1]，可采用下述冷却措施：

(1) 在箱壳外面增加散热片以增加散热面积 A；

(2) 在蜗杆轴上安装风扇，如图 10 – 11 (a) 所示；或在箱体油池内装设蛇形冷却水管，如图 10 – 11 (b) 所示；或用循环油冷却，如图 10 – 11 (c) 所示。

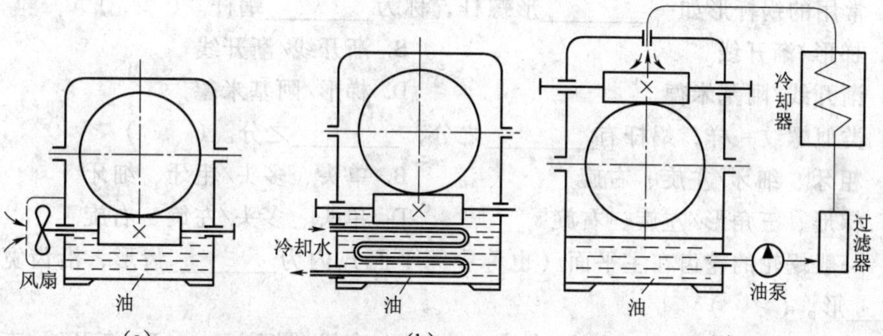

图 10 – 11　蜗杆传动的散热方法

(a) 风扇冷却；(b) 冷却水管冷却；(c) 循环油冷却

要点回顾

1. 蜗杆传动的优点是传动比大，结构紧凑，具有自锁性，工作平稳噪声低，冲击载荷小。缺点是传动的效率低，发热大，易发生磨损和胶合等失效形式。因此，蜗轮齿圈常需用比较贵重的青铜制造，因此蜗杆传动成本较高。

2. 合理选择蜗杆传动的参数。除模数外，蜗杆的分度圆直径也应取为标准值，目的是为了限制蜗轮滚刀的数目，便于滚刀的标准化，保证蜗杆与配对蜗轮的正确啮合。蜗杆头数的选择应考虑到效率和传动比。

3. 蜗轮齿面的主要失效形式是胶合，其次才是疲劳点蚀和磨损。蜗杆传动结构紧凑，箱体的散热面积小，所以在闭式传动中，产生的热量不能及时散发出去，容易产生胶合。

思考与训练

请将正确答案写在括号内。

1. 一般来说，蜗杆头数少则其导程角（也称螺旋升角）________，效率________。(　　)

A. 较大/较高　　B. 较小/较高　　C. 较大/较低　　D. 较小/较低

2. 起重机构中的蜗杆传动，若要求具有自锁性，应选用________头蜗杆。(　　)

A. 单　　B. 双　　C. 三　　D. 四

3. 除了模数和压力角均相同以外，分度圆直径也应满足一定条件才能彼此啮合的是________。(　　)

A. 两个直齿圆柱齿轮　　B. 两个直齿圆锥齿轮

C. 蜗轮和蜗杆　　D. 直齿圆柱齿轮和直齿条

4. 下面的角度值不等于20°的是________。(　　)

A. 齿轮标准压力角　　B. 齿条标准压力角

C. 蜗杆轴面压力角　　D. 蜗杆导程角

5. 常用的蜗杆形如一________形螺杆，称为________蜗杆。(　　)

A. 梯形/渐开线　　B. 渐开线/渐开线

C. 渐开线/阿基米德　　D. 梯形/阿基米德

6. 类似螺纹一样，蜗杆有________之分，________之分。(　　)

A. 粗牙、细牙/左旋、右旋　　B. 单头、多头/粗牙、细牙

C. 梯形、三角形/左旋、右旋　　D. 单头、多头/左旋、右旋

7. 一般蜗轮的轮齿在主平面（也称中间平面）内为________齿形，沿齿宽方向呈________形。(　　)

A. 渐开线/圆弧　　B. 直线/直线　　C. 直线/圆弧　　D. 渐开线/直线

8. 对于自锁蜗杆传动，其效率 $\eta <$ ________。(　　)

A. 0.7　　B. 0.6　　C. 0.5　　D. 0.4

9. 在中间平面内，蜗杆的形状呈________，蜗轮为________。(　　)

A. 直边齿条形/斜齿轮齿形　　B. 直边齿条形/渐开线齿形

C. 梯形螺杆牙形/斜齿轮齿形　　D. 梯形螺杆牙形/渐开线齿形

10. 设 d_1、d_2 分别为蜗杆和蜗轮的分度圆直径，z_1 为蜗杆的头数，z_2 为蜗轮的齿数，q 为蜗杆的直径系数，m_s 为模数，则蜗杆传动的传动比 $i =$ ________。(　　)

A. d_2/d_1　　B. z_2/q　　C. m_s/q　　D. z_2/z_1

11. 设 d_1、d_2 分别为蜗杆和蜗轮的分度圆直径，z_1 为蜗杆的头数，z_2 为蜗轮的齿数，q 为蜗杆的直径系数，m_s 为模数，则下列公式中正确的是________。(　　)

A. $q = d_1/m_s$　　B. $d_1 = m_s z_1$　　C. $d_2 = m_s q$　　D. $d_2 = q z_2$

12. 若 z_1 、z_2 分别为蜗杆头数和蜗轮齿数，d_1 、d_2 分别为蜗杆和蜗轮的分度圆直径，则蜗杆传动的传动比 $i =$________。(　　)

A. z_1/z_2　　B. z_2/z_1　　C. d_2/d_1　　D. d_1/d_2

13. 在闭式蜗杆传动中，蜗轮失效的主要形式是________。(　　)

A. 磨损与断齿　　B. 磨损与疲劳点蚀　　C. 胶合与点蚀　　D. 断齿与疲劳点蚀

14. 下列传动方式中，特别要求注意散热问题的是________。(　　)

A. 蜗杆传动　　B. 带传动　　C. 齿轮传动　　D. 链传动

15. 为提高蜗杆传动的抗胶合能力，可________。(　　)

A. 降低蜗杆齿面硬度

B. 降低蜗杆齿面硬度和粗糙度，并使用抗胶合润滑剂

C. 降低蜗杆齿面硬度和粗糙度，并使蜗轮齿面采用青铜制造

D. 提高蜗杆齿面硬度、降低粗糙度，蜗轮齿面采用青铜制造以及使用抗胶合润滑剂

模块十一

液力传动

学习与训练总目标

- 了解液力传动的基本类型；
- 掌握液力传动的工作原理；
- 掌握液力传动的特点；
- 掌握液力传动的主要用途；
- 掌握主要液力传动机构的工作原理。

子模块一　液力传动的基本原理

学习与训练要点

- 了解液力传动的基本类型；
- 掌握液力传动的基本工作原理。

一、液力传动概述

液力传动是以液体为工作介质的叶片式传动机械。它有一个工作腔，其中有几个叶轮，扭矩的传递是靠工作液体的动量变化来进行的。叶轮是液力传动的核心，按其职能区分，叶轮有泵轮、涡轮和导轮三种。泵轮与输入轴相连接，把输入的机械能变为工作液体的能量，使工作液体的动量矩增加，其作用类似离心泵的叶轮，故称为泵轮。涡轮与输出轴相连接，把工作液体的能量转变为输出的机械能，使工作液体的动量矩减小，作用和水涡轮相同，故称为涡轮。导轮不转动，壳体的反作用扭矩通过导轮作用于液体，使动量矩改变。工作液体按照一定方向由导轮流出，起着导向作用，故称为导轮。泵轮是离心式的，涡轮是向心式的，导轮是轴流式的。

二、液力传动的基本工作原理

液力传动的工作原理如图 11－1 所示。

发动机 1 带动离心泵 2 高速旋转，离心泵通过进水管 8 由贮水池 7 吸入液体，液体在离心泵内加速，获得动能。可见，离心泵 2 是将发动机 1 的机械能转换成液体动能的主要

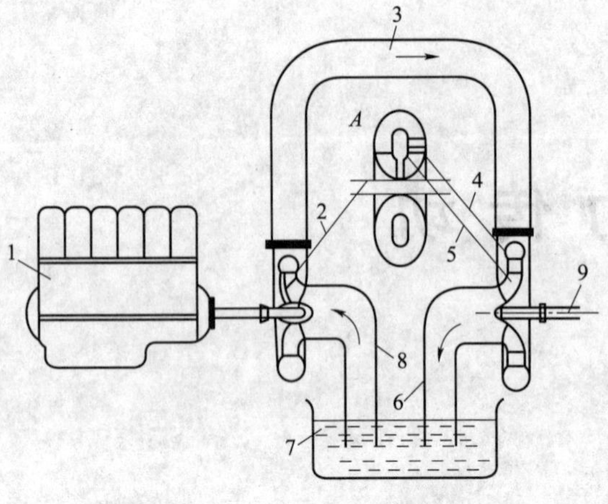

图 11－1 液力传动工作原理图

1—发动机；2—离心泵；3—连接管路；
4—导向装置；5—涡轮机；6—出水管；
7—贮水池；8—进水管；9—输出轴

装置。由离心泵打出的高速液体，由连接管路 3、导向装置 4 进入涡轮机 5，冲击涡轮机叶片，从而使涡轮机旋转，并由输出轴 9 输出机械能驱动工作机构运动。由涡轮机排回的液体速度降低、动能减少，即涡轮机是将液体动能重新转换成机械能的装置。因此通过离心泵与涡轮机的组合，即可实现能量传递，从而构成了液力传动的原始雏形。

因为离心泵与涡轮机的效率低，再加上管路损失，系统总效率一般低于 0.7，实际上不宜使用。为了提高效率，设法将离心泵工作轮（泵轮）与涡轮机工作轮（涡轮）尽量靠近，取消中间的连接管路和导向装置，从而形成液力传动的基本形式之一——液力耦合器。这样不但结构简化，而且效率有了很大提高。

三、液力传动的基本类型

液力传动的基本类型有以下 3 种：

（1）液力耦合器；

（2）液力变矩器；

（3）液力机械变矩器。

子模块二 液力耦合器

学习与训练要点

✧ 了解液力耦合器的结构；

✧ 掌握液力耦合器的工作原理。

一、液力耦合器的结构

如图 11－2 所示，泵轮 B 通过泵轮输入盘 3 与发动机的曲轴 1（主动轴）相连，并随着曲轴一起旋转。涡轮装在密封的外壳中，在涡轮上固装有从动轴 2。泵轮与涡轮 T 端面相对，二者之间留有 3～5mm 的间隙，没有机械连接。它们的内腔共同构成椭圆形的环状空腔。此环状空腔被称为循环圆，工作时工作液体即在其间循环流动。

二、液力耦合器的工作原理

如图 11－3 所示，当发动机带着泵轮旋转时，充满在泵轮（离心泵）内的工作液

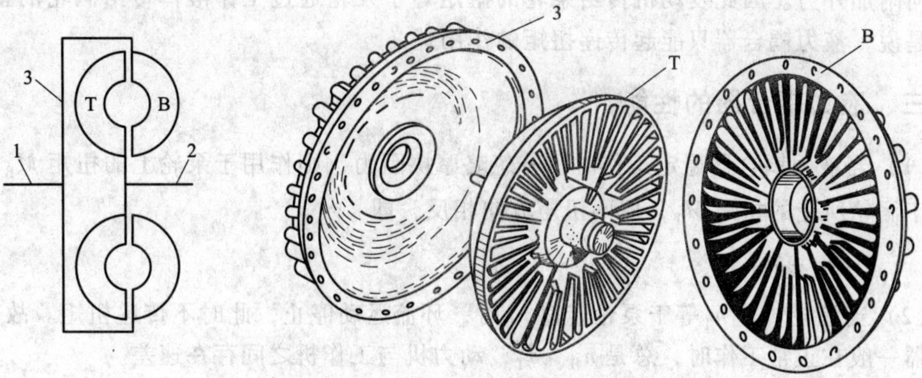

图 11－2　液力耦合器的结构示意图

1—主动轴；2—从动轴；3—泵轮输入盘；B—泵轮；T—涡轮

体也被叶片带着一起旋转（绕泵轴作圆周运动），并在离心力的作用下从叶片的内缘向外缘流动，如图 11－3（a）所示。因此造成叶片外缘（泵轮出口处）的压力较高（高于大气压），而内缘（泵轮中心）的压力较低（低于大气压）。其压力差的大小取决于泵轮的半径与转速。此时，如果充满工作液体的涡轮仍处于静止状态，则涡轮外缘与中心的压力都是同为一个大气压。这样显然涡轮外缘的压力低于泵轮外缘的压力，而涡轮中心的压力则高于泵轮中心的压力。由于两个面对面的工作轮被同一个外壳所封闭着，所以此时被泵轮甩到外缘的工作液体就朝着涡轮外缘冲过去，顺着涡轮的叶片向其中心流动，使涡轮获得与泵轮同向的旋转，然后再返回到泵轮中心。由于泵轮不停地旋转，返回到泵轮中心的工作液体又被泵轮叶片再次甩到外缘。工作液体就这样循环不息地在循环圆中流动着，如图 11－3（b）所示。

泵轮内的工作液体除了径向流动（沿循环圆环流动）外，还要随泵轮的旋转绕轴线作圆周运动。前者径向流动为相对运动，后者为牵连运动。两者合成的绝对运动则斜对着涡轮，冲击其叶片，然后顺着涡轮叶片再流回泵轮中心，如图 11－3（c）所示。

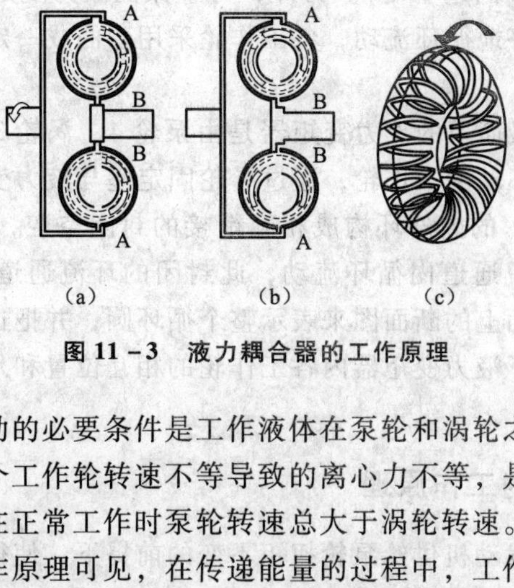

图 11－3　液力耦合器的工作原理

液力耦合器实现传动的必要条件是工作液体在泵轮和涡轮之间循环流动。而这种循环流动的产生是由于两个工作轮转速不等导致的离心力不等，是两叶片的外缘产生压力差所致。故液力耦合器在正常工作时泵轮转速总大于涡轮转速。

由液力耦合器的工作原理可见，在传递能量的过程中，工作液体的环流运动没有受到任何附加外力。因此发动机传给泵轮的扭矩等于泵轮通过工作液体传给涡轮的扭矩。这就是说，液力耦合器只能起传递扭矩的作用。

三、液力耦合器的性能

（1）当液力耦合器稳定工作时，若忽略摩擦阻力，则作用于泵轮上的扭矩 M_B 的大小等于涡轮所受的扭矩 M_T，但两扭矩方向相反，即

$$M_B = -M_T$$

（2）当涡轮转速 n_T 等于泵轮转速 n_B 时，环流运动停止，此时不传递扭矩。故液力耦合器一般在正常工作时，总是 $n_B > n_T$，动力机与工作机之间存在速差。

（3）液力耦合器的效率 η

$$\eta = \frac{N_T}{N_B} = \frac{M_T \cdot n_t}{M_B \cdot n_b} = \frac{n_T}{n_B} = i$$

式中，N_T 为涡轮的功率；N_B 为泵轮的功率；i 为传动比。

由液力耦合器效率计算公式可见，液力耦合器的效率等于传动比。

子模块三　液力变矩器

学习与训练要点

- ✧ 了解液力变矩器的结构；
- ✧ 掌握液力变矩器的工作原理。

一、液力变矩器的结构

液力变矩器的结构与液力耦合器相近，只是液力变矩器在循环圆内多加装了工作液体的导向装置——导轮（固定不动）。另外，为了保证液力变矩器具有一定的性能，使工作液体在循环圆中很好地循环流动，各工作轮采用弯曲成一定形状的叶片，并且各工作轮带有内环。

如图 11－4 所示，最简单的液力变矩器是由泵轮 4、涡轮 3、导轮 5 等主要元件组成。导轮 5 是一个固定不动的工作轮，通过导轮固定座与液力变矩器壳体连接。各工作轮（泵轮、涡轮、导轮）的内外环构成相互衔接的封闭空腔，形成了工作液体的环流通道。工作液体就在环流通道内循环流动，此封闭的环流通道称为循环圆。为分析方便，通常用循环圆在轴面上的断面图来表示整个循环圆，并把这个断面图称为液力变矩器的循环圆，它表示出了液力变矩器内各工作轮的相互位置和几何尺寸，说明了液力变矩器的几何特性。

二、液力变矩器的工作原理

液力变矩器能够在发动机供给泵轮扭矩不变的前提下，使得其泵轮输出的扭矩有可

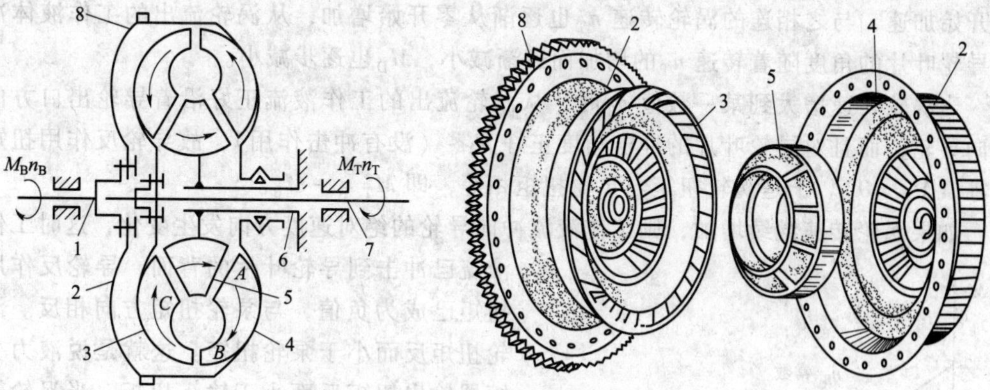

图 11－4　液力变矩器的结构和工作原理

1—发动机曲轴；2—变矩器壳；3—涡轮；4—泵轮；5—导轮；
6—导轮固定套筒；7—从动轴；8—启动齿圈

能超过发动机通过泵轮所输入扭矩的若干倍，从而改善发动机的性能。

液力变矩器之所以能变矩，主要是由于不动的导轮能给涡轮施加一个反作用力矩。

液力变矩器工作时，同液力耦合器一样，由发动机带动泵轮旋转，并将发动机的力矩施加于泵轮。泵轮旋转时泵轮内的叶片带动工作液体一起做牵连圆周运动，并迫使液体沿循环圆相对运动。工作液体经受泵轮叶片的作用获得一定的动能和压力能，从而将发动机的机械能变为液体的动能和压力能。由泵轮流出的高速液流进入涡轮冲击涡轮的叶片，使涡轮开始旋转，并且使涡轮输出轴获得一定的扭矩，$M_B=-M_T$，从而克服了外阻力作功。但液力变矩器与液力耦合器的不同之处在于，工作液体此时并不是立即从涡轮叶片出口直接进入泵轮叶片入口，而是流经导轮后才重新进入泵轮。这样工作液体才完成了在各工作轮之间的循环运动。而由涡轮流出的工作液体进入导轮，冲击导轮叶片也使导轮受扭矩作用，由于导轮固定不转，不对外输出扭矩，此时导轮便以一个大小相等方向相反的反作用扭矩 M_D 作用于涡轮上。因此涡轮所受的总扭矩 M_T 为泵轮扭矩 M_B 与导轮反作用扭矩 M_D 的向量和，与泵轮扭矩 M_B 同向时为正，反之为负，即

$$M_T=-(M_B+M_D)$$

由此可见，液力变矩器可以起改变扭矩（增大或减小）的作用，这个所增加（或减小）的扭矩就是导轮的反作用扭矩 M_D。

三、液力变矩器的自动适应性

液力变矩器具有自动变矩、变速的特性，即自适应性。现以应用于汽车的液力变矩器为例，说明变矩器的自动适应性。

汽车起步前，涡轮不动，转速为零（$n_T=0$），泵轮在发动机带动下转动，并传给涡轮一个转矩 M_B，此时因涡轮不动，出涡轮而入导轮的工作液对导轮叶片（正面）的冲击角度最大，导轮反作用扭矩 M_{Dmax} 最大，并且 M_D 与 M_B 同向。所以在汽车起步时，涡轮扭矩 $M_T=-(M_B+M_{Dmax})$ 最大，以满足克服起步阻力矩的要求。汽车随即起步并

且开始加速，与之相连的涡轮转速 n_T 也逐渐从零开始增加，从涡轮流出的工作液体冲击导轮叶片的角度随着转速 n_T 的增加而逐渐减小，M_D 也逐步减小。

当涡轮转速增大到某一数值 n_T 时，从涡轮流出的工作液流正好沿着导轮出口方向冲向导轮，而且对导轮叶片的冲击角度正好为零（没有冲击作用），故导轮反作用扭矩为零（$M_D=0$）。于是涡轮扭矩与泵轮扭矩相等，即 $M_T=-M_B$。

如果涡轮转速继续增加，则工作液流冲向导轮的绝对速度方向发生变化，这时工作液流已冲击到导轮叶片的背面，导轮反作用扭矩已成为负值，与泵轮扭矩方向相反。涡轮扭矩反而小于泵轮扭矩。这就是说液力变矩器输出扭矩反而小于输入扭矩，当涡轮转速增加到与泵轮转速 n_B 相等时，即 $n_T=n_B$，工作液流在循环圆中的循环流动停止，故此时涡轮扭矩等于零。

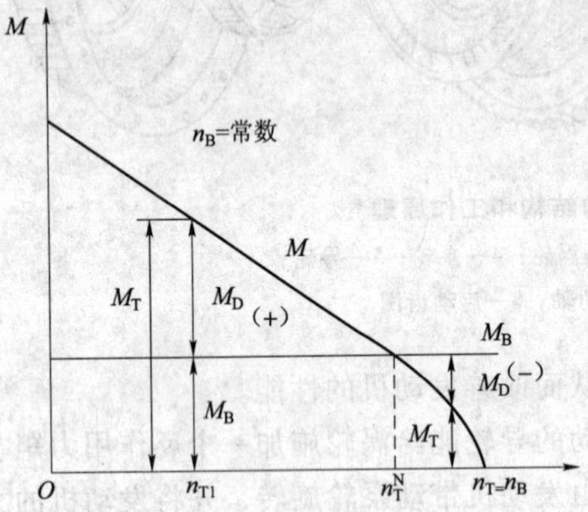

图 11－5　液力变矩器的外特性曲线

上述性能可由液力变矩器的外特性曲线得知。所谓液力变矩器的外特性，就是当泵轮的 M_B＝常数、n_B＝常数时，涡轮的扭矩是随着涡轮的转速不同而变化的。液力变矩器的外特性曲线如图 11－5 所示。

四、液力变矩器的效率和传动比

液力变矩器的涡轮转速与泵轮转速之比叫做液力变矩器的传动比，即

$$i=\frac{n_T}{n_B}$$

液力变矩器的效率是指输出功率与输入功率之比，即

$$\eta=\frac{M_T\cdot n_T}{M_B\cdot n_B}=\frac{M_T}{M_B}\cdot i$$

当涡轮负载工况变化时，M_T 和 n_T 将发生变化，对效率影响极大。

子模块四　液力机械变矩器

学习与训练要点

✧ 了解液力机械变矩器的组成；
✧ 掌握液力机械变矩器的传动原理。

液力机械变矩器是液力变矩器与机械传动部件以不同方式组合起来的一种液力传动元件的总称。液力机械变矩器利用机械传动和功率分流原理改变和改善液力变矩器的性

能，扩大现有液力变矩器的应用范围。

液力机械变矩器按照功率分流在变矩器外部或内部实现，分为外分流和内分流两大类。

外分流液力机械变矩器的输入功率分两路，一部分功率由液力变矩器传递，另一部分功率由机械部件传递。输入功率在输入轴处分流，然后在输出轴处两功率汇合，由输出轴输出。

如图 11－6 所示为一外分流液力变矩器的传动简图。在输入轴承上安装泵轮 B 及差速器的太阳轮 6、涡轮 T 与齿圈 7 相连。输出轴与行星架相连。输入轴的功率经两路传递，一路是由输入轴经太阳轮 6、行星轮 8、行星架到输出轴；另一路是由输入轴经泵轮、导轮、涡轮、齿圈、行星轮、行星架到输出轴。外分流液力变矩器按齿轮行星机构的安放位置不同，分为行星传动机械在输入和输出两类。

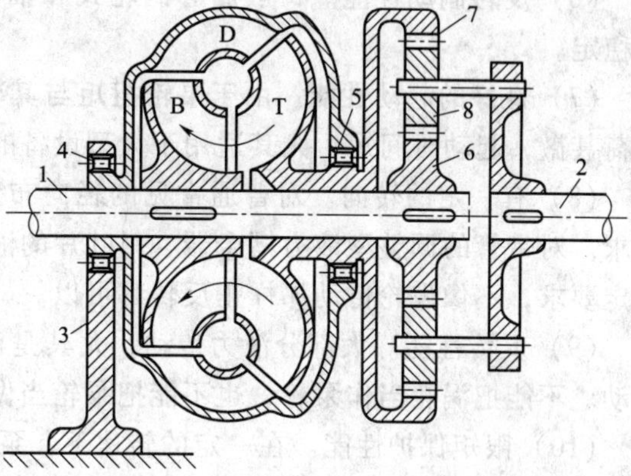

图 11－6　液力机械变矩器传动简图

B—泵轮；T—涡轮；D—导轮；
1—输入轴；2—输出轴；3—支架；4、5—单向离合器；
6—太阳轮；7—齿圈；8—行星轮

内分流液力机械变矩器与外分流液力机械变矩器的不同之处是功率分流在液力变矩器的内部实现。在内分流液力机械变矩器中，功率由泵轮轴输入，两个或两个以上的独立旋转工作轮分别传递一部分功率，最后通过机械部件传动将各工作轮的输出功率汇流，由输出轴输出。

子模块五　液力传动的特点及主要用途

学习与训练要点

✧ 掌握液力传动的特点；
✧ 了解液力传动的主要用途。

一、液力传动的特点

（1）自动适应性。液力变矩器具有自动变矩、变速的特性，涡轮扭矩能随外界负载扭矩的增加而自动增加，同时其转速自动降低，负载扭矩减少时，涡轮扭矩随之自动减少，同时其转速自动增加，动力机趋近理想传动装置的特性（M_n＝常数）。液力耦合器有自动无级变速的特性，但没有自动无级变矩的作用，不具备自动适应性。

（2）无级调速性能。在动力机外特性和工作机负载特性不变的情况下，可以通过改变液力传动的特性来无级调整工作机的转速。

(3) 无磨损。因为液力传动是利用工作液体作为介质传递动力，泵轮与涡轮之间没有机械直接接触，故没有磨损。

(4) 防振隔振作用。能减弱动力机扭振和隔离载荷震动，故可提高动力机和传动装置的寿命。

(5) 透穿性能。泵轮扭矩随工作机载荷而变化的性能称为透穿性能。液力变矩器类型不同，透穿性能不一样，有可透的，也有不可透的。液力耦合器具有可透性。

(6) 反转制动性能。一般离心涡轮式和轴流涡轮式液力变矩器，涡轮反转制动性能稳定。

(7) 良好的起动性能。由于泵轮扭矩与其转速的平方成正比，故动力起动时，其载荷甚微，起动时间短，尤其适用于大型设备的起动。

(8) 有一定的转向。对普通常见的径向布置的直叶片的液力耦合器旋转方向没有要求。对带管的调整型液力耦合器、斜叶片的液力耦合器及液力变矩器，其旋转方向有一定要求，不像齿轮传动那样正反转都可以。

(9) 反传性能。大部分液力传动，尤其是液力变矩器的反转性能很差，不宜反向传动。不能把涡轮当作泵轮，也不能把泵轮当做涡轮。

(10) 限矩保护性能。在一定的转速下，泵轮、涡轮及导轮的扭矩只能在一定的范围内随着工况而改变，如果外载荷扭矩超过涡轮扭矩，各个叶轮的扭矩也不会超过其固有的变化范围，能起到过载保护的作用。

(11) 效率随工况变化。液力变矩器最高效率为85% ~92%。液力耦合器最高效率为96% ~98%，但工况的变化对效率影响较大。

(12) 便于远距离操纵，对主、从动轮的要求不高，但不适用于低速重载场合和精密传动。

二、液力传动的主要用途

(一) 作为交通运输车辆的主传动

重型货车、建筑工程机械广泛应用液力变矩器。

(二) 调整用

电站锅炉给水泵、化工厂的化工泵、钢厂风机等往往都是用液力耦合器或液力变矩器进行调整。

(三) 起动用

惯性大的设备，起动时困难，利用液力传动十分有利。如大型皮带运输机、破碎机等，由于载重大，惯性也很大，若直接用电机驱动，起动时间长，起动电流大，配备的电机容量也要增大，遇到故障电机可能会烧坏。利用液力传动，可大大改善起动性能。

(四) 过载保护

如果工程机械的负荷变化幅度很大，常常出现过负荷，则可以利用正转变矩器和反转变矩器进行换向。

(五) 反转换向

工作机若需正、反转，可利用正反转液力变矩器，也可以利用正转变矩器和反转变矩器进行换向。

（六）并车

在船舶、钻机及其他机械中，当需要采用几个动力机驱动一个工作机时，常用液力传动并车，这种动力机工作容易协调。

（七）制动

液力制动器虽然与液力耦合器有不同之处，但是工作原理和液力耦合器没有本质的不同。液力制动器已广泛在重型汽车及内燃机车上应用。利用液力变矩器涡轮反转制动特性来控制重物下放的速度，在起重机和工程船上应用得很成功。

要点回顾

1. 液力传动是以液体为工作介质的叶片式传动机械。泵轮与输入轴相连接，涡轮与输出轴相连接，导轮不转动，壳体的反作用扭矩通过导轮作用于液体，使动量矩改变。泵轮是离心式的，涡轮是向心式的，导轮是轴流式的。

2. 液力传动的基本类型为液力耦合器、液力变矩器、液力机械变矩器。液力耦合器只能起传递扭矩的作用，液力变矩器可以起改变扭矩（增大或减小）的作用，这个所增加（或减小）的扭矩就是导轮的反作用扭矩 M_D，液力机械变矩器利用机械传动和功率分流原理改变和改善液力变矩器的性能，扩大现有液力变矩器的应用范围。

思考与训练

请将正确答案写在括号内。

1. 液力传动中，涡轮的作用是________。（　　）

A. 把输入的机械能转变为工作液体的能量

B. 把工作液体的能量转变为输出的机械能

C. 对工作液体起导向的作用

D. 把输入的机械能转变为输出的机械能

2. 液力传动中，导轮的作用是________。（　　）

A. 把输入的机械能转变为工作液体的能量

B. 把工作液体的能量转变为输出的机械能

C. 对工作液体起导向的作用

D. 把输入的机械能转变为输出的机械能

3. 液力传动中，泵轮的作用是________。（　　）

A. 把输入的机械能转变为工作液体的能量

B. 把工作液体的能量转变为输出的机械能

C. 对工作液体起导向的作用

D. 把输入的机械能转变为输出的机械能

4. 液力传动是利用液体的________传递扭矩的传动装置；液压传动是利用液体的________传递运动的。（　　）

A. 动量变化/压力能　　　　B. 压力能/动量变化

C. 势能变化/动能　　D. 压力能/势能变化

5. 液力传动的叶轮中，不包括________。(　　)

A. 导轮　　B. 涡轮　　C. 泵轮　　D. 蜗轮

6. 液力传动中，________与输入轴连接；________与输出轴连接。(　　)

A. 泵轮/涡轮　　B. 涡轮/泵轮　　C. 泵轮/导轮　　D. 导轮/泵轮

7. 液力传动中，与输出轴相联接的是________。(　　)

A. 泵轮　　B. 涡轮　　C. 导轮　　D. 泵轮或涡轮

8. 液力传动中，与输入轴相联接的是________。(　　)

A. 泵轮　　B. 涡轮　　C. 导轮　　D. 泵轮或涡轮

9. 液力传动的叶轮型式，泵轮为________，涡轮为________，导轮为________。(　　)

A. 离心式/向心式/轴流式　　B. 向心式/离心式/轴流式

C. 向心式/轴流式/离心式　　D. 离心式/轴流式/向心式

10. 液力耦合器与液力变矩器在结构上的关键不同是液力耦合器没有________。(　　)

A. 泵轮　　B. 涡轮　　C. 导轮　　D. 叶轮

11. 液力变矩器的特性是：随着涡轮轴输出转速的提高，泵轮轴的输入转速________。(　　)

A. 保持不变　　B. 逐渐提高

C. 逐渐降低　　D. 先逐渐提高，达到最大值后逐渐降低

12. 与液力耦合器相比，液力变矩器的特点是可以变矩，其输出扭矩可自动地随外界阻力矩的改变而改变。这是由于液力变矩器有________。(　　)

A. 泵轮　　B. 涡轮　　C. 导轮　　D. 叶轮

参 考 文 献

1. 刘力．机械制图．北京：高等教育出版社，2000
2. 刘力．机械制图习题集．北京：高等教育出版社，2004
3. 中国海事服务中心．轮机工程基础．大连：大连海事学院出版社，2008
4. 邓昭铭．机械设计基础．二版．北京：高等教育出版社，2000
5. 丁洪生．机械设计基础．北京：机械工业出版社，2000

工学结合新思维高职高专航海技术类 “十二五”规划教材

（一）基础科目

1. 计算机应用基础
2. 航海体育与健康
3. 现代礼仪实用教程
4. 大学生心理健康教育

（二）电子商务

1. 网页设计与制作
2. Internet 技术
3. 电子商务技术实操
4. 电子商务与网络安全
5. 电子商务网站建设与管理
6. C 语言程序设计项目化教程

（三）物流管理

1. 集装箱运输实务
2. 港口企业装卸实务
3. 国际货运代理实务
4. 外贸单证操作实务

（四）航海技术

1. 航海学基础
2. 船舶货运
3. 航海气象与海洋学基础
4. GMDSS 综合业务
5. 船舶通信英语
6. 船舶雷达与 ARPA
7. 航海英语视听说

（五）海事管理

1. 船舶与船员管理
2. 国际航运实用英语

（六）酒店管理（邮轮乘务）

1. 酒店客房实务
2. 酒店西餐厅运营实务
3. 酒店前厅实务
4. 国际邮轮运营与管理
5. 邮轮实用英语
6. 酒店房务英语
7. 酒水服务英语
8. 餐饮服务英语

（七）轮机工程技术

1. 船舶电气工艺测试
2. 轮机工程材料基础
3. 船舶电路基础
4. 船用传感器技术与维修
5. 轮机工程力学与热工基础
6. 机械制图与设计基础

（八）理化测试及质检技术（无损检测）

1. 磁粉探伤实务